全国地层多重划分对比研究

（44）

广东省岩石地层

主　编:南　颐　周国强
编　者:赵汝旋　符力奋　陈培权
凌秋贤　黎汉明　郑有铭

中国地质大学出版社

内 容 简 介

《广东省岩石地层》系全国地层多重划分对比研究的系列书之一。书中详细叙述了广东从上元古界—第四系共166个岩石地层单位的创名（人或单位、时间、地点）、原始定义、划分沿革、现在定义、层型、地质特征及区域变化等项内容，按断代对生物组合特征及年代地层划分与界线进行叙述和讨论；介绍了香港地区、珠江口盆地的地层划分概况，并将在广东创建而未被采用的地层单位名称等整理附录于后。

本书资料丰富，内容翔实，是广东岩石地层研究的最新成果，可作为国内外地学工作者研究广东地质发展、大地构造演化，以及教学、区域地质调查和地质勘查的基础材料。

图书在版编目(CIP)数据

广东省岩石地层/南颐，周国强主编．—武汉：中国地质大学出版社，1996.6(2012.7 重印)
(全国地层多重划分对比研究；44)
ISBN 978-7-5625-1107-6

Ⅰ.广…
Ⅱ.①南…②周…
Ⅲ.地层学—广东省
Ⅳ.P535.265

中国版本图书馆 CIP 数据核字(2008)第 062434 号

广东省岩石地层 南颐 周国强 主编

责任编辑：刘粤湘 责任校对：贾晓青

出版发行：中国地质大学出版社（武汉市洪山区鲁磨路 388 号） 邮编：430074
电话：(027)67883511 传真：67883580 E-mail：cbb @ cug.edu.cn
经 销：全国新华书店 http://www.cugp.cn

开本：787 毫米×1092 毫米 1/16 字数：440 千字 印张：17.125
版次：1996 年 6 月第 1 版 印次：2012 年 7 月第 3 次印刷
印刷：武汉教文印刷厂 印数：1001—1500 册

ISBN 978-7-5625-1107-6 定价：60.50 元

两级地层数据库的研建，对巩固地层多重划分对比研究（清理）成果，为地层学的科学化、系统化和现代化发展打下了良好基础。这项研究工作在部、省（市、区）各级领导的支持关怀下，全体研究人员经过5年的艰苦努力已圆满地完成了任务，高兴地看到许多成果已陆续要出版了。这项工作涉及的范围之广、参加的单位及人员之多、文件的时间跨度之长，以及现代科学理论与计算机技术的应用等各方面，都可以说是在我国地层学工作不断发展中具有里程碑意义的。这项研究中不同层次成果的出版问世，不仅对区域地质调查、地质图件的编测、区域矿产普查与勘查、地质科研和教学等方面都具有现实的指导作用和实用价值，而且对我国地层学的发展和科学化、系统化将起到积极的促进作用。

首次组织实施这样一项规模空前的全国性的研究工作，尽管全体参与人员付出了极大的辛勤劳动，全国项目办和各大区办进行了大量卓有成效和细致的组织协调工作，取得了巨大的成绩，但由于种种原因，难免会有疏漏甚至失误之处。即使这样，该系列研究是认识地层学真理长河中的一个相对真理的阶段，其成果仍不失其宝贵的科学意义和巨大的实用价值。我相信经过广大地质工作者的使用与检验，在修订再版时，其内容将会更加完美。在此祝贺这一系列地层研究成果的公开出版，它必将发挥出巨大社会经济效益，为地质科学的发展做出新的贡献。

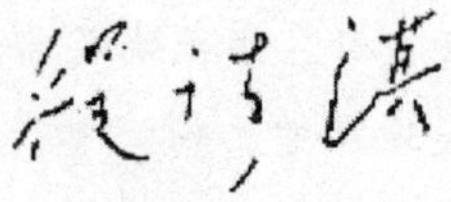

序

100多年来，地层学始终是地质学的重要基础学科的支柱，甚至还可以说是基础中的基础，它为近代地质学的建立和发展发挥了十分重要的作用。随着板块构造学说的提出和发展，地质科学正经历着一场深刻的变革，古老的地层学和其他分支学科一样还面临着满足社会不断进步与发展的物质需要和解决人类的重大环境问题等双重任务的挑战。为了迎接这一挑战，依靠现代科技进步及各学科之间相互渗透，地层学的研究范围将不断扩大，研究途径更为宽广，研究方法日趋多样化，并萌发出许多新的思路和学术思想，产生出许多分支学科，如生态地层学、磁性地层学、地震地层学、化学地层学、定量地层学、事件地层学、化学地层学、气候地层学、构造地层学和月球地层学等等，它们的综合又导致了“综合地层学”和“全球地层学”概念的提出。所有这一切，标志着地层学研究向高度综合化方向发展。

我国的地层学和与其密切相关的古生物学早在本世纪前期的创立阶段，就涌现出一批杰出的地层古生物学家和先驱，他们的研究成果奠定了我国地层学的基础。但是大规模的进展，还是从1949年以后，尤其是随着全国中小比例尺区域地质调查的有计划开展，以及若干重大科学计划的执行而发展起来的。正像我国著名的地质学家尹赞勋先生在第一届全国地层会议上所讲：“区域地质调查成果的最大受益者就是地层古生物学。”1959年召开的中国第一届全国地层会议，总结了建国十年来所获的新资料，制定了中国第一份地层规范（草案），标志着我国地层学和地层工作进入了一个新的阶段。过了20年，地层学在国内的发展经历了几乎十年停滞以后，于1979年召开了中国第二届全国地层会议，会议在某种程度上吸收学习了国际地层学研究的新成果，还讨论制定了《中国地层指南及中国地层指南说明书》，为推动地层学在中国的发展，缩小同国际地层学研究水平的差距奠定了良好基础。这次会议以后所进行的一系列工作，包括应用地层单位的多重性概念所进行的地层划分对比研究、区域地层格架及地层模型的研究，现代地层学与沉积学相结合所进行的盆地分析以及1：5万区域地质填图方法的改进与完善等，都成为我国地层学进一步发展的强大推动力。为此，地质矿产部组织了一项“全国地层多重划分对比研究（清理）”的系统工程，在30个省、直辖市、自治区（含台湾省，不含上海市）范围内，自下而上由省（市、区）、大区和全国设立三个层次的课题，在现代地层学和沉积学理论指导下，对以往所建立的地层单位进行研究（清理），追溯地层单位创名的沿革，重新厘定单位含义、层型类型与特征、区域延伸与对比，消除同物异名，查清同名异物，在大范围内建立若干断代岩石地层单位的时空格架、编制符合现代地层学含义的新一代区域地层序列表，并与地层多重划分对比研究工作同步开展了省（市、区）和全国

前言

地层学在地质科学中是一门奠基性的基础学科，是基础地质的基础。自从19世纪初由W史密斯奠定的基本原理和方法以来的一个半世纪中，地层学是地质科学中最活跃的一个分支学科，对现代地质学的建立和发展产生了深刻的影响，作出了不可磨灭的贡献，特别是在20世纪60年代由于板块构造学说兴起引发的一场“地学革命”，其表现更为显著。随着板块构造学的确立，沉积学和古生态学的发展，地球历史和生物演化中的灾变论思想的复兴和地质事件概念的建立，使地层学的分支学科，如时间地层学、生态地层学、地震地层学、同位素地层学、气候地层学、磁性地层学、定量地层学和构造地层学等像雨后春笋般地蓬勃发展，这种情况必然对地层学、生物地层和沉积地层等的传统理论认识和方法提出了严峻的挑战。经过20年的论战，充分体现当代国际地质科学先进思想的《国际地层指南》（英文版）于1976年见诸于世，之后在不到20年的时间里又于1979、1987、1993年连续三次进行了修改补充，陆续补充了《磁性地层极性单位》、《不整合界限地层单位》，以及把岩浆岩与变质岩等作为广义地层学范畴纳入地层指南而又补充编写了《火成岩和变质岩岩体的地层划分与命名》等内容。

国际地层学上述重大变革，对我国地学界产生了强烈冲击，十年动乱形成的政治禁锢被打开，迎来了科学的春天，先进的科学思潮像潮水般涌来，于是在1979年第二届全国地层会议上通过并于1981年公开出版了《中国地层指南及中国地层指南说明书》，其中阐述了地层多重划分概念。于1983年按地层多重划分概念和岩石地层单位填图在安徽区调队进行了首次试点。1985年《贵州省区域地质志》中地层部分吸取了地层多重划分概念进行撰写。1986年地质矿产部设立了“七五”重点科技攻关项目——“1∶5万区调中填图方法研究项目”，把以岩石地层单位填图，多重地层划分对比，识别基本地层层序等现代地层学和现代沉积学相结合的内容列为沉积岩区区调填图方法研究课题，从此拉开了新一轮1∶5万区调填图的序幕，由试点的贵州、安徽和陕西三省逐步推向全国。

1∶5万区调填图方法研究试点中遇到的最大问题是如何按照现代地层学的理论和方法来对待与处理按传统理论和方法所建立的地层单位？如果维持长期沿用的按传统理论建立的地层单位，虽然很省事，但是又如何体现现代地层学和现代沉积学相结合的理论与方法呢？这样就谈不上紧跟世界潮流，迎接这一场由板块构造学说兴起所带来的“地学革命”。如果要坚持这一技术领域的革命性变革，就要下决心花费很大力气克服人力、财力和技术性等方面的重重困难，对长期沿用的不规范化的地层单位进行彻底的清理。经过反复研究比较，我们认识到科学技术的变革也和社会经济改革的潮流一样是不可逆转的，只有坚持改革才能前进，不进则退，否则就将被历史所淘汰，别无选择。在这一关键时刻，地质矿产部和原地矿部直管局领导作出了正确决策，从1991年开始，从地勘经费中设立一项重大基础地质研究项目——全国地层多重划分对比研究项目，简称全国地层清理项目，开始了一场地层学改革的系统工程，在全国范围内由下而上地按照现代地层学的理论和方法对原有的地层单位重新明确其定义、划分对比标准、延伸范围及各类地层单位的相互关系，与此同时研建全国地层数据库，巩固地层清理成果，推动我国地层学研究和地层单位管理的规范化和现代化，指导当前和今后一个时期1∶5万、1∶25万等区调填图等，提高我国地层学研究水平。1991年地质矿产部原直管局将地层清理作为部指令性任务以地直发(1991)005号文和1992年以地直发(1992)014号文下发了《地矿部全国地层多重划分对比（清理）研究项目第一次工作会议纪要》，明确了各省（市、自治区）地质矿产局（厅）清理研究任务，并于1993年2月补办了专项地勘科技项目合同（编号直科专92-1），并明确这一任务分别设立部、大区和省（市、自治区）三级领导小组，实行三级管理。

部级成立全国项目领导小组

组长	李廷栋	地质矿产部副总工程师
副组长	叶天竺	地质矿产部原直管局副局长
	赵　逊	中国地质科学院副院长

成立全国地层清理项目办公室，受领导小组委托对全国地层清理工作进行技术业务指导和协调以及经常性业务组织管理工作，并设立在中国地质科学院区域地质调查处（简称区调处）。

项目办公室主任	陈克强	区调处处长，教授级高级工程师
副主任	高振家	区调处总工，教授级高级工程师
	简人初	区调处高级工程师
专家	张守信	中国科学院地质研究所研究员
	魏家庸	贵州省地质矿产局区调院教授级高级工程师
成员	姜　义	区调处工程师
	李　忠	会计师
	周统顺	中国地质科学院地质研究所研究员

大区一级成立大区领导小组，由大区内各省（市、自治区）局级领导成员和地科院沈阳、天津、西安、宜昌、成都、南京六个地质矿产研究所各推荐一名专家组成。领导小组对本大区地层清理工作进行组织、指导、协调、仲裁并承担研究的职责。下设大区办公室，负责大区地层清理的技术业务指导和经常性业务技术管理工作。在全国项目办直接领导下，成立全国地层数据库研建小组，由福建区调队和部区调处承担，负责全国和省（市、自治区）二级地层数据库软件开发研制。

各省（市、自治区）成立省级领导小组，以省（市、自治区）局总工或副总工为组长，有区调主管及有关处室负责人组成，在专业区调队（所、院）等单位成立地层清理小组，具体负责地层清理工作，同时成立省级地层数据库录入小组，按照全国地层数据库研建小组研制的软件及时将本省清理的成果进行数据录入，并检验软件运行情况，及时反馈意见，不断改进和优化软件。在全国地层清理的三个级次的项目中，省级项目是基础，因此要求各省（市、自治区）地层清理工作必须实行室内清理与野外核查相结合，清理工作与区调填图相结合，清理与研究相结合，地层清理与地层数据库建立相结合，“生产”单位与科研教学单位相结合，并强调地层清理人员要用现代地层学和现代沉积学的理论武装起来，彻底打破传统观点，统一标准内容，严格要求，高标准地完成这一历史使命。实践的结果，凡是按上述五个相结合去做的效果都比较好，不仅出了好成果，而且通过地层清理培养锻炼了一支科学技术队伍，从总体上把我国区调水平提高到一个新台阶。

三年多以来，参加全国地层清理工作的人员总数达400多人，总计查阅文献约24 000份，野外核查剖面约16 472.6 km，新测剖面70余条约300 km，清理原有地层单位有12 880个，通过清查保留的地层单位约4721个（还有省与省之间重复的），占总数36.6%，建议停止使用或废弃的单位有8159个（为同物异名或非岩石地层单位等），占总数63.4%，清查中通过实测剖面新建地层单位134个。与此同时研制了地层单位的查询、检索、命名和研究对比功能的数据库，通过各省（市、自治区）数据录入小组将12 880个地层单位（每个单位5张数据卡片）和10 000多条各类层型剖面全部录入，首次建立起全国30个（不含上海市）省（市、自治区）基础地层数据库，为全国地层数据库全面建成奠定了坚实的基础。从1994年7月—11月，分七个片对30个省（市、自治区）地层清理成果报告及数据库的数据录入进行了评审验收，到1994年底可以说基本上完成了省一级地层清理任务。1995—1996年将全面完成大区和总项目的清理研究任务。由此可见，这次全国地层清理工作无论是参加人数之多，涉及面之广，新方法新技术的应用以及理论指导的高度和研究的深度都可以堪称中国地层学研究的第三个里程碑。这一系统工程所完成的成果，不仅是这次直接参加清理的400多人的成果，而且亦应该归功于全国地层工作者、区域地质调查者、地层学科研与教学人员以及为地层工作做过贡献的普查勘探人员。全国地层清理成果的公开出版，必将对提高我国地层学研究水平，统一岩石地层划分和命名指导区调填图，加强地层单位的管理以及地质勘察和科研教学等方面发挥重要的作用。

鉴于本次地层清理工作和地层数据库的研建是过去从未进行过的一项研究性很强的系统工程，涉及的范围很广，时间跨度长达100多年，参加该项工作的人员多达300～400人，由于时间短，经费有限，人员水平不一，文献资料掌握程度等种种主客观原因，尽管所有人员都尽了最大努力，但是在本书中少数地层单位的名称、出处、命名人和命名时间等不可避免地存在一些问题。本书中地层单位名称出现的“岩群”、“岩组”等名词，是根据1990年公开出版的程裕淇主编的《中国地质图（1∶500万）及说明书》所阐述的定义。为了考虑不同观点的读者使用，本书对有“岩群”、“岩组”的地层单位，均暂以（岩）群、（岩）组处理。如鞍山（岩）群、迁西（岩）群。总之，本书中存在的错漏及不足之处，衷心地欢迎广大读者提出宝贵意见，以便今后不断改正和补充。

在30个省（市、自治区）地层清理系统成果即将公开出版之际，我代表全国地层清理项目办公室向参加30个省（市、自治区）地层清理、数据库研建和数据录入的同志所付出的辛勤劳动表示衷心的感谢和亲切的慰问。在全国地层清理项目立项过程中，原直管局王新华、黄崇轲副局长给予了大力支持，原直管局局长兼财务司司长现地矿部副部长陈洲其在项目论证会上作了立项论证报告，在人、财、物方面给予过很大支持；全国地层委员会副主任程裕淇院士一直对地层清理工作给予极大的关心和支持，并在立项论证会上作了重要讲话；中国地质大学教授、全国地层委员会地层分类命名小组组长王鸿祯院士是本项目的顾问，在地层清理的指导思想、方法步骤及许多重大技术问题上给予了具体的指导和帮助；中国地质大学教授杨遵仪院士对这项工作热情关心并给以指导；中国地质科学院院长、部总工程师陈毓川研究员参加了第三次全国地层清理工作会议并作了重要指示与鼓励性讲话；部科技司姜作勤高工，计算中心邬宽廉、陈传霖，信息院赵精满，地科院刘心铸等专家对地层数据库设计进行评审，为研建地层数据库提出许多有意义的建议。中国科学院地质研究所，南京古生物研究所，中国地质科学院地质研究所，天津、沈阳、南京、宜昌、成都和西安地质矿产研究所，南京大学，西北大学，中国地质大学，长春地质学院，西安地质学院等单位的知名专家、教授和学者，各省（市、自治区）地矿局领导、总工程师、区调主管、质量检查员和区调队、地研所、综合大队等单位的区域地质学家共600余人次参加了各省（市、自治区）地层清理研究成果和六个大区区域地层成果报告的评审和鉴定验收，给予了友善的帮助；各省（市、自治区）地矿局（厅）、区调队（所、院）等各级领导给予地层清理工作在人、财、物方面的大力支持。可以肯定，没有以上各有关单位和部门的领导和众多的专家教授对地层清理工作多方面的关心和支持，这项工作是难以完成的。在30个省（市、自治区）地层清理成果评审过程中一直到成果出版之前，中国地质大学出版社，特别是以褚松和副社长和刘粤湘编辑为组长的全国地层多重划分对比研究报告编辑出版组为本套书编辑出版付出了极大的辛苦劳动，使这一套系统成果能够如此快地、规范化地出版了！在全国项目办设在区调处的几年中，除了参加项目办的成员外，区调处的陈兆棉、其和日格、田玉莹、魏书章、刘凤仁多次承担地层清理会议的会务工作，赵洪伟和于庆文同志除了承担会议事务还为会议打印文稿，于庆文同志还协助绘制地层区划图及文稿复印等工作。

在此，向上面提到的单位和所有同志一并表示我们最诚挚的谢意，并希望继续得到他们的关心和支持。

全国地层清理项目办公室（陈克强执笔）

目　　录

第一章 绪论

开展全国地层多重划分对比研究，建立地层数据库，是使我国地层学研究实现现代化，跻身于世界先进行列的必由之路。按地质矿产部直属单位管理局地直发[1991] 005 号文的精神，广东省地质矿产局成立以总工程师伍广宇为组长的项目领导小组，由广东省区域地质调查大队(简称广东区调队，下同)、广东省地质科学研究所(简称广东地科所，下同)抽调技术人员组成对比研究小组，由广东区调队副总工程师许益民任组长。

研究小组于 1992 年 1 月成立，至 1994 年 9 月提交成果进行评审，历时两年零九个月，经历了资料收集及编写设计、初步整理及野外调研、综合成果及报告编写 3 个阶段。共收集资料 600 余份，填制成果卡片 162 套(其中整理剖面 710 条)，野外调研剖面 65 条，采集实物样品：等时线 3 条、岩矿鉴定 120 片、粒度分析 6 个、古生物化石 320 块、微体古生物和孢粉样 90 个、探槽 105 m^3，编写文字报告约 50 万字。

研究工作是在广东区调队提交的《广东省岩石地层单位清理报告(1991)》的基础上，以《中国地层指南及中国地层指南说明书》和《国际地层指南》为指导，按《全国地层多重划分对比研究总体设计》的要求进行的。广东省地质矿产局下达的任务是：在岩石地层单位清理的基础上，进一步补充收集地层的各类资料，安排少量的野外调研工作；地层多重划分对比研究以岩石地层单位划分对比研究为基础，兼顾其他；探讨岩石地层单位与生物地层、年代地层和其他各类地层单位的关系，建立省内地层柱，按岩石地层单位填制卡片，进一步厘定各级岩石地层单位的定义、划分与延伸标准；以层型和主要参考剖面为骨架，编制地层横剖面图，阐明各岩石地层单位的时空存在状况；试编 1∶50 万以岩石地层单位为基本单位的《广东省地质图》；建立省基础地层数据库；分断代编写研究报告。

研究小组成员的工作按断代进行分工：前震旦系、震旦系、寒武系，周国强；奥陶系、志留系，南颐；泥盆系，赵汝旋；石炭系，符力奋；二叠系，陈培权；三叠系，凌秋贤；侏罗系、白垩系、第三系，黎汉明；第四系，郑有铭。本书编写分工按上述断代进行，绪言和结语由周国强、许益民承担。参加统稿的有许益民、王宝琛、南颐、周国强、赵汝旋、黎汉明。地层数据库的建立由邓勇负责，参加录入的有邓勇、尹同梅等。参加资料整理、图件编制的有：黄红威、林建南、冯鹏飞、吴安生、刘奕绍、李红玉。

在全国项目办、东南大区项目办、省项目领导小组的领导和关怀下，通过全组同志的共同努力，按时完成了省局下达的任务。内审会议于 1994 年 7 月 26—28 日在广东佛山市进行，到会代表36人；会议聘请孙大中（中国科学院院士）、张显球（高级工程师）、吴起俊（副教授）、曾麟（高级工程师）、杨木锋（高级工程师）、李平日（教授）为评审员，对研究成果进行评议。最终评审验收会议由东南大区领导小组主持，于1994年9月26—30日在海南省海口市进行，本成果由主任伍广宇，副主任高振家、孙大中、都洵，委员邢裕盛、杨明桂、简人初、张守信、姜义、梁伟、张忠伟、赵自强、张显球、吴起俊等14人组成的评审验收委员会一致同意予以验收，并经东南大区领导小组评定为优秀级。在编辑出版过程中得到王治平（教授）的悉心指导。在此，对老一辈地质学家和给予热忱指导的专家、学者和领导们致以深切的谢意。由于时间短，资料繁多，错谬之处，敬请批评指正，不足之处，有待后人进一步完善。

一、广东地层研究简史与现状

广东地处华南沿海，交通方便，地层的调查研究较早。但由于地质构造复杂，侵入岩分布广泛，地层出露区植被发育，虽然经过几代人的共同努力，其研究程度与国内外的研究现状相比较，仍存在明显的差距。

广东地层的研究经历了三个大的历史发展阶段。

第一阶段（1868—1949）为起始阶段。

广东地质调查的历史可追溯到德国人李希霍芬于1868—1870年来华考察时沿北江对三水、英德、韶关等地的调查。《中国》一书是广东近代地质调查的最早记录，对地层有概略的划分和叙述。

1927年开始，两广地质调查所老一辈的地质学家冯景兰、朱翙声、朱庭祜、张会若、张席禔、李承三、徐瑞麟、蒋溶等，在广东境内进行过一些路线调查，创建了一系列地层单位名称，初步建立了广东的地层系统。这一阶段所建的地方性地层名称，大部分被后人所采用。20年代冯景兰对丹霞、南雄盆地的研究，40年代陈国达对茂名盆地的研究及穆恩之对连滩志留纪笔石的研究，均对国内外产生重大影响。以上研究成果概括性地总结在《中国区域地层表》（1958）中。

第二阶段（1950—1980）为以大面积的1∶20万区调及综合研究为标志的发展阶段。

新中国成立以后，随着国民经济发展的需要，地质工作得到了蓬勃发展。科研、矿产普查和勘探，1∶20万区域地质调查的全面展开，50年代末的第一届全国地层会议及尔后开展的区域地层表的编制，为地层研究积累了大量的实际资料。这些成果反映在《中南地区区域地层表》（1974）中。1973—1977年，广东区调队进行1∶20万区调总结和编制广东省1∶50万地质图时，对地层单位进行了取舍，选用了63个地层单位（不包括第四系在内）。

第三阶段（1980—1994）是以1∶5万区调的开展和综合研究为主的重点深入和多重地层划分对比研究的阶段。

1979年第二届全国地层会议以后，我国颁布了《中国地层指南及中国地层指南说明书》，推荐和介绍了多重地层划分的原则。随着《广东省区域地质志》的编写、1∶100万广东省地质图的编制和1∶5万区调地质填图新方法体系的试验和推广，我省地层学的研究正在向多重地层划分、研究的方向前进。目前虽然仍处于开始阶段，但以岩石地层单位划分为基础，加强生物地层、年代地层及其他各类地层研究的观点，已被大多数地质工作者所接受。

二、推荐使用的岩石地层单位

本课题组从前人创建的466个地层单位中按优先权和科学性的原则，推荐使用166个岩石地层单位（包括13个群、148个组、5个段）（见表1-1）。

表 1-1 广东省岩石地层单位序列表

地质年代 \ 地层分区	雷州半岛区		内陆区		沿海区	
第四纪	曲界组 Qq 下录组 Qxl 田洋组 Ql 石卯岭组 Qŝ	湖光岩组 Qh 北海组 Qb	老珀组 石塘冰碛层 田岗冲积组 登高岭冰碛层 登北冲积组 金矿矿部冰碛层	冲洪积第Ⅰ阶地 冲洪积第Ⅱ阶地 白泥组 Qbn 大台组 Qd	桂洲群 QG	灯笼沙组 Qdl 万顷沙组 Qw 横栏组 Qhl
	湛江组 Qẑ 望楼港组				礼乐群 QL	杏坛组 Qxt / 陆丰组 Ql' 三角组 Qs 西南镇组 Qx 石排组 Qŝp

地质年代 \ 地层分区	雷琼地层分区	云开地层分区	桂湘赣地层分区	东江地层分区	武夷地层分区	沿海地层分区
上新世	望楼港组 Nw	高棚岭组 Ng				
中新世	灯楼角组 Nd 角尾组 Nj 下洋组 Nx	老虎岭组 Nl 尚村组 Nŝ 黄牛岭组 Nh				
渐新世	涠洲组 Ew					
始新世	流沙港组 El	油柑窝组 Ey 上垌组 Eŝd	丹霞组 KEd；罗佛寨群 KEL：古城村组 Eg	华涌组 Eh 宝月组 Eby 埗心组 Eb	丹霞组 KEd	
古新世	长流组 Eĉ		依山组 En 上湖组 KEŝ	莘庄村组 Ex		
晚白垩世		铜鼓岭组 Kt 三丫江组 Ksy	南雄群 KN：浈水组 Kẑŝ 主田组 Kẑ 大凤组 Kd	大塱山组 Edl 三水组 Ksŝ	叶塘组 Kyt 优胜组 Ky	
早白垩世		罗定组 Kl	马梓坪组 Km 伞洞组 Ks	白鹤洞组 Kbh 百足山组 Kb	合水组 Kh	官草湖组 Kg
晚侏罗世						南山村组 JKn

续表 1-1

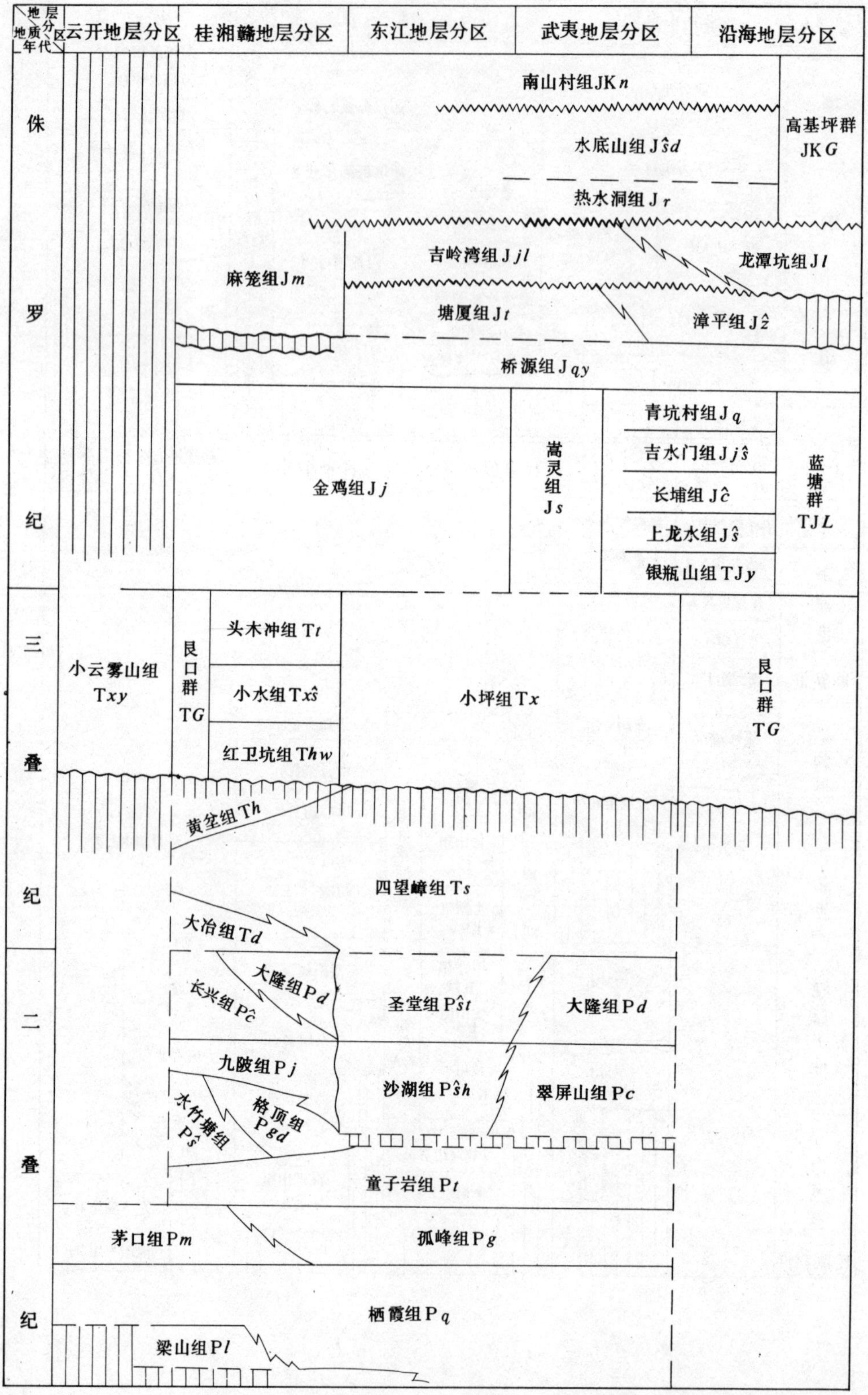

地层分区
地质年代
云开地层分区
桂湘赣地层分区
东江地层分区
武夷地层分区
沿海地层分区
侏
罗
纪
三
叠
纪
二
叠
纪
南山村组JK n
高基坪群
JK G
水底山组 J ŝd
热水洞组 J r
吉岭湾组 J jl
龙潭坑组 J l
麻笼组 J m
塘厦组 J t
漳平组 J ẑ
桥源组 J qy
金鸡组 J j
嵩灵组
J s
青坑村组 J q
吉水门组 J j ŝ
长埔组 J ĉ
上龙水组 J ŝ
银瓶山组 TJ y
蓝塘群
TJ L
小云雾山组
T xy
艮口群
T G
头木冲组 T t
小水组 T xŝ
红卫坑组 T hw
小坪组 T x
艮口群
T G
黄坌组 T h
四望嶂组 T s
大冶组 T d
大隆组 P d
长兴组 P ĉ
圣堂组 P ŝt
大隆组 P d
九陂组 P j
沙湖组 P ŝh
翠屏山组 P c
格顶组
P gd
水竹塘组
P ŝ
童子岩组 P t
茅口组 P m
孤峰组 P g
栖霞组 P q
梁山组 P l

续表 1－1

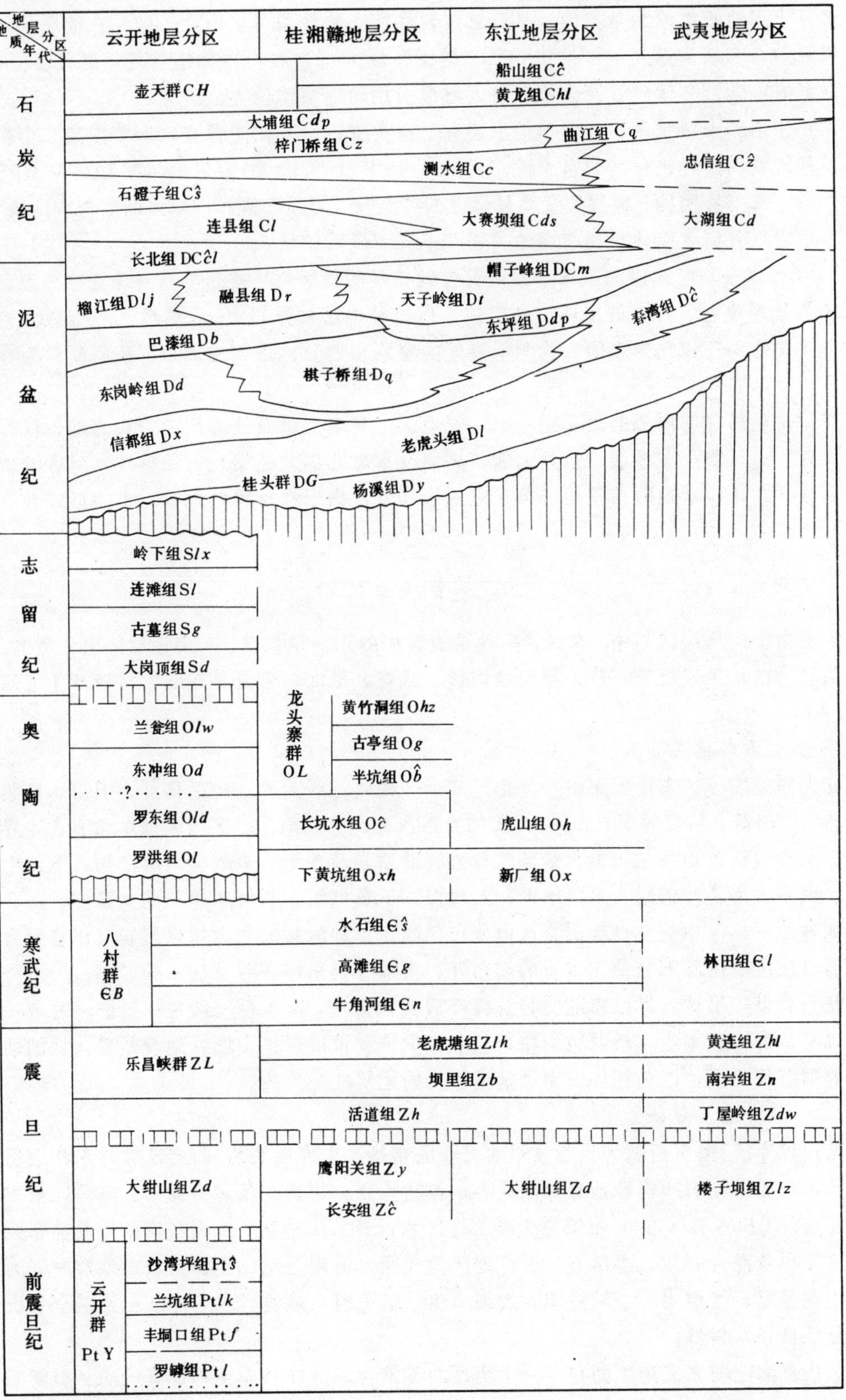
地层分区
地质年代
云开地层分区
桂湘赣地层分区
东江地层分区
武夷地层分区
石炭纪
壶天群C*H*
船山组C$\hat{c}$
黄龙组C*hl*
大埔组C*dp*
曲江组C*q*
梓门桥组C*z*
测水组C*c*
忠信组C$\hat{z}$
石磴子组C$\hat{s}$
连县组C*l*
大赛坝组C*ds*
大湖组C*d*
泥盆纪
长北组DC$\hat{c}$*l*
帽子峰组DC*m*
榴江组D*lj*
融县组D*r*
天子岭组D*t*
春湾组D$\hat{c}$
东坪组D*dp*
巴漆组D*b*
棋子桥组D*q*
东岗岭组D*d*
信都组D*x*
老虎头组D*l*
桂头群DG
杨溪组D*y*
志留纪
岭下组S*lx*
连滩组S*l*
古墓组S*g*
大岗顶组S*d*
奥陶纪
兰瓮组O*lw*
龙头寨群O*L*
黄竹洞组O*hz*
古亭组O*g*
东冲组O*d*
半坑组O$\hat{b}$
?
罗东组O*ld*
长坑水组O$\hat{c}$
虎山组O*h*
罗洪组O*l*
下黄坑组O*xh*
新厂组O*x*
寒武纪
八村群∈*B*
水石组∈$\hat{s}$
高滩组∈*g*
林田组∈*l*
牛角河组∈*n*
震旦纪
乐昌峡群Z*L*
老虎塘组Z*lh*
黄连组Z*hl*
坝里组Z*b*
南岩组Z*n*
活道组Z*h*
丁屋岭组Z*dw*
大绀山组Z*d*
鹰阳关组Z*y*
大绀山组Z*d*
楼子坝组Z*lz*
长安组Z$\hat{c}$
前震旦纪
云开群PtY
沙湾坪组Pt$\hat{s}$
兰坑组Pt*lk*
丰垌口组Pt*f*
罗罅组Pt*l*

地层清理的重点是组。前人在广东所建的组（不包括第四系和引用外省的名称）共计251个。现推荐使用的148个组中，除去引用外省的38个外，本省只推荐了110个。

推荐使用的基本原则是：(1) 具有总体岩性的一致性和可填图性；(2) 在地层分区内厚度、岩石组合和横向延展的“居中”和“适度”性；(3) 底、顶标志清楚，野外易于鉴别；(4) 命名的科学性和优先权及已被多数人习惯引用的地层单位等。

停止使用和未被采用的地层单位主要有三种类型：(1) 矿产普查勘探中在某一个矿区建立的不具区域划分对比意义的组或段；(2) 30—40年代和1：20万区调早期（1956—1959）创建的一批定义不甚明确、地层位置明显错误的“组”、“岩系”等；(3) 强调生物或地质年代，以统一地层划分概念而建立和引用的一些“组”、“段”、“层”。

80年代以来，广东沿海第四系的研究得到长足的发展，从雷州半岛到珠江三角洲、韩江三角洲都分别建立了各自的第四纪地层柱，但这种地层柱是以^{14}C或热释光法年龄值为依据联系古气候的变迁建立起来的。为利于野外的鉴别和划分，现以旋回和沉积间断面为标志进行划分。

对雷州半岛深部埋藏的白垩纪—第三纪地层，基本上以石油部门的资料为准，仅作了局部的修订。为反映广东地层（包括大陆、岛屿及南海北部大陆架）的完整性，对香港地区的地层划分和珠江口盆地的白垩纪—第三纪地层划分，据现有材料整理以附录的形式刊于正文之后。

三、综合地层区划

广东在全国地层区划中，隶属华南地层大区中的东南地层区。东南地层区内分区的划分，经有关省（市、区）协商，广东横跨桂湘赣、武夷、沿海、云开、东江、雷琼6个地层分区（图1-1）。

（一）桂湘赣地层分区

桂湘赣地层分区东南以定南—连平—清远—梧州一线为界，包括连县、阳山、怀集、英德、韶关、南雄、翁源等县（市），习惯称为粤西北、粤北地区。区内震旦系和下古生界以复理石、类复理石沉积为主，夹少量碳酸盐岩、硅质岩及含笔石页岩。地层序列自下而上为长安组、鹰阳关组、活道组、乐昌峡群、八村群、下黄坑组、长坑水组和龙头寨群。

泥盆纪—早、中三叠世地层在区内分布广泛，以碳酸盐岩和含煤碎屑岩沉积较发育为特点；岩石地层单位除部分使用本省的创名外，大部分仍采用邻省（区）的名称。

晚三叠世—早侏罗世以海陆交替含煤碎屑沉积为主，沿乐昌—韶关—英德—翁源一带分布，以艮口群、金鸡组、桥源组为序列代表。中侏罗世以后以山间盆地及断陷盆地的陆相磨拉石碎屑沉积为主，以马梓坪、南雄盆地建立的地层柱为代表。

（二）云开地层分区

西侧以岑溪-博白断裂为界与钦州地层分区相接，东界以吴川-四会断裂与东江地层分区相接，南以遂溪断裂与雷琼地层分区分界；包括廉江、化州、茂名、高州、电白、信宜、罗定、郁南、德庆等县（市），习惯称为粤西地区或云开大山地区。区内早古生代及前寒武纪地层多深变质及混合岩化；以信宜—云浮地区为代表，前震旦纪—早震旦世的地层序列为罗罅组、丰垌口组、兰坑组、沙湾坪组、大绀山组、活道组。晚震旦世—寒武纪地层全省统一使用乐昌峡群和八村群。

区内奥陶纪与寒武纪之间存在一个明显的不整合，莫柱孙先生称郁南运动。奥陶系底部

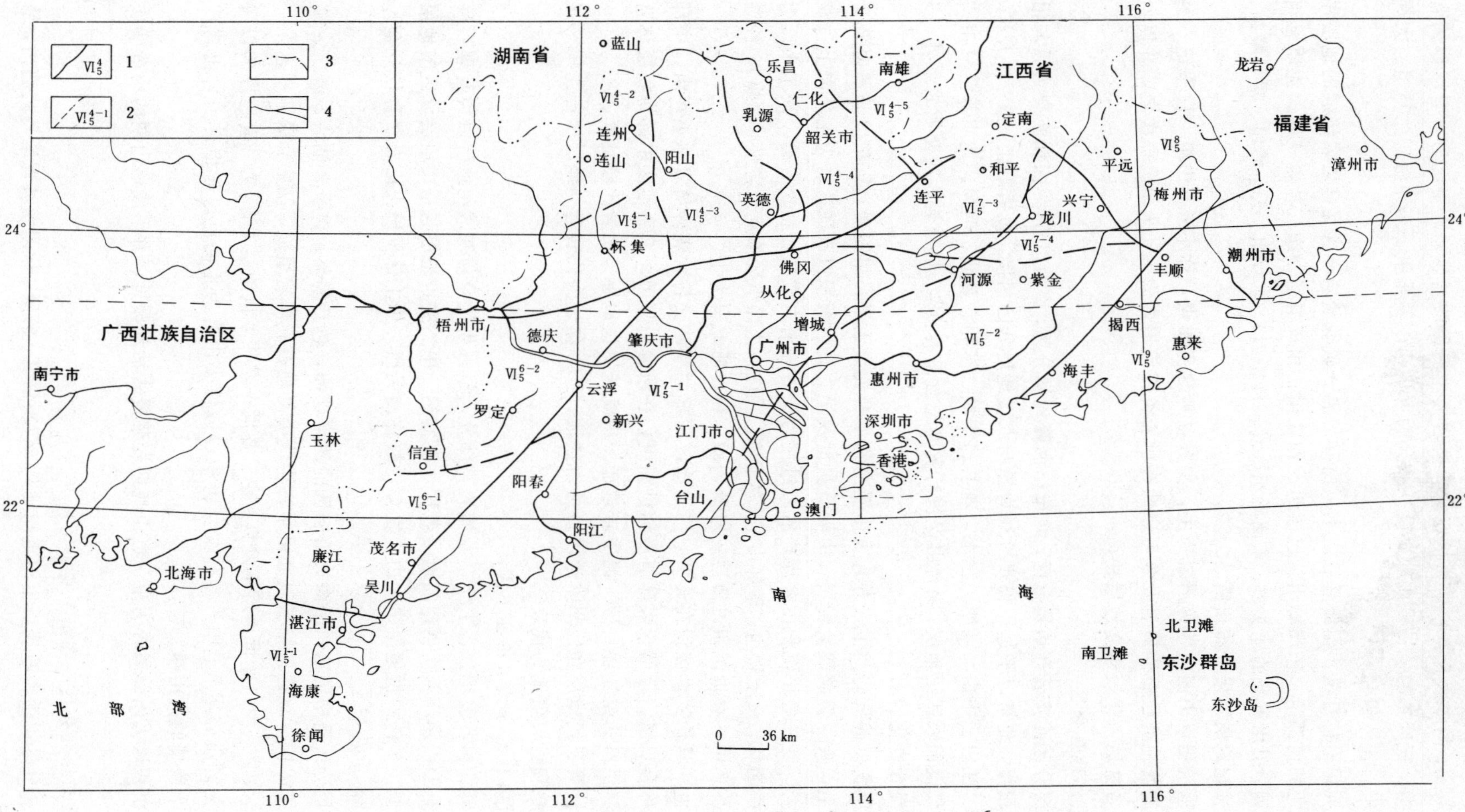

图 1-1 广东省综合地层区划图

VI_5^4. 桂湘赣地层分区：VI_5^{4-1}. 怀集小区，VI_5^{4-2}. 连县小区，VI_5^{4-3}. 阳山小区，VI_5^{4-4}. 韶关小区，VI_5^{4-5}. 始兴小区；VI_5^6. 云开地层分区：VI_5^{6-1}. 廉江小区，VI_5^{6-2}. 罗定小区；VI_5^7. 东江地层分区：VI_5^{7-1}. 阳春－花都小区，VI_5^{7-2}. 惠阳小区，VI_5^{7-3}. 和平－新丰小区，VI_5^{7-4}. 兴宁小区；VI_5^8. 武夷地层分区；VI_5^9. 沿海地层分区；VI_5^{11}. 雷琼地层分区；

1. 地层分区界线及编号；2. 地层小区界线及编号；3. 省、自治区界；4. 水系砾岩厚达500 m，向上以含壳相生物化石的碎屑岩为主夹碳酸盐岩；志留纪为一套巨厚的含笔石及腕足类、三叶虫的砂、泥质韵律层。划分为罗洪组、罗东组、东冲组、兰瓮组、大岗顶组、古墓组、连滩组和岭下组。

泥盆纪沉积不整合覆于褶皱基底之上，由碎屑岩→碳酸盐岩→含锰硅质岩组成的地层序列，引用广西的信都组、东岗岭组、巴漆组、榴江组；由碎屑岩→碳酸盐岩→砂、泥质岩组成的地层序列，引用粤北的桂头群、东岗岭组（或棋梓桥组）、东坪组、天子岭组、帽子峰组。石炭纪—二叠纪地层零星分布出露。

晚三叠世沉积以山间盆地碎屑岩为主，少数盆地含劣质煤，称小云雾山组。白垩纪—第三纪，以山间盆地磨拉石碎屑岩及含可燃性有机岩类细碎屑岩为主，火山沉积次之，并以罗定盆地及茂名盆地为代表建立地层柱。

（三）东江地层分区

东江地层分区西接云开地层分区，北接桂湘赣地层分区，南东以五华-深圳断裂为界与沿海地层分区相接，北东以平远—梅州一线为界与武夷地层分区相接，包括阳江、恩平、开平、台山、斗门、江门、中山、高明、三水、花县、增城、东莞、惠州、河源、龙川等县（市）。区内早古生代及前寒武纪地层，除台山保留有奥陶纪含笔石页岩、硅质岩为浅变质岩系外，多为深变质及混合岩化岩石。

泥盆纪沉积以碎屑岩为主，并含火山凝灰物质及夹火山岩；早石炭世沉积以碎屑岩及含煤碎屑岩为主，夹少量碳酸盐岩层。中晚石炭世及早二叠世沉积以碳酸盐岩为主，向上过渡为含煤碎屑岩。晚二叠世沉积由含煤碎屑岩过渡为浅海碎屑岩或湖相粘土岩类，兴宁小区引用闽西南地层名称：童子岩组、翠屏山组、大隆组；阳春-花都小区称童子岩组（含煤）、沙湖组、圣堂组。早中三叠世沉积以薄层灰岩及钙质、粉砂质泥岩为主。

晚三叠世—早侏罗世沉积在开平—广州地区下部的海陆交替含煤碎屑岩称小坪组，中部海相碎屑岩称金鸡组，上部含煤碎屑岩称桥源组；在河源、惠阳、紫金地区中部海相层称蓝塘群，是一套巨厚的类复理石砂、泥质岩建造。中晚侏罗世地层火山岩比较发育。

白垩纪—第三纪地层在广州附近以百足山盆地、三水盆地为代表建立地层柱；龙川—兴宁以兴宁盆地和贝岭盆地为代表。

（四）武夷地层分区（梅县小区）

包括蕉岭、梅县及平远、兴宁、大埔的一部分，早古生代及前寒武纪地层以类复理石碎屑岩为主，全部引用闽西南创建的地层名称。泥盆纪—中三叠世地层与东江地层分区的地层发育特点相似。早侏罗世地层中火山岩发育，故称嵩灵组。中上侏罗统火山岩发育较齐全。

（五）沿海地层分区

沿海地层分区是中国东南沿海火山岩区的西南延伸，包括潮州、饶平、汕头、普宁、陆河、海丰等县（市）。该区的褶皱基底由早古生代类复理石碎屑岩组成，仅见于深圳—惠东一带；晚古生代及早—中三叠世地层不发育。晚三叠世—早侏罗世地层发育，为一套巨厚的以海相为主的类复理石碎屑岩；中—晚侏罗世沉积以酸性火山岩为主的巨厚陆相火山岩出露广泛，组成一个巨型的火山喷发带。

白垩纪沉积以火山碎屑岩为主，燕山晚期岩浆侵入活动频繁，并形成燕山期的构造变质岩带。

（六）雷琼地层分区（雷州半岛小区）

雷琼地层分区指遂溪断裂以南的雷州半岛，包括湛江、海康、徐闻及其近岸岛屿在内，是第三纪的沉陷带和第四纪火山岩带，基底由晚古生代及前泥盆纪变质岩系组成。本课题仅将雷州半岛资料加以整理，纳入成果报告。

广东地壳的演化经历了三个大的历史发展阶段，按区域性的不整合可划分为3个自然断代。

前寒武纪及早古生代地槽发展阶段。该阶段总体以类复理石沉积为主，以夹火山岩、碳酸盐岩及笔石页岩发育为特征。

泥盆纪—中三叠世准地台发展阶段。泥盆纪时海水从粤西、粤西北向粤东漫进，中晚石炭世海侵达到高潮，全省均沉积一套较稳定的碳酸盐岩层。早二叠世—中三叠世的海退与海进交替时期形成碎屑岩—含煤碎屑岩（海相碎屑岩）—碳酸盐岩层（或含磷、锰硅质岩、碎屑岩）的交互地层序列。

晚三叠世以后，为环太平洋边缘的大陆边缘活动带发展阶段。海水由东南向西北漫进；岩浆活动规模和活动期次频繁，并由西北向东南递增。

第二章
前震旦纪

广东的前震旦纪地层主要分布在云开地层分区的高州、信宜、阳春、罗定一带，为一套片岩、变粒岩、角闪片岩及片麻状花岗质岩石。以往一般将其归于“前泥盆纪变质岩”。

对云开地区的地质调查始于 1926 年，早期的调查者主要有徐瑞麟、蒋溶（1932），蒋溶（1934），王镇屏（1933），姚文光（1934）等。他们将前泥盆系划分为：①太古代片麻岩；②元古代片岩、大理岩、石英岩；③寒武—志留纪龙山系等。张文佑、赵金科（1958）于粤桂交界的天堂山地区将这套变质岩系命名为“天堂山片麻岩”、“灵山片岩”、“石圭大理岩”；莫柱孙（1962）创名为“云开大山变质杂岩”；广东省地质局综合研究大队 728 分队（1967）于云浮大绀山创建“大绀山群”；1988 年，《广东省区域地质志》称云开群。

广东区调队（1986）于阳春圭岗秋风坪发现古片藻 *Laminarites* cf. *antiquissimus*，对信宜钱排龙湾变质岩（变粒岩）用 Rb－Sr 法测得年龄值 828 Ma，从而将云开群的时代定为震旦纪—寒武纪。1988 年《广东省区域地质志》将云开群暂归入震旦系并与鹰阳关组相对比。

南颐（1991）[①]根据信宜丰垌口及钱排冻水坑所获微古植物化石将云开群置于中—上元古界，划分出先经围组、罗罅组、丰垌口组、牛辰坳组、沙湾坪组。此后，南颐（1993）[②]又将云开群修定为上元古界青白口系，划分为罗罅组、丰垌口组、牛辰坳组、沙湾坪组。

第一节　岩石地层单位

云开群　Pt*Y*　（44－0001）

【创名及原始定义】　广东省地质矿产局（1988）将莫柱孙先生（1962）在《粤西加里东褶皱变质带及其含磷地层的初步研究》中称为“云开大山变质杂岩”的变质岩系修订为云开群。指分布于粤西、粤中至粤东北地区，位于寒武纪地层之下的一套巨厚的浅海相类复理石碎屑岩建造，以变质岩夹火山岩及变质磷、铁矿床为特征，总厚达 6000 m 以上。

【沿革】　广东区调队（1959—1969）在广东西部开展的 1∶20 万区调中多称寒武系，1979 在《1∶5 万贵子测区报告》中称八村群并进一步划分 4 个亚群，时代仍置于寒武纪。在 1977 年编写的《广东的震旦系》中认为这套夹变质火山岩并普遍含铁、磷矿的变质岩可与连山鹰扬关地区的含铁、磷矿的地层对比而置于震旦纪。1988 年《广东省区域地质志》以信宜黄华江剖面、横坑垠剖面、罗罅剖面为代表，将云开群划分 3 个亚群，其中第 2 亚群划分 4 个岩性段。

【现在定义】 指出露于云开地层分区的一套类复理石变质岩类夹变质火山岩、变质铁、磷矿层的地层，由罗罅组、丰垌口组、兰坑组及沙湾坪组 4 个组组成。与上覆大绀山组呈整合或平行不整合关系，底界不明。

【层型】 正层型为信宜黄华江剖面（111°03′，22°33′），由广东区调队 1979 年测制。副层型有信宜横坑垠剖面（111°03′，22°31′）、信宜罗罅剖面（112°20′，22°31′），广东区调队 1979、1977 年分别测制。

【地质特征及区域变化】 云开群仅见于云开地层分区，罗罅组以云母石英片岩为主，以夹阳起石绿帘石岩、斜长角闪石岩及磁铁矿矽卡岩为特征，沿信宜贵子—思贺一带展布。丰垌口组以夹黑色含碳质片岩或含碳质千枚岩为特征，伴随罗罅组展布。兰坑组以夹含磷灰石片岩、条带状磁铁矿层、含铁石英岩及白云质大理岩为特征，沿信宜兰坑—钱排、高州马贵—古丁呈弧形展布。沙湾坪组以二云石英片岩、云母石英岩为主，出露于信宜洪冠以西至桂粤边境。

罗罅组 Pt*l* (44-0002)

【创名及原始定义】 南颐（1991）[①]以信宜县罗罅—铜古坪剖面命名，南颐（1994a）介绍。原义为云开群中下部的一个组，主要由浅变质的砂泥质碎屑岩组成，其中夹不纯的碳酸盐岩及英安斑岩，上部为阳起石绿帘石岩，与上覆丰垌口组呈整合接触。

【沿革】 相当于《广东省区域地质志》中云开群第 2 亚群的第一段及第二段。南颐（1991）命名罗罅组时认为与先经围组是上下叠置关系，后经调查先经围组属中泥盆世地层，与罗罅组是断层接触，南颐（1993）将先经围组废弃，改为罗罅组底界不明。

【现在定义】 指云开群下部的一个组，底未出露；下部以云母石英片岩、石英云母片岩、云母石英岩为主，偶夹阳起透闪透辉岩；上部以含石榴石石英云母片岩、石英岩为主，夹阳起石绿帘石岩、斜长角闪石岩、变质基性火山岩及磁铁矿矽卡岩。与上覆丰垌口组含碳质千枚岩呈整合接触。

【层型】 正层型为信宜罗罅—铜古坪剖面（112°20′，22°31′），广东地科所 1990 年测制。

罗罅组	总厚度＞1307.23 m
36. 暗绿色绿帘石岩及阳起石绿帘石岩（其中掩盖 154.65 m，露头零星出露，未见顶）	190.41 m
35. 褐铁矿化砂岩	96.02 m
34. 灰绿色云母石英片岩	15.21 m
33. 棕红色薄层变质中细粒长石石英砂岩	8.58 m
32. 暗棕、黑棕色云母石英片岩	7.58 m
31. 浅灰、灰绿色绢云母石英片岩夹英安斑岩	23.40 m
30. 暗绿色云母石英片岩	24.50 m
29. 浅灰绿色条纹状绿泥石石英片岩	19.98 m
28. 浅灰绿色片理化变质粉砂岩	44.92 m
27. 棕黄色厚层石英绿泥绢云千枚岩	7.62 m
26. 灰绿、黑绿色薄—中层状绢云母石英片岩	110.78 m
25. 灰黑、黑绿色薄层板状石英绿泥绢云千枚岩	15.86 m

24. 灰绿色绢云母石英片岩	3.91 m
23. 灰绿色薄层绢云母板岩	7.23 m
22. 浅灰绿色片理化中—薄层状变质砂岩	42.64 m
21. 灰绿色中—厚层状变质细粒长石石英砂岩	2.36 m
20. 灰绿色绢云母石英片岩	28.81 m
19. 灰绿、浅棕红色中—厚层状粉砂岩	5.90 m
18. 棕红色厚层状含铁质粉—细砂岩	43.54 m
17. 棕灰、灰绿色板状石英绢云千枚岩	57.51 m
16. 灰绿色厚层状变质砂岩	2.97 m
15. 棕灰绿色厚层变质粉—细砂岩夹泥质粉砂岩	71.11 m
14. 灰绿、棕灰色中—厚层状变质粉砂岩	12.52 m
13. 灰、浅灰绿色板状石英绢云母千枚岩	10.02 m
12. 棕灰绿色厚层状变质粉—细砂岩	4.64 m
11. 灰绿、棕灰色绢云母片岩	16.07 m
10. 灰绿色石英绢云母千枚岩	55.87 m
9. 灰绿色变质粉砂岩	60.15 m
8. 灰绿色中—厚层片状变质粉砂岩夹片岩	12.94 m
7. 灰绿色绢云母片岩，含微古植物 *Leiopsophosphaera solida*，*L. minor*，*Trachysphaeridium rugosum*，*Polyporata obsoleta*，*Leiofusa bicornuta* 等	55.45 m
6. 浅灰白色微带灰绿色阳起透闪透辉岩	10.88 m
5. 浮土	211.26 m
4. 浅棕红色厚层变质长石石英砂岩	3.21 m
3. 棕灰色、棕红色变质粉砂岩	3.21 m
2. 棕灰色厚层砂岩	3.85 m
1. 灰绿—棕红色变质粉砂岩夹灰绿色绢云母片岩（未见底）	16.32 m

【地质特征及区域变化】 本组仅见于云开地层分区中部信宜贵子-分界弧形褶皱带两侧。于贵子—罗镜以南的信宜罗罅—铜古坪剖面所见，罗罅组下部为厚层状变质长石石英砂岩、粉砂岩夹绢云母片岩，含微古植物，厚度大于 237 m；上部以浅变质细粒长石石英砂岩、绢云母千枚岩为主，顶部及底部均见阳起石绿帘石岩，中上部夹英安斑岩，厚度大于 1 073 m。于信宜思贺石垌剖面所见，罗罅组下部为青灰色厚层状云母石英片岩、云母石英岩夹石英云母片岩及云母片岩，厚度大于 633 m；上部为深变质云母石英片岩、石英云母片岩、石英岩夹斜长角闪石岩，底以深灰色大理岩为标志，厚 565 m。

贵子—罗镜以北的罗罅组，下部沿扶合—湘垌一带出露，主要由青灰色石英绢云母千枚岩、石英云母片岩、灰绿色变质粉砂岩组成，夹绿帘石石英岩、石榴石岩、条带状阳起石透辉石长英质岩，组成一个海进序列，厚 500 m 以上；上部以灰白、深灰色石英二云母片岩（千枚岩）、变质粉砂岩为主，夹铁锰质层及含铁绿泥石岩，总厚 804～932 m；于泗纶东丁湾含微古植物。据旺沙高垌剖面所见，罗罅组下部以混合质长石云母石英片岩为主，夹中薄层状含十字石云母石英片岩，厚度大于 700 m；上部为含十字石石英云母片岩夹云母石英片岩，含云母石英岩，厚度大于 530 m。在大冬田、云丽等地见铁矿层。罗罅组上部的矽卡岩型磁铁矿在区域上可作为对比标志。据其中所含的微古植物化石及同位素年龄值 1100±50 Ma，暂将本组地质时代定为蓟县纪—青白口纪。

丰垌口组 Pt*f*　(44-0003)

【创名及原始定义】　南颐（1991）①以信宜滩洞—丰垌口剖面命名，南颐（1994a）介绍。丰垌口组为一套含碳质的浅变质碎屑岩，由灰绿色变质粉砂岩、长石石英砂岩与灰绿—灰黑色绢云母千枚岩互层，夹多层灰黑色碳质石英绢云母千枚岩组成，整合覆于罗罅组之上。

【沿革】　相当于《广东区域地质志》中云开群中亚群第三段。南颐（1991）置于丰垌口组上部的一套灰绿色厚层状变质不等粒长石石英砂岩，区域上延展较稳定可作为标志层，周国强（1993）将其置于兰坑组底部。

【现在定义】　由灰绿色变质粉砂岩、长石石英砂岩与灰绿—灰黑色绢云母千枚岩互层，夹多层灰黑色碳质石英绢云母千枚岩组成，与下伏罗罅组阳起石绿帘石岩及上覆兰坑组不等粒长石石英砂岩或石英岩均呈整合接触。

【层型】　正层型为信宜县滩洞—丰垌口剖面（111°06′，22°34′），广东地科所1990年测制。

上覆地层：兰坑组　38. 棕、灰绿色厚层变质不等粒长石石英砂岩　9.99 m

——————— 整　合 ———————

丰垌口组　总厚度＞831.87 m

37. 灰绿色石英绿泥石云母微片岩夹片状粉砂岩　6.10 m

36. 灰绿色中—厚层状石英绿泥石绢云千枚岩　5.56 m

35. 黑绿色含碳质千枚状页岩与石英绿泥石绢云千枚岩互层　30.82 m

34. 浮土　51.76 m

33. 棕黄色中厚层状片状长石石英砂岩夹灰色千枚岩　40.08 m

32. 黑色石英绢云千枚岩，含微古植物 *Bavlenella faveolata*，*Leiopsophosphaera pelucidus*，*Protoleiosphaeridium sorediforme*，*Pesudozonosphaera nucleolata*，*Trachysphaeridium hyalinum* 等　2.35 m

31. 浅棕红色中—薄层片状长石石英砂岩　20.38 m

30. 灰绿色中—厚层片状长石石英砂岩夹千枚状页岩　13.31 m

29. 灰绿色片状长石石英砂岩　44.12 m

28. 浮土　26.05 m

27. 棕红、棕黄色变质片状粉砂岩夹灰黑色绢云母千枚岩　18.30 m

26. 灰黑色绢云母千枚岩与棕红色千枚状粉砂岩互层　11.01 m

25. 棕红、棕黄色千枚状粉砂岩　11.80 m

24. 灰黑色绢云母千枚岩　3.48 m

23. 棕红、棕黄色薄—中层千枚状粉砂岩与石英绢云千枚岩互层，黑色千枚岩中含微古植物 *Leiominuscula minuta*，*Leiopsophosphaera minor* 等　25.28 m

22. 棕红、棕黄色千枚状粉砂岩夹灰黑色绢云千枚岩　23.54 m

21. 浮土　21.80 m

20. 暗棕绿色薄层石英绢云千枚岩夹黑色绢云千枚岩　42.18 m

19. 棕红、棕黄色千枚状粉砂岩夹石英绢云千枚岩　31.99 m

18. 棕红色薄层状石英绢云千枚岩夹片状粉砂岩　54.11 m

17. 棕红、棕黄色含铁质石英绢云千枚岩　31.78 m

16. 灰绿、棕红色中—薄层片状粉砂岩　46.36 m

15. 棕灰绿色中—厚层状绢云千枚岩夹薄—中层片状粉砂岩　60.13 m

14. 灰绿、棕灰色薄层状石英绢云千枚岩　17.29 m

13. 棕黄、棕红色中—厚层状片状粉砂岩夹薄层状石英绢云千枚岩，含微古植物 *Leiominuscula incrassata*，*Leiopsophosphaera minor* 等 19.22 m

12. 灰绿色薄层状石英绢云千枚岩 9.85 m

11. 灰绿色石英绢云千枚岩与棕红色中厚层片状变质长石石英砂岩互层 9.85 m

10. 浅灰绿、银灰色千枚状变质粉砂岩夹多层暗绿色绢云母千枚岩 22.46 m

9. 暗绿、灰绿色中—薄层千枚状变质含砂质粉砂岩夹变质长石石英砂岩 23.00 m

8. 棕黄绿、棕红色片状变质粉砂岩，层间夹灰绿色绢云母千枚岩 16.16 m

7. 棕黄色薄层绢云千枚岩 14.40 m

6. 棕红色千枚状含铁质变质砂岩中夹薄层状绢云母千枚岩 18.00 m

5. 绿色石英绢云千枚岩 10.80 m

4. 棕黄色片状薄—中层变质粉砂岩 8.64 m

3. 浅灰绿色绢云千枚岩 13.41 m

2. 棕红色含铁质石英绢云千枚岩 24.16 m

1. 棕红、棕黄色绢云千枚岩（未见底） 2.34 m

【地质特征及区域变化】 丰垌口组见于云开地层分区中部的信宜贵子-分界弧形褶皱带两侧。于南侧信宜丰垌口剖面所见，丰垌口组由灰绿色中—厚层状长石石英砂岩、绢云母千枚岩、粉砂岩夹灰黑色、黑色含碳质千枚岩、千枚岩的韵律层组成，富含微古植物化石，厚度 830 m。向西于信宜楼垌剖面所见，丰垌口组由灰及灰绿色含长石云母石英片岩、石英云母片岩夹变质砂岩、含碳质片岩及薄层条带状硅质岩组成，含微古植物化石，厚 308 m。于贵子—罗镜以北的罗定分界黄峰坑—罗光水库剖面所见，丰垌口组由灰—灰黑色条带状含碳质千枚岩、粉砂岩为主组成，底部以变质中粗粒石英砂岩为标志，出露厚度约 700 m。罗定都门甘竹的丰垌口组由片理化含长石石英砂岩与石英云母片岩构成韵律层，以夹碳质页岩为标志，厚度大于 1180 m。据本组所含微古植物化石组合特征，暂将其时代定为蓟县纪—青白口纪。

兰坑组 Pt*lk* (44-0004)

【创名及原始定义】 周国强、郑有铭（1993）[③]以信宜兰坑三家村—大辟剖面命名，周国强（1994）介绍。兰坑组以石英云母片岩（绢云母千枚岩）、云母石英片岩为主，夹长石石英砂岩；中上部夹含磷灰石片岩、条带状磁铁矿层、含铁石英岩及白云质大理岩透镜体、黄铁矿透镜体。

【沿革】 广东省地质局（1958—1975）先后对信宜兰坑、钱排冻水坑、高州大坡良洞一带的含磷灰石片岩的含矿性、层序及其延伸曾进行研究和追索。《广东省区域地质志》曾划为云开群中亚群第四段，南颐（1991）曾将其置于丰垌口组上部及牛辰坳组。

【现在定义】 以浅灰、紫红色石英云母片岩（绢云母千枚岩）、云母石英片岩夹长石石英砂岩为主，中上部夹灰黑色含磷灰石片岩、条带状磁铁矿层、含铁石英岩及白云质大理岩透镜体、黄铁矿透镜体，底部以灰绿色厚层状不等粒长石石英砂岩为标志，整合覆于丰垌口组含碳质千枚岩、绢云母千枚岩之上，与上覆沙湾坪组石英岩呈平行不整合接触。

【层型】 正层型为信宜兰坑三家村一大辟剖面（111°07′，22°32′），广东区调队 1977 年测制。

兰坑组 总厚度＞647.42 m

35. 上部灰黑色中层状含磷黑云母石英片岩，中部夹绿泥石条带磁铁矿层，下部夹灰黑

色条带状含铁石英片岩（未见顶） 4.34 m

34. 棕黄灰色薄层状石英绢云母片岩 17.75 m

33. 紫红色中—薄层状绢云母泥质变质粉砂岩 29.95 m

32. 紫红、棕黄色条带状中—薄层状绢云母泥质变质粉砂岩 14.20 m

31. 紫红色中—薄层状含铁变质泥质粉砂岩夹灰黑色锰质薄层 18.80 m

30. 棕红色中—厚层状含铁变质细砂岩 45.30 m

29. 棕红色薄层状绢云母石英片岩，底部夹黑褐色含锰石英片岩 6.91 m

28. 深棕红色中层状含铁绢云母石英片岩 24.80 m

27. 灰紫色、浅灰色石英绢云母片岩夹绢云母石英片岩 23.36 m

26. 浅棕、灰白色含磷绢云母石英片岩，顶部为厚 6 cm 砾状硅质磷块岩 4.38 m

25. 棕灰白色、黄白色中层状绢云母石英片岩 15.83 m

24. 浅棕灰色薄层状绢云母石英片岩 1.52 m

23. 浅灰白薄—中厚层状含磷绢云母石英片岩 13.65 m

22. 黄白色中厚层状绢云母石英片岩 9.94 m

21. 棕红色绢云母石英片岩夹深灰色石英绢云母片岩 53.22 m

20. 紫红、灰白色中—薄层条带状绢云母石英片岩 7.11 m

19. 浅灰、黄白、淡紫红色绢云母片岩 10.74 m

18. 深棕红色中—薄层状绢云母石英片岩 2.62 m

17. 深棕红色中—薄层状石英绢云母片岩 18.41 m

16. 暗紫灰色具条带状绢云母石英片岩夹深棕红色含铁石英片岩 39.45 m

15. 底部为深棕红色中层状变粒岩，向上变为薄层状绢云母石英片岩 10.64 m

14. 浅棕、紫红、黄白色花斑状薄层绢云母片岩 23.64 m

13. 底部为深棕红色含铁绢云母石英片岩，向上变为条带状绢云母石英片岩 3.08 m

12. 深棕红色含铁绢云母石英片岩夹棕黄色绢云母石英片岩 25.44 m

11. 紫红色薄层石英绢云母片岩夹绢云母石英片岩及变粒岩 64.36 m

10. 浅灰、浅紫红色薄层条带状云母片岩 32.10 m

9. 掩盖 24.00 m

8. 紫红色中层状含铁云母石英片岩夹绢云母片岩条带及薄层 14.40 m

7. 浅灰、淡紫红色中层状石英云母片岩 30.30 m

6. 掩盖 24.60 m

5. 浅灰色中层状云母片岩 14.76 m

4. 紫红色薄层条带状石英云母片岩 2.24 m

3. 浅棕灰色、黄色中层状含磷石英片岩夹滑石云母片岩 3.28 m

2. 浅紫红色中层状云母石英片岩 4.10 m

1. 浅灰白、淡紫红色薄层石英片岩（未见底） 8.20 m

【地质特征及区域变化】 兰坑组分布于云开地层分区中部，沿信宜贵子-分界弧形褶皱带两侧展布，南部沿信宜兰坑—钱排冻水坑一带分布，北部沿罗定扶合—都门出露。于信宜兰坑三家村—大辟剖面所见，兰坑组以棕灰—棕红色绢云母石英片岩、石英绢云母片岩为主，夹含铁及含磷石英片岩、条带状磁铁矿层、薄层硅质磷块岩及黑褐色含锰石英片岩，厚 647 m；底界以灰白色厚层状微粒石英岩（单层厚 50 cm）偶夹变质长石石英粉砂岩为标志整合覆于丰垌口组夹黑色千枚岩的长石石英粉砂岩之上。向南于信宜钱排冻水坑剖面所见，兰坑组以灰绿、棕红色含石榴石石英二云母片岩为主，夹黑云母变粒岩、长石石英岩、磁铁矿石英岩等，富含微古植物化石。于信宜洪冠扶曹剖面所见，兰坑组底部以灰色硅质岩为标志，由灰、灰绿色石英云母片岩夹变质粉砂岩及少量含碳质云母片岩组成，含微古植物化石，总厚841 m；上覆为沙湾坪组之中厚层状石英岩。贵子—罗镜以北，于罗定都门剖面所见，兰坑组以深灰色石英二云母片岩为主，夹黑云母变粒岩、云母石英片岩及少量长石石英岩，总厚度大于591 m。据本组所含微古植物化石组合特征，暂将其时代定为蓟县纪—青白口纪。

沙湾坪组　Pt$\hat{s}$　(44-0005)

【创名及原始定义】　南颐（1991）[①]以信宜旺沙独墩—怀乡牛下剖面创名，南颐(1994a)介绍。指整合覆于牛辰坳组之上的一套绿片岩相浅变质砂泥质碎屑岩，由石英二云片岩与二云石英片岩互层夹二云母石英岩及石英绿泥绢云千枚岩组成。

【沿革】　相当于《广东省区域地质志》中云开群的上亚群。

【现在定义】　指平行不整合覆于兰坑组灰黑色含磷片岩、含铁石英片岩之上的一套浅变质砂泥质碎屑岩。其底部以微粒石英岩为标志，向上以灰绿色石英二云片岩与二云石英片岩为主；中部以石英二云片岩为主，夹黑色含碳质云母片岩及薄层硅质岩；上部以浅灰绿色云母石英片岩与云母石英岩为主，夹多层石英斜长角闪岩。与上覆大绀山组石英岩呈平行不整合接触。

【层型】　正层型为信宜旺沙独墩—怀乡牛下剖面（111°03′，22°33′），广东地科所1989年测制。

沙湾坪组	总厚度＞1343.39 m
28. 浅灰绿色薄层状含石榴石二云石英片岩与绿泥石白云母石英岩互层（未见顶）	76.10 m
27. 浅灰绿色中—薄层状石英绿泥石绢云千枚岩	58.70 m
26. 浅灰绿色薄层片状绿泥石白云母石英岩	25.80 m
25. 覆盖，见云母石英岩、石英绿泥绢云千枚岩转石	40.14 m
24. 浅灰、浅灰绿色薄—中层片状绿泥石白云母石英岩夹石英绿泥绢云千枚岩	10.08 m
23. 覆盖，多见片状绿泥石白云母石英岩、石英绿泥绢云千枚岩转石	119.66 m
22. 浅棕灰、灰绿色石英绿泥绢云千枚岩夹薄层片状绿泥石白云母石英岩	25.78 m
21. 棕灰、浅灰绿色中—薄层片状绿泥石白云母石英岩	35.20 m
20. 灰绿色中—厚层状石英绿泥绢云千枚岩	25.06 m
19. 覆盖，多见石英绿泥绢云千枚岩转石	101.10 m
18. 浅棕黄色薄—中层片状二云母石英岩夹灰绿色石英绿泥绢云千枚岩	13.64 m
17. 灰绿色薄—中层状石英绿泥绢云母千枚岩	28.66 m
16. 灰白、浅棕红色中—厚层状二云母石英岩	31.85 m
15. 灰绿色蚀变十字石石英二云片岩，夹片状二云母石英岩	72.68 m
14. 灰绿色薄—中层状二云母石英片岩夹片状绿泥石白云母石英岩	57.00 m
13. 灰绿色中—厚层片状绿泥石白云母石英岩夹二云石英片岩	28.93 m
12. 灰绿色薄层石英二云片岩	12.86 m
11. 浅灰、银灰色薄层片状绿泥石白云母石英岩夹二云石英片岩	31.14 m
10. 灰绿色中—厚层状二云石英片岩夹薄层状石英二云片岩	60.19 m
9. 灰绿色薄层状石英二云片岩	112.93 m
8. 灰绿色薄层二云石英片岩夹绿色薄层石英二云片岩	30.78 m
7. 覆盖，多见二云石英片岩转石	19.68 m
6. 浅灰绿、浅棕黄色薄—中层状二云母石英片岩	69.30 m

5. 覆盖	81.36 m
4. 灰绿色二云母石英岩夹石英二云片岩	27.12 m
3. 覆盖	37.48 m
2. 灰绿色中—厚层二云石英片岩	17.89 m
1. 灰绿色薄层状二云石英片岩与二云母石英岩互层	92.28 m

【地质特征及区域变化】 本组分布于云开地层分区中部的信宜贵子-分界弧形褶皱带的南侧以及云浮大绀山一带。信宜旺沙独墩剖面所见为本组下部，以石英二云片岩与二云石英片岩互层为主，夹二云母石英岩及石英绿泥千枚岩，以具类复理石建造的鲍马层序为特征；总厚大于1348 m。向南于信宜白石长岗岭剖面所见为本组上部，以灰绿色云母片岩为主，夹薄层硅质岩及灰黑色云母片岩；往上以云母石英片岩为主，偶夹云母片岩；总厚度大于1328 m。于信宜大成坳坑本组上部之薄层硅质岩中含微古植物化石，其地质时代属晚元古代青白口纪。云浮大绀山一带，大绀山组石英岩之下出露的沙湾坪组为一套变质岩，下部以灰绿—棕黄绿色云母变粒岩和石榴石石英云母片岩为主，夹二云母片岩、云母石英片岩、长石石英岩；上部为灰绿—棕灰色十字石榴石石英二云母片岩与石榴石黑云母变粒岩互层，夹灰—灰绿色云母石英片岩及黑云母长石石英岩和石英岩。总厚度大于1950 m。

第二节 生物组合特征与年代地层讨论

一、微古植物组合

目前云开群中已发现微古植物化石30余处，计有37属93种，南颐（1993）称为 *Leiominuscula minuta* - *Leiopsophosphaera minor* 组合。其中的代表分子有 ：*Asperatopsophosphaera umishanensis*，*Bavlenella faveolata*，*Leiominuscula incrassata*，*L. minuta*，*L. orientalis*，*L. pellucentis*，*Leiofusa bicornuta*，*Leiopsophosphaera apertus*，*L. bullata*，*L. densa*，*L. infriata*，*L. minor*，*L. solida*，*Lignum* sp.，*L. punctulosum*，*Lophosphaeridium* sp.，*Monotrematosphaeridium asperum*，*Polyporata obsoleta*，*Synsphaeridium conglutinatum*，*Trachysphaeridium cultum* ，*T. incrassatum*，*T. minor*，*T. rugosum*，*T. simplex*，*T.* aff. *stipticum*，*Pseudozonosphaera* cf. *verrucosa Zonosphaeridium* sp. 等。

该组合70%以上由球藻群中的 *Leiominuscula* 及 *Leiopsophosphaera* 的一些种组成。它们个体很小，一般在3.3～29 μm之间，以纹饰结构简单的单细胞藻类为主。

其地质时代属晚元古代青白口纪（或青白口纪—早震旦世）的可能性较大。

二、同位素年龄值

云开群中所获同位素年龄值资料众多，已公开发表的有下列数据。

(1) 1987年广东区调大队于信宜钱排兰坑组采集黑云母长石石英岩标本进行Rb-Sr全岩测定，获表面年龄值828 Ma。

(2) 罗定泗纶—都门一带出露的罗罅组云母片岩、角闪斜长岩及片麻状混合花岗质岩石，经中国科学院地球化学研究所于津生等通过Rb-Sr全岩等时线、Sm-Nd同位素体系、Nd-Sr同位素体系、Sr-O同位素体系研究，认为泗纶变质混合岩的原岩主体是沉积变质岩；根据 TDM、Sm－Nd 和 Rb－Sr 等时线年龄数据，初步认为组成这种沉积岩的物质可能在 2000 Ma 前从上地幔分异出来，1400 Ma 前沉积形成岩石，并约在 600 Ma 和 400 Ma 经历了强烈的构造变质作用。Sm－Nd 全岩等时线测得 5 个云母片岩的 TDM 模式年龄分别为 2335、2306、2203、2099 Ma 和 1492 Ma，4 个 TDM 大于 2000 Ma 的样品可构成一条相关系数 r= 0.9725 的 Sm－Nd 等时线年龄为 1470 Ma。

(3) 1988 年广东地科所与宜昌地质矿产研究所（简称宜昌地矿所，下同）合作，对信宜罗罅剖面罗罅组中上部的英安斑岩采样，挑选锆石作 U－Pb 年龄测定，用三阶段模式处理得 t_0=4531.2±60 Ma，t_1=911±11 Ma，t_2=239±9 Ma，并认为 911±11 Ma 代表英安斑岩形成年龄。

(4) 1991 年宜昌地矿所于信宜思贺石垌剖面，对罗罅组中上部的斜长角闪片岩取样作 Sm－Nd 法年龄测定，获得模式年龄 1100±50 Ma。

(5) 1992 年广东地科所与成都地质学院合作，对信宜滩洞、旺沙呈似层状产于罗罅组中的变质英安斑岩进一步采样，用单颗粒锆石分层蒸发法进行年龄测定，获得 3 组数据：磨圆锆石为 1600 Ma 及 2000 Ma，代表沉积物的物源区形成年龄；晶形完好的高温锆石为 922～940 Ma，代表变质英安斑岩的形成时间；晶形完好的低温锆石获得 359～473 Ma 及 617～723 Ma 的两组数据，代表后期运动对本区岩层的强烈改造及变质事件的时间。

上述资料表明，云开群的地质时代为 828～1470 Ma，相当于蓟县纪—青白口纪。

---

①南颐，1991，信宜及阳春两县北部变质岩系的时代及其划分，广东省地质科学研究所。

②南颐，1993，粤西含金地层划分，区域变质及同位素年代地质学研究，广东省地质科学研究所。

③周国强、郑有铭，1993，广东西部元古代地层，广东省地质学会会刊（1994 年学术年会论文摘要汇编）总第二十期。

第三章
震旦纪—志留纪

广东震旦纪—志留纪地层主要分布于桂湘赣、云开及东江地层分区，在武夷地层分区也有出露。

震旦纪地层为浅海类复理石碎屑岩沉积，沿云开大山至广州、博罗、兴宁、梅县及连山鹰扬关、南雄梅岭等地呈北东东向展布。下部鹰阳关组及大绀山组岩石多变质，以夹变质火山岩、条带状磁铁矿、含磷灰石片岩、大理岩及黄铁矿层、含锰硅质岩为特征；上部活道组及乐昌峡群由浅变质的砂岩与板岩组成的韵律层为主，顶部以硅质岩为标志与寒武系呈整合接触。

寒武纪地层分布较广泛，八村群为浅海类复理石碎屑岩，由浅变质的长石石英砂岩、细砂岩、粉砂质板岩组成。依沉积旋回及灰岩、泥灰岩等薄层或透镜体为标志，区域上可划分为 3 个组。

奥陶纪地层在桂湘赣及东江地层分区沉积以含笔石页岩为特征，下部主要由页岩、硅质页岩及硅质岩组成，富含笔石，上部以砂岩为主夹碳酸盐岩。云开地层分区为浅海壳相砂泥质沉积，以砂岩、页岩为主，夹砾岩、砂砾岩及碳酸盐岩类，以产底栖的腕足类及三叶虫化石为特征，不整合覆于寒武系之上。

志留纪地层仅见于云开地层分区，为类复理石沉积，由页岩及粉砂岩、细砂岩组成，中下部富含笔石，上部腕足类、三叶虫等介壳相化石增多；底部发育浊积相的砾岩、砂砾岩，平行不整合于奥陶系之上。

广东早古生代地层的研究始于本世纪 30 年代，徐瑞麟、蒋溶（1932），张席禔（1933），章熙林（1938），张席禔、孙云铸（1939）及穆恩之（1948）等均对郁南连滩地区的志留纪笔石进行过研究，划分了 10 个笔石带，从早年的“龙山系”中分出了“连滩页岩”和“文头山页岩”，建立连滩组和文头山组。新中国成立以后开展的 1：20 万区域地质调查，先后在河源、始兴、曲江及开平、台山等地发现早—中奥陶世笔石及寒武纪的无铰纲腕足类、海绵骨针等化石；于德庆、郁南、云浮等地发现早—中奥陶世的腕足类、三叶虫、珊瑚化石及中—晚志留世的一批三叶虫、腕足类化石，经南颐、吴兆同（1959），南颐（1959，1961，1964，1974），汪啸风（1978）等的研究建立相应的化石带（或组合）。从而使广东的“龙山系”解体，相应地建立了广东寒武系—志留系的地层柱和划分序列。

而广东震旦纪地层的研究起步较晚，虽然本世纪30年代冯景兰、张会若（1929），张兆瑾（1937）将有别于浅变质的“龙山系”的深变质岩层曾称“梅岭系”、“瑶山系”；50年代末及60年代初也将伏于寒武系之下的变质岩系曾命名为“乐昌峡群”、“大绀山群”、“云开大山变质杂岩”等。1974年广东区调队与广西区域地质测量队（简称广西区调队，下同）联合考察连山的鹰扬关地区，于贺县境内发现两套与震旦纪冰期有关的地层和一套海相细碧质火山岩系，划分出长安组、鹰阳关组、南沱组等地层单位，从而在1977年《广东震旦系》总结中提出划分a、b、c、d组的四分方案，1988年《广东省区域地质志》对粤北地区采用鹰扬关群和乐昌峡群分别代表下震旦统和上震旦统；在粤西和粤中地区笼统称云开群。90年代以来广东区调队基础地质研究室在1：5万区调分队的配合下，在采获大量微古植物化石和同位素测年资料的基础上，将前寒武纪地层分解为震旦系及前震旦系，从而建立了以大绀山组（或鹰阳关组）、活道组、乐昌峡群为代表的广东震旦纪地层序列。

本书在充分收集整理近期完成的1：5万区调成果和科研成果资料的基础上，将推荐使用的震旦纪—志留纪岩石地层单位介绍如下。

第一节　岩石地层单位

大绀山组　*Zd*　（44-0101）

【创名及原始定义】　广东省地质局综合研究大队728分队（1967）[①]以云浮县大降坪剖面创名大绀山群，以代表该区前寒武纪地层。原大绀山群是指一套由地槽型类复理石建造、火山硅质铁锰质建造及泥质页岩建造组成的地层。

【沿革】　原大绀山群自下而上划分为1—6层，其中2—4层为含硫铁矿的火山硅质铁锰质建造，其时代归属存在争议，即前寒武纪和泥盆纪之争。1977年《广东震旦系》将其划为震旦纪；1988年《广东省区域地质志》称云开群。广东区调队（1993）采获微古植物证实属震旦纪地层，此次对比研究修定后的大绀山组为原大绀山群2—4层，原大绀山群1层暂定为沙湾坪组。

【现在定义】　修定后的大绀山组指以浅灰及灰绿色石英云母片岩、云母石英片岩、石英岩为主夹黑色碳质千枚岩、灰白色硅质岩、灰黑色灰岩、凝灰岩及黄铁矿层。底部以灰白色石英岩夹砾岩为标志，与下伏沙湾坪组呈平行不整合接触。活道组以砂砾岩为标志平行不整合覆于其上。总厚度大于1021 m。

【层型】　正层型为云浮县大降坪综合剖面（112°01′，22°51′），广东省地质局综合研究大队728分队1967年测制。

大绀山组　　　　总厚度＞1021.00 m

6. 上部：棕黄、浅灰绿、灰白色石英岩夹青灰、灰白、灰黑色薄层状绢云母千枚岩，顶部夹灰绿、灰黑色条带状石英岩；中部：灰绿、灰黑色薄层状石英二云母片岩、二云母石英片岩和绢云母石英片岩夹灰白色薄层状白云母片状石英岩；下部：灰色、棕黄色片状石英岩夹灰白色云母石英岩及青灰色薄层绢云母千枚岩　　＞115 m
5. 上部灰色十字石二云母片岩、云母石英片岩，下部浅灰色黄铁矿化透辉石黑云母钾长石岩（原岩含钙质）、变斑状斜长石二云母片岩　　＞75 m
4. 上部以含锰绢云母千枚岩为主，夹石英绢云母千枚岩、绢云母千枚岩及条纹状微粒石英岩；下部以碳质绢云母千枚岩、石英绢云母千枚岩为主夹片状微粒碳质绢云母石英

岩、薄层状硅质岩，迳尾—崩岗一带见酸性沉凝灰岩 >282 m

3. 上部以灰黑色条带状云母石英片岩、白色与灰黑色条带状碳质微粒石英岩和片状微粒石英岩为主，夹灰白色硅质岩，下部灰黑色碳质绢云母千枚岩与条带状黄铁矿层互层（上部以黄铁矿层为主夹微粒石英岩），鹏石—崩岗一带见少量火山凝灰物质 >216 m

2. 上部浅灰—灰绿色云母石英片岩、十字石云母石英片岩、灰黑色红柱石二云母片岩、灰黑色碳质云母片岩、碳质绢云母千枚岩夹薄层状含十字石白云母片岩及少量灰色粗屑酸性沉凝灰岩；下部灰色条带状石英二云母片岩、暗灰绿色条带状十字石二云母片岩、灰黑色碳质云母片岩夹粉砂岩、碳质云母石英片岩、变粒岩、灰色块状黑云母斜长石岩、透辉石斜长石岩及灰黑色薄层微粒结晶灰岩，火山凝灰物质集中分布于鹏石

—迳尾一带 >243 m

1. 上部：灰、灰白色中厚层状云母石英岩及石英岩为主，夹较多的青灰色薄—中厚层状绢云母千枚岩、石英云母片岩；下部：青灰、灰白、浅灰色薄—中厚层状石英岩和白云母石英岩夹青灰色绢云母千枚岩；局部夹层间砾岩 ≥90 m

——————— 平 行 不 整 合 ———————

下伏地层：**沙湾坪组** 上部：灰绿、黄绿色、棕灰色中厚层状十字石石榴石石英二云母片岩与灰绿色石榴石黑云母变粒岩、云母变粒岩互层

【地质特征及区域变化】 云开地层分区大绀山组底部为碎屑岩；下部以富含灰黑色条带状云母千枚岩夹火山岩、黄铁矿层及灰岩透镜体、硅质岩为特征；中部为石英岩、云母石英片岩、石英云母片岩组成的韵律层，其顶部夹含磷白云岩透镜体；上部由长石石英砂岩与绢云母页岩组成。向东延伸至东江地层分区，过渡为以碎屑岩为主，厚度大于 1508 m。本组含微古植物化石，时代为震旦纪（下部可能包括青白口纪一部分）。

长安组 Zĉ (44-0102)

【创名及原始定义】 王曰伦（1936）于广西融安长安镇创名“长安砂岩”，广西区调队（1966）修订为长安组。指整合于丹洲片岩及千枚岩之上、富禄凝灰岩之下的一套绿色含椭圆形卵石之砂岩。

【沿革】 湖南省地质局区测队（简称湖南区调队，下同）（1975）在 1∶20 万江永幅区调报告中称震旦系下组。广西区调队（1985）将长安组引用于鹰扬关地区，代表伏于鹰阳关组之下的一套含砾碎屑岩。广东省地质矿产局（1988）将其置于鹰扬关群第 1 段。

【现在定义】 在广西现指位于拱洞组与富禄组之间的一套巨厚层状含砾泥岩、含砾砂岩，中夹细砂岩、粉砂岩及泥岩。而广东引用长安组代表整合于鹰阳关组之下的一套含砾砂岩、含砾绢云板岩、含砾粉砂岩与变质砂岩、板岩等，可见厚度 510 m，底界不明。

【层型】 选层型为广西三江侗族自治县城北石显剖面。参考剖面有广西贺县大宁镇合水剖面（111°54′，24°43′），陈显伟、何崇泉 1983 年测制。

【地质特征及区域变化】 仅见于桂湘赣地层分区，赣南称古家组，粤北未见出露。

鹰阳关组 Zy (44-0103)

【创名及原始定义】 据《广西区域地质志》（1985）介绍，系李自惠（1979）创名于广西贺县大宁镇鹰阳关。原义指于水口群中“发现并确定的第一套海底火山喷发细碧角斑岩系”。

【沿革】 湖南区调队（1975）在 1∶20 万江永幅区调报告中称震旦系下组。李自惠（1979）统称鹰阳关组，1983 年陈显伟加以修订，将上覆、下伏地层划分出来，即广西地质矿

产局（1985）厘定其为长安组与南沱组之间的一套地层的方案。广东省地质矿产局（1988）统称鹰扬关群代表整合于乐昌峡群含砾砂岩之下的一套地层。

【现在定义】 在广西现指位于长安组与黎家坡组之间的一套由浅变质火山岩、钙质千枚岩、千枚岩、板岩夹铁矿层的地层。广东引用鹰阳关组代表整合于长安组含砾千枚岩之上的一套由变质火山岩、钙质千枚岩、含磷石英岩、千枚岩夹铁矿的地层。与上覆活道组含砾砂岩呈平行不整合接触。

【层型】 正层型为广西贺县大宁镇鹰阳关剖面。本省次层型为广东连山县上草鹰扬关剖面（111°56′，24°41′），广东区调队1974年测制。

【地质特征及区域变化】 鹰阳关组出露于桂湘赣地层分区。在粤桂交界的鹰扬关地区，底部由变质火山岩、细碧角斑岩、角斑岩夹灰岩、白云岩、片岩、硅质岩组成；下部为钙质千枚岩、泥质灰岩夹少量千枚岩、火山碎屑岩；中部底部为含磷石英岩，其上为单一的绢云千枚岩；上部有厚20 m的磁铁矿、赤铁矿层，向上为千枚岩、板岩夹少量白云岩。总厚度2090 m。向东以碎屑岩为主，火山岩尖灭，偶见灰岩透镜体及磁铁矿层，总厚度可达3390 m。赣南称下坊组，并以含条带状磁铁石英岩为特征。

活道组 *Zh* （44-0105）

【创名及原始定义】 广东区调队周国强、郑有铭（1993）② 据高要县活道剖面创建活道组，周国强（1994）介绍。指平行不整合于大绀山组之上与坝里组之间的一套碎屑岩；岩性以棕灰、青灰、灰、灰白色泥质细砂岩和粉砂岩（或石英片岩、云母石英片岩）为主夹千枚岩和含碳质千枚岩（石英云母片岩），中上部夹灰岩（大理岩），底部以砂砾岩或砾岩平行不整合于大绀山组之上。顶部以灰岩或火山岩为标志与上覆坝里组呈整合接触。

【沿革】 广东区调队（1963）在1∶20万高要幅区调报告中称缩尾岭群，时代定为奥陶纪；《广东震旦系》（1977）及《广东省区域地质志》（1988）称云开群，时代均定为震旦纪。

【现在定义】 同原始定义。

【层型】 正层型为高要活道剖面（112°25′，22°50′），广东区调队1963年测制。

上覆地层：**坝里组** 7. 灰白色云母石英片岩夹薄层石英云母片岩 140.80 m

——————— 整 合 ———————

活道组 总厚度 466.87 m

6. 灰、灰白色白云石大理岩 9.70 m
5. 灰白色云母石英片岩，顶部夹灰色石英云母片岩 114.50 m
4. 灰白色云母石英片岩与石英云母片岩互层 194.20 m
3. 灰色含斜长石云母片岩 24.80 m
2. 灰白色石英片岩与石英云母片岩 86.60 m
1. 黄色砾岩夹砂砾岩，含量分别为30%～35%及15%，砾石以石英为主，次滚圆—次棱角状，砾径1～3 cm，最大25 cm 37.07 m

——————— 平行不整合 ———————

下伏地层：**大绀山组** 黄色片理化变质细—中粒石英砂岩

【地质特征及区域变化】 活道组在省内部分剖面底部砾岩常变为砂岩，顶部之碳酸盐岩相变为硅质岩。于连山鹰扬关、和平九连山发现有中—基性火山岩夹层。总厚度292～704 m，向东厚度增大。活道组在连山鹰扬关地区《广西区域地质志》将其下部定为南沱组，上部称为下龙组。在赣南称沙坝黄组，由灰、浅灰色含砾不等粒杂砂岩、砂砾岩组成。武夷地层分区称丁屋岭组。本组含微古植物，时代属震旦纪。

乐昌峡群　*ZL*　(44-0106)

【创名及原始定义】　广东省地质局761队4分队（简称，广东761队4分队）(1959）以乐昌新秦（沿武水峡谷）测制的剖面创名乐昌峡群。代表位于八村群之下的一套浅变质岩，顶部以厚层硅质岩为标志与八村群呈整合接触。

【沿革】　乐昌峡群创建以后被引用于粤北及粤西地区。张良等（1992）将其上部称泗公坑组，下部称新秦组。现与江西项目研究组协商，下部称坝里组，上部称老虎塘组。

【现在定义】　下部（坝里组）以灰绿色变质长石石英砂岩为主，夹砂质板岩、板岩，上部（老虎塘组）由灰绿色长石石英砂岩、绢云母板岩夹硅质板岩、硅质岩组成，顶部以厚层硅质岩为标志与上覆牛角河组整合接触，与下伏活道组灰岩或火山岩呈整合接触。

【层型】　正层型为广东乐昌县新秦火车站乐昌峡剖面(113°13′,25°18′),广东区调队1980年重测。

【地质特征及区域变化】　乐昌峡群以浅变质的长石石英砂岩、砂岩与板岩组成的韵律层为主，上部夹多层硅质板岩及硅质岩，全省岩性变化不大，仅云开地层分区粒度较细且过渡为以粉砂岩及砂质板岩为主。

坝里组　*Zb*　(44-0107)

【创名及原始定义】　江西区测队（1969）以江西于都县小溪乡坝里剖面创建坝里组。指整合于沙坝黄组与牛角河群之间的一套浅海相陆源、火山碎屑岩夹硅质岩建造。

【沿革】　为原乐昌峡群下部，张良等（1992）称新秦组。此次对比研究与江西项目研究组协商后称坝里组。

【现在定义】　在江西指介于杨家桥群或沙坝黄组与老虎塘组之间的一套槽盆相复理石砂、泥质沉积，主体岩性为变余长石石英杂砂岩、凝灰质砂岩、粉砂岩、沉凝灰岩与砂质板岩、千枚岩组成的韵律层。在广东指整合于活道组灰岩（或火山凝灰岩）之上，老虎塘组硅质板岩之下，由灰绿或青灰色变质长石石英砂岩、变质细粒石英砂岩与砂质板岩、板岩组成。

【层型】　正层型为江西省于都县鹅婆—坝里剖面。本省次层型为广宁县下㙟—古水剖面(112°21′，23°37′)，广东区调队1969年测制。

【地质特征及区域变化】　广东境内坝里组以灰绿色中厚层状变质长石石英砂岩为主，夹砂质板岩、板岩呈不等厚互层，厚1400～1600 m。由粤北、粤中至云开地区，本组岩石中长石含量渐减过渡为以变质粉砂—细砂岩为主，厚度可达2680 m。

老虎塘组　*Zlh*　(44-0108)

【创名及原始定义】　江西区测队（1964）创名于江西省峡江县城上乡老虎塘。指介于下坊组与里坑组之间的一套类复理石建造。

【沿革】　为原乐昌峡群上部，张良等（1992）称泗公坑组。此次对比研究与江西项目研究组协商后称老虎塘组。

【现在定义】　系指整合于坝里组与牛角河组之间，主体岩性以含硅质岩为特征的地层体，夹岩屑杂砂岩、凝灰质板岩、含碳质绢云千枚岩等。顶、底均以硅质岩为标志划分。

【层型】　正层型为江西省峡江县老虎塘剖面。本省次层型为广宁县上林—螺岗剖面(112°29′，23°45′)，广东区调队1969年测制。

【地质特征及区域变化】　老虎塘组在粤北地区厚535～1125 m，底界以硅质岩或硅质板岩为标志整合于坝里组之上，顶部以灰白色、灰色厚层状硅质岩与牛角河组之碳质板岩或含碳质板岩、石煤层整合接触。南雄梅岭可见含磷白云岩透镜体。向南至连平，本组底部以灰、灰白色石英砂岩、石英岩为标志，厚度 1072 m。广宁一带本组厚度减薄至 600 m，由灰色粉砂岩为主夹板岩及硅质板岩组成；阳春圭岗等地变质成变粒岩及石英云母片岩，厚度 950 m。

楼子坝组　*Zlz*　（44－0109）

【创名及原始定义】　福建省区域地层表编写组（1979）命名于福建省长汀县楼子坝。原指长汀、上杭地区发育的一套巨厚、岩性单一的浅海砂、泥质及硅质沉积为主的地层。下未见底，上与丁屋岭组呈假整合或不整合接触。

【沿革】　福建 713 队（1971）于 1∶20 万上杭幅区调报告中称板溪群，广东区调队（1971）称前泥盆系，1977 年置于震旦系未分。

【现在定义】　指平行不整合或不整合于丁屋岭组之下一套巨厚细砂岩、变质粉砂岩、千枚岩及板岩组合；底界不明。

【层型】　正层型为福建省长汀县楼子坝—曹屋剖面。本省次层型为蕉岭县南硋寄竹背—埔上剖面（116°20′，24°44′），福建 713 队 1971 年测制。

【地质特征及区域变化】　楼子坝组仅分布于武夷地层分区的梅县地区，岩性为变质中细粒石英砂岩、变质粉砂岩，夹千枚岩、硅质岩、千枚状页岩。底界不明，与上覆地层丁屋岭组呈平行不整合接触。厚度大于 3450 m。由闽西南延伸至蕉岭、梅县。

丁屋岭组　*Zdw*　（44－0110）

【创名及原始定义】　福建省区域地层表编写组（1979）创名于长汀县丁屋岭村。原指一套变质砾岩、钙质砂岩、变质粉砂岩、千枚状页岩、板岩偶夹硅质岩，局部夹变质火山岩，不整合或假整合于楼子坝群之上，与上覆南岩组呈整合接触。

【沿革】　福建 713 队（1971）称板溪群；广东境内广东区调队（1971）称前泥盆系，1977 年置于震旦系未分。

【现在定义】　指楼子坝组与南岩组之间的一套岩性为变质细砂岩、钙质细砂岩、变质粉砂岩夹千枚岩及硅质岩，局部夹变质火山岩，底部以厚 3～15 m 的变质复成分砾岩、含砾砂岩为标志与下伏楼子坝组呈平行不整合接触，顶与南岩组中厚层变质细砂岩与灰黑色薄层千枚岩互层，呈整合接触。

【层型】　正层型为福建省长汀县丁屋岭—黄连剖面。本省次层型为蕉岭南硋寄竹背—埔上剖面（116°20′，24°44′），福建 713 队 1971 年测制。

【地质特征及区域变化】　仅分布于梅县地区，岩性为变质含长石石英砂岩、钙质细砂岩夹粉砂岩、含碳质粉砂岩及千枚岩，厚度大于 1144 m，底部以含石英小砾变质砂岩为标志，平行不整合覆于楼子坝组之上。

南岩组　*Zn*　（44－0111）

【创名及原始定义】　福建省区域地层表编写组（1979）命名于福建长汀县南岩村。原指一套灰黑色、灰绿色变质砂岩、千枚状页岩夹钙质砂岩、硅质板岩及磷块岩条带组成，上与黄连组呈整合接触。

【沿革】　福建 713 队（1971）称板溪群；广东境内广东区调队（1971）称前泥盆系，1977 年置于震旦系未分。

【现在定义】　指一套海相钙硅质、砂泥质细碎屑沉积。岩性为变质钙质细砂岩、变质粉砂岩、千枚岩间夹硅质岩、硅质粉砂岩、变质砂泥岩及磷质条带。其下与丁屋岭组灰绿色变质细砂岩，其上与黄连组白色硅质岩均呈整合接触。

【层型】 正层型为福建省长汀县南岩村丁屋岭—黄连剖面。本省次层型为蕉岭县滩头剖面（116°07′，24°42′），福建713队1971年测制。

【地质特征及区域变化】 广东的南岩组仅出露于蕉岭—梅县地区，指整合伏于黄连组之下的一套灰绿色变质砂岩夹板岩的地层体，剖面上可见厚度大于181.5 m，底界不明。

黄连组 *Zhl* （44－0112）

【创名及原始定义】 福建省区域地层表编写组（1979）命名于长汀县黄连村。岩性以硅质岩为主，夹千枚岩、板岩，上与下寒武统整合接触。

【沿革】 福建713队（1971）称板溪群；广东境内广东区调队（1977）置于震旦系。

【现在定义】 为一套灰、灰白、灰绿色薄—中层硅质岩、条带状硅质岩为主，夹变质细砂岩、粉砂岩及千枚岩，其顶底均以硅质岩或硅质板岩与下伏南岩组及上覆林田组均为整合接触。

【层型】 正层型为福建省长汀县丁屋岭—黄连剖面。本省次层型为蕉岭县滩头剖面（116°07′，24°42′），福建713队1971年测制。

【地质特征及区域变化】 广东的黄连组指出露于蕉岭—梅县地区位于林田组之下由杂色中厚层状硅质岩、硅质板岩夹变质砂岩、粉砂岩及千枚岩组成，底界以硅质岩为标志整合覆于南岩组之上，出露厚度1514 m。

八村群 ∈*B* （44－0201）

【创名及原始定义】 广东761队4分队（1959）以曲江欧家洞剖面创建八村群，指整合于乐昌峡群与下黄坑组之间，一套以长石石英砂岩、细砂岩、粉砂质页岩为主，夹有黑色含碳质页岩的地层体。

【沿革】 粤北地区早古生代地层在新中国成立以前称龙山系。1958年以后相继在粤北的曲江、始兴、新丰、河源等地发现早—中奥陶世笔石，故此龙山系解体。广东761队，在含早奥陶世笔石的下黄坑组之下划分出两个地层单位，即震旦系乐昌峡群和寒武系八村群。八村群创建后在全省广泛被引用，普遍按沉积旋回划分3个亚群，并分别代表下、中、上寒武统。中南地区区域地层表编制组（1974）认为以曲江欧家洞剖面创建的八村群出露不全，只能代表中上寒武统，故而创建流眉群代表下寒武统。广东区调队（1982）以乳源县游溪下寨剖面补充描述八村群下亚群，从而完善了八村群。张良、何秋英（1993）建下寨组、欧家洞组、老鼠寨组相当于八村群的下、中、上亚群。此次对比研究与江西项目研究组协商后采用牛角河组、高滩组、水石组。

【现在定义】 以灰绿色中细粒长石石英砂岩、长石石英粉砂岩、砂质板岩、绢云母板岩为主组成的一套浅变质岩。底部以碳质页岩或石煤层为标志与老虎塘组硅质岩呈整合接触，顶与上覆下黄坑组（或新厂组）含笔石页岩呈整合接触。自下而上包括牛角河组、高滩组、水石组。

【层型】 正层型为曲江县周田欧家洞剖面（113°45′，25°01′），广东区调队1959年测制。次层型为乳源县游溪下寨剖面（113°21′，24°57′），广东区调队1982年重测。

【地质特征及区域变化】 八村群在全省广泛分布，以灰绿色变质长石石英砂岩与砂质板岩、绢云母板岩组成类复理石韵律层。下部（牛角河组）以夹碳质页岩，含砂质、黄铁矿或磷质结核、扁豆体为特征，中部（高滩组）见灰岩或泥灰岩透镜体。底部在全省多以碳质页岩或石煤层与下伏老虎塘组硅质岩或硅质板岩呈整合接触。顶界在桂湘赣地层分区和东江地层分区与上覆含笔石页岩的下黄坑组（或新厂组）呈整合接触。在云开地层分区与上覆罗洪组砾岩、砂砾岩为不整合接触。沿海地层分区仅见于惠东县平海及大亚湾一带，出露不全。

牛角河组　∈*n*　(44-0202)

【创名及原始定义】　江西区测队（1966）[3]创名于江西省崇义县之牛角河村，原称牛角河群。指一套由黑色含碳硅质岩、硅质板岩、泥质板岩及灰色凝灰质砂岩和硬砂质长石石英砂岩组成的复理石建造。

【沿革】　广东原称八村群下亚群，张良、何秋英（1993）称下寨组。此次对比研究与江西项目研究组协商采用牛角河组。

【现在定义】　指整合于老虎塘组与高滩组之间的一套以灰—深灰色板岩、硅质板岩、碳质板岩、粉砂质板岩互层为主，夹硅质岩、粉砂岩及凝灰质砂岩的地层，含海绵骨针及少量腕足类。下以碳质板岩（或石煤层）为标志与老虎塘组之灰白色硅质岩分界，上以深灰色砂岩夹碳质板岩或硅质板岩为标志与高滩组灰绿色巨厚层状砂岩分界。

【层型】　正层型（复合层型）为江西省崇义县麟潭乡华山—桐梓剖面。本省次层型为乳源县游溪下寨剖面（113°21′，24°57′），广东区调队1982年重测。

【地质特征及区域变化】　本组在广东境内出露广泛，从粤北、粤西北至粤西、粤中均有出露，基本上可以对比。桂湘赣地层分区以灰绿色厚层状中—细粒长石石英砂岩为主，与灰绿色粉砂岩、砂质板岩、板岩组成韵律层，夹黑色板岩、含碳质板岩。底部以黑色板岩为标志，整合覆于老虎塘组之灰色中厚层状硅质岩之上。在连南大龙牛角河组厚1678 m，下寨剖面厚1438 m。云开地层分区的牛角河组下部以灰绿、棕黄色长石石英砂岩与粉砂岩为主，夹粉砂质板岩，以含灰黑色板岩及含磷结核为特征；上部以灰绿、黄绿色长石石英砂岩为主，与灰绿色粉砂质板岩、板岩夹灰黑色含碳质板岩成互层；总厚度1700～2000 m；含微古植物化石多层。东江地层分区的牛角河组下部以灰绿色（风化后褐红色）厚层状中—细粒石英砂岩为主，夹灰色板岩及少量黑色含碳质板岩；上部为灰—灰黄色中—细粒石英砂岩、灰黑色板岩，顶部可见灰岩透镜体及泥质灰岩薄层；总厚度达2500 m。本组多处含微古植物化石，时代以寒武纪为主，部分包括震旦纪。

高滩组　∈*g*　(44-0203)

【创名及原始定义】　江西区测队（1966）[3]以江西省崇义县过埠乡高滩—杨梅塘剖面命名高滩群。指一套正常的浅海相砂岩、板岩组成的复理石建造；下部以灰绿色及灰色的长石石英砂岩为主夹少量灰绿色及黑色的板岩与下伏的牛角河组之以黑色含碳质页岩为主的岩性相区别，顶部以灰岩为标志与水石群分界。

【沿革】　广东原称八村群中亚群，张良、何秋英（1993）称欧家洞组。此次对比研究与江西项目研究组协商后采用高滩组。

【现在定义】　指整合于牛角河组与水石组之间，岩性以灰、灰绿色变余杂砂岩为主夹黑白相间韵律式条带状板岩、变余凝灰质砂岩及粉砂岩，含腕足类；下与牛角河组顶部之含碳质板岩或硅质板岩整合接触，上以含钙变余石英砂岩或含钙条带板岩、灰黑色透镜状微晶灰岩为标志与水石组分界。

【层型】　正层型为江西省崇义县高滩—杨梅塘剖面。本省次层型为曲江县周田欧家洞剖面（113°45′，25°01′），广东761队1959年测制。

【地质特征及区域变化】　桂湘赣地层分区高滩组由灰绿—黄绿色变质不等粒长石石英砂岩、中细粒长石石英砂岩、粉砂岩与绢云母板岩、条带状含碳质板岩组成，以砂岩粒度较粗、板岩多具条带状纹层为特征，可见厚度最大为1960 m；底部以不等粒岩屑砂岩、不等粒长石砂岩为标志并与牛角河组呈整合接触，顶部于英德、怀集等地以薄层透镜状灰岩及泥灰岩为标志与水石组分界。本组曾采获无铰纲腕足类及海绵骨针化石，时代属中—晚寒武世。云开地层分区的高滩组，于郁南一带由灰色细粒石英砂岩、粉砂岩、粉砂质页岩夹黑色碳质页岩组成，底部以含砾石英砂岩平行不整合覆于牛角河组之上，出露厚度大于650 m。东江地层分区的恩平—台山一带高滩组由灰绿色厚层块状石英砂岩、含长石石英砂岩，灰—灰黑色条带状砂质页岩、含碳质页岩组成，含海绵骨针及腕足类化石，厚900～1300 m，并以出现多层含铁砂岩为特征。广州—龙门一带，本组以棕灰色、青灰色厚层块状砂岩和含泥质砂岩为主，夹泥质粉砂岩、薄层板状页岩、粉砂质页岩。

水石组　$\in\hat{s}$　(44－0204)

【创名及原始定义】　江西区测队（1966）[③]以江西省崇义县过埠乡水石剖面命名水石群。指一套砂岩、板岩组成的复理石建造。

【沿革】　广东原称八村群上亚群，张良、何秋英（1993）称老鼠寨组。此次对比研究与江西项目研究组协商后采用水石组。

【现在定义】　指整合于高滩组与爵山沟组（或下黄坑组）之间的一套以灰绿－黄绿色条纹或条带状板岩、粉砂质板岩为主夹灰绿色中薄层状变余长石石英砂岩及少量含长石石英砂岩和凝灰质板岩的地层体。底与高滩组顶部之含钙砂岩或含钙条带板岩、透镜状灰岩分界，顶以含钙板岩或灰岩透镜体为标志与爵山沟组（或下黄坑组）分界。

【层型】　正层型为江西省崇义县过埠乡水石剖面。本省次层型为曲江县周田欧家洞剖面（113°45′，25°01′），广东761队1959年测制。

【地质特征及区域变化】　水石组在桂湘赣地层分区，由灰—灰绿色石英砂岩、长石石英砂岩及页岩、条带状页岩、含碳质页岩组成。底部以一套厚层状砂岩或含砾砂岩为标志，整合于高滩组板岩或透镜状灰岩之上，本组总厚度1364 m；富含无铰纲腕足类及海绵骨针化石。于新丰下砾所见，水石组由灰—棕灰色厚层—块状石英砂岩、粉砂岩与灰绿色绢云母板岩、灰黑色条带状板岩组成，厚1510 m。云开地层分区的德庆—高要一带，水石组底部以厚层状中—粗粒石英砂岩为标志，整合于高滩组之含硅质板岩及砂质板岩之上；由灰—灰白色厚层状细粒砂岩、粉砂岩与灰绿－灰黑色条带状千枚岩组成，厚度大于1000 m；其上被罗洪组之岩屑砂岩及砾岩呈不整合所覆盖。东江地层分区的恩平—台山一带，水石组以细砂岩为主夹条带状砂质页岩，厚度大于910 m，向上与新厂组（含笔石页岩）为连续沉积。广州—龙门一带，水石组由棕灰及灰绿色含泥质砂岩、泥质粉砂岩、粉砂质页岩组成，夹少量黑色页岩，总厚达3200 m。本组多处含无铰纲腕足类化石，时代属中—晚寒武世。

林田组　$\in l$　(44－0205)

【创名及原始定义】　李兼海等（1982）[④]创名于福建省长汀县林田村，原称林田群。指一套继承在震旦系之上的海相细碎屑沉积。

【沿革】　福建713队（1971）称板溪群。广东区调队（1971）称前泥盆系。

【现在定义】　下段为灰、深灰色变质细砂岩夹变质粉砂岩、碳质板岩或千枚岩及硅质岩；上段为灰、深灰色变质细砂岩与变质粉砂岩、硅质泥岩、千枚岩互层，夹少量硅质岩及结晶灰岩透镜体，局部夹重晶石矿层。与下伏黄连组或三溪寨组硅质岩，龙头组玻屑凝灰岩分界，与上伏东坑口组厚层状变质杂砂岩均呈整合接触。广东引用林田组指整合于黄连组之上的一套以厚层变质石英细砂岩、粉砂岩夹千枚状含碳质板岩、千枚岩及少量硅质岩的地层；其底部以变质中细粒长石石英砂岩为标志与黄连组之灰白色硅质岩呈整合接触。

【层型】 正层型为福建省长汀县林田—茜坑剖面。本省次层型为蕉岭县滩头剖面（116°07′，24°42′），福建713队1971年测制。

【地质特征及区域变化】 本组由闽西南延伸入广东境内，出露于武夷地层分区的平远、蕉岭、梅县一带。蕉岭滩头剖面岩性为灰或暗灰色厚层状变质细砂岩、粉砂岩及板岩，总厚度大于1160 m，其顶界不明，底部以变质砂岩为标志整合于黄连组之灰白色厚层状硅质岩之上。梅县石楼出露的林田组为灰绿色变质砂岩、粉砂岩及千枚岩，厚度大于1594 m，顶界不明。

新厂组 Ox （44－0301）

【创名及原始定义】 南颐（1961）[⑤]以台山县深井新厂村东剖面创名，广东区调队（1965）介绍。指台山新厂村东原划分为下黄坑组a层下部含特马豆克期（Tremadocian）反称笔石化石群的一套以紫红色页岩为主的地层；下与八村群上部之灰绿色石英砂岩、粉砂岩及页岩连续沉积，上与下黄坑组之浅灰或黄绿色页岩、硅质页岩整合接触。

【沿革】 1958年北京矿业学院实习队于开平、台山发现早奥陶世笔石，称下黄坑岩系。南颐（1961）创名新厂组后沿用至今。

【现在定义】 指整合于水石组和虎山组之间的一套黄绿、紫红等杂色页岩为主偶夹砂岩的地层序列；下以黑色页岩的消失或含小型无铰纲腕足类、海绵骨针的灰色泥质粉砂岩的出现为八村群顶界，上以灰色含碳质硅质页岩、硅质岩的出现为虎山组底界。

【层型】 正层型为台山深井新厂组剖面（112°31′，21°57′），广东区调队1965年重测。

上覆地层：**虎山组** 黄绿色薄板状硅质泥质页岩，单层厚1～2 cm，中部间夹薄层灰色硅质岩。含无铰纲腕足类及大量笔石 *Didymograptus* cf. *hirundo* 等 7.0 m

——————整 合——————

新厂组 总厚度 67.0 m

4. 黄色风化为紫红色薄层状泥质页岩，含铁质小结核及黄铁矿及节肢类 *Caryocaris* 26.0 m

3. 紫灰色薄层状泥质页岩 4.0 m

2. 灰绿色（风化面黄色或紫红色）块状细粒石英砂岩与薄层状泥质页岩互层 24.0 m

1. 灰绿、绿灰色，风化为黄绿、紫红色薄层状泥质页岩，底部夹灰黑色碳质页岩。含笔石 *Clonograptus* cf. *tenellus* var. *calavei*，*Anisograptus matanensis*，*Staurograptus dichot－*
omus，*Bryograptus* ? sp. ，*Adelograptus* ? sp. （cf. *Adelograptus sinicus* ） 13.0 m

——————整 合——————

下伏地层：**水石组** 灰色粉砂泥质页岩。含海绵骨针及腕足类 *Homotreta venia*

【地质特征及区域变化】 新厂组分布于东江地层分区西南部。在台山深井新厂剖面本组以灰绿、紫灰、黄色页岩为主，中部有细粒石英砂岩夹层，厚度63～77 m。开平东山牛坳径剖面，以紫红、灰黑、灰绿、黄绿色条带状页岩及板状页岩为主，局部夹粉红色粉砂岩，厚度增至185 m。开平金鸡虎山、打石山等地，由灰紫及灰黑色页岩组成，靠中、下部偶夹长石石英砂岩及褐红色粉砂岩，厚100～110 m。由上述可见，本组岩性总体上变化不大，由南向北砂质及粉砂质逐渐减少，厚度有所增大。其时限自早奥陶世两河口期至大湾期早期。

虎山组 Oh （44－0302）

【创名及原始定义】 广东区调队（1963）以开平县金鸡虎山北端剖面创名。指开平金鸡虎山一带原划分为下黄坑岩系含阿伦尼格期（Arenigian）燕形对笔石及兰维利期（Llanvirian）紧密围笔石化石群的一套黑灰色硅质岩夹硅质页岩、页岩的地层；下与新厂组、上与中奥陶统（未名）均为连续沉积。

【沿革】 南颐（1962）将开平、台山地区奥陶系自下而上划分为新厂组、下黄坑组、长坑水组。广东区调队（1963）将相当下黄坑组的地层，命名虎山组。《中南地区区域地层表》（1974）、《广东省区域地质志》（1988）仍采用南颐的划分方案；此次对比研究考虑其岩性组合有别于下黄坑组、长坑水组而采用虎山组。

【现在定义】 指整合于新厂组之上的一套灰黑或灰白色硅质岩为主夹硅质页岩、页岩及粉砂质页岩的地层序列；下以硅质岩或硅质页岩的消失为底界，上未见顶。

【层型】 正层型为开平金鸡虎山北端剖面（112°31′，22°09′），广东区调队1963年测制。

虎山组	总厚度＞134.7 m
9. 石英砂岩（未见顶）	3.4 m
8. 含铁石英角砾岩，致密坚硬，主要成分为硅质、褐铁质、石英，风化后表面呈蜂窝状	25.3 m
7. 灰黑色、灰白色硅质岩，致密坚硬，层理清楚，单层厚0.07～0.1 m	61.6 m
6. 硅质石英砂岩，致密坚硬，硅质成分较高	19.8 m
5. 灰黑色薄层状硅质页岩，含丰富的笔石 *Didymograptus ellesae*，*Phyllograptus* sp.，南颐于该层尚采有 *Didymograptus* sp.，*Isograptus* sp.（cf. *walcottorum*），*Amplexograptus confertus*，*Tylograptus spiniformis*，*T.* cf. *regularis*，*Climacograptus* sp.，*Phyllograptus anna* 等化石	10.9 m
4. 褐红色细砂岩，含绢云母片较多	4.9 m
3. 灰黑色硅质页岩，坚硬致密，硅质成分高，含笔石化石	8.8 m
———— 整　合 ————	
下伏地层：新厂组　紫灰色，薄层状页岩	20.6 m

【地质特征及区域变化】 虎山组分布于东江地层分区西南部。在台山深井新厂村剖面本组以黄绿、灰、灰黑色薄层硅质页岩为主，夹数层灰—浅灰色中厚层状硅质岩，向上偶夹细粒石英砂岩，厚度大于110 m。台山深井白鹤林剖面，本组硅质岩不发育，以灰、黑色薄层板状硅质粉砂质页岩与粉砂质页岩互层为主，向上部粉砂岩增多，未见顶界，厚度大于39 m。开平东山黄松树剖面，虎山组由深灰色薄层状泥质硅质岩组成，其中夹灰绿色泥岩、硅质粉砂岩，向上部灰绿色长石石英砂岩增多，总厚度大于228.7 m。开平金鸡岗背剖面，硅质岩亦不发育，仅于底部见含铁质硅质页岩，下及中部见有灰—灰白、灰褐色的硅质粉砂岩，出露厚度大于38.2 m。开平金鸡虎山北端及其南打石山等地区，岩性以灰黑色硅质页岩为主，中夹灰黑、灰色硅质岩、黑色页岩、粉砂质页岩及灰白色细砂岩、石英砂岩等，厚130～135 m。综合上述，本组岩性比较稳定，以硅质岩及硅质页岩为标志，上部砂岩有所增多；由南向北厚度渐薄，其沉积时限自早奥陶世红花园期至中奥陶世宝塔期。

下黄坑组　O*xh*　（44-0303）

【创名及原始定义】 广东761队4分队（1959）创名于曲江县周田的下黄坑山。原义指“韶关一带下奥陶统的砂泥质及硅质岩层”。

【沿革】 南岭区域地质测量大队（简称南岭区测队，下同）4分队、14分队1958年在广东河源、始兴、曲江发现早奥陶世笔石，故此“龙山系”解体。南岭区测队 14 分队（1958）于河源首建“杨移峒岩系”，南颐、吴兆同（1959）在曲江、始兴一带创建“灵溪岩系”（下奥陶统）和“始兴岩系”（中奥陶统）。广东 761 队 4 分队（1959）创建下黄坑组，代表曲江黄坑一带原划分为灵溪岩系的含阿伦尼格期燕形对笔石及兰维利期紧密围笔石群的黑色碳质页岩、硅质页岩为主的地层，沿用至今。

【现在定义】 指整合于水石组和长坑水组之间的一套黑色页岩、碳质页岩为主的地层序列；下以黑色页岩的消失为水石组顶界，上以黑色硅质页岩或硅质岩的出现为长坑水组底界。

【层型】 正层型为曲江黄坑老鼠寨剖面（113°44′，25°30′），广东 761 队 1959 年测制。

上覆地层：**长坑水组** 2. 灰－灰黑色泥质硅质岩（单层厚 34 cm），间夹 0.5 cm 的泥质页岩，局部有角砾状铁质砂岩 55.0 m

——————— 整 合 ———————

下黄坑组 总厚度 66.0 m

1. 黑色绢云母泥质页岩（风化后浅灰色、黄褐色、砖红色）。含笔石 *Didymograptus* sp.，*Glyptograptus dentatus*，*Tylograptus* sp. 66.0 m

——————— 整 合 ———————

下伏地层：**水石组** 淡灰白色及淡青色粉砂质页岩

【地质特征及区域变化】 下黄坑组分布于桂湘赣地层分区的东南部以及东江地层分区的北部，岩性单一，以黑色页岩为主，含笔石化石，厚度 66 m。在曲江长坝河背剖面，本组仍以黑—灰色碳质页岩为主，但其中夹有细粒石英砂岩及少量黑色硅质岩，靠上部夹数层透镜状霏细斑岩及长石斑岩，厚 220.2 m，产少量笔石化石。曲江溪背剖面，岩性与正层型相近似，但于下部黑色碳质页岩中夹灰绿色粉砂质页岩较多，厚 85 m（未见底），含笔石化石丰富。曲江瑶岭钨矿剖面，仍以黑色页岩为主，但粉砂质增多，并受轻微变质，呈板状，变为板岩，中含笔石化石甚丰。河源锡场杨梅垌一带，以灰黑、灰绿色泥质粉砂岩为主，下部及上部黑色板状粉砂质页岩夹层较多，含笔石化石较丰，共厚 115 m。由上述可见，本组总体岩性变化不大，但由北向南粉砂及砂质成分逐渐增多，总厚度变化在 66～220 m 之间，其沉积时限自早奥陶世红花园期至牯牛潭期，是否包括两河口期尚存疑。

长坑水组 O$\hat{c}$ (44－0304)

【创名及原始定义】 南颐（1962）[⑥]以始兴县长坑水北 2 km 剖面创名，《中南地区区域地层表》（1974）介绍。是指始兴长坑水一带含卡拉道克期（Caradocian）纤细丝笔石化石群的一套以黑色硅质岩、硅质页岩为主的地层；下与下黄坑组，上与龙头寨群下亚群均为整合接触。

【沿革】 广东 761 队 4 分队（1959）创建龙头寨群，其下亚群下部的黑色泥质硅质岩为主夹黑色碳质泥质页岩，经南颐（1962）划分另建长坑水组后沿用至今。

【现在定义】 指整合于下黄坑组和半坑组之间的一套黑色硅质岩、硅质页岩夹碳质页岩的地层序列；下以硅质岩或硅质页岩的消失为底界，上以半坑组浅灰色石英质粉砂岩、页岩的出现为顶界。

【层型】 正层型为始兴县长坑水剖面（113°55′，24°53′），广东区调队 1982 年重测。

上覆地层：**半坑组** 青灰、灰黑色厚层变质细粒石英砂岩，含星点状黄铁矿

———————— 整　合 ————————

长坑水组　　　　　　　　　　　　　　　　　　　　　　　　　　　　　　　总厚度 79.00 m

6. 黑色（风化后灰白色）条带状泥质硅质板岩夹薄层—叶片状硅质岩，硅质岩微细层理清晰，含丰富的笔石 *Dicranograptus nicholsoni* var. *diapason*，*Pseudotrigonograptus lineatus*，*Amplexograptus* cf. *teilhardi* 等（761 队在相当该层中采到有如下的笔石 *Nemagraptus* cf. *gracilis*，*N.* cf. *exilis*，*Retiograptus* cf. *geinitzianus*，*Glyptograptus dentatus*，*Glossograptus* sp.，*Dicellograptus sextans* var. *exilis*，*D. divaricatus* var. *robustus*，*Dicranograptus nicholsoni* var. *diapason*，*D. nicholsoni* var. *parvangulus*，*Climacograptus forticaudatus* 等）　39.00 m

5. 黑、灰黑色（风化后灰白色）薄层状轻微黄铁矿化碳泥质硅质板岩，微层理清晰，岩性坚硬。含丰富的笔石 *Pseudotrigonograptus ensiformis*，*Didymograptus* sp. 等（761 队在相当该层中采有 *Amplexograptus* cf. *amplexicaulis*，*Climacograptus uniformis*，*Glossograptus* sp.，*Didymograptus* cf. *spinosus* var. *flexilis*，*Glyptograptus* sp. 等笔石化石）　16.00 m

4. 黑、灰黑色（风化后灰白色及黄褐色）石英粉砂质泥质硅质板岩，岩性坚硬，层理清晰，层面平整光滑，见星点状黄铁矿　24.00 m

———————— 整　合 ————————

下伏地层：**下黄坑组**　灰黑、黑、青灰色（风化后灰—灰白色）条带状石英粉砂岩、泥质绢云母板岩

【地质特征及区域变化】　长坑水组分布于桂湘赣地层分区的东南部以及东江地层分区的北部。在始兴长坑水剖面长坑水组有 3 层黑色板状硅质岩，每层 4～14 m，其间为黑色板状碳质页岩夹薄层硅质页岩，靠上部夹灰白或暗灰色薄层细粒石英砂岩，总厚度 81.4 m。始兴花山河谷剖面黑色硅质岩较发育，与黑色薄层碳质页岩互层，中部夹黑、绿色细粒石英砂岩，总厚度增至 131.5 m，顶部产丰富的中奥陶世庙坡期笔石化石。在曲江老鼠寨，本组灰—灰黑色粉砂质页岩夹硅质岩，厚度增大至 179 m，含牯牛潭期至庙坡期笔石化石。曲江河背剖面下部以黑色硅质页岩为主，向上部以硅质岩为主，与黑色页岩互层，总厚度 103.2 m，含笔石化石，沉积时限与老鼠寨剖面基本相同。曲江灵溪溪背剖面，硅质岩不发育，下部以黑色板状硅质页岩为主，上部为黑色碳质页岩与硅质页岩互层，含笔石化石，其沉积时限与河背、老鼠寨剖面相同。曲江瑶岭剖面未见硅质岩，而以黑色薄层硅质板岩为主，其中所含笔石皆属中奥陶世庙坡期，总厚度 114 m。河源锡场杨梅峒一带，本组未见顶，上下均为深灰黑色薄—中厚层硅质岩，中夹黑色页岩，于上下硅质岩之间夹有一层厚 8 m 的青灰色块状石英砂岩，所含化石均属中奥陶世庙坡期，其沉积时限与瑶岭剖面相同，总厚度大于 49 m。综合上述，本组岩性较为稳定，但有时硅质岩变薄而为硅质页岩，上部常夹有砂岩。总的来看，厚度由北向南渐薄、砂质增多、沉积时限逐渐升高（由牯牛潭期至庙坡期），具明显的穿时性。

龙头寨群　*OL*　(44－0305)

【创名及原始定义】　广东 761 队 4 分队（1959）创名于曲江县灵溪的龙头寨山。原指粤北地区中上奥陶统的砂页岩、石灰岩及部分硅质岩。

【沿革】　广东 761 队 4 分队（1959）创名龙头寨群，以中部石灰岩为标志划分三个亚群。其下亚群下部黑色富含笔石的泥质硅质板岩被南颐（1962）划出另建长坑水组后，下亚群以原下亚群上部的石英砂岩及灰绿色页岩为代表。龙头寨群创名后沿用至今，此次对比研究引用江西南部的半坑组、古亭组、黄竹洞组 3 个组级岩石地层单位，分别相当于龙头寨群的三

个亚群，代表我省北、中部地区的中晚奥陶世沉积。

【现在定义】 指整合于长坑水组黑色硅质板岩之上的一套浅灰、灰白、紫红等色的砂页岩夹碳酸盐岩；顶部遭受剥蚀，顶界不明。

【层型】 正层型为曲江县灵溪甜鱼砺剖面（113°53′，24°55′），广东区调队1982年重测。

黄竹洞组	总厚度＞98.0 m
13. 石英砂岩夹板岩（未见顶）	＞15.0 m
12. 紫红色中—厚层状细—中粒石英砂岩夹紫红色薄层状板岩	15.0 m
11—9. 灰黑色变质中细粒石英砂岩夹少量紫红色薄层状板岩	34.0 m
8. 角砾状石英质砂砾岩	1.0 m
7. 灰黑色薄层状石英粉砂质绢云母板岩与变质泥质石英粉砂岩	4.0 m
6. 中—厚层状中—细粒石英砂岩	24.0 m
5. 石英砂岩质砾岩，砾石为棱角状石英砂岩	1.0 m
4. 灰褐色中厚层状变质中细粒石英砂岩	4.0 m
———— 整 合 ————	
古亭组	总厚度 14.0 m
3. 杂色、灰黑、灰褐色块状矽卡岩夹变质中细粒石英砂岩	14.0 m
———— 整 合 ————	
半坑组	总厚度＞ 20.0 m
2. 灰白、灰黑色（风化黄棕、灰黄色），厚层状中细粒石英砂岩	7.0 m
1. 青灰、灰黑色薄层状粉砂质板岩与泥质板岩（未见底）	13.0 m

【地质特征及区域变化】 分布于桂湘赣地层分区的曲江、始兴及连平等地。下亚群浅灰—灰白色石英粉砂岩、绢云母页岩及石英砂岩，中亚群为白及灰色大理石化粗晶石灰岩，上亚群为灰白、浅灰绿、紫红色砂岩夹页岩，总厚度约970 m。泥盆系不整合覆于其上。

半坑组 O*b* (44-0306)

【创名及原始定义】 江西区调队（1985）命名于江西省崇义县半坑。原义指“整合于水石群之上，伏于古亭组之下，岩性为灰色含碳绢云板岩，上部偶夹中细粒石英杂砂岩之地层”。

【沿革】 相当于龙头寨群下亚群。

【现在定义】 指整合于古亭组（灰岩）之下，长坑水组含硅质板岩之上的一套灰、灰绿色板岩、含碳绢云板岩、绢云板岩、条带状粉砂质绢云板岩及细粒长石石英杂砂岩。

【层型】 正层型为江西省崇义县半坑—古亭剖面。本省次层型为始兴县长坑水剖面（113°55′，24°53′），广东区调队1982年重测。

【地质特征及区域变化】 本省的半坑组仅分布于桂湘赣地层分区的东南部，东江地层分区北部亦可能有分布，出露零星，厚约700 m，其中未见化石，时代暂归中晚奥陶世。

古亭组 O*g* (44-0307)

【创名及原始定义】 张浅深等（1964）以江西崇义古亭南至长径剖面创名。其原义：下部为深灰色杂砂岩夹一层燧石层，中部碳质板岩、硅质板岩与杂砂岩互层，上部板岩夹不纯灰岩透镜体，顶部为玄武岩、凝灰岩、凝灰质砂岩与黑色板岩互层。

【沿革】 张浅深等（1964）命名时认为古亭组上覆寒武系，定其时代为震旦系，但无化石。经江西区调队清理后，本组仅指张浅深命名剖面的第13层（灰岩层），由生物碎屑灰岩、燧石结核灰岩及竹叶状灰岩等组成，夹少量板岩。在广东相当于761队4分队（1959）命名的龙头寨群中亚群。

【现在定义】 在江西指张浅深等（1964）所测剖面第13层的灰岩夹千枚岩。在广东指整合于半坑组与黄竹洞组之间的灰白色中—厚层粗粒大理岩化石灰岩，其上下界线均以砂岩、粉砂岩出现为标志，都为整合接触。

【层型】 正层型为江西省崇义县古亭高草地剖面。本省次层型为曲江县灵溪甜鱼砳剖面（113°53′，24°55′），广东区调队1982年重测。

【地质特征及区域变化】 本省的古亭组仅分布于粤北曲江县境内，出露不多。据曲江灵溪甜鱼砳剖面，该组厚14 m以上。据安太庠（1987）报道，本组灰岩含少量牙形刺：*Cornuodus longibasis*，*Paltodus inconstans*，*Oistodus* sp. 等，时代属早—中奥陶世，而江西南部于其上覆黄竹洞组底部采获笔石 *Dicellograptus complanatus* 等。本组岩性单调，分布局限，现暂归晚奥陶世。

黄竹洞组 *Ohz* （44-0308）

【创名及原始定义】 江西区调队（1985）以江西崇义古亭黄竹洞剖面创名。指位于古亭组（灰岩）之上，由灰色及灰绿色板岩、粉砂质板岩和细粒长石石英杂砂岩所组成的复理石沉积；普遍具韵律性和条纹条带状构造，可见浊流沉积特征及粒序层理、基底冲刷的冲蚀及原始滑动等沉积构造。

【沿革】 相当于龙头寨群上亚群。

【现在定义】 指整合于古亭组之上的一套以灰白、紫红色厚—薄层状细粒石英砂岩为主夹粉砂质页岩、页岩的碎屑岩地层序列。其下以砂岩的消失及灰岩的出现为分界标志，其上在广东为泥盆纪杨溪组（紫红色砂砾岩）不整合覆盖。

【层型】 正层型为江西省崇义县古亭黄竹洞剖面。本省次层型为曲江县灵溪甜鱼砳剖面（113°53′，24°55′），广东区调队1982年重测。

【地质特征及区域变化】 本省的黄竹洞组分布局限，仅见于粤北曲江县境内。据曲江灵溪甜鱼砳附近所测的两条剖面资料，该组岩性变化不大，厚度100～266 m，未见含化石。

据下伏古亭组灰岩所产牙形刺分析，本组时代应属晚奥陶世。

罗洪组 *Ol* （44-0309）

【创名及原始定义】 广东区调队（1992）⑦以德庆旺洞至罗东公路北侧剖面创名。罗洪组指位于八村群与罗东组之间的一套以灰白、灰、黄白及青灰色砾岩、砂砾岩、含砾长石石英砂岩及含砾千枚岩为主夹中细粒砂岩、泥质粉砂岩、绢云母千枚岩的粗碎屑岩地层序列；由下向上砾岩减少，泥岩增多，顶部夹灰岩透镜体；下与水石组呈不整合接触，上与罗东组灰白色灰岩呈整合接触。

【沿革】 广东省地质局763队（简称广东763队，下同）（1962）于德庆县回龙镇缩尾岭创建缩尾岭群，包括底部具砾岩、中部普遍夹灰岩透镜体、上部为砂质页岩为主的一套地层。广东区调队（1992）所建罗洪组、罗东组、兰瓮组分别相当于缩尾岭群的下、中、上三部分。

【现在定义】 同原始定义。

【层型】 正层型为德庆县旺洞—罗洪剖面（112°03′，23°07′），广东区调队1992年测制。

上覆地层：**罗东组**　灰白色厚层状含白云质细晶灰岩

——————整　合——————

罗洪组	总厚度 660.6 m
32. 青灰色中层状钙质石英绢云母千枚岩夹白色泥灰岩透镜体	27.3 m
31. 黄白、黄灰色中层状变质砂砾岩（单层 10～30 cm），砾石成分为变质细粒石英砂岩，大小一般为 4 cm×6 cm×8 cm，含量 20%左右	13.8 m
30. 灰色薄层状钙质绢云母千枚岩夹黄白色中薄层状变质细粒长石石英砂岩及变质粉砂岩	41.9 m
29. 灰色厚层状变质砾岩和黄白色中厚层状变质含砾细粒长石石英砂岩夹灰色薄层状石英绢云母千枚岩	47.4 m
28. 黄白色中厚层状变质含砾细粒长石石英砂岩与灰色薄层状含砾石英绢云母千枚岩	106.8 m
27. 灰白色中薄层状绢云母板岩	57.3 m
26. 黄白色中厚层状变质中细粒岩屑石英砂岩	26.7 m
25. 上部为灰色薄层状绢云母千枚岩，下部为灰色中薄层状变质泥质粉砂岩	116.7 m
24. 上部为灰色中薄层状变质含砾泥质粉砂岩，中下部为灰紫色中厚层状变质砂砾岩	71.9 m
23. 上部为灰白薄层状含砾石英绢云母千枚岩，下部为灰白色中厚层状变质砂砾岩	38.6 m
22. 浮土	23.7 m
21. 灰白色中厚层状变质砾岩、砂砾岩夹灰色中薄层状变质泥质粉砂岩	34.44 m
20. 灰白色中厚层状变质含砾细粒长石石英砂岩夹灰色中薄层状变质泥质粉砂岩和灰色中薄层状石英绢云母千枚岩	34.9 m
19. 灰白色厚层状变质中细粒岩屑砂岩，上部夹有灰白色中薄层状变质泥质粉砂岩	19.2 m

~~~~~~不整合~~~~~~

下伏地层：**水石组**　灰白色长石石英砂岩、粉砂岩与灰黑色绢云母千枚岩组成的韵律层

【地质特征及区域变化】　罗洪组主要分布于云开地层分区北部的德庆、郁南县境内，高要县及云浮县境内可能有零星分布。在德庆罗洪一带罗洪组厚 600 m。郁南南江口深湾剖面，出露不完整，由紫红等色变质含砾石英砂岩、砾岩组成，上部夹千枚岩，底部与八村群为断层接触，未见顶，厚度大于 363 m。在郁南大沥山剖面，砾岩、砂砾岩不发育，以灰白、灰绿色石英砂岩为主，底部有砾岩透镜体，中、上部夹粉砂岩、砂质页岩，在顶部砂岩中含三叶虫、腕足类化石等，底与八村群平行不整合接触，顶部出露不全，厚度大于 950 m。在德庆回龙缩尾岭剖面，本组出露厚度大于 100 m，岩性为紫红及灰白色砾岩、砂砾岩、粗一细粒石英砂岩，靠顶部为片状砂质页岩，含三叶虫及腕足类等化石。综合上述，本组岩性特征比较稳定，仅在郁南大沥山砾岩不发育，其余均以粗碎屑岩为主，厚度多在 660～1050 m 之间，个别剖面厚 100～363 m（出露不全），其中产三叶虫、腕足类化石，时代属早奥陶世。

罗东组　*Old*　(44－0310)

【创名及原始定义】　广东区调队（1992）[7]以德庆县悦城罗东石灰岩采场剖面创名。罗东组指覆于罗洪组之上的一套灰白色厚层块状白云质细晶灰岩、砂屑灰岩。其下以灰岩的消失及含砾砂岩、含砾千枚岩夹灰岩透镜体的出现与罗洪组分界，呈整合接触；其上未见顶界，与上覆东冲组断层接触。

【沿革】　相当于广东 763 队（1962）所建缩尾岭群中部。

【现在定义】　同原始定义。

【层型】　正层型为德庆县罗东剖面（112°04′，20°07′），广东区调队 1992 年测制。
~~~~~~

罗东组　　总厚度>159.0 m

34. 灰白色厚层块状砂屑灰岩与灰白色块状白云质（化）细晶灰岩（未见顶）　　80.7 m

33. 灰白色厚层状白云质（化）细晶灰岩，含微古植物 *Leiopsophosphaera* cf. *flava*，*L. apertus*，*L. clara*，*Baltisphaeridium compressum*，*B. inconsphidium*，*B. polygonale* 等　　78.3 m

——————整　合——————

下伏地层：**罗洪组**　32. 青灰色中厚层状钙质石英绢云母千枚岩夹白色泥灰岩透镜体　　27.3 m

【地质特征及区域变化】　罗东组零星分布于云开地层分区北部的德庆、郁南县境内，目前仅在德庆罗东测有剖面，出露厚度约 160 m。于罗东南西方向 2.5 km 的上山井之灰岩中含珊瑚化石。由罗东向西北方向约 20 km 象牙山西侧的高良都洪一带的灰岩呈透镜体分布，断续延长 5～10 km，厚 5～50 m，据安太庠（1987）报道，灰岩中含牙形刺 *Drepanoistodus paucicostatus* 等，时代属早奥陶世。在郁南建城南西方向 12 km 的鸡林亦见灰－灰黑色透镜状灰岩，含珊瑚 *Favistella* sp. 等，灰岩厚约 20 m。综合上述，该组在区域上岩性变化不大，但厚度变化较大，总的看来有由东向西、由北向南厚度逐渐变小的趋势，地质时代暂归早奥陶世。

东冲组　*Od*　（44－0311）

【创名及原始定义】　广东区调队（1992）⑦以云浮县南乡东冲剖面创名。东冲组指位于罗东组与兰瓮组之间的一套黄白、灰黄、浅紫灰色含钙质细粒石英砂岩和砂岩夹石英绢云母微片岩的细碎屑岩地层序列；下与罗东组断层接触，上与兰瓮组含砾细粒石英砂岩呈整合接触。

【沿革】　相当于广东 763 队（1962）所建缩尾岭群上部。

【现在定义】　同原始定义。

【层型】　正层型为云浮县南乡—南江口剖面（111°58′，23°04′），广东区调队 1992 年测制。

上覆地层：**兰瓮组**　黄白色中厚层状变质含砾细粒石英砂岩夹薄层状变质泥质粉砂岩

——————整　合——————

东冲组　　总厚度>714.6 m

13. 上部为薄层状变质细粒石英砂岩，下部为薄层状细粒长石石英砂岩夹少量薄层状变质细粒石英砂岩　　112.8 m

12. 浮土　　28.2 m

11. 浅紫灰色薄层状变质细粒石英砂岩（单层厚为 3～6 cm）。含微古植物 *Leiopsophosphaera* cf. *flava*，*L. minor*，*L. infriata*，*Trachysphaeridium planum*，*T. minor*，*Baltisphaeridium spinosum* 等　　7.5 m

10. 浮土　　21.0 m

9. 浅紫灰色薄层状变质细粒石英砂岩　　23.4 m

8. 浮土　　26.0 m

7. 灰紫色薄层状变质泥质粉砂岩，局部夹薄层状变质细粒石英砂岩　　92.5 m

6. 浮土　　27.6 m

5. 黄白色中薄层状变质细粒石英砂岩　　19.2 m

4. 浮土　　71.0 m

3. 灰白、黄白色中薄层状变质细粒石英砂岩。含微古植物 *Leiopsophosphaera* cf. *clara*，

L. leguminiformis, *L.* cf. *pusilla*, *Trachysphaeridium cultum*, *T. minor*, *T. incrassatum* , *Baltisphaeridium spinosum*, *B. microspinosum* 等 49.0 m

2. 浅紫红色石英绢云母微片岩夹绢云母微片岩（单层厚 5～15 cm）。含微古植物 *Leiopsophosphaera flava* , *L. minor* , *L. apertus*, *Trachysphaeridium lanum* , *T. minor* , *Baltisphaeridium uneinatum* 等 191.8 m

1. 浅紫灰色中薄层状绢云母石英微片岩夹少量的石英绢云母微片岩（未见底） >44.6 m

【地质特征及区域变化】 本组分布于云开地层分区北部的德庆、云浮及高要县境内，出露不完整。命名剖面所见本组的中部以石英绢云母片岩为主，上部以变质细粒石英砂岩为主夹泥质粉砂岩；厚度大于 715 m。德庆悦城沙尾一带，本组的岩性以变质细粒石英砂岩为主，中夹含砾中粗粒长石石英砂岩及含钙中粗粒长石石英砂岩，厚度大于 528 m。在高要小湘苍源洞地区，东冲组岩石泥质成分增多，除底部见含砾砂岩、砂砾岩外，下部以细粒石英砂岩与绢云母页岩或绢云母千枚岩互层为主，上部为石英片岩及碳质页岩，总厚度 1897 m。本组出露不好，控制剖面较少，但岩性基本稳定，有由西南向东北厚度增大、泥质增多的趋势。时代暂归中奥陶世。

【其他或问题讨论】 由于命名剖面上东冲组未见底，与下伏地层为断层接触，而在德庆县悦城于罗东组（灰岩）之上出露紫红、灰绿色含砾中粗粒砂岩及含钙砂岩，并在命名剖面上缺失。

兰瓮组 O*lw* （44－0312）

【创名及原始定义】 广东区调队（1992）⑦创名于云浮县南乡兰瓮。兰瓮组指东冲组与大岗顶组之间的一套灰黄、紫红、灰、灰白色含砾细粒石英砂岩与泥质粉砂岩的地层序列。其下以含砾细砂岩的消失与东冲组呈整合接触，其上与大岗顶组复成分砾岩呈平行不整合接触。

【沿革】 广东 763 队（1962）于郁南县连滩镇三尖创建三尖群，代表整合于连滩群（组）之下的一套由细粒石英砂岩、粉砂岩、砂质页岩及条带状黑色页岩所组成的地层，底部以中粗粒石英砂岩为主。广东区调队（1992）所创兰瓮组相当于三尖群的底部。

【现在定义】 同原始定义。

【层型】 正层型为云浮县南乡—南江口剖面（111°57′，23°05′），广东区调队 1992 年测制。

上覆地层：**大岗顶组** 紫红色、紫灰色、黄白色、黄褐色薄层—块状变质复成分砾岩

———————平 行 不 整 合———————

兰瓮组 总厚度 1095.6 m

28. 紫红色薄层状石英绢云母千枚岩与灰白色薄层状变质粉砂岩或变质泥质粉砂岩、变质细粒长石石英砂岩 66.8 m

27. 紫红、灰紫色薄层状石英绢云母千枚岩夹少量灰白色薄层状变质细粒石英砂岩及泥质粉砂岩，岩层单层厚为 2～6 cm。含微古植物 *Leiopsophosphaera* cf. *minor*, *L.* cf. *flava*, *L.* cf. *apertus*, *Baltisphaeridium* cf. *compressum*, *B. polygonale* 等 117.9 m

26. 灰色薄层状变质泥质粉砂岩夹少量中薄层状变质细粒石英砂岩 46.6 m

25. 灰黄色中层状变质细粒石英砂岩，岩层中局部含石英细砾 32.9 m

24. 上部为紫灰、黄灰色变质细粒石英砂岩与石英绢云母千枚岩呈不等厚互层，中部由黄褐色中层状变质细粒长石石英砂岩与中层状变质细粒石英砂岩组成，下部为灰黄色中层状变质含砾细粒石英砂岩与中层状变质细粒石英砂岩组成 144.7 m

23. 浮土 14.3 m

22. 黄白色中层状变质细粒长石石英砂岩 11.5 m

21. 浮土 18.2 m

20. 紫灰、灰白色中层状变质细粒长石石英砂岩，局部夹灰白色中层状变质细粒石英砂岩和含砾细粒石英砂岩 99.0 m

19. 黄白色中层状变质含砾细粒石英砂岩，局部砾石含量较高呈砾岩夹层产出，砾石成分主要为泥岩、泥质粉砂岩，还有一些石英及石英砂岩，大小一般为2～5 mm，呈次圆—次棱角状 142.2 m

18. 浮土 55.0 m

17. 灰黄色中层状变质细粒石英砂岩，顶部岩石中含石英细砾 27.5 m

16. 浮土 44.4 m

15. 上部为黄白色薄层状变质泥质细粒石英砂岩，下部为黄白色中层状变质含砾细粒石英砂岩夹中层状变质细粒石英砂岩 112.9 m

14. 上部由黄白色中层状变质细粒石英砂岩与薄层状变质泥质粉砂岩组成，中部及下部为黄白色薄层状变质细粒石英砂岩，底部为黄白色中厚层状变质含砾细粒石英砂岩夹薄层状变质泥质粉砂岩 161.7 m

———————— 整　合 ————————

下伏地层：**东冲组**　薄层状变质细粒石英砂岩

【地质特征及区域变化】 本组主要分布于云开地层分区北部的云浮、郁南及高要县境内。在命名剖面兰瓮组下部以细粒石英砂岩为主，常含石英细砾，局部有砾岩透镜体，上部以粉砂岩与石英绢云母千枚岩互层为主，总厚度1096 m。在高要禄步朗口一带本组出露不全，未见顶界，以千枚状页岩、粉砂质页岩为主夹泥质粉砂岩，大致相当命名剖面的上部，总厚度1726 m。高要小湘苍源洞剖面，下部以细粒石英砂岩、细砂岩为主，未见含砾，向上砂岩中夹砂质页岩和碳质绢云母页岩，厚度大于580 m。兰瓮组虽在区域上有一定的展布，但出露不完整，控制剖面较少。其岩性总体上以砂岩为主但变化较大，大致有由西向东砂岩中含砾减少，泥质增多，厚度亦有由西向东逐渐增大的迹象。从微古植物特征分析，时代属晚奥陶世。

大岗顶组　*Sd*　(44－0401)

【创名及原始定义】 广东区调队（1992）[7]创名于云浮县南乡大岗顶。大岗顶组指位于兰瓮组与古墓组之间的一套黄白及灰—灰白色复成分砾岩、砂砾岩和含砾砂岩，底部以复成分砾岩与下伏兰瓮组平行不整合接触，上与古墓组条带状页岩呈整合接触。

【沿革】 相当于广东763队（1962）创建的三尖群中部。

【现在定义】 同原始定义。

【层型】 正层型为云浮县南乡—南江口大岗顶剖面（111°36′，23°06′），广东区调队1992年测制。

上覆地层：**古墓组**　下部黄白色中厚层状细粒长石石英砂岩与灰白色中薄层状条带状页岩

———————— 整　合 ————————

大岗顶组 总厚度1702.3 m

42. 紫灰色、紫红色薄层状变质泥质粉砂岩夹紫色薄层状石英绢云母千枚岩及黄白色薄层状变质细粒长石石英砂岩，顶层为紫黄色中薄层状变质复成分砂砾岩 155.5 m

41. 黄白—黄色及黄褐色块状变质复成分砾岩、砂砾岩 195.4 m

40. 上部为紫红色薄层状石英云母千枚岩，中下部为灰白色、黄褐色中层状变质细粒长石石英砂岩 63.9 m

39. 黄褐色或紫红色块状变质复成分砾岩、砂砾岩，含砾细粒石英砂岩 115.8 m

38. 浮土 26.5 m

37. 灰色及紫灰色和黄褐色厚层—块状变质复成分砾岩、砂砾岩、细粒长石石英砂岩 325.8 m

36. 黄白色及紫红－灰紫色中层状变质泥质粉砂岩 135.7 m

35. 灰白及灰紫色和黄褐色厚层—块状变质复成分砾岩、砂砾岩，砾石成分复杂，主要有细粒长石石英砂岩、泥质岩、硅质岩、透辉石岩屑等等；含量5%～80%，大小不一，大者达20 cm×10 cm×6 cm，小者只有2 mm，一般为4 cm×5 cm×6 cm，呈次棱角状，分布不均，孔隙式—基底式胶结 290.0 m

34. 浮土 87.8 m

33. 灰色及紫红色和黄褐色厚层—块状变质复成分砾岩、砂砾岩，有的砾石已被溶蚀形成空洞 87.0 m

32. 浮土 56.2 m

31. 紫红色复成分砾岩 4.5 m

30. 浮土 40.2 m

29. 紫红—紫灰色及黄白—黄褐色薄层—块状变质复成分砾岩、砂砾岩、含砾细粒长石石英砂岩，砾石成分复杂，为细粒石英砂岩、细粒长石石英砂岩、含石英细砾的细粒石英砂岩、泥质粉砂岩、粉砂质泥岩、含钙质泥岩、泥岩、石英等，多呈次棱角状，大小不一，大者达10 cm×15 cm×20 cm，小者仅有2 mm，含量变化亦大 118.0 m

——————平 行 不 整 合——————

下伏地层：**兰瓮组** 紫红色薄层状石英绢云母千枚岩与灰白色薄层状变质粉砂岩

【地质特征及区域变化】 大岗顶组分布于云开地层分区北部的云浮县与郁南县境内。在命名剖面总厚度1702 m。在郁南思约附近，未见顶、底，岩石的粒度变细，含砾的长石石英砂岩多见于上部，下部石英砂岩和泥质粉砂岩增多，总厚度约1200 m。总的来看，大岗顶组由西向东有厚度增大的趋势，时代暂归早志留世。

古墓组 Sg (44－0402)

【创名及原始定义】 广东区调队（1992）⑦创建于云浮县南乡古墓。古墓组指整合于大岗顶组与连滩组之间的以黄白、灰白色细粒长石石英砂岩为主，与条带状页岩呈互层的地层序列。下与大岗顶组砂砾岩为底界，上以灰色条带状页岩的大量出现为连滩组底界。

【沿革】 相当于广东763队（1992）创建的三尖群中上部。

【现在定义】 同原始定义。

【层型】 正层型为云浮县南乡—郁南南江口古墓剖面(111°56′,23°08′)，广东区调队1992年测制。

上覆地层：**连滩组** 灰白色条带状页岩

————整 合————

古墓组 总厚度288.7 m

44. 黄白色中厚层状片理化细粒长石石英砂岩与灰白色条带状页岩。含微古植物 *Leiopsophosphaera flava*，*L.* cf. *apertus*，*Trachysphaeridium* aff. *angulatum*，*T. rugosum* 等 204.2 m

43. 上部由灰白色条带状页岩与黄白色中层状片理化细粒长石石英砂岩组成，中部为黄白色中厚层状片理化细粒长石石英砂岩，下部为黄白色中厚层状片理化细粒长石石英砂岩与灰白色中薄层状条带状页岩组成　84.5 m

——————整　合——————

下伏地层：**大岗顶组**　紫黄色中薄层状变质复成分砂砾岩

【地质特征及区域变化】　古墓组分布于云开地层分区北部的郁南、云浮及高要县境内，呈北东—南西向延展。在命名剖面以长石石英砂岩与条带状页岩互层为主，总厚度约 290 m。郁南思约剖面砂岩减少，以页岩为主夹少量石英砂岩，总厚度增大至 920 m。郁南连滩高崃地区砂岩已不发育，几乎全部由砂质页岩组成，厚度在 490 m 以上。于德庆播植铁坑塘剖面所见，该组泥质成分增高，以粉砂质页岩与页岩互层为主，下部夹一层厚 38 m 的砂岩，上部夹薄层细砂岩或中—厚层石英砂岩，总厚度 300 m 以上。总的看来，本组岩性以页岩与砂岩互层为主，但横向上，砂岩常有增减，似有向西南和东北两个方向泥质增高的趋势，厚度的变化似有西南厚而东北薄的迹象；时代属志留纪问题不大，现暂归早志留世龙马溪期。

连滩组　*Sl*　(44－0403)

【创名及原始定义】　徐瑞麟、蒋溶（1932）以郁南县连滩大尖山及文头山剖面创名连滩砂岩页岩层。原指广东郁南连滩文头山附近含大量早志留世笔石的黑、灰黑、黄绿色条带状页岩夹薄层砂岩的笔石页岩相地层。

【沿革】　1931 年夏，中山大学地质系学生邱家骙于郁南连滩文头山发现含笔石页岩及笔石。徐瑞麟、蒋溶（1932）称连滩砂岩页岩层，张席禔（1933）称连滩含笔石页岩。章熙林（1938）进一步划分为下部连滩页岩、上部文头山页岩。1939 年，张席禔与孙云铸同意章熙林的意见，以笔石组合特征分为下部连滩组、上部文头山组，并长时间沿用。因二者岩性相同，互为连续过渡。此次对比研究作为岩石地层单位研究，仍以合并为宜，将文头山组归并于连滩组中。

【现在定义】　指整合于古墓组与岭下组之间的一套含丰富笔石的灰、灰白、黄白色条带状页岩为主夹粉砂岩和砂岩的地层序列；下以细粒长石石英砂岩的大量出现为古墓组顶界，上以浅灰色千枚岩、泥质粉砂岩的大量出现为岭下组底界。

【层型】　正层型为郁南连滩大尖山剖面（111°43′，22°56′），穆恩之 1948 年重制。

连滩组　总厚度＞224.30 m

27. 褐及黄色页岩碎块（未见顶）　3.0 m

26. 暗灰—黑色页岩，顶部含笔石 *Orthograptus* sp.，*Pristiograptus* aff. *hisingeri*，*Streptograptus nodifer*；距底界 3 m 处含 *Monograptus* aff. *priodon*　6.0 m

25. 灰绿色页岩夹绿色砂岩，含笔石 *Pristiograptus* aff. *dubius*　2.0 m

24. 暗灰—黑色厚层状页岩，其上部含笔石 *Demirastrites involutus*，*D. decipiens*，*Monograptus marri*，*M. priodon*，*Streptograptus crispus*，*S. exiouus*；下部含 *Monograptus-turriculatus*，*Streptograptus crispus* 等　10.0 m

23. 棕灰色条带状页岩　6.0 m

22. 浮土掩盖，见零星的黑色页岩露头，含笔石 *Streptograptus crispus*，*S. flagellaris*，*S. lobiferus*　16.0 m

21. 黑色页岩　1.0 m

20. 灰色条带状页岩　2.0 m

19. 黑色页岩，含笔石 *Demirastrites involutus*，*Streptograptus crispus*，*S. exiguus*，*S.* sp. 8.0 m

18. 浮土掩盖（见零星黑色页岩露头） 5.0 m

17. 黑、深灰色页岩 13.0 m

16. 深灰色条带状页岩，上部含笔石 *Climacograptus scalaris*，*Orthograptus bellulus*，*Pristiograptus* aff. *nudus*，*Demirastrites* cf. *denticulatus*，*D.* aff. *spiralis*，*Rastrites pergrinus*，*Monograptus turriculatus*，*Streptograptus runcinatus*，*S. lobiferus*，*S. dextrorsus*；下部含 *Pristiograptus* sp. 等 6.0 m

15. 灰色条带状页岩 12.0 m

14. 棕灰色页岩夹粉红色页岩 10.0 m

13. 灰色条带状页岩，含笔石 *Climacograptus hughesi*，*Pristiograptus* sp.，*Monograptus* cf. *sedgwickii* 等 7.0 m

12. 浮土掩盖 10.0 m

11. 棕、黄色条带状页岩 4.0 m

10. 黄色砂岩 0.3 m

9. 灰色条带状页岩，含笔石 *Climacograptus scalaris*，*C. hughesi*，*C. inuotatus*，*C. minutus*，*Orthograptus bellulus*，*O. insectiformis*，*Pristiograptus incommodus*，*Demirastrites triangulatus*，*D.* cf. *communis*，*Monograptus distans* 等 6.0 m

8. 浮土掩盖 20.0 m

7. 棕灰色页岩及少量砂岩夹层，含笔石 *Pristiograptus* aff. *incommodus*，*P.* aff. *leptotheca* 等 8.0 m

6. 浮土掩盖 2.0 m

5. 绿色页岩夹薄层状砂岩，上部含笔石 *Glyptograptus tamariscus*，*Pristiograptus* aff. *difformis*，*P.* sp.；下部含 *Orthograptus* sp.，*Demirastrites triangulatus*，*Monograptus* cf. *gemmatus* 等 30.0 m

4. 浮土掩盖 10.0 m

3. 杂色砂岩夹暗绿—黑色页岩，含笔石 *Pristiograptus* sp.，*P.* aff. *atavus*，Diplograptidae 等 12.0 m

2. 浮土掩盖 5.0 m

1. 黄粉红色砂岩夹绿灰色页岩 10.0 m

——————整　合——————

下伏地层：**古墓组**　石英岩（原称望江楼层）

【地质特征及区域变化】　连滩组主要分布于云开地层分区北部的郁南、德庆、云浮、高要县境内，在廉江县西南部还有少量零星露头。在郁南连滩大尖山剖面上，含笔石甚多，总厚度 224 m。连滩文头山剖面，岩性及含化石情况大体同大尖山剖面，但掩盖层较多，总厚度 195 m。穆恩之（1948）在连滩划分了 10 个笔石带：①未名带（*Glyptograptus* spp.）；②未名带（*Pristiograptus* spp.）；③*Demirastrites triangulatus* 带；④*D. convolutus* 带；⑤*Monograptus sedgwicki* 带；⑥*Rastrites maximus*－*Streptograptus runcinatus* 带；⑦*S. crispus* 带；⑧*Monograptus* cf. *griestoniensis* 带；⑨*Cyrtograptus murchisoni* 带；⑩*M. riccartonensis* 带。云浮南乡古墓剖面连滩组岩性变化不大，仅于页岩中所夹砂岩增多，总厚度 735 m。德庆百步岗—冲口一带，具轻微变质，为灰、紫灰色绢云母千枚岩夹黄白、灰白色变质砂岩、粉砂岩，向上部砂岩增多，厚度达 1125 m。高要禄步牛皮山剖面，以页岩为主，靠下部为细粒石英砂岩夹页岩，中上部含笔石 *Akidograptus ascensus*，*Climacograptus* cf. *scalaris* 等，总厚度 596 m。连滩砂岩页岩层自 30 年代开始，经多人研究，主要是以生物组合的特征来划分地层，实际上从岩性特征看，原“连滩页岩”与“文头山页岩”岩性相同。本次对比研究的连滩组是包括了原“文头山页岩”，其在区域的延展上比较稳定，岩性以页岩为主，由西南向东北方向厚度有所增大，砂岩成分有所增加；地质时代属早志留世（龙马溪期—白沙期）。

岭下组 *Slx* （44-0404）

【创名及原始定义】 南颐（1964）[8]以云浮县南乡岭下村东剖面创名岭下群，《中南地区区域地层表》（1974）介绍。原指一套含晚志留世或中—晚志留世三叶虫、腕足类及少量笔石的棕黄、灰绿、灰白色粉砂质页岩夹黄绿、黑色页岩的浅海介壳相碎屑岩地层，未见底界，上与泥盆纪砂岩、砂砾岩之界线亦被覆盖。

【沿革】 岭下群被创名后一直沿用，广东区调队（1992）修订为岭下组。

【现在定义】 指整合于连滩组之上的一套灰紫、黄白色绢云母千枚岩与薄层变质泥质粉砂岩及细粒石英砂岩互层的地层体；下以大量灰色条带状页岩的出现与连滩组分界；上与泥盆纪老虎头组之含砾砂岩为不整合接触。

【层型】 正层型为云浮县南乡岭下村剖面（111°58′，23°02′），南颐等 1964 年测制。

上覆地层：**老虎头组** 棕灰、灰白色中—细粒石英砂岩

~~~~~~~~~~ 不整合 ~~~~~~~~~~

岭下组 总厚度＞30.8 m

7. 灰绿色薄层含粉砂质页岩，具水平层理，含三叶虫 *Coronocephalus rex*，腕足类 *Plectodonta nanxiangensis*，*Chonetes* cf. *proliferus*，*Brachyzyga* cf. *pentameroides*，腹足类 *Hormotoma* sp.，竹节石 *Tentaculites* cf. *ornatus* 等 1.0 m
6. 棕黄褐色薄层状粉砂质页岩夹白一浅灰绿色薄层页岩 8.0 m
5. 灰、浅灰黑色薄层页岩与灰绿、棕黄色粉砂质页岩互层，层理清楚，深浅条带相间，含三叶虫 *Coronocephalus rex*，腹足类 *Poleumitia* (?) *changyiensis*，*Patella* sp.，竹节石 *Tentaculites* sp.，腕足类 *Chonetes* cf. *proliferus*，海林檎 *Caryocrinus* sp. 等 1.3 m
4. 棕黄色薄层粉砂质页岩夹黄绿、灰白色薄层页岩，含腕足类 *Brachyzyga pentameroides*，竹节石 *Tentaculites* sp. 等 6.1 m
3. 黄绿色薄层页岩夹浅灰黑色薄层页岩及浅棕、黄绿色粉砂岩，具小的复理石韵律状水平层理，深浅条带相间，其下部含三叶虫 *Coronocephalus rex*，*Otarion* cf. *diffractum*，*O. guangtungensis*，腕足类 *Orbiculoidea* ? sp.，*Leptaena* sp.，*Chonetes* cf. *proliferus*，*Stenosciisma* cf. *althi*，*Brachyzyga* cf. *pentameroides*，腹足类 *Hormotoma kutsingensis*，双壳类 *Pterineasp.*，*Pelecypoda* sp.，竹节石 *Styliola* sp.，*Tentaculites* sp. 等 5.4 m
2. 灰、浅灰黑色薄层状页岩夹浅黄绿色薄层状页岩，其中含腹足类 *Hormotoma kutsingensis*，*Ecculiomphalus* sp.，腕足类 *Plectodonta nanxiangensis* 等 2.5 m
1. 棕黄色薄层状粉砂质页岩，岩层中有少量铁质，含腹足类 *Ecculiomphalus* sp.，腕足类 *Plectodonta nanxiangensis* 等（未见底） ＞6.5 m

【地质特征及区域变化】 岭下组分布于云开地层分区北部的云浮、德庆及高要县一带，大体呈南西—北东向展布。于命名剖面出露不完整，厚度仅 30 m 左右，但该处化石丰富。德庆悦城两塘岗剖面，本组岩石具轻微变质且砂质增多，以绢云母千枚岩与中细粒石英砂岩、泥
~~~~~~~~~~

质粉砂岩互层为主，总厚度约 690 m。向东北约 6 km 的德庆悦城云作剖面，上部以紫红、紫灰色绢云母千枚岩为主，其中夹黄白色变质砂岩及粉砂岩，总厚度 465 m。本组剖面多不完整，从现有资料看，由西南向东北有厚度增大、砂质增多的趋势。地质时代属中—晚志留世。

【其他或问题讨论】 鉴于岭下组正层型剖面出露不完整，建议以广东区调队 1992 年测制的德庆县悦城两塘岗剖面（112°09′，23°07′）为参考剖面，底以一套黄白色变质中细粒岩屑砂岩为标志与连滩组分界。

第二节 生物地层概况

一、震旦系

广东震旦纪地层中化石以微古植物为主。大绀山组、活道组至乐昌峡群以含 *Leiominuscula*, *Leiopsophosphaera*, *Trachysphaeridium*, *Trematosphaeridium* 为主，南颐（1993）称为 *Trachysphaeridium minor* 组合，以老虎塘组所获属种最多，代表性的属种有：*Asperatopsophosphaera umishanensis*, *Laminarites antiquissimus*, *Leiofusa bicornuta*, *L. crassa*, *Leiominuscula incrassata*, *L. minuta*, *Leiopsophosphaera apertus*, *L. bullata*, *L. densa*, *L. effusus*, *L. infriata*, *L. minor*, *L. solida*, *Lophosphaeridium rarum*, *Polyporata obsoleta*, *Pseudozonosphaera* sp. , *Quadratimorpha* sp. , *Synsphaeridium conglutinatum*, *Trachysphaeridium cultum*, *T. incrassatum*, *T. hyalinum*, *T. minor*, *T. planum*, *T. rugosum*, *T. simplex*, *Trematosphaeridium holtedahlii* 等。

上述微古植物组合以单细胞藻类为主，纹饰较简单，是一些比较原始的藻类；未发现高等植物的孢子和花粉。其地质时代属震旦纪（可能包括青白口纪）。

二、寒武系

1. 无铰纲腕足类、三叶虫、原始头足类

腕足类主要分布于高滩组及水石组中，代表分子有：*Acrothele* sp. , *A.* cf. *eryx*, *A.* cf. *asiatica* , *Homotreta* sp. , *H. shantungensis* , *H. venia* , *Lingulella* sp. , *L. liui* , *Micromitra* sp. , *M. horii* , *Obolus* sp. , *O. shansiensis*, *O. taianensis* , *Palaeobolus* sp. , *P. rotulus* 等，主要出现于中—晚寒武世。

此外于高滩组中采获三叶虫 *Agnostus* sp.，于牛角河组中采获原始头足类 *Volborthella* sp.，还有海绵骨针 *Protospongia* sp. 等。上述生物组合总体面貌属寒武纪。

2. 微古植物

主要采自牛角河组，部分采自高滩组和水石组，南颐（1993）称为 *Micrhystridium spinotum* - *Reticulum rugosum* 组合；常见的代表分子有：*Micrhystridium brevicornum*, *M. spinotum*, *Reticulum simplex*, *R. polyecornum*, *R. rugosum*, *Leiopsophosphaera apertus*, *L. densa*, *L. flava*, *Trachysphaeridium* cf. *planum*, *T. rugosum*, *Oidium* sp. , *Orygmatosphaeridium* sp. , *Zonosphaeridium minutum* 等。其中 *Leiopsophosphaera* , *Trachysphaeridium*, *Reticulum* 等占总数的 85%；常见于寒武纪的 *Micrhystridium* 占总数的 9%，*Leiofusa* 占 3%～4%，*Quadratimorpha*, *Polyporata* 占 2%。*Micrhystridium* , *Reticulum* , *Quadratimorpha* 等寒武纪常见属种的出现，表明牛角河组含上述化石的层位属早寒武世。

广东牛角河组下伏地层老虎塘组中含微古植物 *Trachysphaeridium minor* 组合，其时代为震旦纪，而在水石组上覆地层新厂组中含笔石 *Staurograptus - Anisograptus* 带分子，其时代为奥陶纪。因此，根据化石的分布情况，牛角河组、高滩组及水石组的时代大致相当于寒武纪。

三、奥陶系

广东奥陶纪地层中所含生物化石门类不多，以笔石、三叶虫、腕足类为主，其次有珊瑚、腹足类及牙形刺等。近年来还发现含微古植物，但以笔石为最重要。

1. 笔石

广东奥陶纪的笔石主要见于新厂组、虎山组、下黄坑组以及长坑水组中。经南颐（1959，1962，1964，1974）、穆恩之（1974）、汪啸风（1979）等先后研究，划分出若干笔石带，现参考赖才根等（1982）编著的《中国的奥陶系》一书的意见，广东奥陶纪笔石带自下而上可分为：

(1) *Clonograptus tenellus* 组合带

为南颐（1961）命名，分布于台山、开平县一带的新厂组中。其主要属种有 *Adelograptus* cf. *sinicus*，*Anisograputs matanensis*，*Clonograptus* cf. *tenellus calavei*，*Staurograptus dichotomus* 等。上述笔石组合由正笔石式树形笔石组成，均系西欧、北美、澳大利亚早奥陶世特马豆克期的代表分子。

穆恩之（1974）进一步分新厂组所含的笔石为 3 个带，底部称 *Staurograptus - Anisograptus* 带，以出现大量 *Staurograptus dichotomus*，*S. dichotomus apertus*，*S. immaturus* 以及 *Anisograptus zhongguoensis*，*A. guangdongensis* 等为特征。中部称 *Aletograptus - Triograptus* 带，以含 *Aletograptus orientalis*，*Triograptus canadensis* 及 *Anisograptus matanensis tetragraptoides*，*A. minutus* 等为主。上部称 *Adelograptus - Clonograptus* 带，以出现大量 *Clonograptus tenellus*，*C. flexilis*，*Adelograptus victoria*，*A. asiaticus*，*A. simplex*，*Bryograptus xinchangensis* 及个别 *Didymograptus taylori* 等为特征。

本组合带与北美东部以及澳大利亚东南部的兰舍费尔德组的笔石组合内容极为相似，相互间易于对比。该时代属早奥陶世两河口期。

(2) *Didymograptus hirundo* 组合带

系许杰（1934）命名，代表皖南早奥陶世宁国页岩下部的笔石带，南颐（1959）引用其代表开平、台山县一带的新厂组上部—虎山组下部及曲江、始兴、河源县一带的下黄坑组中、下部；以台山深井新厂、开平金鸡岗背，曲江溪背、瑶岭及河源锡场杨梅峒等剖面较有代表性。

本组合带以均分笔石科、四笔石科、对笔石科及叶笔石科的一些属种为主，*Didymograptus hirundo*，*D. abnormis*，*D. leeszukuangi*，*D. patulus*，*Isograptus divergens*，*I. walcottorum*，*Cardiograptus amplus*，*Glyptograptus austrodentatus*，*Phyllograptus anna*，*P. angustifolius*，*Tetragraptus bigsbyi*，*T. quadribrachiatus*，*Pseudotrigonograptus ensiformis* 等为常见分子。

这一笔石带与我国红花园期—大湾期的笔石群特征一致，其时代相当于西欧早奥陶世阿伦尼格期。

南颐（1974）在相当该组合带的地层中，根据所获笔石自下而上建立了 3 个带：下部称

Didymograptus abnormis 带，以产大量窄枝平伸对笔石（如 *Didymograptus abnormis* , *D. hirundo*，*D. extensus*）及等称笔石中的 *Isograptus caduceus* , *I. divergens* 为特征，在广东分布较广泛，出现在新厂组上部及下黄坑组下部。中部称 *Cardiograptus amplus* 带，以产心笔石类 *Cardiograptus amplus* , *C. morsus* 为特征，与之共生的还有上斜的 *Tetragraptus bigsbyi* , *Glyptograptus sinodentatus* 等；在广东分布也较广泛，出现在下黄坑组中上部。上部称 *Glyptograptus austrodentatus* 带，以出现大量的双列有轴笔石为特点，主要有 *Glyptograptus dentatus*，*G. austrodentatus*，*G. sinodentatus* 及隐轴笔石类的 *Cryptograptus tricornis*，*Glossograptus minor* 等。

Didymograptus hirundo 为西欧早奥陶世阿伦尼格期晚期的带化石，根据许杰、穆恩之等以及汪啸风的研究，它从红花园期的 *Tetragraptus fruticosus* 带即已开始出现，一直上延到大湾期的 *Glyptograptus austrodentatus* 带中。

（3）*Amplexograptus confertus* 组合带

亦系许杰（1934）命名，用以代表皖南早奥陶世宁国页岩上部的笔石带，南颐（1959）引用于开平、台山县一带虎山组的中部与曲江、始兴、河源县一带下黄坑组上部—长坑水组下部。本组合带以出现大量中国笔石科以及隐轴笔石类的隐笔石、舌笔石、拟舌笔石、假三角笔石和对笔石的某些下斜窄枝对笔石为特征。主要分子有 *Amplexograptus confertus*，*Cryptograptus gracilicornis* , *Glossograptus acanthus*，*Paraglossograptus regularis* , *P. multifibratus longus* , *Pseudotrigonograptus praelongus* , *Allograptus venustus* , *Holmograptus orientalus* , *Tylograptus geniculiformis*，*T. globiformis*，*T. spiniformis* , *Didymograptus ellesae* , *D. spinosus* 等。其特点与西欧、北美早奥陶世兰维利期以及我国皖南、浙西、赣西北、湘中南等地早奥陶世牯牛潭期早期 *Amplexograptus confertus* 带的特征完全相同，相互间可以对比。

（4）*Glyptograptus teretiusculus* 组合带

为南颐（1974）命名，分布于曲江、河源县一带的长坑水组的下部，以河源杨梅峒剖面为代表，曲江瑶岭剖面亦有发育。本组合带以雕笔石类及舌笔石类以及小型的叉笔石大量出现为主要特征。主要分子有 *Glyptograptus teretiusculus*，*Glossograptus hincksii* , *Climacograptus putillus*，*C. forticaudatus*，*C. uniformis*，*Dicellograptrus sextans* , *D. sextans exilis* 等。与葛梅钰、钱义元、李积金等（1964）、穆恩之（1974）先后对浙西、皖南的胡乐组深入研究后所确定的 Hu_1 带（*Glossograptus hincksii* 带或 *Glyptograptus teretiusculus* 带）的特征完全相同，相互可以对比，其时代属中奥陶世庙坡期早期。

（5）*Nemagraptus gracilis* 组合带

由南颐（1962）命名，主要分布于曲江、始兴县一带长坑水组的上部，以曲江长坑水剖面、曲江瑶岭剖面第 4—7 层为代表。本组合带以纤笔石科、双头笔石科、叉笔石科的一些属种大量繁盛为主要特征，主要分子有 *Nemagraptus gracilis*，*N. exilis*，*Dicellograptus divaricatus* , *D. sextans exilis* , *Dicranograptus nicholsoni diapason* , *D. ziczac minutus* , *Glossograptus hincksii* , *Orthograptuscalcaratus* , *Retiograptus genitzianus* 等。

穆恩之（1974）提出将 *Nemagraptus gracilis* 带作为我国东南型胡乐组的第 2 个带（Hu_2），地质时代属中奥陶世庙坡期中期。

（6）*Dicranograptus nicholsoni diapason* 组合带

由南颐（1962）命名，分布于河源杨梅峒的长坑水组上部及开平、台山一带虎山组的上部。以河源杨梅峒剖面及台山深井新厂剖面、开平打石山剖面为代表。本组合带笔石群特征

基本上与 *Nemagraptus gracilis* 组合带相同，只是其中未发现 *N. gracilis* 。主要分子有 *Dicranograptus nicholsoni diapason* ，*D. nicholsoni pravangulus* ，*Dicellograptus sextans exilis*，*Amplexograptus* cf. *teilhardi*，*Climacograptus* cf. *forticaudatus* ，*C. putillus* ，*C. uniformis*，*Pseudoclimacograptus scharenbergi* ，*P. scharenbergi minor* 等。穆恩之认为该组合与 *Nemagraptus gracilis* 带相当，同属胡乐组第 2 个笔石带（Hu_2），时代属中奥陶世庙坡期。

2. 三叶虫

仅在郁南、德庆县一带的罗洪组中上部有分布。其中德庆缩尾岭剖面与郁南大沥山剖面含有 *Illaenus* sp. ，*I. sinensis* ，*Synhomalonatus*（*Birmanites* ）sp. ，*S.*（*B.*）*birmanica* 等。

上述三叶虫在我国主要分布于川、黔、滇、鄂等省的大湾组中，时代相当于早奥陶世晚期（大湾期—牯牛潭期）。

3. 腕足类

与上述三叶虫共生于郁南、德庆的罗洪组中。主要分子有 *Orthis calligramma hupehensis*，*O. calligramma intercalare*，*O. carausii*，*Metorthis delicata* ，*Martellia* cf. *ichangensis* 等，其中 *Metorthis delicata* 和 *Martellia* cf. *ichangensis* 为大湾组中、上部的特有分子，因此时代属早奥陶世晚期（大湾期）。

4. 牙形刺

据安太庠（1987）研究，广东奥陶纪牙形刺有两个产地：①德庆高良以东罗东组中含有 *Drepanoistodus paucicostatus*，该种为早奥陶世早期（两河口期）最上部牙形刺 *Drepanoistodus paucicostatus* 带的主要分子。②曲江灵溪龙头寨附近古亭组中的大理岩化灰岩中含有 *Cornuodus longibasis* ，*Paltodus inconstans* ，*Oistodus* sp. 等；组合面貌与扬子区早奥陶世红花园期的牙形刺特征相似。

5. 微古植物

有三个岩石地层单位中发现微古植物化石。

（1）德庆悦城罗东石灰岩开采场的罗东组剖面中，含以下微古植物：*Baltisphaeridium compressum* ，*B.* cf. *inconsphidium* ，*B. polygonale*，*B. uneinatum* ，*Leiofusa bicornuta* ，*Leiopsophosphaera apertus* ，*L. clara*，*L. densa* ，*L. flava* ，*L. leguminiformis* ，*L. minor*，*Synsphaeridium conglutinatum* ，*Veryhachium trispinosum* 等。

（2）云浮南乡东冲矿场附近的东冲组剖面含微古植物共有 3 层，主要有如下属种：*Baltisphaeridium microspinosum*，*B.* cf. *recticornum* ，*B.* cf. *spinosum* ，*B. uneinatum* ，*Leiofusa bicornuta* ，*L.* cf. *crassa* ，*Leiopsophosphaera apertus* ，*L.* cf. *clara*，*L. flava*，*L. infriata* ，*L. leguminiformis* ，*L. minor* ，*L.* cf. *pusilla*，*L. solida* ，*Macroptycha biplicata* ，*M. uniplicata* ，*Trachysphaeridium cultum* ，*T.* aff. *incrassatum*，*T. minor* ，*Veryhachium trispinosum* 等。

（3）云浮南乡附近兰瓮组剖面中含微古植物 *Baltisphaeridium* cf. *compressum*，*B. polygonale* ，*Leiofusa bicornuta* ，*Leiopsophosphaera* cf. *apertus* ，*L.* cf. *flava* ，*L.* cf. *minor* ，*Synsphaeridium conglutinatum* ，*Trachysphaeridium minor* ，*T. rugosum*，*Veryhachium trispinosum* 等。

上述三个岩石地层单位中的微古植物组合特征基本上是相近似的，均以球藻类和刺球藻类占绝对优势，分别占总含量的 50％和 40％左右；船形类（单大褶藻、双大褶藻、梭形藻等）占总含量的 10％左右；未发现高等植物的孢子和花粉。这些特征可与宜昌黄花场、云南禄劝、陕西紫阳等地的奥陶纪微古植物组合特征相比较。

四、志留系

广东志留纪地层中迄今已发现的古生物以笔石为主，此外尚有三叶虫、腕足类以及少量的腹足类、双壳类、海林檎、竹节石等。部分地层中尚含微古植物。

1. 笔石

主要见于连滩组中，个别属种见于岭下组中。连滩组的笔石化石经张席禔（1933）、章熙林（1938）、张席禔及孙云铸（1939）、穆恩之（1948）和汪啸风（1978）等多次研究，证明早志留世的笔石带发育得相当完整。前人曾将连滩附近发现的笔石分为早志留世与中志留世早期两部分，现据林宝玉等（1984）编著的《中国的志留系》一书的意见全部归为早志留世，自下而上为划分为10个带。

(1) *Glyptograptus* aff. *persculptus* 带

林宝玉等（1984）命名，与穆恩之（1948）所定的“连滩页岩”最下部的未命名带（*Glyptograptus* spp.）相当。它分布于连滩组最下部，见于连滩文头山剖面，属种不多，保存亦较差，共有 *Glyptograptus* aff. *persculptus*，*G*. aff. *tamariscus*，*G*. sp.，*Climacograptus* sp. 等。*Glyptograptus persculptus* 为英国及西欧早志留世兰德维利期（Llandoverian）早期 *Akidograptus acuminatus* 带的常见分子，时代相当于龙马溪期早期。

(2) *Pristiograptus atavus* 带

林宝玉等（1984）命名，与穆恩之（1948）所定“连滩页岩”下部的未命名带（*Pristiograptus* spp.）相当。它见于连滩大尖山剖面，主要属种有 *Pristiograptus* aff. *atavus*，*P*. sp.。*P*. *atavus* 为英国早志留世兰德维利期 *Pristiograptus cyphus* - *P*. *gregarius* 带的重要分子，因此可与英国的第18笔石带相比较，相当于龙马溪期早—中期。

(3) *Demirastrites triangulatus* 带

穆恩之（1948）命名，见于连滩大尖山剖面及文头山剖面，黄涌坑剖面亦含本带化石。主要分子有 *Cephalograptus* cf. *cometa*，*Climacograptus hughesi*，*C*. *innotatus*，*C*. *minutus*，*C*. *scalaris*，*Demirastrites triangulatus*，*Glyptograptus tamariscus*，*Monograptus distans*，*M*. *gemmatus*，*Spirograptus turriculatus*，*Orthograptus insectiformis*，*Pristiograptus hisingeri*，*Pernerograptus revolutus* 等。以上化石都是西欧早志留世兰德维利期第18—19笔石带的常见分子，特别是 *Demirastrites triangulatus* 是第19笔石带b亚带的带化石，时代相当于龙马溪期中期。

(4) *Demirastrites convolutus* 带

张席禔、孙云铸（1939）命名，归为连滩组的第3个笔石带。本带见于连滩文头山剖面，在黄涌坑、思和坑等地亦有发现。内容较丰富，主要有 *Demirastrites convolutus*，*Monograptus gemmatus*，*Spirograptus turriculatus*，*Orthograptus bellulus*，*Petalograptus palmeus*，*Plegmatograptus macilentus*，*Prisitiograptus regularis*。其组成特征与西欧早志留世兰德维利期的第20笔石带完全可以相比，时代相当于龙马溪期中期。

(5) *Monograptus sedgwicki* 带

章熙林（1938）命名，曾作为“文头山页岩”最上部的化石带。张席禔、孙云铸（1939）划归于连滩组中部。它主要见于连滩大尖山剖面，在黄涌坑、思和坑等地亦有发现。本带笔石较丰富，主要有 *Climacograptus hughesi*，*Demirastrites decipiens*，*D*. *denticulatus*，*D*. *involutus*，*Monograptus sedgwicki*，*Orthograptus bellulus*，*Rastrites* aff. *maximus*，

Spirograptus turriculatus 等；组成特征与西欧早志留世兰德维期晚期第 21 笔石带的性质相同，时代相当于龙马溪期晚期。

(6) *Rastrites maximus* 带

林宝玉等（1984）修改穆恩之（1948）的 *Streptograptus runcinatus* - *Rastrites maximus* 带而来，原划归于“连滩页岩”中上部，林宝玉等放在连滩组的上部。本带主要见于连滩大尖山剖面、文头山剖面，在大石顶、思和坑等地亦有发现。主要分子有 *Climacograptus scalaris*，*Demirastrites* cf. *denticulatus*，*Orthograptus bellulus*，*Petalolithus palmeus latus*，*Pristiograptus rudus*，*P. regularis*，*Rastrites maximus*，*R.* aff. *fugax*，*R. pergrinus*，*Spirograptus turriculatus*，*Streptograptusbecki*，*S. dextrorsus*，*S. nodifer*，*S. runcinatus* 等。其特征与西欧早志留世塔伦期（Taranian）的第 22 笔石带基本一致，时代相当于龙马溪期晚期。

(7) *Spirograptus turriculatus* 带

章熙林（1938）首先命名，林宝玉等（1984）以此带代表穆恩之（1948）的 *Streptograptus runcinatus* - *Rastrites maximus* 带的上部。本带见于连滩文头山剖面，主要分子有 *Monograptus* sp.，*Petalograptus palmeus latus*，*Pristiograptus nudus*，*Rastrites maximus*，*Spirograptus turriculatus*，*Streptograptus nodifer*，*S. runcinatus* 等。与西欧早志留世塔伦期第 22 笔石带可对比，时代相当于石牛栏期。

(8) *Streptograptus crispus* 带

张席禔、孙云铸（1939）首先在连滩命名，原归于“连滩页岩”的上部，林宝玉等（1984）划归“文头山组”的中下部。本带见于连滩大尖山剖面及文头山剖面，在黄涌坑、大石顶、狮子庙等地亦有发现。主要有 *Demirastrites involutus*，*D. tortuosus*，*Monograptus marri*，*M. priodon*，*Pristiograptus nudus*，*Spirograptus turriculatus*，*Streptograptus crispus*，*S. exiguus*，*S. flagellaris*，*S. lobiferus* 等；其特征与西欧早志留世塔伦期第 23 笔石带完全可以对比，时代相当于石牛栏期。

(9) *Monoclimacis* cf. *griestoniensis* 带

张席禔、孙云铸（1939）称之为 *Monograptus* (*Oktavites*) *spiralis* - *Monograptus* (*Monoclimacis*) *griestoniensis* 带；穆恩之（1948）改称为 *Monograptus* (*Monoclimacis*) cf. *griestoniensis* 带，作为“连滩页岩”顶部的笔石带。林宝玉等（1984）将此带划归于“文头山组”中。本带仅见于下思和一带，产 *Monoclimacis* cf. *griestoniensis*，可与西欧早志留世晚期塔伦期的第 24 笔石带对比，时代相当于白沙期。

(10) *Oktavites spiralis* - *Stomatograptus grandis* 带

林宝玉等（1984）命名，用以代替张席禔、孙云铸（1939）所命名的 *Cyrtograptus murchisoni* 带、*Monograptus riccartonensis* 带、*M. retroflexus* 带和 *M. flemingii compactus* 带以及穆恩之（1948）命名的 *Cyrtograptus murchisoni* 带和 *Monograptus riccartonensis* 带。本带见于连滩文头山剖面连滩组的顶部，经汪啸风（1978）采集、鉴定，此带共含有以下笔石：*Dmeirastrites* cf. *decipiens*，*Monograptus acus*，*M.* cf. *m'coyi*，*M. priodon*，*Monoclimacis linnarsoni*，*Oktavites falx*，*O.* cf. *involutus*，*O. involutus liantanensis*，*O. mirus*，*O. spiralis*，*O. spiralis contortus*，*Pristiograptus nudus*，*Pseudoplegmatograptus flaccidus*，*P. obesus obesus*，*P. obesus relictus*，*Retiolites geinitzianus angustidens*，*R.* sp.，*Spirograptus sinicus*，*S. turriculatus*，*Stomatograptus asiaticus*，*S. grandis*，*S. sinensis*，*Streptograptusexiguus* 等。本带特征和英国、西欧早志留世最晚期的第 25 笔石带可以对比；与俄罗斯早志留世晚期的

Oktavites spiralis - Stomatograptus grandis 带相当；时代相当于白沙期。

2. 三叶虫

仅在云浮县岭下村附近的岭下组剖面中见及，南颐（1964，1987）曾命名为 *Coronocephalus rex - Otarion-diffractum* 组合带。

分布于云浮岭下村剖面中，主要分子有 *Coronocephalus rex*，*Otarion* cf. *diffractum*，*O. guangtungensis* 等。*Coronocephalus rex* 为广泛分布于我国南方（贵州、湖南、湖北、江西、江苏、安徽、浙江及广西）中志留世的特有属种；*Otarion diffractum* 为捷克波希米亚晚志留世柯帕尼那灰岩中的代表分子，在我国吉林二道沟组中亦产该种化石，时代亦定为晚志留世。因此，*Coronocephalus rex - Otarion diffractum* 组合带的地质时代应属中—晚志留世。

3. 腕足类

仅于云浮南乡岭下村岭下组中有少量产出，主要有 *Brachyzyga* cf. *pentameroides*，*Chonetes* cf. *proliferus*，*Leptaena* sp.，*Orbiculoidea* ?sp.，*Plectodonta nanxiangensis*，*Stenoscisma* cf. *althi* 等。这些腕足类化石都是波兰志留纪的常见分子，由于它们与三叶虫 *Coronocephalus rex* 等共生，故其时代亦应属中—晚志留世。

4. 腹足类

仅在云浮岭下组中见有 *Hormotoma kuetsingensis*，*Poleumitia*（？）*changyiensis*，*Patella* sp.，*Ecculiomphalus* sp. 等。其中 *H. kuetsingensis* 及 *P.*（？）*changyiensis* 为云南东部妙高组中常见分子，时代为中—晚志留世。

5. 微古植物

产出于古墓组、连滩组和岭下组中。

(1) 在云浮南乡古墓的古墓组剖面中，含微古植物 *Leiopsophosphaera* cf. *apertus*，*L.* cf. *clara*，*L. flava*，*L.* cf. *leguminiforme*，*Leiofusa bicornuta*，*L.* cf. *crassa*，*Trachysphaeridium* aff. *angulatum*，*T.* cf. *hyalinum*，*T. rugosum*，*Dictyosphaera* sp. 等。

(2) 在云浮南乡古墓以西的连滩组的灰色粉砂质页岩中，含微古植物 *Baltisphaeridium* cf. *compressum*，*B.* cf. *inconsphidium*，*B. nanum*，*B. microspinosum*，*B. polygonale*，*B.* cf. *recticornum*，*B.* cf. *spinosum*，*B. uneinatum*，*Dictyosphaera* sp.，*Leiofusa bicornuta*，*Leiopsophosphaera apertus*，*L.* cf. *clara*，*L. flava*，*L. fulvastra*，*L. minor*，*L.* cf. *pusilla*，*L. solida*，*Pseudozonosphaeridium favosum*，*Trachysphaeridium* aff. *angulatum*，*T. cultum*，*T.* cf. *hyalinum*，*T.* aff. *incrassatum*，*T. planum*，*T. rugosum*，*T. simplex*，*Lignum striatum*，*Trematosphaeridium* sp.，*Macroptycha uniplicata*，*Stictosphaeridium* sp.，*Veryhachium trispinosum* 等。

(3) 在德庆悦城两塘岗的岭下组的绢云母千枚岩中，含微古植物 *Dictyosphaera* sp.，*Leiofusa bicornuta*，*Leiopsophosphaera apertus*，*L. clara*，*L. flava*，*L.* cf. *effusus*，*L. solida*，*L. fulvastra*，*Lignum* cf. *furcausum*，*L. striatum*，*Polyporata obsoleta*，*P.* aff. *obsoleta*，*Pseudozonosphaeridium favosum*，*P.* cf. *favosum*，*Trachysphaeridium* aff. *angulatum*，*T. cultum*，*T.* cf. *hyalinum*，*T.* aff. *incrassatum*，*T. rugosum* 等。

以上微古植物特征初步总结如下：古墓组的微古植物化石以球藻类中的光面、粗面球形藻为主；连滩组与岭下组则除光面、粗面球形藻外，还出现较多的波罗的球形藻以及网面、假环球形藻等。总的来看，前者较原始，后者较复杂，其中球形藻占总数的 80%～90%，个体大小由 25～45 μm；在船形类中，仅见少数梭形藻、大褶藻，占总数的 3%～6%。上述微古植物化石曾见于俄罗斯地台西部波罗的海沿岸的志留纪地层中，亦见于湖北峡东地区的志留纪地层中。

第三节　年代地层划分与若干界线讨论

一、广东震旦系的若干问题

1. 广东震旦纪年代地层的若干依据

1991年吴乾珍对广州白云山及陈洞一带的变粒岩、长石石英岩采样，挑选锆石用热离子发射质谱计作单颗粒锆石U-Pb法年龄测定，获几组数据：白云山地区沉积锆石年龄为778±26 Ma和896±4.1 Ma，新生锆石年龄分别为548.4±4.1 Ma、510.4±2.9 Ma和448.5±3.6 Ma；陈洞地区沉积锆石年龄为782±8 Ma，新生锆石年龄为412±8 Ma。表明该区变质岩层形成于778～896 Ma。

1988年陈好寿、杨开渠于清远县新洲乐昌峡群的石英云母片岩中采样，挑选锆石进行U-Pb年龄测定，采用一致曲线测定岩层年龄，直线与一致曲线有两个交点。上交点年龄为2498 Ma，代表古老基底岩石的沉积年龄；下交点年龄为688 Ma，代表乐昌峡群的沉积年龄。

1992年张志兰、袁海华等与719队对广宁县古水附近的乐昌峡群进行研究，获3组数据。①采自坝里组底部凝灰质粉砂岩中，磨圆碎屑状锆石作分层蒸发$^{207}Pb/^{206}Pb$年龄测定，经42组数据统计，获平均值年龄995±8～9 Ma，代表沉积层的物源区地层形成年龄。②采自老虎塘组上部的硅质岩、硅质板岩，用Pb-Pb全岩等时线法测得等时年龄612±3 Ma，③采自八村群底部硅质碳质板岩及碳质板岩中，用Pb-Pb全岩等时线法，测得等时年龄535～556 Ma。

上述资料表明，大绀山组年龄值为778±26 Ma，时代相当早震旦世；乐昌峡群为688～612 Ma，时代相当晚震旦世；八村群的底界年龄值为556 Ma，时代为寒武纪。

2. 广东震旦系的若干界线问题

(1) 大绀山组的底界在广东境内相当于中国南方震旦系的底界，地质年龄值为800 Ma左右。中国南方的雪峰运动，在湘西和湘西南地区表现为平行不整合至低角度不整合，在桂北地区为平行不整合。广东境内目前尚无确切的资料，故暂定为平行不整合，其理由有二：一是底部砾岩变化较大，如连山鹰扬关地区的长安组为一套含砾砂岩及含砾绢云母板岩，总厚度达510 m以上；云浮大降坪地区大绀山组第一段为以灰—灰白色中厚层状石英岩为主，夹千枚岩及少量砾岩，总厚度仅90 m。二是前人对赋存于云浮大降坪大绀山组第二段中的硫铁矿成因进行研究，认为是在滞流的火山泻湖中沉积的复成因矿床，这表明大绀山组与沙湾坪组之间存在沉积间断。

(2) 活道组的底部为一套不稳定的砾岩，最大厚度见于罗定县围底龙涌，可达70 m，砾径一般1～3 cm（最大10～12 cm），杂基支撑，具底砾岩性质，与下伏地层之间存在沉积间断；向东至高要活道厚约37 m，砾径最大可达25 cm；向北至连山鹰扬关厚仅4 m。该底砾岩为一个南厚北薄的楔形体，表明其物源区是在南侧，是在滨岸—浅海沉积环境中形成的；其底界相当于中国南方的南沱组的底界，与下伏地层关系暂定为平行不整合。

二、广东寒武系与震旦系的分界

(1) 根据岩石特征，这一界线是明显的，以牛角河组底部之薄层碳质板岩、碳质硅质板岩夹石煤层与下伏老虎塘组顶部之浅灰色厚层硅质岩的分界为标志。在桂湘赣地层分区南部的广宁古水，牛角河组底部碳质板岩中曾获 Pb－Pb 全岩等时线年龄数据（535～556 Ma），说明牛角河组的底界接近寒武系底界（570 Ma）的年龄。

（2）在云开地层分区的阳春县圭岗那柳垌，牛角河组下部及中上部均含有丰富的微古植物化石，在牛角河组下部的碳质页岩中所含微古植物化石属种与下伏老虎塘组中的属种相近，均属 *Trachysphaeridium minor* 组合分子，而在牛角河组上部才出现寒武纪的常见属种 *Micrhystridium spinotum*－*Reticulum rugosum* 组合分子。这表明牛角河组底部时代仍属震旦纪，震旦纪与寒武纪界线应在牛角河组下部通过，并说明牛角河组的沉积具有跨时性。

三、广东奥陶系的若干界线问题

1. 广东奥陶系与寒武系的分界

奥陶系与寒武系的分界是国际上争论的问题，当前多数人的意见是以西欧斯堪的那维亚地区的 *Dictyonema* 页岩之底为奥陶系特马豆克统的底界。我国许多地方奥陶系与寒武系为连续沉积，一般也都将奥陶系与寒武系分界置于特马豆克统之底。

广东奥陶系与寒武系的界线划分是南颐（1961）首先提出的，在笔石页岩相沉积中（如台山新厂）这一界线是划在新厂组与八村群之间；目前采用穆恩之（1974）所分新厂组最下部的 *Staurograptus*－*Anisograptus* 笔石带的底为奥陶系之底界。遗憾的是八村群顶部的 21 m 岩层内未发现化石，往下亦仅含无铰纲腕足类及海绵骨针，因此，台山新厂组的底界可能还未达奥陶系的最低层位。

在壳相碎屑岩沉积中缺乏笔石，三叶虫、腕足类等化石属种亦不多，目前只能从岩性特征及沉积旋回考虑，将奥陶系底部界线放在罗洪组底砾岩与水石组之间的不整合面上。

2. 广东奥陶系的上界

广东奥陶纪笔石页岩相地层的上界目前还缺乏资料，因为广东奥陶系发现的最高笔石带为卡拉道克期（相当庙坡期）中部的 *Nemagraptus gracilis* 带（或 *Dicranograptus nicholsoni diapason* 带），其上亦未见与笔石页岩相志留系接触，故二者的界限尚未研究清楚。

广东西部奥陶纪壳相碎屑岩与笔石页岩相的志留系连续沉积，但奥陶系上部的若干地层单位中又未发现可以确定时代的化石，因此只能以岩性特征和沉积旋回特征为标志，将奥陶系与志留系的界线划在大岗顶组底砾岩与兰瓮组之间的平行不整合面上。

四、志留系的若干界线问题

1. 广东志留系的下界

我国与西欧（特别是英国）志留系的底界一般以笔石 *Glyptograptus persculptus* 带底界为标志。在广东这一个带分布于连滩组的底部，但笔石属种不多，且保存不好，其下伏地层中亦未直接见到晚奥陶世的笔石带，因此，广东志留系的底界具体划在什么地方？是值得进一步研究的。

在连滩组之下为古墓组与大岗顶组。古墓组为一套以长石石英砂岩为主，与条带状页岩呈互层的地层；其下的大岗顶组为含砾砂岩、砂砾岩、复成分砾岩，平行不整合于兰瓮组之上。它们与连滩组构成一个完整的沉积旋回，从位于同一个海进式沉积旋回的观点出发，可认为在广东目前未确切发现晚奥陶世笔石或其他门类化石以前，将志留系的底界划在大岗顶组与兰瓮组之间还是较为合适的。

2. 广东志留系的上界

广东志留系与泥盆系的界线位置及接触关系，一直是未解决的问题。南颐（1964）创建岭下组以后，曾有人以在岭下组中产泥盆纪竹节石 *Nowakia acuaria* 而认为岭下组属于泥盆一志留纪的过渡层，甚至推断“钦州海槽”一直延至广东云浮一带。经过1∶5万区调填图证实：岭下组与泥盆纪老虎头组之接触面上往往发育一套含锰土层，这是很明显的古风化壳。岭下组所含化石以三叶虫 *Coronocephalus rex* 为主，是我国中志留世的重要化石，目前虽然将岭下组的沉积时限定为中—晚志留世，但笔者认为它属于中志留世的可能性很大，广东志留系与泥盆系的界线是不连续的，其间为不整合面分开。

3. 广东志留系中、下统及上、中统的界线

我国及国际上的中、下志留统的界线一般以笔石 *Oktavites spiralis* 带与 *Cyrtograptus murchisoni* 带的分界作为下志留统的顶界，*Oktavites spiralis* 带在我省连滩组的顶部有所发育，但其上有无中志留世的笔石动物群存在？是一个新的争论问题。

张席禔、孙云铸（1939），章熙林（1938）及穆恩之（1948）均认为广东连滩一带存在中志留世含笔石地层。但汪啸风（1978）进一步观察连滩剖面并重新采集“文头山组”的笔石化石后，认为前人所谓的中志留世标准化石（如 *Cyrtograptus murchisoni*，*Monograptus riccartonensis* 等）均未见及，而以产早志留世晚期的 *Spirograptus turriculatus* 带 、*Streptograptus crispus* 带、*Monoclimacis* cf. *griestoniensis* 带及 *Oktavites spiralis* – *Stomatograptus grandis* 带为主。因此，广东尚未见到确切的中志留统与下志留统的界线。

迄今为止，广东尚未发现晚志留世的笔石以及其他门类化石，因此，上、中志留统的确切界线尚无资料讨论，有待今后进一步研究。

---

①广东省地质局综合研究大队728分队，1967，1∶5万云浮地区区调普查报告。

②周国强、郑有铭，1993，广东西部元古代地层，广东省地质学会会刊（1994年学术年会论文摘要汇编）总第二十期。

③江西区测队，1966，江西省西南部地区龙山群专题研究总结报告（油印本）。

④李兼海等，1982，福建省早古生代地层调查研究报告，福建地质局区调队专题研究报告，1982第1号。

⑤南颐，1961，早奥陶世特马豆克（Tremadoc）笔石群在广东的发现及其意义，广东地质通讯（7）。

⑥南颐，1962，从广东奥陶纪地层及化石群的新发现讨论广东奥陶纪地层划分对比及岩相古地理的一些问题（手稿）。

⑦广东区调队，1992，1∶5万德庆幅、悦域幅区调报告。

⑧南颐，1964，广东西部云浮境内志留纪化石群的新发现及其意义，中国古生物学会第11届学术年会论文摘要。

第四章
泥盆纪—中三叠世

广东的泥盆纪—中三叠世地层发育齐全，分布也较广泛，除粤东沿海及雷州半岛地表外，各地均有出露。其中矿产资源丰富，是我省研究程度较高的地层单元。

晚古生代地层是在加里东运动形成的褶皱面上发育的，泥盆系—中三叠统构成了一个较完整的海侵—海退的沉积旋回。广东泥盆纪的海侵，由粤西北、粤西向粤东北和粤东推进，沉积物自东而西具有由粗碎屑岩向细碎屑岩—碳酸盐岩有规律性的叠置和推移，使早—中泥盆世沉积除粤西及粤北有碳酸盐岩沉积外，其余均以碎屑岩沉积为主。晚泥盆世粤西以含磷、锰硅质岩沉积或碳酸盐岩沉积为主，粤北及粤中广大地区下部为灰岩、泥灰岩沉积，上部为砂、泥质岩沉积，粤东以碎屑岩沉积为主。

广东早石炭世早期除粤北有碳酸盐岩沉积外，大部分地区为含钙质的细碎屑岩沉积。早石炭世晚期大部分地区为碳酸盐岩夹含煤碎屑岩沉积，粤东以含煤碎屑岩沉积为主，中—晚石炭世为广东海侵的最高潮期，全省均为碳酸盐岩沉积。

广东二叠纪表现为海退期，沉积呈现为碳酸盐岩→硅质、泥质岩→含煤碎屑岩的叠置。区域上西部以钙质、泥质为主，东部以碎屑岩为主。晚二叠世晚期—早三叠世以钙质、泥质岩类沉积为主。中三叠世沉积仅见于粤西北，为棕红色浅海—滨岸的细碎屑岩。

广东晚古生代地层的研究始于本世纪20年代，新中国成立以前除创建“盲仔峡系”、“鼎湖山系”、“天子岭灰岩”、“大乌石灰岩”、“帽子峰页岩”等一批地方性地层名称外，还引用了湖南的部分地层名称。在第一届全国地层会议上（1959）张有正对广东的地层进行了初步总结，其划分建议成为以后我省1：20万区调和矿产普查勘探中地层划分对比研究的基础；这一方案反映在《中南地区区域地层表》(1974)和1：50万广东省地质图（1977）及其说明书中。80年代以来，广东地科所开展的《粤北地区泥盆纪地层划分对比及岩相古地理》、《粤北帽子峰组及其时空分布规律的研究》与广东区调队《广东石炭纪岩相古地理及沉积、层控矿产远景预测》的研究等，标志着广东晚古生代地层研究进入了地层多重划分对比研究新的历史阶段。

广东省西北部和北部与桂湘赣相接，桂湘赣地层分区的一些代表性地层名称在广东沿用已久，在推荐使用岩石地层单位名称时，首先考虑“优先权”和“沿用的习惯性”。现将推荐使用的正式岩石地层单位介绍如下。

第一节 岩石地层单位

桂头群 DG (44-0507)

【创名及原始定义】 张有正(1959)①创名于乳源县桂头圩，原称桂头岩系。尔后广东761队4分队（1959）改称桂头群，是指角度不整合覆于前泥盆系之上，伏于东岗岭组（灰岩）之下的一套以紫红色为主的陆相粗碎屑岩。

【沿革】 广东泥盆纪早期的碎屑岩，在粤北冯景兰（1928）称“盲仔峡系”，徐瑞麟（1937）称“杨溪红色砂岩层”、“老虎头层”。在粤西徐瑞麟、蒋溶（1932）称“鼎湖山系”。桂头群创建以后，在全省1:20万区测和矿产普查中被推广应用，一般都按沉积旋回以层间砾岩为标志，划分为下亚群和上亚群（粤中地区及粤东连平、河源、惠阳、紫金等地划分为3个旋回，最上部称老虎坳组)。1977年广东区调队建议称桂头组，限于粤北及粤中地区使用，指不整合覆于前泥盆系之上，伏于棋梓桥组或老虎坳组之下的一套由紫红、浅灰紫、浅灰、灰绿色的砂岩及含砾砂岩和粉砂岩及粉砂质页岩组成的河流—滨海—浅海相的碎屑岩，常夹砾岩多层，上部砂岩含钙、锰质，中上部偶夹赤铁矿及磷矿或火山碎屑岩等。

1983年广东地科所于《粤北地区泥盆纪地层划分对比及岩相古地理》中将徐瑞麟（1937）创建于乐昌城南之杨溪红色砂岩层修订为杨溪群，指分布于曲江、乳源、仁化西部，不整合于震旦—寒武系之上的河流—三角洲相红—紫红色砂质碎屑岩沉积（相当于桂头群的下亚群)。同时修订徐瑞麟（1937）创建于乐昌城北的“老虎头层”为老虎头组，代表整合位于杨溪群与皇岗岭组（碳酸盐岩）之间的碎屑岩（相当于桂头群的上亚群)。其底部由灰白或灰绿色复成分砾岩、石英质砾岩、含砾石英砂岩组成，往上为中—粗粒石英砂岩、泥质粉砂岩、粉砂质泥岩及含钙质粉砂质泥岩等，含鱼、植物、叶肢介及双壳类化石等。1988年，在《广东省区域地质志》中，修订徐瑞麟、蒋溶（1932）创建的“鼎湖山系”为鼎湖山群，代表粤中地区一套以紫红色砂岩为主夹多层砾岩、砂砾岩及粉砂岩（偶夹页岩，局部有英安质火山岩或凝灰熔岩）的河流—滨海相或内陆山间盆地的碎屑岩建造。其底部见底砾岩，以不整合覆于前泥盆系之上，上与春湾组为整合连续沉积。

【现在定义】 此次对比研究考虑沿用的习惯性，采用桂头群，桂头群包括徐瑞麟（1937）创建的“杨溪红色砂岩层”（杨溪组）及“老虎头层”（老虎头组)。指位于前泥盆系不整合面之上与整合于东岗岭组（棋梓桥组）或春湾组（信都组）之间的一套粗碎屑岩。主要岩性为砾岩、砂砾岩、含砾砂岩和砂岩夹砂质页岩；以中部一层石英质砾岩（或砂砾岩）为标志，下部称杨溪组，上部称老虎头组。

【层型】 正层型为乳源县桂头游溪剖面（113°24′，24°56′)，广东地科所1982年重测。

上覆地层：**棋梓桥组** 黄褐色薄层—中厚层白云质泥质灰岩

———— 整 合 ————

老虎头组	总厚度 337.5 m
58. 灰褐、灰紫色厚层状粉砂质泥岩，顶部见少量钙质粉砂岩、粉砂质泥岩碎块，含轮藻 *Sycidium* sp.	25.0 m
57. 浅绿灰色薄层状泥质粉砂岩，上部见波痕，含沟鳞鱼 *Bothriolepis* sp.	13.5 m
56. 紫红色（风化后黄色）含钙质、粉砂质泥岩	8.6 m
55. 紫红色泥质粉砂岩	23.3 m

54. 黄色（风化后）厚—中薄层状泥灰岩与灰绿色粉砂质泥岩 51.3 m

53. 绿灰色泥质砂岩与砂质泥岩互层 13.0 m

52. 紫红色中细粒砂岩、泥质细砂岩夹砂质泥岩，底部含石英砾石 17.6 m

51. 灰绿色细—中粒砂岩（局部含砾石）夹灰绿色泥质砂岩及砂质泥岩，含古植物 *Lepidodendropsis arborescens* 等 1.4 m

50. 紫红色砂质泥岩（中部为灰绿色），含双壳类 *Sphenotomorpha lanceolata*, *Modiomorpha* sp. 等 8.3 m

49. 灰色厚层状中粗粒石英砂岩，下部含石英质细砾，上部为灰白色中粗粒石英砂岩 11.8 m

48. 灰、黄灰色厚层状中细粒石英砂岩，下部砂岩含石英质砾石，局部为细砾岩 11.1 m

47. 浅绿色中厚层状中粒砂岩（偶含石英细砾）夹薄层条带状粉砂质泥岩，上部含古植物 *Lepidodendropsis arborescens*, *Protopteridium minutum*, *Protolepidodendron scharyanum* 等 10.0 m

46. 浅绿灰色（风化为黄色）泥质细粒砂岩，中上部为灰绿色泥岩、粉砂质泥岩 7.8 m

45. 浅灰绿色粉砂质泥岩与黄、紫、绿灰等色中—细砂岩互层 4.5 m

44. 浅黄灰色厚层块状中粒砂岩 3.2 m

43. 浅绿灰色泥质细砂岩与砂质泥岩，下部以砂岩为主，上部以泥岩为主 2.5 m

42. 紫红色中厚层状泥质粉砂岩夹细粒砂岩 5.7 m

41. 紫红色中厚层夹薄层细砂岩 2.0 m

40. 紫红色薄—中厚层状泥质粉砂岩 6.8 m

39. 浅黄灰色含砾中细粒砂岩 6.0 m

38. 灰白色含砾粗砂岩，往上变为中薄层状中粗粒砂岩和含泥质粉—细砂岩 3.6 m

37. 浅灰白色中层状中粗粒砂岩 2.4 m

36. 灰白色中厚层状含砾中粒石英砂岩，具有较大的波痕 8.4 m

35. 浅灰白色厚层状石英砂岩，偶含细砾 11.6 m

34. 黄色（风化后）含砾粗砂岩 12.1 m

33. 浅绿灰色中厚层状石英砂岩 5.0 m

32. 灰白色厚层状含砾粗砂岩 4.3 m

31. 灰白色具水平层理的石英细粒砂岩 1.8 m

30. 灰白色含砾中粗粒砂岩，上部含砾较多 2.4 m

29. 灰白色含砾中粗粒砂岩（含砾较少），上部为厚层状中粒砂岩 4.8 m

28. 灰白色块状—厚层状含砾粗砂岩，上部含砾增加，顶部变为砾岩 11.6 m

27. 下部为灰白色厚层粗粒砂岩，上部为薄层状泥质中粗粒砂岩 2.1 m

26. 浅绿灰、灰白色中薄层状中粒砂岩 1.7 m

25. 灰绿、灰白色（风化黄灰色）块状含砾粗砂岩 9.2 m

24. 灰绿色具水平层理泥质细砂岩 0.8 m

23. 绿灰色中层状含砾砂岩，顶部夹砾岩 2.4 m

22. 灰绿色中薄层状泥质粉砂岩与泥岩互层 2.9 m

21. 灰白色中厚层状石英砂岩，偶见石英细砾 5.7 m

20. 浅灰白色厚层状石英粗砂岩，局部含有石英砾石 16.3 m

19. 灰白色具紫色铁质斑块之石英砂岩及含石英砾石的粗砂岩，局部砾石增多形成砾岩 0.7 m

——————整　合——————

杨溪组 总厚度 258.0 m

18. 浅紫灰、绿灰色中厚层状细粒砂岩 5.7 m

17. 浅紫色、紫灰色中粗粒（上部中细粒）厚层状砂岩 3.5 m

16. 紫红色厚层状具大型河流斜层理的细粒砂岩	2.8 m
15. 紫红色中厚层状局部含细砾的中粒砂岩	4.6 m
14. 紫红色中厚层状含泥质细砂岩，往上粒度变细	8.4 m
13. 紫红色局部含砾中厚层状中粒砂岩	15.8 m
12. 紫红色中粒砂岩，下部含铁质色较暗，上部细粒色浅	24.0 m
11. 浅紫红色中厚层状中细粒砂岩	29.0 m
10. 紫红色含褐铁矿斑点中厚层状中粒砂岩，上部粒度变细、渐变为灰绿色	12.4 m
9. 紫红色含褐铁矿斑点中厚层状中粒砂岩	3.7 m
8. 紫红色中厚层状含铁质中粒砂岩，上部粒度变细，含铁质减少	7.9 m
7. 紫红色中厚层状中粒砂岩，含星点状褐铁矿	27.9 m
6. 紫红色含泥细砂岩	11.9 m
5. 浅紫灰、黄灰色厚层状细砂岩，局部夹灰白色中粒石英砂岩	9.4 m
4. 紫红色中厚层状泥质粉—细砂岩，层理平整	12.0 m
3. 紫红色中厚层状细—中粒砂岩，下部夹薄层砾岩，中上部夹紫红色泥质粉砂岩	17.7 m
2. 浅紫红色块状砾岩，砾石成分复杂，多来源于基底岩层	61.3 m

~~~~~~~~~~ 不整合 ~~~~~~~~~~

下伏地层：**震旦系**　紫红色含绿帘石块状砂岩与紫色板岩及黄色石英砂岩

【地质特征及区域变化】　见杨溪组及老虎头组描述。

杨溪组　D*y*（44－0508）

【创名及原始定义】　徐瑞麟（1937）命名于乐昌县城南杨溪峡谷，原名杨溪红色砂岩层。指不整合覆于“龙山系”之上的深红色之砂页岩。

【沿革】　相当于冯景兰（1928）盲仔峡系下部，张有正（1959）桂头岩系下部及广东761队4分队（1959）命名的桂头群下亚群。广东地科所（1983）修订为杨溪组。

【现在定义】　下部为杂砾岩、石英砂砾岩夹砂岩；上部为砂岩及粉砂岩夹含砾砂岩，局部夹砂质页岩或含火山物质的细碎屑岩。其下与前泥盆纪地层呈不整合接触，上以老虎头组底部石英质砾岩、砂砾岩为标志，呈整合接触。

【层型】　选层型为乳源县桂头游溪剖面（113°24′，24°56′），广东地科所1982年重测。

【地质特征及区域变化】　杨溪组代表加里东期风化剥蚀面之上的以河流相为主的粗碎屑岩，相当于桂头群下下部。分布于廉江、阳春-花都、和平-新丰、韶关及始兴地层小区内，岩性及厚度变化较大。廉江三角岭为紫灰色厚层状含砾粗砂岩，厚490 m以上。化州中垌黄帝岭厚约25 m。乳源桂头以紫红色砂岩为主，夹灰白色砂岩、紫红色粉砂岩，底部为复成分砾岩和砂砾岩，厚258 m。乳源南水峡厚815 m，阳春苗坑厚750 m。

老虎头组　D*l*（44－0509）

【创名及原始定义】　徐瑞麟（1937）创名于乐昌县城北老虎头，原称老虎头层。指直接盖于杨溪砂岩之上的一套白色石英砂岩，黄、红色砂岩与页岩互层之地层；底部为白色石英质砾岩。

【沿革】　老虎头组相当冯景兰（1928）盲仔峡系上部，张有正（1959）桂头岩系上部及广东761队4分队（1959）命名的桂头群上亚群。广东地科所（1983）修订为老虎头组。

【现在定义】　下部以石英质砾岩、砂砾岩、含砾砂岩为标志，与下伏杨溪组整合接触；向上以石英砂岩、粉砂岩及粉砂质泥岩为主，局部含石英砾岩，与上覆东岗岭组（棋梓桥组）灰岩或春湾组（信都组）钙质砂岩呈整合接触。含植物、鱼类、叶肢介及双壳类化石。
~~~~~~~~~~

【层型】 选层型 乳源县桂头游溪剖面（113°24′，24°56′），广东地科所1982年重测。

【地质特征及区域变化】 韶关地层小区老虎头组下部以灰白色石英质砾岩、含砾砂岩和石英砂岩为主，上部夹黄灰、紫红色泥质粉砂岩、粉砂质泥岩、钙质粉砂岩及薄层状钙质泥岩，总厚度344 m。至乐昌马寨背、乳源南水峡厚度410～423 m。曲江枫湾鸡婆窝厚度439 m，英德厚度427 m，总之，厚度相对较稳定。连县地层小区，老虎头组超覆于前泥盆纪地层之上，由灰白色石英砂岩与紫红色粉砂岩、粉砂质页岩组成。连南龙颈厚230 m，连县冲口厚363 m。怀集地层小区的老虎头组前人称为“贺县组”，由不等粒砂岩夹含砾砂岩及粉砂岩、页岩组成，底部以砾岩为标志不整合于前泥盆纪地层之上，上与信都组为整合接触，总厚度24～400 m。罗定地层小区的老虎头组以云浮岭下剖面为代表，由灰白色中厚层状石英砂岩为主夹少量灰紫色泥质粉砂岩组成，底部为砾岩，不整合于岭下组之上，上与信都组呈整合接触，总厚约458 m。廉江地层小区以三角岭剖面为代表，为灰—灰黑色页岩、粉砂质页岩、粉砂岩夹石英砂岩，总厚度373 m。阳春-花都地层小区，老虎头组位于杨溪组与春湾组之间，以苗坑剖面为代表，为紫红或土黄色砂砾岩、粗砂岩，总厚220 m；开平—恩平一带以砂岩为主，以含凝灰质、夹火山质砾岩为特征，厚度120～340 m。至花县、从化一带，厚度可增至600 m。老虎头组在惠阳地层小区以深灰及灰绿色中细粒石英砂岩、粉砂岩为主，夹含长石石英砂岩、页岩，总厚约700 m。连平忠信一带以中—细粒石英砂岩、泥质砂岩为主夹页岩，总厚490 m。梅县地区以蕉岭溪丰口剖面为代表，由浅灰及棕黄色砂岩、粉砂岩夹灰紫色页岩、含铁质粉砂岩、铁质泥岩组成；平远一带见含火山凝灰物质，总厚度732～800 m。本组含植物 *Psilophyto princeps*，*Protopteridium minutum*；鱼 *Bothriolepis kuangtungensis*；叶肢介 *Leaia chinensis* 等化石，沉积时限为早泥盆世中期至中泥盆世早—中期。

信都组 Dx（44-0501）

【创名及原始定义】 广西区调队（1974）[②]命名于广西贺县洪范—山口一带。原义指位于石桥群（紫红色泥岩、砂岩）与东岗岭组（灰岩）之间的一套灰绿色泥岩—细砂岩夹泥质灰岩组合序列。

【沿革】 原置于桂头群上亚群，1988年在《广东省区域地质志》中引用，代表出露于连县、怀集、罗定、廉江等地层小区东岗岭组（灰岩）之下的一套以砂岩为主，夹页岩、长石石英砂岩及砾岩、灰岩、白云岩、赤铁矿、磷矿层的地层。

【现在定义】 在广东指整合于老虎头组与东岗岭组（或棋梓桥组）之间的一套以砂岩、泥岩为主，夹泥质灰岩、赤铁矿及含磷细砂岩的地层。底部与老虎头组复矿碎屑岩和碎屑岩呈整合接触，顶部以灰岩的出现为标志与东岗岭组（或棋梓桥组）分界。

【层型】 正层型为广西贺县仁义乡洪范村—山口剖面。本省次层型为云浮县岭下剖面（111°57′，23°01′），南颐等1964年测制。

上覆地层：**棋梓桥组** 灰黑色灰岩、白云质灰岩

——————— 整 合 ———————

信都组 总厚度130.7 m

8. 浅灰色中层状石英细砂岩夹浅灰绿色泥质粉砂岩，含少量腕足类及双壳类化石碎片 11.9 m
7. 棕灰、浅灰紫色粉砂岩、泥质粉砂岩，含铁质小结核，夹浅灰色细砂岩。含腕足类 *Lingula sulcatifera*，*Atrypa? richthofeni*；双壳类 *Tancrediopsis rutunda*，*T.* cf. *elegans*；古植物 *Psilophyton* sp. 等 14.7 m
6. 灰、灰白色石英细砂岩夹灰绿色泥质粉砂岩或粉砂质页岩。上部含双壳类 *Paracyclas*

rugosa；鱼类 *Hunanolepis tieni*；底部的浅色粉砂岩中含鱼类 Placodermi（?），*Wudinolepis* sp. 等。 77.8 m

5. 浅棕黄、紫红色粉砂质页岩。富含双壳类 *Dalila* sp.，*Nyasse* sp.，*Orthonota undulata*，*Paracyclas* sp.，*Tancrediopsis rutunda*；鱼类 Placodermi 等。 26.3 m

———— 整 合 ————

下伏地层：**老虎头组** 灰白色粗粒、中—粗粒石英砂岩，局部含细砾

【地质特征及区域变化】 罗定地层小区云浮岭下剖面为本组次层型。由灰及灰白色细粒石英砂岩、浅灰及灰紫色粉砂质页岩、粉砂岩组成，富含双壳类、鱼类，厚大于 130 m，整合于老虎头组灰白色含砾粗砂岩之上。于郁南龙骨顶，可见厚度大于 270 m。廉江地层小区由灰及灰白色石英砂岩与灰紫色粉砂质泥岩组成，中上部夹鲕状赤铁矿透镜体，厚度大于 146 m。怀集及连县地层小区由浅灰及灰白色石英砂岩夹紫红、灰色粉砂质页岩，深灰及灰黑色页岩组成，以夹磷矿层或豆状赤铁矿层为特征，底界以赤铁矿或含磷碎屑岩出露为标志，整合于老虎头组之上，总厚度 50～330 m。信都组在广东的沉积时限以中泥盆世早期为主，其中含有 *Mucrospirifer*，*Athyrisina* cf. *minor*，*A. plicata*，*A. uniplicata*，*Indospirifer changuliensis*，*Tylothyris chui* 等腕足类。但据广东区调队报导，在云浮岭下，本组下部含有 *Eospiriferina* cf. *nakaolingensis*。广东地科所 1984 年在郁南大地坡亦曾采有 *Orientospirifer wangi*，? *Rhipidothyris bicostata* 等具有早泥盆世色彩的化石，说明粤西地区的海相碎屑岩，包括有早泥盆世沉积。从现有材料分析，粤西的信都组在郁南大地坡和云浮岭下的沉积时限为早泥盆世晚期至中泥盆世早期，向北至封开莫罗、怀集马脚，向南至廉江勒古斜，沉积时限逐渐变晚至中泥盆世早期。这种时空分布规律大概与“钦州残留海槽”的分布有关，随着远离“海槽”中心，海相沉积厚度减少，时限变晚。

春湾组 Dĉ（44－0570）

【创名及原始定义】 周国强、陈培权等（1984）[③]，以阳春县春湾苗坑—木楼剖面命名，《广东省区域地质志》（1988）介绍，代表整合于鼎湖山群与大乌石组（灰岩）之间的一套碎屑岩；下部以紫红色细砂岩、粉砂岩及页岩为主；上部以灰褐、灰黄及土黄色粉砂岩与页岩夹灰岩及钙质砂岩为主。

【沿革】 广东区调队（1962）于连平命名老虎坳组，指整合于桂头群与天子岭组（灰岩）之间的碎屑岩，周国强等（1984）命名的春湾组相当粤中地区的老虎坳组及天子岭组下部的碎屑岩。

【现在定义】 指整合于老虎头组与天子岭组（灰岩）之间的一套以细砂岩为主，夹泥质、钙质泥岩及薄层灰岩的地层体，底部以钙质粉砂岩的消失、紫红色砂岩的出现与老虎头组分界。

【层型】 正层型为阳春县木楼剖面（112°01′，22°02′），周国强等 1984 年测制。

上覆地层：**天子岭组** 灰黑色灰岩

———— 整 合 ————

春湾组 总厚度 510.8 m

6. 土黄色变质粉砂岩，致密坚硬 23.7 m

5. 上部土黄及浅灰色细砂岩夹灰岩，下部紫红色粉砂质页岩夹灰绿色粉砂质页岩及灰黑色生物灰岩。上部含腕足类 *Cyrtospirifer* sp. 126.5 m

4. 褐黄、土黄、灰白色砂岩及粉砂岩与页岩呈互层，底部的页岩中含腕足类 *Tenticospirifer* sp. 150.8 m

3. 紫红色夹灰色含钙质砂岩，含腕足类 Ambocoelliidae 110.0 m

2. 紫红色夹土黄色钙质、泥质粉砂岩，含腹足类、海百合茎、轮藻及鱼类 Antiarchi 等 99.8 m

——————— 整 合 ———————

下伏地层：**老虎头组** 紫红色细砂岩

【地质特征及区域变化】 春湾组分布仅限于阳春-花都地层小区及韶关地层小区以东，岩性、厚度变化较大。在阳春苗坑—木楼春湾组下部由紫红色细砂岩、含钙质砂岩、泥质粉砂岩组成，上部为土黄、褐黄色砂岩及粉砂岩夹页岩和生物灰岩；富含海百合茎、鱼、轮藻等化石。总厚度 544 m。恩平—台山一带厚 210～263 m，花县—龙门一带厚 330～425 m。惠阳地层小区东北部的春湾组由黄褐色细砂岩、粉砂岩夹灰绿色页岩组成，总厚 664 m。新丰-和平地层小区的春湾组由浅灰—灰白色细砂岩、灰紫色泥质粉砂岩夹粉砂质泥岩和少量钙质细砂岩组成，总厚 342～532 m。兴宁铁山嶂见灰岩透镜体及赤铁矿矿层，出露总厚度大于 260 m。仁化—始兴一带，春湾组为紫、黄灰色薄层泥质粉砂岩与砂质页岩互层夹中厚层状细砂岩，总厚 552 m。翁源一带由灰紫、黄褐、灰白色石英细砂岩及粉砂岩和粉砂质页岩组成，总厚 562 m。春湾组分布区的西北边界大致为仁化—翁源—清远—高要—新兴—阳春一线。春湾组具明显的穿时性，从中泥盆世晚期—晚泥盆世。

东岗岭组 D*d*（44－0502）

【创名及原始定义】 乐森璕（1928）创名于广西象州城东 1.5 km 之东岗岭。“东岗岭层下部初为浅黄色之脆性页岩及灰色之结晶灰岩”，“渐上则为一层较厚之浅绿色泥质石灰岩”。

【沿革】 50 年代末期引用于广东，代表中泥盆世的碳酸盐岩层，沿用至今。

【现在定义】 在广西指位于四排组之上、巴漆组之下的一套灰、深灰色薄—中层状灰岩、泥灰岩夹泥岩，含生物碎屑灰岩组合序列。广东引用东岗岭组是指整合于老虎头组（或信都组）砂岩与巴漆组含硅质条带灰岩之间的一套钙质粉砂质泥岩、含碳质粉砂质泥灰岩、瘤状灰岩、泥质灰岩和生物碎屑灰岩，富含腕足类、珊瑚和层孔虫等化石。它与棋梓桥组的区别是岩石中不含白云质。

【层型】 选层型为广西象州县中平乡马鞍山剖面。本省次层型为连县其王岭剖面（112°19′，25°05′），广东区调队 1974 年测制。

上覆地层：**巴漆组** 泥质粉砂质灰岩夹硅质岩

——————— 整 合 ———————

东岗岭组 总厚度 141.80 m

7. 灰黑色薄—中层状灰岩与泥质灰岩互层，含腕足类 *Stringocephalus*? sp. 32.50 m

6. 灰、灰黑色中厚层状灰岩夹生物礁状灰岩，底为泥质灰岩。含珊瑚 *Hexagonaria* sp.，*Temnophyllum* sp.，*Thamnopora* sp. 及层孔虫 39.30 m

5. 灰、灰黑色厚层状白云质灰岩 3.80 m

4. 灰、灰黑色厚层状礁状灰岩，含大量珊瑚及层孔虫 *Temnophyllum* sp.，*Thamnopora* sp.，*Microplasma* sp.，*Stromatopâra* sp. 等 25.20 m

3. 灰色瘤状灰岩，含珊瑚 *Endophyllum* sp.，腕足类 *Stringocephalus* sp. 及大量层孔虫 8.60 m

2. 灰色厚层状灰岩 16.00 m

1. 灰、灰黑色礁状灰岩夹泥质灰岩，含腕足类 *Atrypa hunanensis*；*Megachonetes*? sp.，

及珊瑚 *Temnophyllum* sp.，*Thamnopora* sp.，*Alveolites* sp.，*Microplasma* sp.；层孔虫 *Stromatopora* sp. 等　16.40 m

——————— 整　合 ———————

下伏地层：**老虎头组**　细砂岩夹深灰色粉砂岩，含鱼类 *Bothriolepis* sp.

【地质特征及区域变化】　东岗岭组在广东分布于连县西部并沿粤桂边境至廉江—云浮—三水—新丰—连平—翁源—曲江—乳源—乐昌一带，大致围绕棋梓桥组分布区的边缘呈条带状分布，总厚度 8～334 m，西部较厚，向东变薄。在粤西，它以生物碎屑灰岩为主，往东、北以碳、泥、粉砂质不纯灰岩为主，局部为钙质粉砂质泥岩。其上覆和下伏地层在各地有所不同：在廉江位于信都组与东坪组之间；在云浮位于老虎头组与榴江组之间；在曲江位于老虎头组与棋梓桥组之间。其总的沉积时限为中泥盆世晚期至晚泥盆世早期，自西而东逐渐变晚。

【其他或问题讨论】　徐瑞麟（1937）在韶关地区所建立的皇岗岭层，也是指位于老虎头层与古化（石灰岩）之间的一套海相黄色页岩、黑色页岩或深灰色泥质石灰岩。其地层位置和岩性岩相特征大致与东岗岭组相同，也可以作为一个正式的岩石地层单位在乐昌、韶关、连平、新丰一带使用。但根据“优先”的原则，暂建议统一使用东岗岭组一名。

巴漆组　D*b*（44－0503）

【创名及原始定义】　白顺良等（1979）创名于广西象州大乐之巴漆村，称巴漆段。“在象州大乐中、上泥盆统沉积是连续的，其中的过渡层称巴漆段”，其岩性为深灰色薄层状灰岩夹硅质岩、燧石条带。

【沿革】　在广东首次引用，过去多置于东岗岭组上部或榴江组下部。

【现在定义】　在广西指位于东岗岭组与融县组之间的一套深灰色薄层灰岩夹燧石条带组合序列。广东引用巴漆组指整合于东岗岭组（或棋梓桥组）灰岩之上，融县组（灰岩）或榴江组（硅质岩）之下的一套含碳泥质的硅质条带和结核的灰岩。

【层型】　正层型为广西象州县大乐乡巴漆剖面。本省次层型为清远县大洛剖面（112°45′，24°06′），广东 706 队 1990 年测制。

上覆地层：**融县组**　深灰色中—厚层状碎裂含碳质微晶灰岩

——————— 整　合 ———————

巴漆组	总厚度 373.68 m
32. 深灰、灰黑色薄层含碳含硅质条带细—微晶灰岩，局部夹碳质硅质岩	112.45 m
31. 深灰色中厚层含碳含硅质条带细—微晶灰岩夹中厚层含碳含硅质灰岩	36.74 m
30. 深灰色薄层含碳含硅质条带微晶灰岩	62.50 m
29. 掩盖	110.71 m
28. 深灰色薄层含碳含硅条带微晶灰岩	51.28 m

——————— 整　合 ———————

下伏地层：**棋梓桥组**　浅灰、灰色厚层细晶白云岩

【地质特征及区域变化】　巴漆组在广东分布于连县与阳山地层小区的连县、连南至英德西部和清远北部的局限地区。在连县小带，它位于东岗岭组与榴江组之间，岩石中含较多的有机质。在连县冲口，位于棋梓桥组与榴江组之间，岩石为含硅质条带和结核的生物碎屑灰岩。其余地区与清远大洛大致相同。其中含少量珊瑚和腕足类、竹节石化石。厚度一般为 70

～80 m。总的沉积时限为中泥盆世晚期至晚泥盆世中期，自西北而东南逐渐变晚。如在连县小带，巴漆组含有 *Prismatophyllum*，*Thamnopora hilame*，*Pachyfavosites* 等中泥盆世常见的珊瑚；在连县青草洞，巴漆组位于含 *Atrypa desquamata* 与含 *Tantaculetis* 的地层之间；在连南八京洞，巴漆组本身含有 *Cyrtiopsis*，并整合于含 *Manticoceras* 的棋梓桥组之上。

棋梓桥组 D*q*（44－0506）

【创名及原始定义】 田奇瑪等（1933）创名于湖南湘乡棋梓桥镇之万罗山，原义“棋梓桥灰岩……通体悉为灰岩，厚达三百公尺，其露头以棋梓桥附近最佳，故命名之。”

【沿革】 在粤北徐瑞麟（1937）称皇岗岭层，70年代棋梓桥组被引用于广东，沿用至今。

【现在定义】 在湖南指整合于易家湾组之上、龙口冲组之下，岩性以厚—巨厚层灰岩为主夹白云质灰岩和少量白云岩的地层。广东引用棋梓桥组是指整合于东岗岭组（泥灰岩）或老虎头组（泥岩）之上，伏于东坪组（泥岩）之下的一套厚层灰岩、白云质灰岩和白云岩，岩石以普遍含白云质为特征。

【层型】 正层型为湖南省湘乡县棋梓桥万罗山剖面。本省次层型为乐昌县西岗寨剖面（113°22′，25°10′），广东地科所1983年测制。

上覆地层：**东坪组** 风化为灰黄色泥岩。含腕足类 *Desquamatia* sp.，*Devonoproductus* sp.；双壳类 *Pteronitella* cf. *linyangensis*，*Actinodesma* sp. 等 29.1 m

——————整 合——————

棋梓桥组 总厚度 178.4 m

27. 灰色亮晶内碎屑灰岩与泥晶灰岩 12.9 m
26. 灰色细晶白云岩，含珊瑚 *Temnophyllum* sp. 16.2 m
25. 浮土掩盖 6.3 m
24. 灰色泥晶灰岩及微硅化泥晶灰岩，块状不显层理。含珊瑚 *Amphipora ramosa*，*Thamnopora* cf. *retardata*，*Temnophyllum* cf. *leei* 14.8 m
23—21. 深灰色泥晶灰岩，上部有微白云化及硅化泥晶灰岩，含叠层石及枝状层孔虫 12.6 m
20. 灰色细晶白云岩，上部夹灰岩透镜体 8.8 m
19—18. 灰—灰白色微硅化泥晶灰岩，上部夹含枝状层孔虫生物屑泥晶灰岩 4.8 m
17. 灰色层孔虫泥晶灰岩 5.8 m
16—15. 下部深灰色泥晶灰岩，上部主要为灰及黄灰色泥晶灰质白云岩，见泥质条带。下部含腕足类 *Emanuella* sp.，*Desquamatia* sp.，和珊瑚 *Thamnopora* sp.，*Temnophyllum* cf. *Leei* 及层孔虫 *Amphipora ramosa* 13.1 m
14. 灰色细晶白云岩，呈花斑状或角砾状 5.4 m
13. 灰色泥晶灰质细晶白云岩与亮晶球（团）粒灰岩互层，前者具纹层状，含层孔虫 *Amphipora* sp. 7.3 m
12. 灰、深灰色厚层状泥晶灰岩，含层孔虫化石，上部夹有灰质细晶白云岩及纹层状白云质灰岩 20.9 m
11. 灰色泥晶灰岩，下部含不规则之同心藻 22.5 m
10. 斑状灰质白云岩。含珊瑚 *Temnophyllum waltheri*，*Disphyllum frechi* 27.0 m

——————整 合——————

下伏地层：**东岗岭组** 灰色薄层状泥岩与风化成黄灰色的泥灰岩

【地质特征及区域变化】 连县凤头岭的棋梓桥组，下部为灰、灰黑色厚层状白云质灰岩夹白云岩，中部为薄层状灰岩，上部以厚层状白云岩为主，总厚度大于 370 m。英德红岩棋梓桥组是黄铁矿赋存层位，厚 240～670 m。罗定—云浮一带，棋梓桥组厚 67～1271 m。含珊瑚、腕足类、层孔虫和菊石等化石。其沉积时限为中泥盆世晚期至晚泥盆世早期。由于岩石中的白云质大部分为成岩期后白云岩化的产物，并不完全反映岩石的沉积环境，故本组厚度及侧向变化无明显规律性。

东坪组　D*dp*（44-0571）

【创名及原始定义】　赵汝旋（1994）以乳源县东坪剖面命名东坪组，是指整合于棋梓桥组与天子岭组十里亭段两套中—厚层状致密碳酸盐岩地层体之间的一套含钙、泥、碳及粉砂质的细碎屑岩。岩石以灰质泥岩、钙质粉砂质泥岩为主，夹有灰质碳质泥岩、泥质粉砂质泥晶灰岩或生物屑泥晶灰岩透镜体等。

【沿革】　本组原置于天子岭组下部，是识别天子岭组与棋梓桥组的划分标志，现单独作一个岩石地层单位，从天子岭组下部划分出来。

【现在定义】　同原始定义。

【层型】　正层型为乳源县东坪剖面（113°12′，24°54′），广东地科所 1983 年测制。

上覆地层：**天子岭组**　深灰色厚层泥晶灰岩

——————整　合——————

东坪组　　总厚度 84.31 m

20. 深灰黑色薄层状泥质碳质泥晶灰岩夹灰质碳质泥岩　42.81 m

19. 深灰、灰色灰质泥岩夹生物泥晶灰岩透镜体，灰岩中含腕足类 *Cyrtospirifer* sp.，*Spinatrypa* sp.，*Schizophoria* sp. 及珊瑚、海百合茎等化石，并见核形石　41.50 m

——————整　合——————

下伏地层：**棋梓桥组**　浅灰、灰色致密泥晶灰岩

副层型为乳源县南水电站剖面（113°16′，24°47′），广东 706 队 1986 年测制。

【地质特征及区域变化】　东坪组主要分布于韶关、英德、阳山等地。在英德红寨、土伦坪和连县凤头岭一带，以含粉砂质泥岩为主，往西南出现细砂岩。乳源附近则普遍含钙质，并夹泥质粉砂质泥晶灰岩或生物碎屑灰岩薄层或透镜体。在乐昌西岗寨主要为钙质粉砂质泥岩，往东出现钙质粉砂岩，总厚度 2～269 m，以英德土伦坪一带最厚（269 m）。向西至乳源南水电站厚度 40 m，连县凤头岭厚仅 2 m，具明显减薄趋势。东坪组总的沉积时限为中泥盆世晚期—晚泥盆世早期。在乐昌西岗寨、英德红寨、乳源东坪等地均含 *Desquamatia*，*Spinatrypa*，*Devonoproductus* 和 *Cyrtospirifer* 等；在英德红寨和乳源南水电站等剖面的上覆或下伏地层中还见有 *Leiorhynchus* 等。

榴江组　D*lj*（44-0505）

【创名及原始定义】　冯景兰（1929）创名于广西鹿寨县寨沙镇。指寨沙镇东侧的一套“为绿色及红色的页岩及其中所夹之扁豆状石灰岩”。

【沿革】　1965 年在广东开始使用，沿用至今。

【现在定义】　广西指东岗岭组与五指山组之间的一套以灰黑色—棕色薄层硅质岩、硅质泥岩为特征的组合序列。广东引用榴江组系指整合于巴漆组之上、长垑组之下的一套含磷、锰的硅质岩及粉砂岩和灰岩地层体。其顶、底均以灰岩的出现为标志划分。

【层型】　正层型为广西鹿寨县寨沙剖面。本省次层型为连县新桥—大土岭剖面（112°20′，

24°59′)，广东区调队1972年修测。

上覆地层：**长兴组** 灰色薄层状灰岩

——————— 整　合 ———————

榴江组	总厚度 595.6 m
33. 灰紫、紫红色薄—中层状粉砂岩与硅质粉砂岩互层	8.1 m
32. 紫褐、棕黑色薄—中层状粉砂质页岩，局部夹硅质粉砂岩	5.9 m
31. 棕红、灰紫及棕灰色薄层钙质页岩与泥灰岩互层	24.1 m
30. 浅灰、棕灰色薄层状泥质灰岩	24.2 m
29. 灰、棕红色薄层状泥灰岩夹浅灰、灰黑色薄层状灰岩	36.1 m
28. 浅棕红、浅灰白色薄层状泥灰岩与灰岩互层，中夹灰黑色薄层钙质页岩	24.4 m
27. 灰—棕灰色薄层页岩、钙质页岩夹棕红色薄—中层状泥灰岩	23.3 m
26. 棕黄绿—棕黄及灰黑色薄层状粉砂质页岩、页岩与灰、灰黑色薄层钙质页岩互层，局部夹灰—灰黑色薄—中层状泥质灰岩、泥灰岩	52.1 m
25. 棕灰—浅灰色薄层钙质页岩夹黑、棕黄色页岩，中部黑色页岩（1 m）含磷 12%	14.9 m
24. 黑、灰褐及棕黄色页岩夹薄层状粉砂质页岩及钙质页岩	16.4 m
23. 黄绿、灰紫色薄层状钙质页岩夹黑色页岩	16.4 m
22. 黑色页岩，含少量磷结核（1～10 cm），含磷 20%～28%	2.4 m
21. 灰紫色薄层状含钙质粉砂质页岩夹粉砂岩	13.4 m
20. 黑、灰紫色页岩夹粉砂岩	6.3 m
19. 灰绿、灰黑色页岩与紫红色粉砂质页岩互层，中夹棕褐、黑色硅质岩或硅质粉砂岩	15.0 m
18. 黑灰色页岩，上部含磷 20%（1 m）	2.2 m
17. 浅灰色中—厚层致密隐晶质灰岩	17.5 m
16. 浅灰色厚层状灰岩	29.3 m
15. 浮土掩盖	45.0 m
14. 浅灰色中—厚层含泥质瘤状灰岩	57.0 m
13. 棕黄褐、灰绿色薄层状粉砂质灰岩	20.8 m
12. 浮土掩盖	28.0 m
11. 黑褐色粉砂岩	2.5 m
10. 灰黑、黑褐色薄层状具锰土化硅质粉砂岩夹黑色硅质岩	17.1 m
9. 浅灰、浅棕及灰紫色薄层粉砂岩和硅质粉砂岩夹灰、灰黑色薄层硅质岩	11.2 m
8. 浅棕、棕黄色粉砂质页岩，下部有掩盖	19.3 m
7. 黑—黑灰色硅质岩夹薄层棕灰—棕褐色薄层粉砂岩	15.8 m
6. 浅棕—粉红色薄层硅质粉砂岩与黑色硅质岩互层	4.1 m
5. 浅棕—棕黄色粉砂岩夹少量硅质岩	6.6 m
4. 浅棕黄色薄层硅质粉砂岩夹薄层黑色硅质岩	14.8 m
3. 棕黄—黄褐色粉砂岩，下部有掩盖	17.6 m
2. 灰褐—浅棕褐色薄层状粉砂岩夹黑色硅质岩	3.8 m

——————— 整　合 ———————

下伏地层：**巴漆组** 灰黑色薄层—中层状粉砂质灰岩，层间夹薄层硅质岩，含竹节石 *Tentaculites* sp.

【地质特征及区域变化】 广东的榴江组是位于巴漆组之上，伏于长兴组之下的一套含磷及锰的硅质岩、硅质页岩、硅质钙质砂岩、页岩、粉砂岩、灰岩和泥灰岩等呈不等厚互层组合的地层体。它分布在连县地层小区西部和云浮石门等局部地区，自西北而东南，硅质岩和碳酸盐岩的份量逐渐减少，而页岩、粉砂岩逐渐增多。总厚度329～596 m，亦向东南变薄。其中含少量竹节石化石，总的沉积时限为晚泥盆世，据上覆和下伏地层所含化石推论，有自西北向东南时限缩短、变晚的趋势。

融县组　D*r*（44－0504）

【创名及原始定义】　田奇瑭（1938）创名于广西融县（今融水苗族自治县）的县城附近，原称“融县石灰岩”。指上泥盆统最上部的一种色白质纯的石灰岩（乐森玙1928年认为属于“古化系”而未命名）。

【沿革】　广西区调队（1963）改称融县组。1974年被广东引用至今。

【现在定义】　广西指位于巴漆组之上，平行不整合于英塘组之下的一套以浅灰、灰白色中—厚层状球粒—砂屑灰岩、藻砂屑（球粒）灰岩夹蓝藻微晶灰岩、鲕粒灰岩、砾屑灰岩等组成的地层。广东引用融县组指整合于东坪组泥板岩或巴漆组含碳灰岩之上的一套灰岩及白云质灰岩，与上覆长垑组钙质泥岩呈整合接触。

【层型】　选层型为广西桂林市奇峰镇—华侨农场剖面。本省次层型为英德县小深塘剖面（112°57′，24°17′），广东地科所1983年测制。

上覆地层：**长垑组**　深灰色微—细晶灰岩夹灰黄色粘土岩，底部为灰质泥岩

——————— 整　合 ———————

融县组	总厚度538.7 m
35. 条带状泥晶灰岩，条带中含泥质较多，具断续波状水平层理和纹层状构造	59.7 m
34. 灰色厚层块状细晶灰岩	102.2 m
33. 灰色厚层块状细晶灰岩，偶见层纹状构造，含腕足类 *Cyrtospirifer*? sp.	104.8 m
32. 灰色与灰白色相间的微晶灰岩和细晶灰岩，具条带状构造	136.9 m
31. 灰、灰白色细晶灰岩，具透镜状层理，含硅质结核	23.6 m
30. 灰白色纹层状细晶灰岩，下部结晶较粗，成白色大理岩	16.4 m
29. 灰质角砾岩；砾石为条带状灰岩，棱角状，大小不一，胶结物为灰质，可能是构造角砾岩	26.1 m
28. 条带状细晶灰岩	22.8 m
27. 深灰色细晶灰岩，具不清楚的纹层状构造，下部夹灰质绢云母板岩，含碳质	46.2 m

——————— 整　合 ———————

下伏地层：**东坪组**　泥（板）岩

【地质特征及区域变化】　广东的融县组是指位于东坪组之上、伏于长垑组之下的一套巨厚微—细晶质灰岩、白云质灰岩夹白云岩。它主要分布在怀集、连县地层小区东部及阳山地层小区，前者岩性比较单纯，后者常含碳泥质并具纹层和条带构造。由于在融县组的分布区内，东坪组厚度不大，而且易为浮土掩盖，因而下界的确定往往不易掌握。融县组的厚度383～683 m，略有向东增厚趋势。总的沉积时限为晚泥盆世。

天子岭组　D*t*（44－0511）

【创名及原始定义】　徐瑞麟（1937）创名于韶关市河西天子岭，原名天子岭灰岩。“天子岭石灰岩出露于曲江县西天子岭一带，故名。大部由黑色、灰黑色或灰白色石灰岩所组成，层理清晰，间夹黄色或绿色页岩薄层，全层厚至300 m以上。含腕足类、珊瑚及腹足类。与

㵲泷薄层石灰岩未见直接接触。继天子岭石灰岩之上者为帽子峰页岩”。

【沿革】 广东761队4分队（1959）称天子岭组，沿用至今。

【现在定义】 指整合于东坪组与帽子峰组两套碎屑岩之间的一套碳酸盐岩。其上部为薄层条带状泥晶灰岩（㵲泷段）；下部以中—厚层状生物屑泥晶灰岩为主夹少量白云质灰岩和薄层钙质页岩（十里亭段），常含泥质或粉砂碎屑，核形石和叠层石常在某些层中富集，发育花斑状和瘤状构造。

【层型】 复合选层型为韶关市天子岭十里亭剖面（113°32′，24°49′），广东地科所1983年测制[④]，韶关市北门帽子峰（升平路）剖面（113°35′，24°50′），赵汝旋等1986年测制[⑤]。

【地质特征及区域变化】 天子岭组广泛分布于韶关、廉江、阳春及惠阳地层小区，厚度11～1042 m，大致自西北而东南逐渐减薄，与上覆之帽子峰组的厚度变化大致呈反比关系。它普遍含腕足类、珊瑚及牙形刺等化石。总的沉积时限为晚泥盆世，但自西而东逐渐变晚，廉江为弗拉斯期（Frasnian），曲江和乐昌为弗拉斯期中期至法门期（Famennian）早期，始兴和连平等地为法门期晚期。

十里亭段 D^{s}（44－0513）

【创名及原始定义】 赵汝旋、秦国荣（1990）以韶关天子岭十里亭剖面命名。指整合于东坪组之上、伏于㵲泷段之下的一套以中—厚层生物碎屑泥晶灰岩为主，夹少量白云质灰岩和钙质页岩的地层体。岩石常含泥质、粉砂质，在某些层段中常富集核形石、叠层石，花斑状、瘤状构造发育。

【沿革】 相当于广东761队4分队（1959）所称天子岭组下部。

【现在定义】 同原始定义。

【层型】 正层型为韶关市天子岭十里亭剖面（113°32′，24°49′），广东地科所1983年测制。

十里亭段　　　　总厚度 171.3 m

27. 灰、灰黑色厚层状灰岩，层面具花斑状和瘤状构造；核形石发育，常以腹足类等化石碎片构成中心。含腕足类 *Yunnanellina hanburyi*，*Cyrtospirifer*，*Schuchertella* cf. *hunanensis* 及牙形刺 *Polygnathus* sp.，*Icriodus cornutus*，*Drepanodus circularis*，*Palmatolepis subperlobata*（未见顶） 68.6 m

26. 灰黑色厚层状细晶质含白云质灰岩，含核形石及叠层石，偶见含硅质结核。含牙形刺 *Apatognathus varians*，*Centragnathodus delicatus*，*Ozarkodina homoarcuata*，*Palmatolepis quadrantinodosalobata* 14.5 m

25. 灰色薄层—中厚层泥质灰岩，层间夹薄层钙质页岩，层面具瘤状构造。含腕足类 *Yunnanella abrupta*，*Cyrtospirifer* sp.，*Schuchertella hunanensis* 及牙形刺 38.9 m

24. 灰色厚层状含粉砂泥质灰岩，风化面具瘤状及条带状构造。含腕足类 *Yunnanellina hanburyi*，*Y. triplicata* 及牙形刺 *Spathognathodus strigosus*，*S. stabilis*，*Apatognathus scalenus* 4.4 m

23. 灰色厚层状含核形石泥晶灰岩，岩石零星出露。含牙形刺 *Polygnathus semicostatus* 等 9.2 m

22. 灰、深灰色粉砂质灰岩，具条带状构造。含牙形刺 *Hindeodella*，*Spathognathodus* 等 5.5 m

21. 灰色厚层瘤状含泥质灰岩。含腕足类 *Schuchertella hunanensis*，*Productella*，*Athyris gurdoni*，*Yunnanellina*，*Pleuropugnoides sublivoniciformis*，*Tenticospirifer hsikuangshanensis*；牙形刺 *Drepanodus circularis* 等 5.3 m

20. 灰色厚层状核形石灰岩，具瘤状和花斑状构造。含腕足类 *Ptychomaletoechia hunanensis*，*Tenicsospirifer vilis*；牙形刺 *Polygnathus* cf. *brevilaminus*，*Nothognathella brevidonta*，*Icriodus cornutus*，等 6.8 m

19. 灰、灰绿色泥质灰岩或粉砂质灰岩，薄一厚层状。含腕足类 *Cyrtospirifer* cf. *subextensus*，*Tenticospirifer vilis*；牙形刺 *Drepanodus circularis*，*Icriodus cornutus* 8.1 m

——— 整 合 ———

下伏地层：**东坪组** 灰绿色钙质粉砂岩

【地质特征及区域变化】 在韶关十里亭剖面，十里亭段的下部为灰绿色生物碎屑灰岩、粉砂质条带灰岩；中部为灰色薄—中厚层状泥质灰岩、含泥质灰岩夹核形石灰岩及粉砂质灰岩；上部为厚层状含白云质灰岩、灰岩，以具瘤状构造为特征；总厚度 171.3 m。在曲江宝岭本段下部为灰褐、黄褐色泥质灰岩；中上部以灰色厚层瘤状灰岩为主，夹生物碎屑灰岩、条带状灰岩、核形石灰岩、白云质灰岩、白云岩等；总厚达 982.8 m。乐昌西岗寨的十里亭段，以白云岩、白云质灰岩、泥晶灰岩为主夹生物屑灰岩，总厚 675 m。粤中地区见于阳春春湾，其十里亭段为白云岩、白云质灰岩夹泥晶灰岩、生物屑灰岩等，总厚 550.5 m。高要栏塘为致密灰岩夹白云质灰岩及泥质灰岩，总厚度 79.6 m。

湴泷段 D^h（44-0514）

【创名及原始定义】 徐瑞麟（1937）以乐昌县罗家渡东武水峡谷湴泷（祠）出露的灰色薄层石灰岩命名为湴泷薄层石灰岩。岩性“完全为灰色薄层石灰岩，常夹有极薄之红色泥质岩层”。

【沿革】 相当于广东 761 队 4 分队（1959）所称天子岭组上部。赵汝旋等[⑤]（1986）改称湴泷段。

【现在定义】 指整合于天子岭组十里亭段（中—厚层含生物碎屑泥晶灰岩）与帽子峰组升平段（钙泥质粉砂岩夹薄层粉砂质泥晶灰岩）之间的一套薄层条带状泥晶灰岩（俗称皱纹灰岩）。

【层型】 选层型为韶关市北门帽子峰（升平路）剖面（113°35′，24°50′），赵汝旋等 1986 年测制。

上覆地层：**帽子峰组** 5. 浅棕黄色带棕色钙质泥质石英粉砂岩，往上钙质成分增高，过渡为青灰色钙质石英粉 砂岩夹泥晶生物屑（介壳、海胆、海百合茎、棘皮、海绵骨针等）灰岩薄层或透镜体 23.6 m

——— 整 合 ———

湴泷段 总厚度 57.6 m

4. 浅灰带灰绿色薄层石英粉砂质泥晶灰岩夹石英粉砂质钙质泥页岩，条带发育（俗称皱纹状灰岩）。含牙形刺 *Polygnathus dapingensis*，*P. semicostatus*；腕足类 *Yunnanellina* sp.，*Yunnanella* sp. 及介形虫 *Cavellina* sp.，*Baschkirina* sp. 27.3 m

3. 浅灰带绿色薄层夹中层或透镜状的条带状石英粉砂泥质泥晶粉屑灰岩，夹粒屑泥粉晶 灰岩，含牙形刺、介形虫、苔藓虫等化石。 16.7 m

2. 灰—浅灰色薄层夹中厚层石英粉晶砂屑灰岩夹硅质灰岩和泥岩薄层，具条带状和瘤状构造。含牙形刺 *Hindeodella* sp.，*Ozarkodina regularis*，*Spathognathodus stabilis* 及腕足类 *Cyrtospirifer* sp. 13.6 m

——— 整 合 ———

下伏地层：**十里亭段**　浅灰、灰黄色厚层夹中薄层石英粉晶生物碎屑灰岩

【地质特征及区域变化】　湃泷段在乐昌、乳源、韶关、仁化、始兴一带最为发育。岩性均以薄层状泥晶灰岩为主，具有发育的条带状水平微层理。岩石中的生物碎屑含量自西而东逐渐减少，而粉砂质含量则逐渐增加，始兴等东北部地区还含有少量白云质，反映了逐渐向陆缘靠近的沉积特征。沉积厚度 5～134.8 m，瑶山以西均在 100 m 以上；向东逐渐减薄，如韶关帽子峰 67 m，始兴后塘 11 m，仁化龟颈 8.9 m。总的沉积时限属于晚泥盆世法门期，但自西南至东北，沉积时间范围随厚度的减少也有逐渐缩短的趋势。

帽子峰组　DC*m*（44－0515）

【创名及原始定义】　徐瑞麟（1937）创名于韶关帽子峰，原名帽子峰页岩。“系指朱庭祜（1929）的曲江县城至皇岗岭剖面的 3—10 层（皇岗岭系下部），以其出露于帽子峰故名。岩石大部为灰绿色及黄红色之页岩及薄层砂岩互层，下与天子岭石灰岩整合接触，上与“英德石灰岩”下部接触处则为黑色钙质页岩及不纯净之石灰岩薄层”。

【沿革】　广东 761 队 4 分队（1959）称帽子峰组，沿用至今。

【现在定义】　指整合于天子岭组与长垑组两套碳酸盐岩地层体之间的一套灰绿、灰红、黄灰等杂色之砂泥质或钙质碎屑岩。其下部（升平路段）主要为钙泥质粉砂岩、钙质或粉砂质泥岩（局部夹粉砂泥质泥晶灰岩薄层），往上钙泥质成分逐渐减少；中部（北门段）以石英砂岩为主夹少量粉砂岩或粉砂质泥岩；上部（石角咀段）的岩石组合及生物面貌与下部大致相似，但钙泥质成分往上逐渐增加。

【层型】　新层型为韶关市石角咀剖面（113°35′，24°50′），广东地科所 1986 年测制。

上覆地层：**长垑组**　38. 深灰色含生物碎屑泥晶灰岩夹粉—泥晶粒屑灰岩，具瘤状构造。含腕足类 *Pleuropugnoides kinlingensis*；珊瑚 *Cystophrentis* sp. 及牙形刺 *Ozarkodina plana*　1.3 m

——————整　合——————

帽子峰组　总厚度 189.66 m

石角咀段　厚度 100.66 m

37—36. 黄褐—赭黄色薄层泥质石英粉砂岩，往上泥质成分增加，其中夹灰色中厚层状泥晶灰岩三层。含腕足类 *Pleuopugnoides kinlingensis*，*P. panderi*，*Cleiothyridina serra*；灰岩中含牙形刺 *Hindeodella germana*，*Apatognathus varians*，*Spathognathodus breviatus*，*Hibbardella ourita*，*Ligonodina* sp.　8.1 m

35. 黄褐色薄层状泥质石英粉砂岩夹粉砂质泥岩，含腕足类 *Schuchertella* sp.，*Cleiothyridina* sp.，? *Waagenoconcha* sp.，*Hunanoproductus* sp.　3.5 m

34. 棕红色薄层条带状粉砂质泥岩夹泥质石英粉砂岩，岩层具揉皱　4.6 m

33. 土黄色、褐黄色条带状粉砂质泥岩夹泥质石英粉砂岩，含腕足类 cf. *Chonetipustula qujiangensis*，*Plicochonetes* sp.，*Pleuropugnoides kinlingensis*，*Cleiothyridina media*，*Acanthoplecta* sp.　1.8 m

32. 紫红、土黄等杂色泥质岩与粉砂质泥质岩互层，岩层褶曲发育　5.0 m

31. 紫红—紫黄色薄层状粉砂质泥质岩与泥质石英粉砂岩互层，夹风化泥晶灰岩　1.2 m

30. 泥质岩夹泥质粉砂岩　3.3 m

29. 褐黄色风化泥晶灰岩夹泥质石英粉砂岩　0.46 m

28. 浅灰白色中厚层状细粒石英砂岩夹泥质石英粉砂岩　1.9 m

27. 灰白色薄层状泥质云母石英粉砂岩夹粉砂质泥岩，含腕足类 *Cyrtospirifer* sp.　10.1 m

26. 黄褐色含粉砂质泥质岩　　3.2 m

25. 黄白色中厚层状细粒石英砂岩，局部夹薄层粉砂岩　　2.2 m

24. 灰绿色中厚层状泥质石英粉砂岩夹粉砂质泥质岩　　2.7 m

23. 深灰色薄—中厚层状含粉砂质泥晶灰岩，往上夹石英粉砂质泥岩。含腕足类 *Schuchertella* sp.，*Plicochonetes* sp.　　4.3 m

22. 土黄色石英粉砂质钙质泥质岩，含腕足类 *Acanthoplecta* cf. *mesoloba*，*Pleuropugnoides kinlingensis*，*Cyrtospirifer* sp.，*Plicochonetes* sp.，*Chonetipustula* sp. 及海百合茎 *Cyclocyclicus* sp.　　3.2 m

21. 残坡积层覆盖　　17.1 m

20. 深黄—褐黄色中厚层状粉砂质泥岩夹泥质粉砂岩　　21.4 m

19. 褐黄色中厚层状含粉砂质泥岩夹泥质石英粉砂岩　　6.6 m

北门段　　厚度 34 m

18. 浅灰白—灰黄色薄—中厚层状石英粉砂岩　　5.7 m

17. 浅黄白色薄—厚层状细粒石英砂岩，局部呈中粒状，偶夹薄层粉砂质泥岩　　10.8 m

16. 浅灰黄—土黄色中厚—厚层状石英粉砂质泥岩夹泥质粉砂岩，含腕足类 *Plicochonetes* sp.，*Pleuropugnoides* sp.，? *Derbyia* sp. 等　　9.4 m

15. 深灰色薄层状含粉砂质泥质岩　　1.8 m

14. 黄褐色薄层粉砂质泥质岩，局部可见瘤状构造和薄层理　　4.1 m

13. 石英粉砂岩夹碳泥质粉砂质页岩，岩石受挤压破碎　　2.2 m

升平路段　　厚度 55 m

12. 浅灰黄色含粉砂质泥质岩（风化泥晶灰岩）夹泥质石英粉砂岩　　2.2 m

11. 土黄—褐黄色石英粉砂硅质泥质岩　　8.1 m

10. 坡积层覆盖　　4.8 m

9. 黄褐色厚层泥质岩（风化泥质灰岩）　　0.5 m

8. 浅灰—土黄色薄—中厚层石英粉砂质泥质岩（风化灰岩），含腕足类 *Schuchertella* sp.，*Plicochonetes* sp.　　6.5 m

7. 黄褐色泥质岩夹泥质石英粉砂岩　　11.4 m

6. 浅黄—灰白色石英粉砂岩　　3.5 m

5. 黄色泥质岩夹泥质石英粉砂岩，底部为泥质粉砂岩　　8.0 m

———— 整　合 ————

下伏地层：**天子岭组**（沸泷段）　褐灰色—灰色薄层条带状（局部瘤状）泥晶灰岩夹鲕粒生物屑泥晶灰岩。含腕足类 *Tenticospirifer* cf. *vilis* var. *kwangsiensis*

【地质特征及区域变化】　帽子峰组广泛分布于韶关、连平、从化、广州、阳春、廉江等地区，呈宽条带状展布。它的形成经历了先海退后海侵两个沉积阶段，随着海水大致呈西→东方向的退、进过程和有关沉积环境在空间上呈有规律的迁移，岩石和生物特征随之有所变化。岩性方面，在西北部含钙泥质成分高、颗粒较细，升平路段和石角咀段逐渐尖灭，而东南则反之，甚至出现砂砾岩和夹煤线；总厚度 2～811 m，大致也有西北薄而东南厚的变化。廉江地层小区以铺仔茵剖面为代表，帽子峰组同样可以三分，下部为灰、灰黄色页岩、砂质页岩夹细砂岩，含腕足类及植物化石，厚 267.3 m；中部以灰、灰白色细砂岩为主，夹粉砂岩及粉砂质页岩；含植物化石碎片，厚 93.2 m；上部为灰色及灰绿色细砂岩、粉砂岩与粉砂质页岩互层，厚 50.5 m；帽子峰组总厚度 411 m。

阳春-花都地层小区，以阳春木楼剖面为代表，下部土黄色粉砂质页岩、泥质粉砂岩夹细砂岩及泥灰岩，厚度 596.7 m；中部为灰白—土黄色细砂岩、中粗粒长石石英砂岩夹粉砂岩、粉砂质页岩，厚度 647 m；上部深灰、棕黄色钙质砂岩夹薄层白云岩，厚 93.7 m；帽子峰组总厚 1337.4 m。广州近郊的南海横沙沙水岗—金钱岭剖面，经中山大学吴起俊等（1992）研究，称帽子峰组下段为"金钱岭组"，由灰白、灰、黄、紫红色等杂色细砂岩及粉砂岩和泥岩组成，含鱼及植物化石，厚 512.8 m；中段称"沙水岗组"，以底部出现含砾石英砂岩为标志，向上为灰白、紫红色石英细砂岩夹紫红色泥岩、粉砂质泥岩，富含植物化石碎屑，厚 162.2 m；上段称"龙江组"，以底部出现泥质结核为标志，向上由以灰白、紫红色为主的杂色细砂岩、粉砂岩、泥岩组成，以夹钙质泥岩、含泥质和铁质结核为特征，厚 135.2 m，帽子峰组总厚度大于 810.2 m。

阳春-花都地层小区的东南侧，以开平沙湾剖面为代表，帽子峰组下段底部为灰绿色粉砂质页岩夹硅质粉砂岩，向上过渡为以紫红色不等粒砂岩夹泥质页岩及粉砂岩，含鱼及植物化石碎片；中部以一层厚 3～4 m 的凝灰岩为标志，向上由紫红色复矿砂岩过渡为不等粒粉砂岩夹粉砂岩、页岩及劣质煤和碳质页岩；顶部见富含海百合茎的土黄色粉砂岩及页岩。帽子峰组总厚度大于 333.6 m。

帽子峰组总的沉积时限是晚泥盆世法门期至早石炭世杜内期（Tournaisian），自西而东逐渐延长或变晚（廉江为法门期，韶关和乐昌为法门期晚期，开平、广州为法门期晚期至早石炭世杜内期，仁化龟颈以杜内期为主）。

升平路段　DC^{sp}（44－0516）

【创名及原始定义】　赵汝旋、秦国荣（1986）⑤以韶关市北门帽子峰（升平路）剖面（帽子峰西侧公路）命名，赵汝旋等（1990）介绍。指整合于天子岭组㳠泷段与帽子峰组北门段之间的一套钙泥质碎屑岩，由钙泥质或铁泥质粉砂岩、含粉砂或钙质泥岩、粉砂质泥质泥晶灰岩和泥质泥晶灰岩呈互层或夹层组成；底部以钙泥质粉砂岩为主，中部以粉砂质泥质泥晶灰岩为主夹薄层粉砂岩，往上钙质成分逐渐减少，与北门段呈渐变过渡关系。

【沿革】　相当于广东 761 队 4 分队（1959）所称帽子峰组下部。

【现在定义】　同原始定义。

【层型】　正层型为韶关市北门帽子峰（升平路）剖面（113°35′，24°50′），赵汝旋等 1986 年测制。

【地质特征及区域变化】　升平路段于升平路剖面厚度 140.7 m。曲江仙人庙剖面厚度达 250 m。区域变化见帽子峰组描述。

北门段　DC^{b}（44－0517）

【创名及原始定义】　赵汝旋、秦国荣（1986）⑤以韶关升平路剖面命名，赵汝旋等（1990）介绍。指位于帽子峰组中部（即整合于升平路段与石角咀段之间）的一套较粗的碎屑岩，由细粒石英砂岩夹泥质粉砂岩组成。局部夹有长石石英粗砂岩或含砾石英砂岩，甚至夹有煤线。

【沿革】　相当于广东 761 队 4 分队（1959）所称帽子峰组中部。

【现在定义】　同原始定义。

【层型】　正层型为韶关市北门帽子峰（升平路）剖面（113°35′，24°50′），赵汝旋 1986 年测制。

【地质特征及区域变化】　升平路剖面的北门段为浅灰、灰白色细粒石英砂岩夹薄层泥质粉砂岩及粉砂质泥岩，含植物化石，厚度 16.2 m。仁化胡坑北门段由灰白及黄灰色细粒砂岩、粉砂岩及泥岩、粉砂质泥岩组成，厚度 241.6 m。区域变化见帽子峰组描述。

石角咀段　DC^s（44－0518）

【创名及原始定义】　赵汝旋、秦国荣（1986）[5]以韶关石角咀剖面命名，赵汝旋等（1990）介绍。指整合于帽子峰组北门段之上，伏于长垑组（灰岩）之下的一套砂泥质碎屑岩夹薄层碳酸盐岩，由粉砂质泥岩、泥质粉砂岩夹粉砂质生物屑泥晶灰岩组成。

【沿革】　相当于广东 761 队 4 分队（1959）所称帽子峰组上部，孙云铸等（1965）所称邵东段、"孟公坳砂岩"等。

【现在定义】　同原始定义。

【层型】　正层型为韶关市石角咀剖面（113°35′，24°50′），赵汝旋等 1986 年测制。

【地质特征及区域变化】　在韶关市北门石角咀剖面，石角咀段以土黄及黄褐色粉砂质泥岩、泥质粉砂岩为主，夹细粒石英砂岩、石英粉砂岩及泥晶灰岩，厚度 100.7 m。区域变化见帽子峰组描述。

长垑组　$DC\hat{c}l$（44－0519）

【创名及原始定义】　赵汝旋、秦国荣（1988）[6]以乐昌县长垑乡大赛坝剖面命名，赵汝旋等（1989）介绍。指整合于帽子峰组与大赛坝组下段两套碎屑岩之间的一套碳酸盐岩。它以生物碎屑泥晶灰岩为主，夹有亮晶、颗粒生物屑灰岩或薄层泥灰岩。在粤北和粤中地区，长垑组与帽子峰组相伴展布，厚度 17～293 m，由西北向东南变薄。在粤西北地区整合于榴江组（或融县组）与连县组之间，岩性主要为泥质灰岩。

【沿革】　相当于冯景兰、张会若（1929）所创的"英德石灰岩"，广东 761 队 4 分队（1959）所称孟公坳段，及以后在全省普遍沿用的孟公坳组。此次对比研究采用长垑组。

【现在定义】　同原始定义。

【层型】　正层型为乐昌县大赛坝剖面（113°25′，25°06′），赵汝旋、秦国荣、冯鹏飞 1988 年测制。

上覆地层：**大赛坝组**　灰黄带微绿色或淡红等色，中—薄层状泥质云母石英粉砂岩

——————　整　合　——————

长垑组　　总厚度 249.7 m

18. 灰色厚层状含生物屑泥晶灰岩。岩石中含少量陆源碎屑（石英），生物碎屑有海百合茎、海胆、有孔虫、介形虫、腕足类、苔藓虫、软舌螺、腹足类和藻类等　9.0 m
17. 浮土掩盖　3.6 m
16. 灰色厚层状生物屑泥晶灰岩（底部为含生物屑亮晶泥晶灰岩），局部岩层有退白云石化现象（风化面具斑块状构造和刀砍状条纹）。含微体古脊椎 *Ctenacanthus* sp.，*Onychodus* sp.，*Palaeoniscoia* sp.，*Placodermi* sp.，*Protacrodus* sp.；珊瑚 *Humboldtia* sp.，*Syringopora parallela*，*Fasciculophyllum* sp.，*Caninia* sp.，*Cystophrentis* sp. 和腕足类 *Pleuropugnoides kinlingensis*　22.8 m
15. 灰色厚层—块状生物屑泥晶灰岩夹亮晶生物屑灰岩。岩石中含少量陆源碎屑（石英），生物屑主要为珊瑚、介形虫、腕足类、节石类 、海百合茎、海胆和软舌螺等　3.6 m
14. 灰色中厚层状含生物屑泥晶灰岩夹薄层状生物屑泥晶灰岩和少量泥灰岩。泥晶灰岩中含少量陆源碎屑（石英），生物碎屑分布不均匀（含量 10%～21%），具生物屑泥晶结构、块状构造，镜下见有退白云石化现象。含珊瑚 *Caninia* sp.，*Zaphrentites* sp.，*Cystophrentis* sp.，*Syringopora ramulosa aspina*，*S.* cf. *jiusiensis*，*S. distans*，

S. cf. *yohi*，*S. gracilis*，*Kailingophyllum* sp. 和少量的介形虫 *Carbonita*? sp.，*Spinobairdia shaoguanensis*，*S. yuebeiensis*，*Healdianella* sp.；及微体古脊椎 *Cladodus* sp.，"*Onychodus*" sp.；泥灰岩中含少量腕足类 *Cyrtospirifer* sp.，*Plicochonetes* sp.，*Cleiothyridina serra*，*C. media*。此外，本层还含头足类 *Bergoceras* sp. 和有孔虫 *Septatournayella* sp.，*Archaespaera* sp.，*Tournayella* sp. 等。 8.7 m

13. 深灰色厚层块状亮晶生物屑泥晶灰岩，层面间常夹有薄层泥灰岩 5.4 m

12. 上部为亮晶生物屑灰岩，下部为生物屑亮晶泥晶灰岩 3.7 m

11. 深灰色厚层块状含生物碎屑泥晶灰岩夹中—薄层状（或透镜状）泥灰岩。泥灰岩的层面不平整，风化后多呈碎块状或疙瘩状。厚层块状灰岩中含少量陆源碎屑（石英）；生物碎屑分布不均匀，含量 4%～22%；具生物屑泥晶结构，斑块状或块状构造。含较丰富的牙形刺 *Apatognathus varians*，*A. geminus*，*A. scalenus*，*Bispathodus aculeatus plumulus*，*Hindeodella germana*，*H. subtilis*，*Icriodus costatus*，*I. costatus darbyensis*，*I. lechangensis*，*Ligonodina* sp.，*Neoprioniodus* sp.，*Ozarkodina elegatus*，*Polygnathus communis communis*，*Spathognathodus strigosus*，*S. breviatus*，*S. stabilis*，*S. planiconvexus*；和少量介形虫 *Bairdia eleziana*，*Acratia*? *spinosa*，*Cavellina latiovata*，*Spinobairdia yuebeiensis*，*S. shaoguanensis* 及珊瑚 *Kailingophyllum* sp.。腕足类主要产于泥灰岩中，其属种有 *Plicochonetes* sp.，*Yanguania* sp.，*Waagenoconcha* sp.，*Pleuropugnoides kinlingensis*，*Cleiothyridina serra*，*Composita* sp.，*Anathyris dasaibaensis*，*Cyrtospirifer hybridus*，*Tenticospirifer vilis* 等 12.7 m

10. 灰—深灰色厚层—块状生物屑泥晶灰岩 15.8 m

9. 深灰色中—厚层状含生物碎屑泥晶灰岩，层间往往夹有层厚不等的泥灰岩薄层 12.7 m

8. 深灰色厚层—块状含生物碎屑泥晶灰岩。牙形刺十分丰富，主要有 *Apatognathus primigenus*，*A. varians*，*A. varians gracilentus*，*A. geminus*，*A. scalenus*，*Bispathodus aculeatus plumulus*，*B. aculeatus aculeatus*，*Drepanodus circularis*，*Hindeodella germana*，*H. subtilis*，*Icriodus raymondi*，*I. costatus*，*I. costatus darbyensis*，*Ligonodina panderi*，*Lonchodina curvata*，*L.* cf. *multidens*，*Neoprioniodus prona*，*N. alatus*，*Ozatkodina homoarcuata*，*Pelekysgnathus* sp.，*Polygnathus communis*，*P. homoirregularis*，*P. communis collinsoni*，*Spathognathodus strigosus*，*S. breviatus*，*Tripodellus robustus*，*T. infraclinatus*。另外还含有少量的珊瑚 *Syringopora hyperbolotabulata*；微体古脊椎 "*Onychodus*" sp.，*Harpagodens ferox*；有孔虫 *Septaberunsiina* sp. 和介形虫 *Healdianella* sp.，*Spinobairdia yuebeiensis*，*S. shaoguanensis* 等 54.6 m

7. 灰—深灰色厚层—块状含生物屑泥晶灰岩夹薄层或透镜状泥晶灰岩和泥灰岩 24.6 m

6. 灰—灰黄色薄层透镜状（或似层状）亮晶生物屑灰岩夹薄层叶片状泥灰岩。岩层中含丰富的腕足类和珊瑚，它们的数量虽多，但属种单调。珊瑚有 *Denophyllum*，大多沿层面分布。腕足类大多数为 *Cyrtospirifer* 等弓石燕科分子和少量的 *Plicochonetes* sp.，而且全部呈单瓣形式保存，壳面均外向层面，互相套叠，其中也含有少量牙形刺 *Hindeodella* sp.，*Ozarkodina* sp.，*Polygnathus experplcxus*，*P. subirregularis* 和微古脊椎 *Cladodus* sp.，*Acanthodus* sp.，*Phyebous* sp.，*Denaeid* sp. 和 *Phoebodus politus* 等。海百合茎很丰富 4.5 m

5. 灰色厚层—块状含生物碎屑泥晶灰岩 38.0 m

4. 灰—灰黄色中—薄层状泥质生物屑泥晶灰岩与厚层灰色花斑状含白云质、含生物碎屑泥晶灰岩互层。前者多风化呈页岩状，其中含丰富的腕足类 *Waagenoconcha retiformis*，*Plicatifera lenuistriata*，*Schuchertella* sp.，*Cleiothyridina media*，*Pleuropugnoides kinlingensis*，*P. panderi*，*Paulonia menggongaoensis*，*Cyrtospirifer* sp. 13.9 m

3. 灰—灰黑色中厚层夹厚层状生物屑泥晶灰岩 8.3 m

2. 灰色厚层状生物屑泥晶灰岩夹中—薄层状（或透镜状）黄褐色泥晶灰岩和泥灰岩。泥晶灰岩中含牙形刺 *Apatognathus scalenus*，*A. varians*，*A. bellus*，*Drepanodus circularis*，*Hibbardella* sp.，*Hindeodella subtilis*，*H. germana*，*Icriodus costatus*，*Ligonodina daihuaensis*，*Lonchodina curvata*，*Neoprioniodus huishuensis*，*Ozarkodina elegatus*，*Polygnathus homoirregularis*，*Spathognathodus stabilis*，*S. strigosus*，*S. breviatus*；珊瑚 *Hapsiphyllum* sp.；微体古脊椎 *Acanthodus* sp.，*Actinopterygians*，*Cladodus* sp.，"*Onychdus*" sp.，及少量腕足类 *Schuchertella* sp.，*Plicochonetes* sp.，*Cyrtospirifer* sp. 7.8 m

——————整　合——————

下伏地层：**帽子峰组（石角咀段）**　土黄—褐黄色中—薄层状泥质岩

【地质特征及区域变化】　乐昌长垑乡大赛坝剖面的长垑组以深灰色中—厚层状含生物碎屑泥晶灰岩为主间夹泥灰岩薄层，总厚 249.7 m。曲江芙蓉山黄沙坪剖面厚 114.7 m，以灰色中—厚层状含生物粉屑微晶—泥晶灰岩为主夹钙质粉砂岩、碳质泥质页岩薄层及燧石条带。翁源周陂余屋由灰、灰黑色薄—中层状灰岩与薄层粉砂质页岩及钙质页岩组成，总厚度 52 m。阳春-花都地层小区以春湾马狮田剖面为代表，长垑组厚仅 16.6 m，由青灰色中层状泥质灰岩及泥质页岩、粉砂岩组成。于龙门龙江下罗洞剖面由深灰色厚层微粒—细粒白云岩、白云质灰岩夹钙质泥岩组成，总厚度 17.4 m。长垑组总的沉积时限为晚泥盆世法门期末期至早石炭世杜内期早期，随着厚度的变化向东向南逐渐缩短或变晚，乐昌大坪和洞背为法门期末期至早石炭世杜内期早期；乐昌大赛坝和韶关石角咀为法门期末期；廉江、阳春、花县、龙门和始兴等东南边缘地带为早石炭世杜内期甚至进入维宪期（Viseanian）。

连县组　*Cl*（44－0603）

【创名及原始定义】　莫柱孙、杜衡龄（1943）命名连县灰岩。吴望始等 1980 年修订为连县组，指一套深灰色中厚层状白云质灰岩与白云岩。

【沿革】　1943 年莫柱孙、杜衡龄命名连县灰岩后，因该区地质构造复杂，层序及接触关系均存在一定问题，故后人很少引用。长期以来，许多地质工作者常以湘中的孟公坳组一名，代表连县附近的早石炭世早期沉积（如 1：20 万连县幅），并且当时是根据珊瑚 *Cystophrentis* 及 *Pseudouralinia* 来划分的。但经吴望始等（1980）研究，连县组内未曾发现过 *Cystophrentis*，从而认为不宜使用孟公坳组一名。连县组中上部所含珊瑚 *Pseudouralinia*，常见于湘中刘家塘组上部，故亦有不少地质工作者将这部分地层称之为"刘家塘组"，但在岩性上两者具有明显差别。命名地刘家塘组的岩性为瘤状泥质灰岩夹砂、页岩，而连县组则以白云质灰岩和白云岩为主，故本书不再采用刘家塘组一名。

【现在定义】　指整合于石磴子组（灰岩）与长垑组（灰岩）之间的一套灰、深灰、灰黑色中厚层—厚层状白云质灰岩和白云岩；中部夹薄层状灰黑色泥质灰岩，层面间常夹灰黑色泥岩或碳质泥岩，底界止于豹皮状泥质灰岩和疙瘩状灰岩的出现。

【层型】　选层型为连县城东半岭村剖面（112°17′，24°43′），吴望始等 1980 年测制。

上覆地层：**石磴子组**　中厚层深灰色灰岩

——————整　合——————

连县组 总厚度＞403.29 m

6. 灰色中厚层白云质灰岩，细粒结晶，风化面灰黑色 5.0 m

5. 中厚—厚层白云质灰岩，中粒结晶，风化面深灰色刀砍状。含珊瑚 *Syringopora* sp.，*Lophophyllum* sp.，*Kueichowpora* sp. 172.24 m

4. 中厚—厚层白云质灰岩夹灰岩团块，含丰富的大型珊瑚 *Pseudouralinia gigantea* 37.40 m

3. 薄—中厚层泥质灰岩，含燧石结核或燧石小块，层间夹灰黑色（或碳质）泥岩。含小型单体珊瑚 *Koninckophyllum* sp.，*Cyathaxonia* sp.，*Zaphrentites* sp.；腕足类 *Fusella* sp. 58.35 m

2. 深灰色中厚—厚层白云质灰岩和白云岩，细—中粒结晶，局部含灰岩团块（呈假角砾状），风化面黑色。含少量珊瑚 *Syringopora* sp. 52.90 m

1. 深灰色中厚—厚层白云质灰岩和白云岩，细—中粒结晶，风化面灰黑色。白云岩中含床板珊瑚 *Syringopora* sp.（未见底） 77.40 m

【地质特征及区域变化】 连县组主要分布于连县、阳山、怀集和罗定地层小区。以连县—阳山一带厚度最大，可达403 m。清远石潭一带厚度大于240 m。罗定饭甑石以白云岩、白云质灰岩为主，夹厚层状灰岩及泥质灰岩，厚度大于351 m。向廉江及阳春一带，明显变薄，厚仅30 m。本组普遍含珊瑚 *Pseudouralinia* 及腕足类 *Eochoristites neipengtaiensis* 等，时代为早石炭世早期。

大赛坝组 *Cds*（44－0604）

【创名及原始定义】 赵汝旋、秦国荣（1988）[6]创名于广东乐昌大赛坝，赵汝旋等（1989）介绍。原义指位于长垑组与“石磴子组”两套碳酸盐岩之间的砂泥质碎屑岩夹灰岩的地层体。

【沿革】 徐瑞麟（1937）称“英德石灰岩”，《中国区域地层表》（1958）将孟公坳组引用到粤北，吴望始等（1980）称刘家塘组。

【现在定义】 指整合于长垑组与石磴子组两套碳酸盐岩之间的砂泥质碎屑岩夹灰岩的地层体。其底以泥质云母石英粉砂岩或灰质泥岩的出现作为与长垑组（灰岩）的分界标志；顶则以灰质泥岩或泥岩的消失和含硅质结核的生物屑泥晶灰岩的出现为与石磴子组的分界标志。

【层型】 正层型为乐昌县长垑剖面（113°24′，25°06′）（长垑乡大赛坝东北715厂的后山上），赵汝旋、秦国荣1988年测制。（副层型选自乐昌庆云乡大坪村西南）

上覆地层：**石磴子组** 含硅质结核泥晶灰岩夹薄层叶片状泥灰岩及泥晶生物灰岩

——— 整 合 ———

大赛坝组 总厚度96.1m

27. 大多为浮土掩盖，见有钙质泥岩碎块 7.9 m

26. 黑—灰黑色含有机质的薄层状泥灰岩、钙质泥岩夹中—薄层（或透镜状、似层状）泥晶灰岩和细晶白云岩。含腕足类 *Rugosochonetes handrensis*，*Fusella tornacensis*，*F. ussiensis*，*F.* cf. *aschalensis*，*F. lechangensis*，*F. parabisulcatus*，*Leptagonia analoga*，*Rhipidomella michelini*，*Eochoristites neipengtaiensis*，*Martiniella elongata*，*Schuchertella gelaohoensis*，*Schizophoria* sp.，*Productus gesuoensis*，*Hunanoproductus hunanensis*，*Levipustula* cf. *leris*，*Xinshaoproductus* sp.，少量头足类 *Michelinoceras* sp.；腹足类 *Schizodus* sp.；三叶虫 *Hunanoproctus* sp. 及海林檎、苔藓虫、海百合茎等。在泥晶灰岩和白云岩中还含有牙形刺 *Spathognathodus* sp.，珊瑚 *Pseu-*

douralinia sp. 及微体古脊椎（鱼牙或鳞片） 7.4 m

25. 土黄微带绿、淡红色等含铁质泥岩。含腕足类 *Rhipidomella michelini*, *Rugosochonetes handrensis*, *Eochoristites neipengtaiensis*, *Schuchertella gelaohoensis*, *Schizophoria* sp., *Ericiatia hemispaeria*, *Cancrinella* cf. *laeuicosus*, *Marginata hunanensis*, *M. minor*, *Marginoproductus* sp., *Pleuropugnoidus kinlingensis*, *Cleiothyridina media* 及三叶虫 *Hunanoproctus* sp. 19.0 m

24. 灰色厚层—块状亮晶生物屑泥晶灰岩。含介形虫 *Bairdia nikomlensis*；微古脊椎动物 *Onychodus* sp., *Harpagodens ferox* 等 2.4 m

23. 浮土掩盖 6.9 m

22. 灰色厚层状生物屑亮晶泥晶灰岩与中薄层状、灰黑—灰黄色泥晶灰岩互层，局部层间还夹有钙质泥岩薄层。本层上部 3.8 m 厚的岩层中含牙形刺 *Siphonodella eurylobata*, *S. simplex*, *S. obsoleta*, *Spathognathodus* sp., *Bispathodus aculeatus aculeatus*, *B. aculeatus plumulus*, *Hibbardella ortha*, *Ligonodina* sp.；介形虫 *Bairdia nikeomlensis*；腕足类 *Marginatia* sp., *Eochoristites* sp.；珊瑚 *Gorskyites* cf. *wuningensis* 等。在底部 0.8 m 的岩层中含牙形刺 *Polygnathus inornatus*, *Siphonodella simplex*, 腕足类 *Ericiatia* sp., 珊瑚 *Humboldtia* sp., 及介形虫 *Bairdia nikomlensis*, *B. brevisjonesi* 等 7.6 m

21. 深灰色中薄层状及瘤状（或透镜状）夹厚层状含内碎屑亮晶生物屑泥晶灰岩 7.6 m

20. 灰黄绿色（局部为灰带紫红色）薄—中层状粉砂质泥岩夹生物碎屑泥质灰岩。含腕足类 *Rugosochonetes guangdongensis*, *R. hardrensis*, *Eochoristites* cf. *neipengtaiensis*, *Schuchertella* sp., *Plicochonetes* sp., *Hunanoproductus* sp., *Pleuropugnoides kinlingensis*, *Crurithyris urei*, *Cleiothyridina* sp., *Martiniella* sp., ? *Marginoproductus* sp. 和少量苔藓虫 21.1 m

19. 下部灰黄带微绿色或深红等色中—薄层状泥质云母石英粉砂岩；中部为粉砂质泥岩；上部为泥质岩（其中夹有含泥质透镜体的泥质粉砂岩薄层） 16.2 m

——————整　合——————

下伏地层：**长垑组**　灰色厚层状含生物屑泥晶灰岩

【地质特征及区域变化】　在大赛坝剖面该组下部为灰、黄绿、紫红色中—薄层状粉砂质泥岩和泥质粉砂岩及泥岩，中部为灰色厚层块状生物屑泥晶灰岩夹薄层钙质泥岩，上部为黑—灰黑色钙质泥岩夹薄层状泥岩，总厚度 96.1 m。乐昌大坪剖面下部为灰黄—褐黄色钙质泥岩，中部为中—巨厚层块状灰岩，上部为黄灰色薄层状钙质泥岩夹泥灰岩透镜体，总厚度 90 m。乳源大桥以灰色厚层块状灰岩为主，上部及下部为黄色泥质页岩，厚 161 m。翁源周陂余屋下部为棕黄色粉砂岩及粉砂质页岩，中部为灰岩、泥灰岩夹粉砂质页岩，上部为灰紫色粉砂质页岩，总厚度 147 m。粤中地区以龙门县龙江下罗洞剖面为代表，大赛坝组以浅黄色钙质粉砂岩及砂岩为主，中部夹深灰色含硅质团块或结核的灰岩，厚度 86.1 m。向南中部灰岩厚度渐减薄甚至消失。该组以含珊瑚 *Pseudouralinia* 为特征；此外尚有牙形刺 *Siphonodella levis*（=*simplex*）带、*S. obsoleta* 带、*S. eurylobata* 带，腕足类 *Martiniella elongata* 及介形虫、孢子等，时代为早石炭世早期。

大湖组　*Cd*（44-0613）

【创名及原始定义】　许寿永、林甲兴等（1979）⑦以连平县大湖瓮潭水库剖面创名。指平行不整合于晚泥盆世地层之上的一套紫红色及杂色的海陆交互相碎屑岩沉积，含植物、腕足类、双壳类及苔藓虫。与上覆忠信组平行不整合（?）接触。

【沿革】 南岭区测队2分队（1958）于连平创建“龙田岩系”。杨敬之（1962）称龙田组，代表平行不整合于上泥盆统之上的岩关阶碎屑岩，分布于连平—梅县一带。但1965年以后多称岩关阶或划入忠信组。1979年大湖组创建后被《广东省区域地质志》引用，沿用至今。

【现在定义】 指平行不整合于春湾组之上、伏于忠信组之下的一套以紫红色为主的杂色泥岩、页岩、粉砂质泥岩、粉砂岩、石英砂岩、含砾石英砂岩夹含钙质粉砂质泥岩、钙质泥岩等组成的碎屑岩沉积。底部以含砾砂岩或砂砾岩为标志。

【层型】 正层型为连平县大湖瓮潭水库剖面（114°49′，24°16′），广东区调队1978年测制。

上覆地层：**忠信组** 浅黄色厚层状粗粒石英砂岩夹少量浅灰色粉砂质泥岩

——————— 平行不整合 ———————

大湖组	总厚度 155.3m
28. 紫红色粉砂质泥岩夹少量紫红色石英细砂岩	9.2 m
27. 底部为紫红色中粒石英砂岩，往上为细砂岩、粉砂岩、泥岩，组成一个小旋回	11.9 m
26. 浅灰白色薄层状泥质页岩夹少量石英砂岩	10.2 m
25. 浅紫红色、浅灰白色粉砂岩与泥岩互层，夹细—中粒石英砂岩	14.1 m
24. 浅红色中—薄层状粗粒石英砂岩	2.5 m
23. 浅灰色薄层状粉砂质泥岩夹少量细粒石英砂岩，含植物化石碎片	8.1 m
22. 浅灰色中厚层状中粒石英砂岩夹粉砂岩，含双壳类化石	7.0 m
21. 灰黑色薄层状泥岩，含植物 *Lepidodendropsis* sp. 及苔藓虫	1.5 m
20. 浅红色中层状细—粗粒石英砂岩，粒度向上变细	3.0 m
19. 浅紫红色薄层状含灰绿色钙质结核之泥岩	3.5 m
18. 浅红色粗粒石英砂岩	8.6 m
17. 下部砖红色薄层状泥岩，上部为紫红色薄层状粉砂质泥岩夹浅紫红色中细粒砂岩	10.8 m
16. 紫红色薄层状含灰绿色结核之泥岩	10.8 m
15. 褐灰色薄层状细粒石英砂岩夹粉砂岩、页岩，含腕足类和双壳类化石碎片	4.4 m
14. 浅紫红色中粗粒石英砂岩，局部含石英细砾（砾径2.5 mm）	1.9 m
13. 灰黑色粉砂质泥岩，含植物 *Sublepidodendron mirabile*，*Lepidodendropsis hirmeri*	1.1 m
12. 浅黄色薄层状中粒石英砂岩	2.7 m
11. 深灰紫色钙质粉砂质泥岩	4.6 m
10. 浅灰色中—粗粒石英砂岩	3.1 m
9. 浅紫红色具条带状细粒石英砂岩与深紫红色含钙质泥岩互层，含植物化石	4.7 m
8. 浅灰紫色薄层条带状粗粒石英砂岩，条带是由不同颜色相间组成	4.7 m
7. 浅灰紫色薄层状页岩夹少量钙质泥岩及细砂岩，含植物 *Lepidodendron*? sp.	23.3 m
6. 灰白色厚层中粒石英砂岩，局部含砾石，具硅化现象	3.6 m

——————— 平行不整合 ———————

下伏地层：**春湾组** 浅灰黄色含绢云母钙质粉砂质泥岩与粉砂质页岩互层。含丰富的腕足类 *Yunnanella hsikuangshanensis*，*Cyrtospirifer* sp. 及双壳类、海百合茎和介形虫

【地质特征及区域变化】 本组仅见于连平以东至兴宁、梅县一带，以粗碎屑岩为主。连平大湖瓮潭剖面以灰紫—紫红色粉砂质泥岩、泥岩为主，夹石英砂岩、粉砂岩。含钙质结核及腕足类、双壳类、苔藓虫化石和植物化石碎屑，总厚度155.3 m，整合或平行不整合于春湾

组之上。平远东石程坑剖面，以青灰色细砂岩为主，夹紫红色粉砂岩、钙质砂岩及粉砂质泥岩，厚度大于230 m。平远高桥的大湖组厚度244.8 m。蕉岭高背岌由灰白色中粗粒石英砂岩、中细粒石英砂岩与紫红或灰色泥质粉砂岩、粉砂质泥岩组成，厚74.2 m，平行不整合于老虎头组之上。大湖组的岩石自东而西有由粗变细，厚度由薄变厚的趋势。该组含植物化石，主要是 *Sublepidodeudron mirabile* - *Lepidodendropsis hirmeri* 组合带分子，具有晚泥盆世和早石炭世过渡型的特点；由于它不含大塘期的 *Adiantites*，*Cardiopteridium* 及晚泥盆世的 *Leptophloeum* 植物群，层位又在含植物 *Leptophloeum rhombicum* 或腕足类 *Yunnanella* 之上，故时代定为早石炭世早期（岩关期）。

石磴子组　Cŝ（44-0605）

【创名及原始定义】　田奇瑪、王晓青（1932）创名于湖南湘乡县棋梓桥石磴子（村），原名石磴子系。指"孟公坳系"之上、"测水煤系"之下的一套灰岩。

【沿革】　50年代初期就引入粤北地区，沿用至今。

【现在定义】　在湖南指整合于天鹅坪组之上、测水组之下的一套以厚层状灰岩为主夹页岩、泥灰岩的地层。在广东系指整合于连县组或大赛坝组之上、伏于测水组之下的一套碳酸盐岩；由中—厚层状深灰黑—灰色生物碎屑粉晶泥晶灰岩夹白云质灰岩、白云岩、燧石灰岩、薄层泥质灰岩组成，有时尚夹薄层状泥质页岩、碳质页岩或钙质砂岩。

【层型】　正层型为湖南省湘乡县棋梓桥镇石磴子村剖面。本省次层型为清远县石潭石角村北侧剖面（112°45′，24°09′），广东706队1988年测制。

上覆地层：测水组　褐灰色薄层状泥岩

——————整　合——————

石磴子组　　　总厚度455.91 m

15. 灰色厚层状生物碎屑泥晶灰岩，下部含少量硅质团块，上部具中厚层状构造。含珊瑚 *Kueichouphyllum sinense*，*Syringopora honanensis*　　46.00 m

14. 灰色中厚—厚层状生物碎屑泥晶灰岩夹含硅质团块（条带）灰岩，含珊瑚 *Arachnolasmella* sp.　　65.45 m

13. 灰色中厚层状含硅质团块（条带）粉屑灰岩，含珊瑚 *Caninia*? sp.　　9.57 m

12. 灰色厚层状亮晶生物碎屑灰岩，局部含硅质团块，靠顶部夹薄层泥质灰岩。含珊瑚 *Chia* cf. *yohi*　　29.25 m

11. 灰色中—薄层状泥—微晶灰岩，含珊瑚 *Arachnolasma simplex*，*Rodophyllum* sp.　　2.93 m

10. 灰色厚层状泥晶粒屑灰岩，局部含硅质团块（条带）。含珊瑚 *Syringopora geniculata*，*Siphonodendron irregulare* var. *juntungense*，*Arachnolasma* cf. *simplex*　　33.87 m

9. 灰色厚层状含硅质团块（条带）灰岩，含丰富的珊瑚 *Syringopora linglingensis*，*S. reticulata*，*S. multitabulata*，*S.* cf. *gigantea*；和腕足类? *Gigantoproductus* sp.　　48.20 m

8. 深灰色厚层状泥晶生物屑灰岩，含珊瑚 *Syringopora regularis*，*Caninophyllum* sp.，及有孔虫 *Dainella* sp.，*Mediocris* sp.，䗴 *Eostaffella* sp.　　63.29 m

7. 深灰色中厚层状泥晶生物屑灰岩夹紫灰色薄层泥质灰岩　　4.45 m

6. 灰色厚层状亮晶粒屑灰岩，局部中厚层状。含珊瑚 *Syringopora yiliangensis*　　35.37 m

5. 浅灰、灰色中厚层状亮晶粒屑灰岩，含珊瑚 *Caninia* sp.，*Siphonodendron* sp.，*Caninophyllum* sp.　　29.36 m

4. 灰色厚层状亮晶粒屑灰岩夹白云化灰岩　　88.17 m

——————整　合——————

下伏地层：**连县组**　灰色厚层状白云岩，含珊瑚 *Pseudouralinia* sp.

【地质特征及区域变化】　粤北地区石磴子组以深灰—灰色生物屑灰岩、泥晶灰岩为主，富含硅质团块及生物化石。在连县、阳山地区一般厚 250～456 m，最大厚度在罗定金鸡，达 742.9 m（饭甑石剖面），但往阳春一带即减薄至 226.8 m（罗察村）。区内石磴子组化石甚为丰富，尤以珊瑚、腕足类和有孔虫居多。有珊瑚 *Dorlodotia asiatica*，*Arachnolasma sinense*，*Yuanophyllum* sp.，*Kueichouphyllum heishihkuanense*，*K. sinense* 及腕足类 *Megachonetes zimmermanni*，*Vitiliproductus groberi*，*Gigantoproductus* ex gr. *giganteus* 以及有孔虫 *Dainella*，䗴 *Eostaffella* 等。粤中地区亦以灰岩为主，但其泥质成分相对较高，夹层以泥质页岩及粉砂岩为主，并具有由北往南逐渐减少的趋势。越过佛岗—五华东西构造带以南，石磴子组出露较差，厚度降至百余米（从化灵山—石坑），甚至几十米（高要古刘村）。化石亦相当丰富，基本面貌与粤西地区相似。石磴子组在广东的延展具穿时性，如在北部的乳源大桥姚家村和乐昌长垑大赛坝等地，其下部含珊瑚 *Pseudouralinia*，与共生的牙形刺 *Siphonodella eurylobata* 带关系十分密切，时代应属杜内期；其上部的牙形刺则显示了维宪期（Viseanian）的面貌，说明石磴子组实际包括了杜内晚期—维宪晚期的沉积在内。而广东东南部石磴子组以含 *Kueichouphyllum* 为主，时代属维宪早期。这说明石磴子组在广东北部沉积时限较长，包括杜内期晚期的沉积；而东南部沉积时限较短只限于维宪期早期。

测水组　C*c*（44－0606）

【创名及原始定义】　田奇瑪（1929）在湖南双峰县梓门桥镇测水河东岸湾头剖面创建，原称“测水系”，包括下部块状灰岩和上部含煤两部分。

【沿革】　1957 年黄汲清将“测水煤系”引用于连县—阳山地区，以后称“测水段”或测水组，代替在广东创建的“芙蓉山煤系”、“狮岗层”、“中洞岭煤系”等。

【现在定义】　指整合于石磴子组与梓门桥组（或曲江组）之间的以石英砂岩、粉砂岩为主，夹黑色页岩和无烟煤层的地层。主要岩性为灰—深灰、灰黄、灰白色及杂色砂岩及页岩夹碳质页岩及煤层，局部夹灰岩、泥灰岩、铁质砂岩、粘土岩、菱铁矿、黄铁矿（结核）化泥质粉砂岩、砂砾岩等。

【层型】　正层型为湖南省双峰县梓门桥镇湾头公路东侧剖面。本省次层型为韶关市芙蓉山剖面（113°33′，24°47′），湖北地科所（现称宜昌地矿所）1976 年重测。

上覆地层：**梓门桥组**　深灰色硅质灰岩

——————整　合——————

测水组　　总厚度 237.6 m

16. 浅灰色细砂岩夹粉砂岩、页岩及薄层灰岩，局部粉砂岩含菱铁矿和黄铁矿包体　28.4 m
15. 深灰色粉砂岩（底部夹灰岩），含菱铁矿和黄铁矿结核。含䗴类 *Pseudoendothyra composita*，*P. coninna*，*Eostaffella addueta*；和有孔虫 *Archaediscus conveaus*，*A. subplanispiralis*，*Bradyina* sp. 等　9.5 m
14. 灰—深灰色粉砂岩与细砂岩互层夹页岩及薄层灰岩，具泥质条纹及显微状水平层理　27.3 m
13. 深灰色灰岩、生物碎屑灰岩夹粉砂岩、粉砂质页岩，灰岩局部富含菱铁矿而构成菱铁矿层。含䗴类 *Eostaffella* sp.，*Pseudoendothyra composita*，*P. bomagrandiosa* 及有孔虫化石　22.5m
12. 深灰色粉砂岩和粉砂质页岩，上部夹细砂岩及薄层灰岩　25.3 m

11. 灰色含砾砂岩及粉砂质页岩 11.6 m

10. 深灰色细砂岩与粉砂岩互层，上部夹碳质页岩及薄煤层 22.6 m

9. 深灰色粉砂岩夹多层煤及粉砂质页岩 15.7 m

8. 灰、浅灰色细砂岩夹深灰色粉砂岩（或呈互层）及多层煤 19.7 m

7. 深灰色泥岩与灰色细砂岩互层，含植物 *Cardiopteridium spetsbergense* 6.7 m

6. 灰色细砂岩与深灰色泥岩互层，夹钙质页岩薄层及薄层状泥灰岩。含腕足类 *Pugilis hunanensis*，*Orbiculoidea* sp.，*Chonetes* sp. 等 21.1 m

5. 深灰色粉砂质钙质泥岩，顶部为泥灰岩。含腕足类 *Vitiliproductus groberi*，*Pugilis hunanensis*，*Fluctuaria undata*，*Echinoconchus elegans* 及头足类 *Solenocheilus* sp. 等 27.6 m

———— 整 合 ————

下伏地层：**石磴子组** 泥质灰岩，含珊瑚 *Arachnolasma sinense*

【地质特征及区域变化】 测水组在韶关地层小区普遍可以中部一层含砾石英砂岩（或石英砂岩）为标志分为上、下两部分。下部为砂岩、泥岩碳质泥岩及2～3层煤，富含植物化石，底部尚有腕足类及双壳类化石；上部为含砾砂岩、砂岩、泥岩夹钙质或碳质泥岩及灰岩，局部含煤3～4层，总厚度130～300 m。连县、阳山地层小区的测水组以灰白及黄褐色石英砂岩和砂质页岩为主，中下部夹碳质页岩、薄层灰岩及泥灰岩；含煤性差，总厚度25～123 m。罗定、廉江地层小区的测水组以灰黄色泥质页岩为主，夹灰白色石英砂岩，上部夹碳质页岩，总厚度185～225 m。阳春-花都地层小区的测水组以阳春朱笼坳剖面为代表，由杂色砂岩、粉砂岩、页岩组成，以夹硅质岩、灰岩及薄层劣质煤为特征，一般厚在100 m以下，广州郊区厚可达240 m。惠阳地层小区以荷坳剖面为代表，测水组下部以杂色粉砂质页岩、细砂岩为主，夹碳质页岩、劣质煤层及灰岩透镜体；上部以含砾石英砂岩为主，夹粉砂岩及粉砂质页岩；总厚度可达400 m。综上所述，测水组在广东西部以潮坪相为主，下部常夹薄层灰岩及泥灰岩；曲江—仁化、翁源、阳春等地以海湾—沼泽相为主，含煤性相对较好。含有植物、珊瑚、腕足类、头足类及有孔虫等化石，重要分子有植物 *Neuropteris gigantea*，*Rhodeopteridium hsianghsiangensis*，*Sphenopteris obtusiloba*，*Archaeocalamites scrobiculatus*，和腕足类 *Marginifera viseeniana*，*Rugosochonetes kansuensis*，及珊瑚 *Arachnolasma* sp. 等。地质时代为早石炭世维宪期中晚期。

忠信组 Cẑ（44-0614）

【创名及原始定义】 南颐、马国干（1962）[8]命名于连平忠信。原指位于帽子峰组与黄龙组之间的一套棕黄、灰白色夹紫红色碎屑岩。其上部为石英砂砾岩、砂岩夹粉砂岩、砂质页岩；中部为泥质粉砂岩、粉砂质页岩夹石英砂岩、砂砾岩及2～3层劣质煤（沿走向常变为黑色碳质页岩）；下部为石英砂砾岩及石英砂岩、粉砂岩。忠信组“可能属维宪阶的中、上部”，“层位有可能相当于江西的梓山组”。

【沿革】 许寿永等（1979）按沉积特征，将连平忠信径口井田“忠信组”自下而上分为四个岩性段：①下含煤段；②灰岩含煤段；③上含煤段；④红色岩段；并认为下含煤段可与粤北的测水组对比，灰岩含煤段则可与梓门桥组或曲江组的下部对比，上含煤段则可与粤北曲江组中段相对比，红色岩段则相当于曲江组或梓门桥组上部。1988年，《广东省区域地质志》使用忠信组一名代表广东东部地区早石炭世晚期的沉积。1990年《广东省岩石地层单位清理报告》推荐使用忠信组一名。当时据以命名的剖面有连平忠信及连平高寨剖面，但前者剖面描述已遗失，现以连平高寨剖面为副层型，以连平忠信径口井田综合剖面为选层型。此外，与忠信组层位相当岩性相似的地层，在翁源城东之屏风寨，曾被命名为屏风寨岩系（南岭区测队2分队，1959），但其所在图幅（1∶20万连平幅）说明书出版时并未被采用。

【现在定义】 指大湖组与曲江组之间的一套棕黄、灰白色夹紫红、灰黑色含煤碎屑岩。其主体岩性上部为砂岩、粉砂岩、粉砂质泥岩及碳质泥岩夹薄煤层；中部为灰岩、砂岩夹碳质泥岩及薄煤层；下部含砾砂岩、砂岩及粉砂岩、泥岩夹碳质泥岩。底部以含砾粗粒石英砂岩为标志与大湖组平行不整合接触；顶界止于硅质岩或大套红色碎屑岩的出现，与曲江组整合接触。

【层型】 正层型为连平县忠信剖面（资料已经遗失）。副层型为连平县忠信高寨剖面（114°47′，24°13′），南颐等1962年测制。

忠信组 总厚度＞497.0 m

41—37. 棕黄色、紫红色细粒石英砂岩与紫红色含铁质粉砂岩及棕黄色含铁质泥质粉砂岩（未见顶）	75.5 m
36—35. 紫红带棕黄色中—厚层状含泥质铁质细砂岩，上部夹有薄层粉砂岩	7.5 m
34. 棕黄色中厚层状疏松石英砂砾岩	3.0 m
33. 棕黄色中—薄层状细粒石英砂岩，上部夹少量粉砂质页岩	5.0 m
32. 紫红色页片状含铁泥质粉砂岩	8.0 m
31. 棕黄色中—厚层状疏松石英砂岩夹石英砾岩	7.0 m
30. 紫红色含铁泥质粉砂质页岩	16.0 m
29. 棕黄色疏松状石英砂砾岩	4.0 m
28. 浮土掩盖	4.0 m
27. 棕黄色疏松状石英砂砾岩	4.0 m
26. 灰白色、棕红色薄层页片状粉砂岩	11.0 m
25. 掩盖	57.0 m
24. 棕红、褐色细粒石英砂岩夹薄层粉砂质页岩	48.0 m
23. 黑色碳质粉砂质页岩	17.0 m
22. 灰白色厚层细粒石英砂岩	8.0 m
21. 铁质砂岩	6.0 m
20. 掩盖	11.0 m
19. 黑色、灰色薄层页片状粉砂质页岩	3.0 m
18. 灰白色中—薄层状中—细粒石英砂岩	6.0 m
17. 灰色、灰黑色薄层页片状泥质粉砂质页岩夹碳质页岩及煤一层	10.0 m
16. 棕黄带紫色细粒含铁质石英砂岩	7.0 m
15. 棕黄带紫色细粒含铁质石英砂岩夹灰色薄层粉砂质页岩。含腕足类 *Schellwienella* sp. 及海百合茎 *Cyclocyclicus dignus*	15.0 m
14—13. 灰色、灰黑色碳泥质及铁质粉砂岩	10.0 m
12. 灰白色、棕紫红色石英砂岩夹角砾状含铁砂岩	12.0 m
11. 灰白带棕红色中层状中—细粒石英砂岩	22.0 m
10. 灰白色中—厚层状粗粒石英砂岩	11.0 m
9. 青灰色、浅灰色薄—中层状泥质粉砂岩	12.0 m
8. 灰白色厚层状粗粒石英砂岩，含石英砾石	38.0 m
7. 灰白色厚层粗粒石英砂岩夹中—薄层状细粒石英砂岩及粗粒砂砾岩	14.0 m
6—5. 灰白色、浅紫灰色中—厚层状中—细粒石英砂岩	7.0 m

4. 灰白色厚层状石英砂砾岩　12.0 m

3. 棕紫红色薄层粉砂岩　12.0 m

2. 棕黄带灰白色厚层状中—粗粒石英砂岩　14.0 m

——————平行不整合——————

下伏地层：**大湖组**　灰白色、棕黄色泥质粉砂岩

【地质特征及区域变化】　忠信组分布于和平—新丰地层小区及梅县地层小区。西部连平忠信一带，忠信组的沉积处于海陆交互的过渡地带，有利于煤的沉积，但由于接近蚀源区，地形相对复杂，岩性、厚度、含煤性等有很大的变化。如忠信西部大湖地区，主要是下部“灰岩含煤段”中夹两层局部可采煤（煤层一般厚 1.5 m）；而忠信南部径口、东部新溪则主要为“上含煤段”中夹 3 层局部可采煤（煤层一般厚 1～2 m）。地层总厚度一般大于 100 m（如在连平大湖青沟水库厚度大于 172.6 m），局部地区可厚达 808 m（如连平忠信灵山）。在平远地区由于靠近粤东山地，忠信组为滨岸相，粗碎屑岩占很大比重，不含煤，化石以植物为主，厚度变薄，一般小于 100 m。忠信组含腕足类 *Marginifera viseeniana*，*Echinoconchus elegans*；珊瑚 *Aulina carinata*，*Arachnolasma sinense*，*A. simplex* 以及植物 *Archaeopteridium* - *Sphenopteris obtusiloba* 组合带分子和 *Rhodeopteridium hsianghsiangensis* 等；其时代相当于早石炭世维宪期的中晚期。

梓门桥组　Cz（44-0607）

【创名及原始定义】　田奇瑪（1929）创名，原名梓门桥石灰岩。标准剖面在湖南双峰县梓门桥镇湾头公路东侧。

【沿革】　1954 年黄汲清将“梓门桥层”引用于连县—阳山地区；1959 年张有正称“梓门桥岩系”，继而称“梓门桥段”及梓门桥组，沿用至今。

【现在定义】　在湖南指整合于测水组之上、大埔白云岩之下的一套含燧石团块和条带的中、厚层灰岩、泥灰岩和页岩的地层。在广东指整合于测水组与大埔组之间的一套碳酸盐岩。主要为灰、深灰、灰黑色中—厚层—块状石灰岩、白云质灰岩夹白云岩，常含硅质团块或条带；由西北往东南，砂、页岩夹层逐渐增多。下界止于大套碎屑岩的出现，上界止于大套白云岩、白云质灰岩的出现而与大埔组分界。

【层型】　正层型为湖南省双峰县梓门桥镇湾头公路东侧剖面。本省次层型为连县湟白水剖面（112°18′，24°45′），南岭区测队 7 分队 1957 年测制。

上覆地层：**大埔组**　灰白色白云岩

——————整　合——————

梓门桥组　总厚度 237.0 m

5. 褐黑色致密状灰岩。含珊瑚 *Aulina carinata*，*Lithostrotion irregulare*，*Neoclisiophyllum* aff. *multiplexum*，及腕足类 *Gigantoproduotus varians*，*Chonetes papilionacea* 等　82.0 m

4. 深灰色厚层致密状含燧石灰岩夹黄褐色细晶质白云岩。上部含珊瑚 *Neoclisiophullum yentzeense*，*Arachnolasma* aff. *sinense*，*Lithostrotion irregulare*，*Diphyphyllum convexum* 等　45.0 m

3. 黑色厚层状灰岩，风化呈灰白色。含珊瑚 *Syringopora* cf. *geniculata*　42.0 m

2. 灰色厚层白云质灰岩，含珊瑚 *Syringopora* sp. 等　23.0 m

1. 深灰色厚层状致密灰岩，层间含燧石结核，上部夹灰色白云质灰岩　45.0 m

——————整　合——————

下伏地层：**测水组**　灰绿色页岩夹石英砂岩

【地质特征及区域变化】　连县湟白水剖面梓门桥组由深灰—黑色致密灰岩、白云质灰岩夹白云岩组成，含燧石结核，总厚度 237 m。化石以珊瑚、腕足类、䗴类为主；往东往南砂、页岩夹层明显增多。在英德、翁源、连平资溪一带本组以含燧石的灰岩为主，夹砂岩、页岩、碳质页岩等；韶关芙蓉山及江坝、丰山等地岩性与上述相似；厚几十米到百余米不等。化石内容相似于连县地区，但无论是珊瑚或腕足类，其下部组合均发育不全，显示出由西往东本组沉积时间渐新的特点。阳春-花都地层小区梓门桥组以灰岩为主，夹较多砂岩、页岩、硅质岩和白云岩，在阳春一带夹碳质页岩、煤线、石膏层和菱铁矿层，总厚度小于 150 m。本组含珊瑚 *Yuanophyllum kansuense*，*Kueichouphyllum sinense*，*Arachnolasma sinense*；腕足类 *Kansuella kansuensis* - *Gigantoproductus edelburgensis* 组合，*Rugosochonetes kansuensis* - *Marginifera viseeniana* 组合及有孔虫 *Archaediscus mellitus* - *Cribrostomum speciosus* 组合的分子；时代属早石炭世维宪期。

曲江组　*Cq*（44－0612）

【创名及原始定义】　宜昌地矿所广东石炭纪煤组（1979）⑨以曲江县大塘—黄岭剖面为层型创名，代表粤北韶关一带大塘期晚时沉积，符力奋（1994）介绍。其下部为深灰色灰岩、含燧石灰岩夹硅质岩；中部以碎屑岩为主夹灰岩及硅质岩，局部夹碳质泥岩及煤线；上部为砂岩，往上为深灰色灰岩、泥灰岩夹硅质岩。它与下伏测水组及与上覆黄龙组均为连续沉积。

【沿革】　原置于梓门桥组或忠信组上部。许寿永等（1979）认为，在曲江大塘向斜的黄岭及松山下等地以往所称的“梓门桥段”，无论岩性、岩相及生物群等，均与湘中的梓门桥组不尽相同。为避免地层划分的混乱，他们曾建议采用曲江组一名；但于 1981 年，在公开出版的论文中又将其划归梓门桥组。1988 年《广东省区域地质志》及 1990 年《广东省岩石地层单位清理报告》均使用梓门桥组。本书从岩性、岩相、生物群及含矿性等方面看，这套地层既不同于梓门桥组，又有别于测水组，故推荐使用曲江组。

【现在定义】　指粤北及粤东北一带整合于测水组（或忠信组）与大埔组（或壶天群）之间以碎屑岩为主夹硅质岩及灰岩的地层体；底界常以硅质岩为标志与下伏测水组分界，顶界止于大套白云岩或白云质灰岩的出现。

【层型】　正层型为曲江县大塘—黄岭剖面（113°42′，24°45′），湖北地科所 3 室（现宜昌地矿所）1976 年测制。

上覆地层：**大埔组**　细晶质白云质灰岩

——————整　合——————

曲江组　　总厚度 181.60 m

21. 中上部以紫红、黄褐色薄层状泥灰岩为主，下部为灰白、肉红色灰岩　　18.7 m
20. 紫红及黄褐色泥岩、泥灰岩夹砂岩　　21.4 m
19. 浅灰、浅红色中粒石英砂岩　　4.9 m
18. 灰紫色泥岩与粉砂质泥岩及砂岩互层。含双壳类 *Edmondia* cf. *rudis*，*Cypricardella concentrica*，*Palaeoneilo* sp.；及植物 *Neuropteris* sp.　　8.3 m
17. 浅灰色砂岩夹紫红色粉砂质泥岩　　4.3 m
16. 黄褐色泥岩夹砂岩及碳质泥岩　　10.0 m

15. 灰白、浅黄色中—粗粒砂岩，局部含砾 4.1 m

14. 生物碎屑灰岩及黄色泥岩。含腕足类 *Schellwienella* sp.；双壳类 *Sanguinolites* cf. *tichrinensis* 及苔藓虫等 3.7 m

13. 浅灰、黄褐色砂岩夹粉砂岩 3.5 m

12. 灰绿、黄褐色钙质泥岩夹硅质岩。含腕足类 *Echinoconchus elegans*；双壳类 *Cypricardella* sp. 11.3 m

11. 硅质岩夹生物碎屑灰岩 3.4 m

10. 浅黄色砂岩夹灰紫色粉砂质泥岩。含植物 *Neuropteris gigantea* 及双壳类等 2.0 m

9. 灰岩风化的黄色泥岩 3.4 m

8. 灰紫色粉砂质泥岩夹泥岩及砂岩。含植物 *Neuropteris gigantea* 14.9 m

7. 深灰色泥岩，底部夹薄煤层。产腕足类 *Schellwienella* cf. *crenistria*，*Productus* sp. 3.4 m

6. 浅灰色厚层砂岩 21.0 m

5. 灰岩风化的黄色泥岩，上部夹硅质岩。含腕足类 cf. *Kansuella maxima*，*Cleiothyridina royssii*，*Rugosochonetes* sp. 12.0 m

4. 浅灰、灰紫色泥岩夹碳质泥岩及砂岩，底部为含铁质砂岩 16.1 m

3. 灰色、深灰色薄层硅质岩 4.4 m

2. 浅黄色钙质砂岩。含腕足类 *Rugosochonetes kansuensis*，*Echinoconchus* sp.，*Chonetes* sp.，*Martinia* sp. 及苔藓虫、海百合茎等 3.5 m

1. 浅灰色硅质泥岩及硅质岩。含腕足类 *Echinoconchus liangchowensis*，*E. elegans*，*Tornguistia polita*，*Phricodothyris echinata*，*Rugosochonetes kansuensis*，*Chonetes* sp.，*Overtonia* sp.，*Punctospirifer* sp.；珊瑚 *Arachnolasma sinense* 和双壳类、苔藓虫等 7.3 m

——————— 整 合 ———————

下伏地层：**测水组** 灰色薄层状钙质泥岩，局部含碳质

【地质特征及区域变化】 曲江组在曲江县大塘—黄岭剖面总厚度达 181.6 m。上部为浅灰或浅红色砂岩、泥灰岩和灰岩；中部为浅灰色厚层砂岩，往上为杂色泥岩夹砂岩（局部含砾）、硅质岩、灰岩，有 0.2 m 的薄煤层，含植物、腕足类及双壳类等化石；下部为浅灰—深灰色硅质岩、硅质泥岩、泥岩夹砂岩，含腕足类及珊瑚等化石，底以硅质岩的首次出现作为曲江组的底界标志。粤东连平、平远一带本组厚度变薄，一般厚 40 m 左右，岩性以紫红、灰紫色碎屑为主，局部夹含钙质粉砂质页岩，底亦常以硅质岩（或石英岩状砂岩）为标志。广州一带本组厚度亦在 40 m 左右，岩性以灰—灰黑色细碎屑岩为主，亦以夹薄层硅质岩为特征。含有珊瑚、腕足类、苔藓虫（如 *Echinoconchus*，*Dictyoclostus*，*Aulina*）等化石。沉积时间相对较晚。粤西郁南附近曲江组为一套变质砂岩、粉砂质板岩和绢云母石英片岩，夹硅质岩透镜体，含腕足类 *Spirifer* sp.，*Wellerella* sp.，*Brachythyris* sp.，*Gigantoproductus* sp. 及珊瑚 *Dibunophyllum* ? sp. 等。本组与梓门桥组的显著差别是以碎屑岩为主体，常夹硅质岩，部分地区（如曲江）虽夹较多的灰岩，但不占主要地位。其中除含海相化石外，植物化石占有重要的地位，植物化石中以 *Neuropteris gigantea* 最为丰富，*Rhodeopteridium hsianghsiangensis*，*Sphenopteris obtusiloba* 也较多。此外尚有 *Potoniea*，该属在国外均见于中石炭世早期，我国仅于河北开平的本溪群中有报导，在广东产出于早石炭世晚期地层中尚属首次发现。曲江组总的沉积时限暂定为早石炭世维宪期晚期。

大埔组 *Cdp*（44－0608）

【创名及原始定义】 张文佑（1941）创名于广西柳城县城（大埔镇），原称大埔白云石

层。原义指“燕子系与黄龙石灰岩之间的一套灰白色粗粒白云石”。

【沿革】 张文佑等（1942）确定大埔白云岩属于中石炭世早期，杨敬之等（1962）改称为大埔组。过去在广东相当于大埔组的白云岩大部分置于壶天群底部（如1：20万韶关、英德、阳山、廉江、兴宁、梅县等图幅），部分置于中石炭统下部（如1：20万阳春、开平、连平幅）或黄龙群下部（如1：20万连县、河源幅）。1979年，宜昌地矿所广东石炭纪煤组首次从粤西及粤北黄龙组中划分出大埔段。1988年《广东区域地质志》及1990年《广东省岩石地层单位清理报告》中，仍将这套白云岩划归黄龙组底部。但也有个别地区（如1：20万罗定幅的罗定金鸡林塘剖面）把这套白云岩置于梓门桥组的上部。本书根据岩石地层单位“组”的定义，与邻区的联通，把这套白云岩单独称为大埔组。

【现在定义】 在广西指罗城组灰岩之上、黄龙组灰岩之下的一套灰白—灰黑色厚层块状白云岩。在广东引用大埔组代表整合于黄龙组（或壶天群）与梓门桥组（或曲江组）之间的一套含镁质碳酸盐岩；岩性以灰、深灰、灰白色及微红色厚层—块状白云岩为主，不同程度地夹白云质灰岩或灰岩；化石较稀少，仅有少量珊瑚、腕足类和有孔虫。

【层型】 正层型为广西柳城县大埔镇杨柳村剖面。本省次层型为阳山县黎埠泻背剖面（112°27′，24°30′），广东区调队1975年测制。

上覆地层：**黄龙组** 浅灰白色厚层状碎屑灰岩，下部夹浅灰色厚层状细粒白云岩，底部灰岩中含白云岩团块

——————整　合——————

大埔组	总厚度 179.7 m
6. 上部为浅灰色厚层状细晶白云岩，下部为浅灰、灰白色隐晶质—微粒白云岩	64.0 m
5. 浅灰、浅灰白色厚层细粒白云岩夹多层不稳定的灰白色硅质岩或含硅质团块	20.5 m
4. 浅灰色厚层微粒白云岩	61.7 m
3. 深灰色中—厚层状微晶白云岩，顶部夹一层不稳定的硅质岩，下部夹二层硅质岩（硅质岩厚20～70 cm）。含腕足类 *Eochoristites* sp.，*Striatifera* sp.	13.9 m
2. 浅灰色中—厚层状微晶白云岩，上部夹薄层灰质白云岩及燧石条带（条带宽5～10 cm）。含珊瑚 *Yuanophyllum kansuense*	19.6 m

——————整　合——————

下伏地层：**梓门桥组** 深灰—灰黑色中—厚层状细晶生物碎屑灰岩

【地质特征及区域变化】 大埔组岩性比较单一，常可作冶金、化学、建材等工业用白云岩矿床，白云岩中Cu、Pb、Zn等金属元素含量偏高（是相对富集层），其底部是热液改造多金属矿床成矿的有利地段。

大埔组在广东除东南沿海外全省都有分布，主体岩性也差别不大。总厚度由粤西北往粤东南有减薄的趋势。粤西北及粤北的大埔组厚度一般大于100 m，最厚达435 m（乳源乐古坳以西）。在阳山黎埠泻背剖面下部灰质白云岩夹层中含珊瑚 *Yuanophyllum kansuense*，硅质岩夹层中含腕足类 *Eochoristites* sp. 和 *Striatifera* sp. 等。前者常见于早石炭世晚期，反映其沉积时间较早。粤东北蕉岭白湖一带的大埔组厚度减薄为171.7 m；在白云岩化灰岩夹层中含丰富的 *Profusulinella rhomboides*，*Pseudostaffella sphaeroidea*，*P. confusa*，*Schubertella obscura*，*Ozawainella angulata* 等中石炭世早期的化石，沉积时限显然晚于粤西北。罗定、阳春一带本组厚度减少到几十米，阳春朱笼坳含 *Profusulinella* sp.，由此可以推断本省当时的海侵方向

是由西北往东南侵漫，西北部接受沉积较早，东南部接受沉积较晚，总之沉积时限为早石炭世最晚期—中石炭世早期。

黄龙组　*Chl*（44－0609）

【创名及原始定义】　李四光、朱森（1930）创名，原名黄龙石灰岩，命名地点是江苏镇江市龙潭黄龙山。黄龙石灰岩是根据岩性和化石特点从旧含义的栖霞石灰岩中分出来，属中石炭统，因该石灰岩构成龙潭镇以西黄龙山的主体，风化后表面呈土黄色而得名。

【沿革】　黄汲清（1957）首先将黄龙统引用于粤北连县—阳山地区。广东过去的“黄龙组”（群、岩系、石灰岩……）是在统一地层划分概念的基础上引用的，以 *Pseudostaffella*－*Profusulinella* 组合带和 *Fusulinella*－*Fusulina* 组合带为主要划分标志，与上覆及下伏地层的分界并无明显的岩性标志，因此它不符合岩石地层单位的定义，是不能与本书的黄龙组等同起来的。

【现在定义】　在广东指整合于船山组与大埔组之间的一套浅色碳酸盐岩。岩性为浅灰、灰白、肉红色厚层状灰岩夹白云质灰岩和白云岩，往往含燧石结核或条带。底界止于大套白云岩的出现。化石以珊瑚、䗴类、有孔虫为主。

【层型】　新层型为江苏省江宁县金丝岗剖面。本省次层型为连县外洞剖面（112°37′，24°43′），南岭区测队 7 分队 1958 年测制。

上覆地层：**船山组**　灰黑色厚层状致密灰岩

——————整　合——————

黄龙组	总厚度 329.6 m
8. 灰白色厚层状白云质灰岩，含䗴类 *Fusulina* sp.，*F. canceolata*，*Fusulinella* sp.，*F. colaniae* 等	47.9 m
7. 灰白色厚层状细晶质白云岩	29.6 m
6. 灰白色厚层致密生物灰岩，含䗴类 *Fusulinella* sp.，*F.* cf. *bocki* 等	28.0 m
5. 灰白色厚层状白云岩和白云质灰岩，层间夹少量燧石	92.1 m
4. 灰色厚层状致密灰岩，含䗴类 *Fusulinella* sp.，*F. provecta*，*F. congula* 等	18.9 m
3. 灰白色致密状微粒生物灰岩，含少量燧石	16.1 m
2. 灰白色厚层状致密灰岩，含燧石较多。含䗴类 *Fusulina* cf. *schellwieni*，*Fusulinella* sp.，*F.* cf. *bocki*，*Profusulinella* cf. *rhomboides*，*Wedekindellina uralica* 等	97.0 m

——————整　合——————

下伏地层：**大埔组**　白色厚层状细晶质白云岩

【地质特征及区域变化】　黄龙组在广东境内分布较广泛，岩性变化不大；但厚度变化较大，粤西地区普遍较厚，最厚为阳春盆地可达 531.4 m（朱笼坳剖面），往东厚度变小。但其与上覆船山组的分界，各地标志有所不同。粤西区主要靠颜色深浅来区分，以浅色调为主的黄龙组，顶界止于深色调灰岩的大套出现；而在粤中区东部及粤东区，其顶界主要止于角砾状灰岩的出现，当缺少角砾状灰岩时亦以深色调灰岩的大套出现为标志；但当两种标志都不明显难以进一步划分时即统称壶天群。黄龙组化石组合以䗴类最为重要。粤西及粤西北含 *Pseudostafella*，*Profusulinella*，*Fusulinella*，*Fusulina* 等，时代为中石炭世早期；但在局部地区尚含有中石炭世晚期的䗴分子 *Triticites*（阳山汅背、马岭），反映其沉积时限较长。粤东北以 *Fusulina*，*Fusulinella*，*Pseudostaffella* 等最常见，而 *Profusulinella* 则多见于下伏的大埔组中。这反映出东部地区黄龙组的层位较西部地区高，大致为中石炭世，总的沉积时限相对较短。

船山组　Cĉ（44－0610）

【创名及原始定义】　由丁文江（1919）所创的船山石灰岩演变而来，创名剖面在江苏句容县赣船山西端。

【沿革】　1958年，南岭区测队首先将“船山岩系”引用于1：20万连县幅报告（初稿）中，沿用至今。

【现在定义】　在广东指由以灰—灰黑色、厚层—块状、微晶—泥晶生物碎屑灰岩夹白云质灰岩及白云岩组成的一套碳酸盐岩，部分含燧石结核或条带。底以较深色的灰岩（灰—灰黑色）或角砾状灰岩为标志与下伏浅色（浅灰、灰白—肉红色）的黄龙组呈整合接触，上被栖霞组平行不整合覆盖。

【层型】　正层型为江苏省句容县东昌街船山剖面。本省次层型为连县外洞剖面（112°37′，24°43′），南岭区测队7分队1958年测制。

上覆地层：**栖霞组**　灰黑、黑色燧石灰岩

——————平 行 不 整 合——————

船山组	总厚度 135.7 m
12. 深灰色厚层块状致密灰岩，含䗴类 *Triticites* sp.	67.2 m
11. 灰白色厚层状致密白云质灰岩	13.2 m
10. 灰色厚层状致密灰岩，含燧石	28.3 m
9. 灰黑色厚层状致密灰岩，含䗴类 *Schwagerina* sp.	27.0 m

——————整　合——————

下伏地层：**黄龙组**　灰白色厚层状白云质灰岩

【地质特征及区域变化】　船山组在广东分布较广泛但出露零星，局部被下二叠统超覆，厚度差异较大，甚至有所缺失。如连县—阳山一带厚仅百余米，普遍缺失 *Pseudoschwagerina* 带，地质时代大致为晚石炭世。翁源、龙门和粤东北地区厚度普遍增至200 m左右，晚石炭世两个䗴化石带基本完全，如蕉岭白湖船山组含有 *Pseudoschwagerina postvulgaris*，*P. moelleri*，*Quasifusulina longissima*，*Rugosofusulina anderssoni*，*R.* cf. *hutienensis*，*Triticites simplex*，*T. chinensis*，*T. chui* 等。*Pseudoschwagerina* 带及 *Triticites* 带的一些分子在上覆栖霞组（深灰色燧石结核灰岩夹硅质岩）以及下伏黄龙组（浅色灰岩）之中也有产出，反映出本区的沉积时限较西部地区短。总的来说，广东船山组的时代属晚石炭世。

壶天群　C*H*（44－0611）

【创名及原始定义】　田奇瑰、王晓青（1932）命名壶天石灰岩，“指位于下二叠纪石灰岩与梓门桥灰岩之间的灰白色之块状石灰岩”。标准地点是湖南湘乡县壶天（镇）。

【沿革】　杨敬之（1962）改称壶天群。在广东，1958年由1：20万连县幅首先引用“壶天岩系”。此后，壶天群几乎使用于全省，是指梓门桥组之上、下二叠统之下的一套碳酸盐岩，代表中晚石炭世沉积。

【现在定义】　在湖南指位于梓门桥组之上、栖霞组之下，包括下部大埔白云岩，上部马平灰岩的地层。在广东引用壶天群指整合于大埔组（或曲江组）与栖霞组之间的一套难以进一步划分的碳酸盐岩；岩性为灰白、灰、灰黑色厚层状灰岩夹白云质灰岩和白云岩，含少量

燧石结核或条带，含䗴及珊瑚化石。

【层型】 正层型为湖南省湘乡县壶天镇剖面。本省次层型为连县盘海剖面（112°32′，25°06′），南岭区测队 7 分队 1957 年测制。

上覆地层：**栖霞组** 黑色致密灰岩

——————— 整 合 ———————

壶天群	总厚度 510.0 m
65. 青灰色中厚层状致密灰岩，含丰富的䗴类 *Pseudoschwagerina* sp.，*Triticites* sp.，*Schwagerina* sp.，*S.* aff. *longiformis* 等	10.0 m
64. 灰色厚层状白云质灰岩与致密状灰岩互层	40.0 m
63. 灰白色厚层状致密白云质灰岩，含少量燧石	20.0 m
62. 灰白色厚层状粗粒白云岩	14.0 m
61. 灰色厚层状致密生物灰岩。含䗴类 *Triticites* sp.，*T.* cf. *parvulus*，*Schwagerina* sp. 及有孔虫 *Bradyina* sp.，*Climacammina* sp. 等	48.0 m
60. 灰、灰白色致密灰岩夹透镜状白云质灰岩	25.0 m
59—57. 白色厚层块状粗晶质白云岩，上部夹白色致密状灰岩	59.0 m
56. 灰色厚层块状白云质灰岩与致密灰岩互层	89.0 m
55. 灰、深灰色厚层状致密灰岩。含丰富的䗴类 *Quasifusulina* sp.，*Rugosofusulina* aff. *prisca*，*Triticites* cf. *noinskiy*	28.0 m
54. 灰色厚层状细—中粒结晶白云岩	14.0 m
53. 浅灰、白色厚层致密灰岩，含燧石结核较多	97.0 m
52—51. 浅灰、灰色厚层状致密灰岩。下部含䗴类 *Triticictes* sp.，*Quasifusulina*? sp.，*Rugosofusulina* sp.，*Schwagerina* sp.，*S.* cf. *krotovi* 等	33.0 m
50. 浅灰色厚层块状灰岩，含䗴类及珊瑚化石	33.0 m

——————— 整 合 ———————

下伏地层：**大埔组** 白色细晶质块状白云岩与白云质灰岩互层

【地质特征及区域变化】 广东省壶天群主要分布于粤北及粤中一带，其厚度以韶关地层小区最大，曲江枫湾骑马石的厚度大于 633 m；广州、花县一带厚度小于 200 m。在岩性方面，西北部白云质含量较高，常夹白云质灰岩或白云岩；向东南泥质含量增高（肇庆—花县一带以含燧石结核或夹硅质灰岩为特征）。在古生物组合方面，北部以含䗴类 *Pseudoschwagerina*，*Triticites*，*Rugosofusulina*，*Quasifusulina*，*Schwagerina*，*Pseudofusulina*，*Fusulina* 等为主，反映出地层的时代为中石炭世到晚石炭世。而中部广州、肇庆一带化石稀少，偶见少量䗴类 *Fusulina*，*Pseudostaffella*，*Fusulinella*，*Triticites*，及珊瑚 *Koninckophyllum*，*Lophophylloidium* 等，沉积时限似乎较北部短。

梁山组 P*l*（44－0706）

【创名及原始定义】 赵亚曾、黄汲清（1931）创名于陕西汉中（现南郑县）梁山，原称梁山层；盛金章（1962）修订为梁山组。原指覆于志留纪笔石页岩之上，伏于含 *Tetrapora* 的巫山石灰岩之下含有劣质无烟煤及植物化石的黑色页岩。

【沿革】 冯少南等（1979）于《中南地区地层研究的进展——下二叠统》中称梁山段并引用于连县及佛冈，称为“类似于梁山段的含煤沉积”。广东原置于栖霞组下部，本书单独划分出来。

【现在定义】 在陕西指平行不整合于新滩组或罗惹坪组之上，以黑色含铁质页岩为主，夹劣质煤层及粘土岩、砂岩等组成的地层，与上覆阳新组灰岩呈整合接触。广东梁山组指平行不整合于船山组灰岩之上，整合于栖霞组（灰岩）之下的一套深灰色泥质粉砂岩夹钙质粉砂岩、泥灰岩、页岩及煤线的地层体。

【层型】 正层型为陕西省南郑县梁山剖面。本省次层型为佛冈县水头剖面（113°39′，23°51′），冯少南、林甲兴1979年测制。

【地质特征及区域变化】 佛冈水头的梁山组以泥质粉砂岩为主，夹含钙质粉砂岩、石英粉砂岩、灰岩、碳质页岩及煤线，总厚度28.3 m。连县三口江仅于钻孔中见数米厚的含碳质、钙质粉砂岩。该组未见化石，时代暂归早二叠世。

栖霞组 P*q*（44－0702）

【创名及原始定义】 原称“栖霞灰岩”，为德人李希霍芬（1912）创名于江苏南京市栖霞山。原义指南京栖霞山泥盆系五通砂岩与南京砂岩（即钟山层）之间的一大套深灰—暗灰色具燧石结核厚层灰岩、灰岩及泥灰岩等。

【沿革】 1937年徐瑞麟将“栖霞灰岩”引用于韶关地区，黄汲清（1975）引用于连县—阳山地区，以后为我省1∶20万区测报告广泛引用，沿用至今。

【现在定义】 在江苏指船山组与孤峰组之间一套碳酸盐岩。自下而上：碎屑岩夹煤线，臭灰岩层为灰黑色沥青质中厚层泥晶灰岩；下硅质层为灰黑色薄层硅质层夹灰岩；中部灰岩为深灰色厚层含燧石结核微晶灰岩；上硅质层为灰黑色中薄层硅质岩夹灰岩。底以细碎屑岩、泥灰岩薄层平行不整合于船山组之上；顶以硅质白云岩与孤峰组含锰或磷质结核页岩整合接触。广东引用栖霞组指平行不整合或整合覆于船山组灰岩（或梁山组碎屑岩）之上，整合于茅口组硅质灰岩（或孤峰组硅质岩）之下的一套深灰色灰岩。以含燧石结核、常夹钙质或碳质页岩及薄层硅质岩为特征。

【层型】 正层型为江苏省南京市栖霞山剖面。本省次层型为蕉岭油坑剖面（116°09′，24°32′），广东区调队1975年测制。

上覆地层：**孤峰组** 灰色硅质岩

——————— 整 合 ———————

栖霞组　　总厚度＞238.9 m

8. 深灰色、灰黑色厚层状含燧石灰岩，含生物碎屑，燧石沿层面呈层状或透镜状展布。含珊瑚 *Michelinopora siyangensis* 24.0 m

7. 灰黑色厚层状生物碎屑灰岩。含珊瑚 *Waagenophyllum*（*Liangshanophyllum*）*diphyphylloides* 和海绵 *Amblysiphonella asiatica* 77.3 m

6. 灰黑色厚层状隐晶—细晶灰岩，层间常夹钙质及碳质页岩薄层。含珊瑚 *Michelinopora siyangensis* 31.3 m

5. 浅灰色厚层状微粒灰质白云岩 9.7 m

4. 灰黑色薄层状钙质页岩，偶夹黑色灰岩。含珊瑚 *Michelinopora siyangensis* 44.6 m

3. 灰黑色厚层状灰岩，夹钙质页岩薄层。含珊瑚 *Michelinia multisepta*，*Michelinopora siyangensis* 及苔藓虫 *Fenestella* sp. 6.9 m

2. 灰黑色厚层状灰岩(含层状或透镜状燧石)，夹薄层状钙质页岩。含珊瑚 *Lophophyllidium zaphrentoidea*；腕足类 *Marginifera orientalis*；海百合茎 *Cyclocyclicus disparies* 29.1 m

1. 灰黑色厚层状细粒含䗴灰岩（未见底） 16.0 m

【地质特征及区域变化】 蕉岭油坑剖面的栖霞组厚240 m，以含燧石结核（或条带）灰岩为主，常夹钙质页岩或碳质页岩。梅县地区该组整合于船山组之上，厚度相对较稳定，变化在200～250 m之间。阳春-花都地层小区的栖霞组以灰岩为主，常含燧石结核或硅质，夹钙质页岩、含碳质灰岩及硅质岩，由于出露不良，与下伏石炭纪地层关系不清。据钻孔资料，南海官窑栖霞组有底砾岩，与晚石炭世地层之间有间断面；佛冈水头的栖霞组整合于梁山组之上；总厚度120～350 m。韶关地层小区本组下部以深灰—灰黑色厚层状含燧石结核灰岩、生物碎屑灰岩为主，上部夹泥质灰岩、碳质页岩；总厚度190～300 m，整合于船山组之上。连县及阳山地层小区的栖霞组以含燧石（结核或条带）灰岩为主，部分含较多的白云质（连县三鸭口、飞鹅坪），局部含硅质较多，甚至以硅质页岩为主（连县三口江）；与下伏黄龙组或船山组呈平行不整合接触，唯三口江矿区个别钻孔见与下伏梁山组呈整合接触。总厚度一般30～50 m，最厚142 m。广东栖霞组总体岩性特征相似，但厚度及与下伏地层接触关系因地而异。含化石丰富，主要有䗴类 *Schwagerina chihsiaensis*，*Parafusulina multiseptah*，*Ozawainella kueichihensis* 及珊瑚 *Paracaninia sinensis*，*Yatsengia* ex gr. *asiatica*，*Michelinopora siyangensis* 及腕足类 *Urushtenia* sp. 等；时代属早二叠世早期。

茅口组 P*m*（44－0703）

【创名及原始定义】 茅口组为乐森璕（1929）创名于贵州西南部郎岱县（现名晴隆）西南22.5 km的茅口河两岸。茅口灰岩自下而上分为“棕色褶曲页岩”、“灰色厚层石灰岩”、“纺缍虫层”和“厚石灰岩”四大层，时代定为早二叠世。

【沿革】 黄汲清（1957）引用于连县—阳山地区，称茅口层；以后1∶20万及1∶5万区调填图及科研报告均称茅口组，沿用至今。

【现在定义】 在贵州指栖霞组与峨眉山玄武岩或龙潭组之间的一套浅灰、灰色灰岩、白云质斑块灰岩及深灰色含燧石结核灰岩。下以白云质斑块状灰岩与栖霞组整合接触；上与峨眉山玄武岩或龙潭组黄色粘土岩呈平行不整合接触。广东引用茅口组系指整合于栖霞组与童子岩组（局部地区为平行不整合关系）之间的一套碳酸盐岩；下部以浅灰色、上部以深灰色灰岩为主，常含硅质、燧石团块，局部夹薄煤层及页岩。

【层型】 选层型为贵州省郎岱—洒志公路剖面。本省次层型为连县月光下剖面（112°19′，24°46′），广东煤田201队1963年测制。

上覆地层：**童子岩组** 灰色页岩、粉砂岩夹煤层，底为铝土岩

——————— 平行不整合 ———————

茅口组	140.8 m
6. 灰、深灰色中厚层状隐晶、细晶质灰岩，下部含燧石团块。含䗴类 *Schwagerina brevipola*，*Neoschwagerina margaritae*，*N. cheni* var. *hsinghaiana*，*Yabeina* sp.，*Afghanella* sp.，*Chusenella* sp.，*Misellina lepida* 等	28.5 m
5. 灰色厚层状隐晶质灰岩，含䗴类 *Sumatrina longissima*，*Yabeina shiraiwensis*，*Verbeekina* cf. *verbeeki*，*V. grabaui*	13.0 m
4. 灰、深灰色厚层状隐晶质灰岩，含䗴类 *Schwagerina exilis*，*S. megalocula*，*Verbeekina verbeeki*，*Paraschwagerina* sp.	25.0 m
3. 浅灰、灰白色厚层状隐晶质灰岩，含少量燧石团块	16.0 m
2. 灰白色硅质灰岩，风化后似硅质岩	58.3 m

——————— 整　合 ———————

下伏地层：**栖霞组**　深灰色硅质岩夹灰色硅质灰岩

【地质特征及区域变化】　茅口组仅出露于连县及阳山地层小区，基本为灰岩，一般上部色深下部色浅。连县三口江一带，该组上部夹有硅质岩及薄煤层，总厚度达163.6 m。含丰富的䗴类 *Verbeekina grabaui*，*Neoschwagerina megaspherica*，*Yabeina shiraiwensis* 等。南部阳山山猪坪一带仅见该组下部浅色灰岩，厚度减为37 m左右，含䗴类。三口江以东的朝天桥、大路边以硅质岩、硅质页岩为主。该组由北往南变薄，并缺失上部岩性，表明其顶部存在风化剥蚀面。总的时限属早二叠世晚期。

孤峰组　Pg（44－0708）

【创名及原始定义】　孤峰组为朱森、刘祖彝（1932）据叶良辅、李捷（1924）所创的"孤峰镇石灰岩"一名加以修改引用而来；命名于安徽省泾县孤峰镇。指间于栖霞灰岩与龙潭煤系间的黑色灰质页岩及硅质岩甚富之灰岩。

【沿革】　50年代以来，广泛引用于广东的1∶20万区调报告和矿产普查勘察报告中，代表覆于栖霞组之上的一套含碳质硅质页岩、硅质岩与页岩互层，向上夹砂岩，含铁磷质及硅质结核，局部夹薄层泥质灰岩的地层体，沿用至今。但部分勘察报告在粤北地区称当冲组（段）；在兴宁、梅县地区称文笔山组；此次对比研究统一称孤峰组。

【现在定义】　在安徽指位于栖霞组之上、龙潭组之下，岩性为薄层硅质岩、硅质页岩夹粉砂质泥岩，下部页岩含锰及磷结核。含腕足类、菊石、双壳类、放射虫等化石。广东引用孤峰组指整合于栖霞组（灰岩）与童子岩组之间以粉砂岩和页岩为主夹细砂岩及硅质页岩，底部为硅质岩或硅质页岩的地层体，含磷质、菱铁质、硅质结核为特征，局部夹灰岩透镜体。

【层型】　选层型为安徽省泾县孤峰镇胡家村剖面。本省次层型蕉岭县油坑剖面（116°09′，24°32′），广东区调队1975年测制。

上覆地层：**童子岩组**　灰白、棕黄色中薄层状细砂岩夹页岩

———————— 整　合 ————————

孤峰组	总厚度 278.0 m
17. 灰白色（风化色）粉砂质页岩夹泥质粉砂岩	25.7 m
16. 灰黑色（风化成花斑状）页岩，含泥质结核，产菊石 *Paraceltites* sp.	28.0 m
15. 风化后紫红色泥质粉砂岩夹灰白色页岩及泥质细砂岩	21.9 m
14. 灰白色（风化为棕黄色）泥质细砂岩夹灰白色页岩	58.8 m
13. 灰黑色（风化为青灰色）花斑状泥页岩，含泥质、磷及铁锰质结核	13.4 m
12. 灰白（风化为棕黄）色含泥质细砂岩，具条带，上、下部夹泥质页岩	12.9 m
11. 深灰色页岩，偶夹泥质粉砂岩。上部含菊石 *Paraceltites* sp. 和腕足类 *Chonetes* sp.	113.5 m
10. 灰色硅质岩	3.8 m

———————— 整　合 ————————

下伏地层：**栖霞组**　灰、深灰色隐晶质含燧石灰岩

【地质特征及区域变化】　梅县地层小区蕉岭一带，孤峰组下部锰、磷结核富集成层，风化后形成锰矿，油坑剖面以页岩为主夹粉砂岩及细砂岩，厚度278 m。梅县宝坑可见泥灰岩透镜体，总厚235 m（到丙村增厚为406 m）。平远白泥坑一带，孤峰组岩性以页岩为主，夹细砂岩和磷结核，底部硅质岩稍厚，总厚减为154 m。兴宁北部为多层粉砂岩及细砂岩，有多层

磷结核及硅质层，厚度达 345 m。连平—新丰一带，本组下部由灰、灰黑色含磷结核的碳质页岩与浅灰色泥质页岩组成，夹少量细粒石英砂岩；上部以粉砂岩为主，夹细砂岩及钙质页岩；总厚度 100～390 m。在韶关地层小区，仁化格顶剖面的孤峰组，下部以硅质页岩和硅质岩为主夹灰岩透镜体，中上部以粉砂岩为主夹粉砂质页岩及细砂岩（含菱铁矿透镜体），总厚度 191.6 m；西部厚度变小，硅质岩和灰岩增多。阳春-花都地层小区，孤峰组总体以粉砂岩为主夹页岩，龙门平陵以页岩为主夹粉砂岩、细砂岩及硅质页岩，总厚约 500 m。肇庆—广州厚 200～350 m，向西南厚度明显变小。台山—恩平一带下部为硅质岩、硅质页岩，上部以页岩为主，总厚度 80～180 m。阳春以粉砂岩为主，下部夹灰岩透镜体、铁质结核及薄层硅质岩，厚度 80 m。廉江地层小区孤峰组出露甚少，为灰白色硅质岩、硅质页岩及薄层状页岩、粉砂质页岩，可见厚度 10 m。本组含以 *Altudoceras*，*Shouchangoceras*，*Paraceltites* 为代表的菊石以及腕足类 *Urushtenia crenulata* 和䗴 *Neoschwagerina* 等。时代属早二叠世晚期。

童子岩组　Pt（44 - 0709）

【创名及原始定义】　王绍文（1930）创名于福建省连城、清流一带的一套砂页岩夹煤层的地层，称“童子岩煤系”，时代为侏罗纪。陈旭等（1941）改时代为二叠纪；华东地质局连城普查队（1956）改称童子岩组，时代定为晚二叠世。

【沿革】　广东境内的二叠纪含煤地层，1937 年徐瑞麟称“腊石坝煤系”，以后相继称“斗岭煤系”、“乐平煤系”、“龙潭煤系”等。以龙潭组使用最为广泛，并习惯划分为 4 段，第一段称“不含煤段”，第二段称“下含煤段”，第三段称“海相泥岩段”，第四段称“上含煤段”。广东区调队温耀光（1982）于《广东二叠系的划分与对比》中引用童子岩组，代表前人所称的龙潭组 1—2 段。1988 年《广东省区域地质志》采纳了这一方案，将童子岩组用于兴宁—梅县、曲江—仁化、广州、花县—阳春等地区；此次对比研究，将其推广到全省使用。

【现在定义】　在福建指整合于文笔山组之上，平行不整合于翠屏山组之下的一套海陆交互相含煤碎屑建造。常划分为三段，上、下段为含煤段；中段为泥岩段，常含磷铁质结核。广东引用童子岩组指整合或平行不整合于孤峰组灰岩或茅口组含磷结核页岩之上的一套含煤碎屑岩。岩性为页岩与细砂岩、粉砂岩互层，夹中粒砂岩、碳质页岩及煤层。底以砂岩出现为标志；顶与水竹塘组（灰岩）、格顶组（灰黑色泥岩或泥灰岩）呈整合接触，与翠屏山组（或沙湖组）粗砂岩呈平行不整合接触。

【层型】　选层型为福建省龙岩市毛桃坑剖面。本省次层型为兴宁县四望嶂剖面（115°45′，24°28′），广东煤田 152 队 1972 年测制。

上覆地层：**翠屏山组**　黄褐色厚层状中粒砂岩

——————平 行 不 整 合——————

童子岩组　　总厚度＞253.9 m

22. 上部浅灰色砂质页岩、碳质页岩；下部黄色中厚层状细砂岩，含鲕绿泥石　12.2 m
21. 浅灰、紫红色砂质页岩，夹细砂岩、碳质页岩、安山玢岩，含鲕绿泥石。含植物 *Lobatannularia* sp.，*Gigantopteris* sp.　23.3 m
20. 灰褐、灰黑色砂质页岩，夹细砂岩、碳质页岩及薄煤层　17.5 m
19. 紫红色安山玢岩，夹深灰色粉砂质页岩　7.3 m
18. 上部酱紫色砂质页岩；下部深灰色碳质页岩夹煤层。含植物 *Lobatannularia* sp.，*Pecopteris* sp.　5.7 m
17. 紫红色细砂岩　2.2 m

16.	碳质页岩，含植物 *Lepidodendron* sp.	1.7 m
15.	浅黄色安山玢岩，具流纹构造	3.6 m
14.	灰黑色砂质页岩夹碳质页岩，底部夹薄煤层	6.1 m
13.	紫红色安山玢岩夹粉砂岩、泥岩；底部为碳质页岩夹煤层。含双壳类、海百合茎化石	16.1 m
12.	上部紫红色安山玢岩夹泥岩；下部浅灰色砂质泥岩夹细砂岩。含植物及海百合茎化石	20.8 m
11.	紫红色安山玢岩	35.3 m
10.	灰褐、灰黑色砂质页岩、碳质页岩，夹细砂岩及煤层。含植物 *Gigantopteris* sp.，*Lobatannularia* sp.	11.3 m
9.	紫红色安山玢岩夹多层粉砂岩、碳质页岩及煤层	16.0 m
8—7.	碳质页岩夹砂质泥岩、泥质粉砂岩及细砂岩及煤多层。富含植物化石碎片	9.5 m
6.	紫红色安山玢岩	3.0 m
5.	褐及紫红色粉砂岩、细砂岩、碳质页岩夹煤层	9.5 m
4.	紫红色安山玢岩	9.0 m
3.	灰、灰褐色红柱石板岩，夹粉砂岩、细砂岩	29.9 m
2.	灰白色中厚层状石英细砂岩及褐色粉砂岩、板岩	5.0 m
1.	灰褐、灰黑色红柱石板岩与泥质粉砂岩互层（未见底）	8.9 m

【地质特征及区域变化】 梅县地层小区的童子岩组以兴宁四望嶂为代表，由砂质页岩夹碳质页岩、细砂岩、粉砂岩及煤层组成，以夹多层安山玢岩为特征；底部以灰白色砂岩为标志整合于孤峰组之上，上覆为翠屏山组，总厚度150～300 m。河源柳城—连平一带该组岩性与兴宁—梅县地区相似，底部可见火山角砾岩（2～3 m），总厚度约200 m，含煤性较差。梅县地层小区及和平—新丰地层小区以含植物化石为主，也见腕足类、头足类，反映为海陆交替沉积。植物主要有 *Pecopteris tenuicostata*，*Annularia hunanensis*，*Compsopteris contracta*，下部及底部含腕足类 *Pygmochonetes jingxianensis*，*Stenoscisma* cf. *superstes*；双壳类 *Palaeoneilo laiyangensis*，*Phestia hunanensis*，*Taimyrica xingningensis*，和头足类 *Shouchangoceras shouchangensis* 等；时代属早二叠世晚期。阳春-花都地层小区以广州夏茅剖面为代表，童子岩组中下部为灰—灰白色粉砂质页岩、粉砂岩与细砂岩呈互层夹煤层及碳质页岩；中上部夹钙质泥岩、泥灰岩及硅质透镜体，含菊石、珊瑚、腕足类等化石；上部为灰白色长石石英砂岩及灰色页岩含铁质结核及菱铁矿条带，含腕足类、头足类化石。底部以含火山岩屑的砂岩为标志整合于孤峰组之上，上覆为沙湖组；总厚度150～300 m。韶关地层小区的童子岩组过去称斗岭组，以灰-灰黑色粉砂岩、页岩、细砂岩为主，夹煤层及碳质页岩和菱铁矿薄层，总厚度250～340 m。生物化石以植物为主，见少量腕足类及双壳类。连县及阳山地层小区的童子岩组过去称谷田组，以灰色细砂岩及灰黑色页岩为主，夹薄层状煤及碳质页岩和灰岩。底部以粘土质页岩或褐铁矿风化壳为标志平行不整合于茅口组灰岩之上，上覆水竹塘组灰岩。总厚度7.4～50 m。

水竹塘组 $P\hat{s}$（44－0705）

【创名及原始定义】 侯鸿飞、詹立培、陈炳蔚等（1979）以连县城南约12 km的水竹塘村附近公路上所测的剖面命名，代表二叠纪煤系中部的一套正常浅海相沉积。岩性在连县、阳山地区为灰岩夹硅质岩及少量砂页岩。曲江、仁化地区以粉砂岩、泥岩为主，局部夹钙质岩和细砂岩。

【沿革】 南岭区测队7分队（1958）在连县、阳山地区称来坝口岩系中部海相层。60年代连县、阳山地区的煤田普查勘探报告称龙潭组中部海相层。湖北省地科所（现宜昌地矿所）（1972）称龙潭组连县亚组梅田段。广东区调队（1973）1∶20万连县幅区调报告称龙潭组中段（灰岩段）。广东省煤田勘探公司201煤田队（简称广东煤田201队，下同）（1973）称大麦崆组。冯少南、林甲兴（1979）将下部称吴家坪组，上部称梅田段（1981改梅田组）。《广东省区域地质志》（1988）称下部为水竹塘组，上部为梅田组。现从侯鸿飞等的创名含义。

【现在定义】 指整合于童子岩组与九陂组两套含煤砂页岩之间的一套碳酸盐岩的地层体，以灰岩、硅质灰岩为主，夹硅质岩。顶、底界均以砂岩、碳质页岩的出现分界。

【层型】 正层型为连县莲塘—水竹塘公路剖面（114°22′，24°36′），侯鸿飞等1979年测制。

上覆地层：**九陂组** 土黄－土褐色中薄层状中粒石英砂岩夹灰岩透镜体

——————整 合——————

水竹塘组 总厚度158.4 m

9. 灰黑色薄—中层状白云质细晶灰岩，含少量泥质 5.2 m
8. 浅灰、灰色中厚层状含泥质碎屑灰岩，局部含硅质条带。含䗴类 *Sphaerulina* sp.；珊瑚 *Waagenophyllum* cf. *indicum* 64.3 m
7. 深灰黑色含 泥质灰岩，局部为泥灰岩，泥质增多的灰岩中含丰富的腕足类、䗴类、腹足类等化石。䗴类有 *Dunbarula palaeofusulinaeformis*，*Codonofusiella* sp. 11.4 m
6. 深灰色中厚层状硅质含生物碎屑灰岩与薄层硅质岩互层。含极为丰富的䗴类 *Reichelina changhsingensis*，*R. media*，*R. tenuissima*，*Palaeofusulina shuizhutangensis*，*P. fusiformis*，*Dunbarula minima*，*D. palaeofusulinaeformis*，*Codonofusiella lui*，*C. kwangsiana*，*C. asiatica*，*Gallowayinella meitienensis*，*G. meitienensis compacta*；腕足类有 *Orthotetina* sp.，*Lopingia* sp.，*Oldhamina* sp.，*Permophricodothyris grandis*，*Araxathyris* sp.；双壳类有 *Aviculopecten* sp. 22.7 m
5. 浅棕、土黄色薄层硅质岩夹深灰色薄层状含泥质碎屑灰岩，上部为深灰色薄—中层状灰岩与浅灰色薄层状钙质硅质岩互层。富含䗴类 *Gallowayinella meitienensis*，*G. meitienensis compacta*，*Codonofusiella kwangsiana*，*Reichelina media*；和腕足类 *Lopingja ruber*，*Waagenites* sp.，*Haydenoides orientalis*，*Linoproductus* sp. 36.6 m
4. 深灰色中层状含泥质生物碎屑灰岩夹薄层硅质岩，含䗴类 *Gallowayinella meitienensis*，*Dunbarula minima* 7.6 m
3. 上部为灰色厚层状生物碎屑灰岩（局部含少量硅质团块）；下部为深灰色中层状含泥质不等粒灰岩。含腕足类 *Tyloplecta yangtzeensis*，*Asioproductus bellus*，*Permophricodothyris grandis* 等 10.6 m

——————整 合——————

下伏地层：**童子岩组** 顶部为含碳质页岩及碳质页岩，中部为高岭石粘土岩，底部见赤铁矿层

【地质特征及区域变化】 水竹塘组仅分布于连县、阳山地层小区内。本组在连县地层小区以含硅质、砂质及泥质较多为特征，硅质岩、粉砂岩与灰岩呈互层状，总厚度100～343 m（三口江最厚）。南部阳山山猪坪一带以深灰色含燧石结核生物灰岩为主，总厚65～80 m。东部朝天桥、大路边也以含燧石灰岩、硅质灰岩为主，总厚120 m。本组含䗴类 *Palaeofusulina* sp. , *Codonofusiella* sp. ；珊瑚 *Waagenophyllum lui*，*Liangshanophyllum* sp. ；腕足类 *Lopingia ruber*，*Asioproductus gratiosus*，*Leptodus tenuis*，*Aulosteges poyangensis*，*Oldhamina grandis* 等；地质时代属晚二叠世。

格顶组 P*gd*（44－0711）

【创名及原始定义】 徐光洪、谌建国（1979）[10]以仁化格顶寨剖面创名。“该组岩性为泥岩夹泥灰岩，上覆为王潘里组。生物群面貌与湖南宜章武水桥组大体相似”。

【沿革】 徐瑞麟（1937）称腊石坝煤系，广东761队4分队（1959）于1∶20万韶关幅区调报告中称龙潭阶腊石坝段。60—70年代煤田普查勘探报告称龙潭组中部海相层。侯鸿飞等（1979）称水竹塘组。林甲兴、冯少南（1981）称老山组。《广东省区域地质志》(1988) 从徐光洪等意见称格顶组。

【现在定义】 指整合于童子岩组与九陂组两套含煤碎屑岩之间的一套泥质岩地层体。岩性以灰黑色页岩为主，夹薄层粉砂岩及细砂岩、泥灰岩、生物灰岩，含黄铁矿结核。底、顶均以碳质页岩或煤层的出现而分界。

【层型】 正层型为仁化县格顶寨剖面（113°36′，25°03′），徐光洪等1979年测制。

上覆地层：**九陂组** 灰色细砂岩夹煤线

——————— 整　合 ———————

格顶组	总厚度 68.3 m
7. 黑色页岩与黄色粉砂岩或细砂岩互层。含腕足类 *Waagenites soochowensis*	1.8 m
6. 黑色泥岩，含菱铁矿结核。含腕足类 *Crurithyris speciosa*，*Magniderbiya guangdongensis*	18.3 m
5. 浮土掩盖	9.5 m
4. 黑色薄层状页岩，夹粉砂岩薄层。含腕足类 *Waagenites soochowensis*；双壳类 *Wilkingia komiensis*，*Pernopecten guangdongensis*	4.1 m
3. 硅质灰岩	1.1 m
2. 黑色页岩。含菊石 *Konglingites* sp.，*Anderssonoceras* sp.，*Planodiscoceras* cf. *gratiosum*；腕足类 *Waagenites soochowensis*；双壳类 *Wilkingia* cf. *komiensis*	15.5 m
1. 灰黑色泥岩夹泥灰岩，含腕足类 *Asioproductus bellus*，*Edriosteges poyangensis*，*Spinomarginifera lopingensis*	18.0 m

——————— 整　合 ———————

下伏地层：**童子岩组** 泥岩夹粉砂岩、薄煤层，含植物 *Phyllotheca* cf. *etheridgei*

【地质特征及区域变化】 格顶组主要出露于韶关地层小区，岩性基本为页岩，局部含较多的细砂、粉砂，普遍夹有菱铁矿结核（或条带），中下部常夹灰岩或泥灰岩薄层。厚度变化不大，一般为70～90 m。含腕足类、菊石及双壳类等，时代属晚二叠世。

九陂组 P*j*（44－0706）

【创名及原始定义】 九陂组原称“九陂段”，湖北地科所（1972）以连县城南九陂（镇）莲塘、大洞剖面创名。创名者认为其是长兴组（大隆组）和梅田段之间的一套含大羽羊齿植物群的含煤砂页岩。主要岩性为泥岩、页岩及粉砂岩夹细砂岩、煤层及煤线，偶夹少量长石砂岩。

【沿革】 在连县、阳山地区，南岭区测队7分队（1958）称来坝口岩系，60年代煤田普查勘探报告称龙潭组，广东区调队（1973）称龙潭组上段。徐光洪等（1979）称宜章组九陂段，林甲兴、冯少南（1981）称九陂组，沿用至今。而曲江、仁化地区徐瑞麟（1937）称腊石坝煤系，广东761队4分队（1959）称腊石坝段，60年代煤田普查勘探报告称龙潭组上含煤段（或东煤组）。《广东省区域地质志》（1988）分别称九陂组、“东组”；现将其均称九陂组。

【现在定义】 指整合于水竹塘组（灰岩）与长兴组（灰岩）或大隆组（硅质页岩）之间的一套含煤砂页岩地层体，主要岩性为泥岩、粉砂岩及细砂岩，夹煤层、煤线多层。

【层型】 正层型为连县九陂莲塘、大洞剖面（112°21′，24°37′），湖北地科所1972年测制。

上覆地层：**长兴组** 燧石灰岩

——————整 合——————

九陂组	总厚度 273.3 m
17. 薄层细砂岩	1.0 m
16. 灰白色粘土岩夹一条煤线	0.9 m
15. 浅灰、青灰色薄层粉砂岩与泥岩互层，含植物 *Ullmannia* cf. *bronnii*，*Gigantopteris nicotianaefolia*，*Compsopteris* sp.，*Alethopteris* sp.，*Cladophlebis* sp.；腕足类 *Spinomarginifera kueichowensis*，*S.* cf. *kueichowensis* mut. α，*Neochonetes substrophomenoides*，*Waagenites soochowensis*，*Lopingia ruber*，*Oldhamina squamosa*	28.1 m
14. 灰白色薄层状细砂岩和粉砂岩互层，顶底部各夹煤一层。下部含植物 *Compsopteris contracta*，*Pecopteris* sp.，*Stigmaria ficoides*	18.0 m
13. 煤层中夹粘土岩	1.4 m
12. 浅灰色薄层粉砂岩和灰白色薄层细砂岩互层，偶夹页岩；从底至顶共夹煤线10条，（厚10～30 cm不等），厚者尚夹有粘土岩和粉砂岩。含植物 *Asterophyllites* sp.，*Gigantopteris nicotianaefolia*，*Pecopteris arborescens*，*Compsopteris* sp.，*Cladophlebis* sp.，*Neuropteris* sp.，*Lobatannularia* sp.	51.0 m
11. 掩盖	14.3 m
10. 浅灰、灰白色薄层状粉砂岩、细砂岩与黑色碳质页岩、灰色页岩互层；从底到顶共夹煤线11条，厚约0.2～0.3 m。中下部含植物 *Pecopteris arborescens*，*P. anderssonii*，*Compsopteris contractum*，*Neuropteris* sp.，*Gigantopteris* sp. 和腕足类	51.8 m
9. 煤层	2.2 m
8. 页岩、粉砂岩	3.2 m
7. 灰白色中厚层状中粒砂岩	4.4 m
6. 上部为黑色薄层状页岩夹碳质页岩，下部为薄层泥质细砂岩夹煤线。含植物 *Gigantopteris* sp.；双壳类 *Sedgwickia* sp.，*Pseudomonotis* sp.	11.4 m
5. 上部为黑色薄层页岩（局部含碳质），下部为灰色薄层粉砂岩与页岩互层。含双壳类 *Sedgwickia* sp.；植物 *Gigantopteris* sp.，*Pecopteris* sp.，*Calamites* sp.	16.9 m
4. 黑色页岩夹煤线	5.2 m
3. 灰白色泥岩夹细砂岩透镜体，底部为粉砂岩与页岩互层。含植物 *Asterophyllites pingloensis*，*Gigantopteris dictyophylloides*，*Sphenophyllum sinocoreanum*，*Cladophlebis* sp.，*Paracalamites* sp.，*Compsopteris contracta*	14.0 m
2. 上部为粉砂质页岩（含菱铁矿结核），下部灰黑色薄层泥质粉砂岩。含植物 *Calamites* sp.	30.0 m
1. 深灰色薄层状细砂岩，底部夹煤层。含植物 *Ullmannia* cf. *bronnii*，*Taeniopteris* sp.	19.5 m

———————— 整 合 ————————

下伏地层：**水竹塘组** 深灰、浅灰色硅质灰岩，中部夹燧石条带。含䗴类 *Palaeofusulina* sp.

【地质特征及区域变化】 连县、阳山地层小区于该组上部夹薄层灰岩1～3层，底部也可见灰岩透镜体，含䗴类 *Palaeofusulina sinensis*，*Reichelina changhsingensis*。时代属晚二叠世。连县九陂莲塘—大洞剖面，九陂组以浅灰色页岩、粉砂岩为主，夹灰、灰白色细砂岩及煤层，厚度273 m。阳山军田、连南寨岗一带厚250～300 m，连县朝天—大路边厚仅35～70 m。含煤性以连县地层小区西南侧较好。韶关地层小区的九陂组由浅灰及灰黑色石英砂岩、粉砂岩、粉砂质页岩、页岩及煤层组成。具有4个由粗变细的沉积旋回，含煤11～24层（可采煤3～4层），以含多层具鲕状结构的铝土质岩（铝土质泥岩）为特征，总厚度120～180 m。含植物 *Cladophlebis* sp.，*Otofolium* sp.，*Compsopteris contracta*，*Lobatannularia heianensis*，*Ullmannia frumentaria*，*Ginkgophyllum zhongguoense*，*Walchia* sp. 及少量腕足类，时代亦属晚二叠世。

翠屏山组 Pc（44-0710）

【创名及原始定义】 侯德封等（1935）创名于福建省龙岩（市）城东翠屏山。指整合于含大羽羊齿植物群煤系之上的砂页岩层，页岩风化多呈绿灰、黄棕等色，上部石英砂岩增多。

【沿革】 温耀光（1982）引用翠屏山组代替兴宁—梅县煤田普查勘探中传统使用的“龙潭组”第3—4段。

【现在定义】 在福建指平行不整合或整合于童子岩组之上，整合于罗坑组之下的一套砂岩、粉砂岩、泥岩夹煤层（线）、粘土岩的地层。广东引用翠屏山组指平行不整合于童子岩组与整合于大隆组之间，以中细粒砂岩及页岩为主，夹粗砂岩、含砾砂岩、铝土质页岩及煤层的地层体。底部以含砾砂岩或砂岩为标志与下伏童子岩组分界，顶部与大隆组硅质岩（或硅质泥岩）分界。

【层型】 选层型为福建省龙岩市毛桃坑剖面。本省次层型为兴宁县四望嶂剖面（115°45′，24°28′），广东煤田152队1972年测制。

上覆地层：**大隆组** 中厚层状硅质岩，夹安山玢岩

———————— 整 合 ————————

翠屏山组	总厚度142.4 m
11. 浅灰—灰黑及紫红色砂质页岩夹粉砂岩、碳质页岩，含菱铁矿结核；上部夹多层安山玢岩、硅质泥岩、硅质粉砂岩及泥灰岩；含植物及珊瑚（?）化石	7.1 m
10. 浅灰、紫红色细砂岩与粉砂岩互层，上部偶含砾，顶部含菱铁质结核	33.1 m
9. 浅紫红色泥质粉砂岩、砂质页岩，含菱铁质结核；底为细砂岩	10.4 m
8. 紫红色中厚层状砂质页岩，下部含菱铁矿结核	21.7 m
7. 紫红色中粒石英砂岩	10.1 m
6. 灰白、紫红色砂质页岩与泥质粉砂岩互层，含菱铁矿结核，夹粗砂岩、细砂岩	21.3 m
5. 紫红、褐黄色中粒石英砂岩，偶含小砾	17.1 m
4. 深灰褐、紫红色砂质页岩夹碳质页岩及薄煤层，含菱铁质结核	4.5 m
3. 浅灰、紫红色砂质页岩夹粉砂岩	10.4 m
2. 黄褐色厚层状中粒砂岩	6.7 m

——————— 平 行 不 整 合 ———————

下伏地层：**童子岩组** 上部为砂质页岩、碳质页岩，下部为细砂岩

【地质特征及区域变化】 广东的翠屏山组分布于梅县地层小区及和平-新丰地层小区，是一套含煤碎屑岩，以夹鲕状铝土质泥岩及含菱铁矿结核为特征，一般含煤性差，局部可采。在梅县宝坑本组以砂岩为主，明山嶂一带以泥岩为主，总厚近300 m。和平—新丰一带，以砂岩为主，含煤层薄质差，一般厚230～250 m。本组除含大羽羊齿植物群外，还含头足类 *Huananoceras*；腕足类 *Waagenites soochowensis*，*W.* cf. *dichtoma*，*Asioproductus gratiosus*，*Leptodus* cf. *richthofeni* 及双壳类 *Phestia hunanensis*，*Palaeoneilo guizhouensis*，*P. sunanensis* 等；时代属晚二叠世。

长兴组 Pĉ (44-0713)

【创名及原始定义】 长兴灰岩系葛利普（1931）创名于浙江省长兴县大煤山葆青村旁山坡。原义据黄汲清描述指“可能为三叠系薄层灰岩之下，产大羽羊齿植物群的砂岩和泥岩之上的深灰色薄层状含沥青质石灰岩，夹燧石”。

【沿革】 南岭区测队7分队（1958）首先于连县地区引用称“长兴岩系”，广东761队4分队（1959）于韶关地区称“长兴阶”，以后改称长兴组（或长兴灰岩），沿用至今。

【现在定义】 在浙江指整合或平行不整合于龙潭组之上，与整合于青龙组之下的海相碳酸盐沉积，岩性为灰色微晶至粉晶灰岩，局部含燧石结核或条带。广东引用长兴组指整合于九陂组（或翠屏山组）与大冶组（或四望嶂组）之间的以灰岩为主的地层体，常夹页岩、粉砂岩，局部夹火山岩。底与九陂组（或翠屏山组）碎屑岩，顶与大冶组灰岩或四望嶂组泥灰岩接触。

【层型】 选层型为浙江省长兴县煤山剖面。本省次层型为仁化县 格顶剖面（113°36′，25°03′），广东煤田202队1973年测制。

【地质特征及区域变化】 长兴组分布于连县、阳山地层小区、韶关地层小区及和平-新丰地层小区。在仁化格顶剖面，其下伏地层为九陂组（粉砂岩），上覆地层为四望嶂组（泥灰岩），总厚度37.6 m。下部灰色致密灰岩，含䗴类 *Palaeofusulina* cf. *sinensis*，*Codonofusiella* cf. *kwangsiana*，*Gallowayinella meitienensis*，*Reichelina media*；上部为灰—灰黑色硅质灰岩夹硅质岩，底有沉凝灰岩（20 cm），含头足类 *Pleuronodoceras*，*Tapashanites floriformis*，*T.* cf. *robustus*，*Xenodiscus*，*Pseudotirolites*，*Chaotiannoceras*，*Pseudogastrioceras* 等。在连县、阳山地层小区的阳山黎埠界滩，本组岩性为燧石灰岩，厚约20 m。连县朝天桥一带为灰岩夹页岩，总厚约11.2 m，含䗴类 *Palaeofusulina*。韶关市北的茶山一带该组岩性与格顶相差不大，但厚度小于30 m，以夹1～2层安山质晶屑凝灰岩为特征。在连平南部田源附近，该组是一套深灰色灰岩夹页岩，与下伏翠屏山组（砂质页岩）和上覆的四望嶂组（泥灰岩）均呈整合接触，总厚度50 m左右；含菊石 *Pseudogastrioceras*。新丰张田坑一带为灰岩夹多层粉砂岩、钙质粉砂岩及页岩，最厚达103.7 m，含珊瑚 *Asserculinia orbiculata* 及腕足类、双壳类等化石。本组总的趋势表现为由西向东厚度增大，砂质与泥质含量增高，夹层增多，时代为晚二叠世晚期。

大隆组 P*d* (44-0714)

【创名及原始定义】 张文佑、陈家天（1938）创名于广西来宾合山大隆（大垅），昔称“大垅层”。岩性分为上下两部分，上部为硅质页岩、灰质页岩及砂岩；下部为硅质页岩夹页岩、砂岩等，时代为二叠纪—三叠纪。李四光等（1941）称大隆层。

【沿革】 50年代引入广东称大隆组，指一套灰、灰黑色泥岩、粉砂岩为主，夹硅质岩、硅质泥岩及灰岩、钙质砂岩的地层体。在连县、阳山地区，宜昌地矿所（1979）称“麻田段”(创名于湖南宜章麻田),《广东省区域地质志》称麻田组。岩性为灰岩、硅质岩,夹硅质灰岩、硅质页岩、钙质砂岩,一般厚10～40 m。含䗴 *Palaeofusulina* sp.;腕足类 *Oldhamina* sp., *Spinomarginifera* sp., *Leptodus* sp. 等。

【现在定义】 在广西指位于合山组之上、南洪组之下的一套硅质岩、泥岩、砂岩及凝灰岩等岩性组成的地层。广东引用大隆组指整合于九陂组(或翠屏山组)碎屑岩之上、大冶组灰岩(或四望嶂组泥灰岩)之下的由泥岩、粉砂岩为主夹硅质岩、硅质板岩及灰岩组成的地层体。

【层型】 正层型为广西合山市大隆马滩剖面。本省次层型为兴宁县四望嶂剖面(115°45′,24°28′),广东煤田152队1972年测制。

【地质特征及区域变化】 本组分布于连县、阳山、韶关、新丰及梅县等地。连县三口江一月光下大隆组以深灰色硅质岩为主,厚仅7.8～12 m。连阳煤矿(连县南15 km)以硅质岩为主夹薄层状灰岩,顶部见厚1.5 m凝灰岩,总厚度24.6 m。韶关花坪剖面的大隆组,下部为硅质岩夹灰岩,上部为泥质粉砂岩及页岩,总厚度83 m。连平上坪一带,下部为硅质岩,上部为钙质粉砂岩夹灰岩,总厚度32 m。兴宁四望嶂一带,以硅质页岩为主,夹粉砂岩、页岩及灰岩透镜体,总厚度10～25 m。梅县明山嶂下部为泥岩、粉砂岩及硅质页岩(8 m),中上部为砂岩、粉砂岩与泥岩互层,上部夹劣质煤,顶部为深灰、黄棕色泥岩(12 m),总厚度136 m。本组主要含菊石 *Pseudotirolites leibiensis*, *P. asiaticus*, *Tapashanites culin*, *Huananoceras cuwen* 及植物 *Gigantopteris nicotianaefolia*, *Cladophlebis* cf. *permica* 等。其时代属晚二叠世晚期。

沙湖组 P$\hat{s}h$ (44-0715)

【创名及原始定义】 饶家光等(1961)[11]以恩平沙湖剖面创名沙湖段。指一套相当于龙潭组中亚组含煤碎屑岩。

【沿革】 50年代末广东省地质局712队(简称广东712队,下同)将恩平沙湖煤矿区的二叠纪含煤地层(龙潭组)三分:下亚组称海相层,由硅质岩、粉砂岩、泥质页岩组成,以含丰富的海相化石为特征;中亚组为海陆交替相含煤地层;上亚组为一套紫红色含豆状铁质结核砂岩及细砂岩,含少量羊齿类植物化石,总厚140～513 m。饶家光创建的沙湖段相当前人的龙潭组中亚组。1977年广东区调队在恩平横陂发现中亚组中部存在一个古风化面(以铝土质泥岩为标志),据此,林甲兴等(1981)《试论广东省二叠系的划分和对比》将饶家光所创的沙湖段上亚段厘定为沙湖组,1988年《广东省区域地质志》引用沙湖组代表阳春、恩平、广州—花都地区的晚二叠世早期地层。

【现在定义】 指饶家光等(1961)所称沙湖段上亚段。由灰—灰绿及紫红色等杂色的粉砂岩、细砂岩、页岩及长石石英砂岩组成,常具蓝色铁质斑点,夹少量碳质页岩及煤线;底部以铝土质(泥)岩、凝灰岩或长石石英粗砂岩为标志,平行不整合于童子岩组碎屑岩之上,整合于圣堂组(含豆状铁质结核粉砂岩、细砂岩)之下。

【层型】 正层型为恩平县沙湖猫山剖面(112°26′,22°21′),广东712队1961年测制。

上覆地层:**圣堂组** 紫红色含鲕状铁质结核的泥质粉砂岩与绿色细砂岩互层

———————— 整　合 ————————

沙湖组　　总厚度 297.0 m

14. 灰绿色具蓝色斑点之细砂岩夹紫红色粉砂岩,偶夹碳质页岩　　30.0 m

13. 灰色厚层状中粒长石石英砂岩 9.0 m

12—11. 灰绿色具蓝色斑点之粉砂岩 42.0 m

10. 灰色中粒长石石英砂岩夹紫色粉砂岩 17.0 m

9. 灰色粗粒长石石英砂岩 25.0 m

8. 灰绿色细砂岩、粉砂岩与灰色具蓝色斑点之细砂岩互层，夹含铁质斑点页岩 29.0 m

7. 紫红、灰绿色间互的细砂岩夹灰色中粒长石石英砂岩 45.0 m

6. 灰色中粒长石石英砂岩 12.0 m

5. 上部为灰黑色细砂岩，下部为灰绿色具蓝色斑点之粉砂岩。含双壳类 *Carbonicola wangsoweni* 11.0 m

4. 深灰色细砂岩及粉砂岩夹煤线，含植物 *Neuropteridium* sp. 15.0 m

3. 灰色中粗粒长石石英砂岩，风化为棕黄色 21.0 m

2. 灰绿色具蓝色斑点之粉砂岩与浅灰、紫灰色细砂岩互层，夹煤线。含植物 *Gigantopteris* sp.，*Annularia stellata*，*Neuropteridium* sp. 25.0 m

1. 灰色厚层状粗粒长石石英砂岩 16.0 m

——————— 平 行 不 整 合 ———————

下伏地层：**童子岩组** 灰黑色粉砂质页岩与粉砂岩互层

【地质特征及区域变化】 本组出露于广州、花县、高要、台山、恩平、阳春等地，以含有蓝色斑点粉砂岩及砂岩为主要特征，沙湖组底部粗砂岩常与凝灰岩或铝土质页岩呈相变，划分标志清楚；该组厚度变化较大，广州郊区厚 200 m，台山白沙一带厚 160～260 m，沙湖地区最厚约 300 m。往西至恩平岭南、圣堂变薄（40～80 m），至阳春西北部渐趋尖灭。在局部地区于该组近底部所夹的钙质泥岩及泥灰岩薄层中含腕足类及双壳类、海百合茎等化石（高要蚬冈）。本组一般见夹煤线，局部还夹薄煤层。含植物 *Gigantopteris*，*Neuropteridium*，*Annularia stellata*；腕足类 *Tyoplecta yangtzeensis* 及双壳类 *Carbonicola wangsoweni* 等；时代属晚二叠世。

圣堂组　P$\hat{s}$t（44 - 0716）

【创名及原始定义】 饶家光等（1961）[11]创名于恩平沙湖、圣堂一带。创名者将恩平、开平及台山一带的上二叠统划分下部龙潭组和上部圣堂组。圣堂组系指下与龙潭组的上沙湖亚段呈整合接触，上为下中三叠统（岭南群）不整合覆盖的一套滨海相沉积。

【沿革】 广东 712 队（1960）称龙潭组上亚群，《中南地区区域地层表》（1974）仍将沙湖组、圣堂组置于龙潭组中上部，《广东省区域地质志》（1988）称圣堂组，时代定晚二叠世晚期。

【现在定义】 指出露于广州、恩平及阳春等地的一套以紫红色含豆状铁质结核砂岩、泥质细砂岩为主，常与土黄、灰绿色长石石英砂岩、细砂岩、粉砂岩呈互层，偶夹黑色页岩及碳质页岩薄层的地层。下与沙湖组呈整合接触或超覆于童子岩组之上，上与四望嶂组粗粒长石石英砂岩呈平行不整合接触。

【层型】 正层型为恩平县圣堂剖面（112°22′，22°16′），广东 712 队 1961 年测制。

上覆地层：**四望嶂组** 黄带红色泥质粉砂岩、页岩夹长石石英细砂岩。含 *Psudomonotes* sp. 双壳类化石，下部为粗粒长石石英砂岩。底部有 0.5 m 铁锰质风化壳

——————— 平 行 不 整 合 ———————

圣堂组 总厚度 140.0 m

4. 紫红色致密状细砂岩，含豆状及鲕状铁质结核（大小 2～4 mm），下部夹粉砂岩 10.0 m

3. 紫红色厚层状泥质细砂岩及粉砂岩，含铁质结核。含铁质结核层与黄色细、细—中粒长石石英砂岩及一些粉砂岩成互层，夹泥质粉砂岩 63.0 m

2. 黄色厚层状长石石英砂岩夹黄色粉砂岩及紫红色含铁质结核或具斑点的细砂岩、粉砂岩。含植物 *Gigantopteris* sp.，*Annularia* sp.，*Pecopteris* sp.，*Neuropteris* sp. 51.0 m

1. 紫红色含铁质结核细砂岩、粉砂岩夹细—中粒砂岩及泥质粉砂岩，结核大小不等并分布不均。含植物 *Gigantopteris* sp. 16.0 m

——————— 整　合 ———————

下伏地层：**沙湖组**　灰色粉砂质页岩夹细砂岩、煤线及含铁质斑点粉砂岩

【地质特征及区域变化】　于恩平圣堂剖面所见，圣堂组以紫红色细砂岩、粉砂岩为主，夹黄色粗砂岩及粉砂岩，以含大小 2～4 mm 的铁质鲕粒为特征，总厚 140 m。沙湖可增厚至 180 m，上覆四望嶂组（泥岩）之底部可见铁质风化壳。向北至广州加禾一带岩性为紫红、灰紫红含结核粉砂岩夹细砂岩、粉砂岩及长石石英砂岩（或呈互层），总厚度大于 270 m，含植物化石。与下伏沙湖组呈整合接触，顶部以粉砂岩与四望嶂组（泥灰岩）整合过渡（加禾新布钻孔，牟崇健，1989）。台山白沙一带本组含泥质较多，并夹泥岩数层，厚度近 300 m（白沙牛山剖面）。而百足山附近可能达 500 m 以上。阳春龙运岗长石石英砂岩较少，泥岩厚度增大，总厚度 256 m（清湖石剖面），顶部与四望嶂组（粉砂岩）呈平行不整合接触，底部含结核砂岩直接超覆于沙湖组底部的铝土质粘土岩或下伏地层之上。本组含植物 *Gigantopteris*，*Lobatannularia ensifolia* 等。偶而含有腕足类及双壳类化石碎片。时代属晚二叠世晚期。

大冶组　T*d*（44－0801）

【创名及原始定义】　谢家荣（1924）创建于湖北大冶，原称大冶石灰岩。原义指“位于炭山湾煤系与武昌煤系之间的灰、灰白色薄层石灰岩。”

【沿革】　1955 年中南地质局曲江煤田普查队首次于曲江花坪采到早三叠世的菊石、双壳类，确立广东有早三叠世沉积的灰岩，从而自长兴灰岩中分出“青龙灰岩”。以后开展的1：20万区测和矿产普查多引用“大冶群”、“大冶灰岩”。1982 年广东煤田地质勘探公司于兴宁创建四望嶂组、黄槐组，代表兴宁—梅县地区的早三叠世沉积。1990 年广东 705 队于曲江—仁化地区建立格顶寨泥灰岩、文顶寨页岩、白石窝灰岩等三个非正式地层单位代替前人的“大冶群”。现推荐使用大冶组与四望嶂组代替前人沿用的“大冶群”。

【现在定义】　在湖北指整合于大隆组与嘉陵江组之间的以灰、浅灰色薄层状灰岩为主的地层。广东引用大冶组指整合于长兴组灰岩（或大隆组碎屑岩）与四望嶂组（泥灰岩或钙质页岩）之间的一套碳酸盐岩层。岩性以深灰色薄—中厚层状灰岩为主，下部可变为以泥灰岩为主或灰岩与泥灰岩互层。

【层型】　选层型为湖北大冶沙田剖面。本省次层型为阳山县黄岔剖面（112°39′，24°43′），广东区调队 1973 年重测。

上覆地层：**四望嶂组**　黄褐色薄层状钙质页岩

——————— 整　合 ———————

大冶组　　总厚度 214.7 m

5. 深灰色中薄层状致密灰岩夹中厚层状泥质条带灰岩，含少量黄铁矿结核。含双壳类 *Claraia*? sp. 等 36.5 m

4. 黄褐色薄层状含钙质长石石英粉砂岩、灰岩与页岩互层 51.6 m

3. 灰色薄层状微晶灰岩，含双壳类 *Claraia* sp.，*Unionites fassaensis*，*Gervillia*? sp. 等 34.4 m

2. 灰色中、薄层状致密灰岩，见微细水平层理，有时呈似厚层状 56.5 m

1. 底部为浅灰色薄层状灰岩、泥质灰岩，中上部为黄褐色页岩、泥灰岩与薄层状灰岩互层。含双壳类 *Claraia* sp.，*C. stachei*，*Pseudoclaraia wangi* 35.7 m

——————整 合——————

下伏地层：**长兴组** 深灰色中层状生物屑灰岩

【地质特征及区域变化】 阳山黄坌剖面，大冶组下部为薄层状灰岩与泥灰岩或页岩互层，中上部则以微晶灰岩、泥质条带状灰岩为主，夹粉砂岩及页岩，含双壳类化石，总厚度 214.7 m。上覆四望嶂组为钙质页岩，下伏长兴组为深灰色中层状生物屑灰岩。连县石塘剖面，大冶组下部以砾屑砂屑微晶灰岩夹泥质灰岩、泥灰岩为主，含丰富的双壳类化石；底部常出现一层厚 1.5 m 的青灰、白色火山玻屑凝灰岩，上部以中厚层亮晶砾屑砂屑灰岩、亮晶鲕粒豆粒灰岩夹微晶灰岩为主，含双壳类、菊石等化石；总厚度 260 m；上覆四望嶂组为泥灰岩，下伏大隆组为长石石英砂岩。阳山百罗坑剖面大冶组底部以泥灰岩夹粉砂岩为主，向上以灰色中厚层状鲕状—豆状灰岩、微晶灰岩为主，夹少量钙质泥岩；含丰富的双壳类化石，总厚 421 m。阳山官坑总厚 273 m。大冶组的分布局限于连县、阳山地层小区，其中富含双壳类 *Pseudoclaraia wangi*，*Claraia stachei*，*C. griesbachi*，*Unionites fassaensis*，*Eumorphotis* sp.，*E. multiformis*，*Promyalina* sp. 及菊石 *Ophiceras* sp. 等，时代属早三叠世。

四望嶂组 *Ts*（44-0802）

【创名及原始定义】 郑可雄、刘楚新（1982）[12]以兴宁四望嶂煤矿黄槐东建井处附近的剖面命名，凌秋贤、林建南（1994）介绍。指一套由钙质粉砂岩、钙质泥质粉砂岩、钙质粉砂质泥岩、钙质泥岩及泥灰岩，局部夹少量泥质石灰岩和石灰岩组成的地层。

【沿革】 原称大冶群（组）或下三叠统。此次对比研究按岩石地层单位的定义将其单独划分出来。

【现在定义】 指整合于长兴组灰岩（或大隆组碎屑岩）或大冶组薄层灰岩与黄坌组棕红色长石石英砂岩之间的一套以钙质泥质粉砂岩、钙质粉砂质泥岩、薄层泥灰岩为主夹细砂岩、粉砂岩的地层体。底以钙质泥岩或泥灰岩出现为标志，顶以黄坌组一大套棕红色砂岩出现而分界。

【层型】 正层型为兴宁县四望嶂剖面（115°47′，24°28′），郑可雄、刘楚新 1982 年测制。

四望嶂组 总厚度＞1053.7m

14. 紫红色薄—中厚层状钙质粉砂岩间夹钙质泥岩，含大量双壳类 *Eumorphotis multiformis*，*E. multiformis rudaecosta*，*Unionites fassaensis*，*Promyalina* sp. 及腕足类 *Lingula* sp.（未见顶） 218.3 m

13. 土黄色薄层状或透镜状泥灰岩，间夹紫红色薄层状钙质粉砂岩 7.8 m

12. 紫红色薄层状钙质粉砂岩，含双壳类 *Eumorphotis multiformis* 及腹足类 65.3 m

11. 灰色石灰岩与绿灰色钙质泥岩互层 51.9 m

10. 紫红色钙质泥岩夹紫红色钙质粉砂岩，含双壳类 *Leptochondria* sp.，*Posidonia* sp.，*Bakevellia costata* 及菊石 198.9 m

9. 紫红间土黄色薄—微薄层状钙质泥岩与紫红色薄层状钙质泥质粉砂岩互层，夹多层灰色、紫红色具气孔状构造的安山玢岩(每层厚 0.8～2 m)及灰色中厚层状的泥灰岩。

含双壳类 *Claraia concentrica*，*C.* cf. *hubeiensis* 及少量菊石 172.6 m

8. 灰色薄—中厚层状钙质泥岩或钙质粉砂质泥岩，偶夹少量灰色中厚层状含粉砂质泥灰岩及灰色中厚层状钙质泥质粉砂岩。含双壳类 *Claraia aurita*，*C. concentric* 48.4 m
7. 灰白色中厚层状泥灰岩、灰—深灰色薄—微薄层状钙质粉砂质泥岩及灰色中厚层状钙质泥质粉砂岩互层。含双壳类 *Claraia aurita*，*C. concentrica* 25.0 m
6. 浅灰色、灰色中厚层状钙质泥质粉砂岩，夹灰色薄层状钙质泥岩或含钙质粉砂质泥岩。含双壳类 *Claraia aurita*，*C. concentrica*，*C. clarai desquamata*，*C. stachei*，*C.* cf. *clarai* 117.1 m
5. 浅灰色薄层状泥灰岩偶夹粉砂质泥灰岩 15.2 m
4. 浅灰—灰色中厚层状钙质泥质粉砂岩，夹浅灰、灰绿色薄层状泥灰岩、薄层状钙质泥岩。中上部含双壳类 *Claraia stachei*，*C. hunanica*，*C. longyanensis* 及少量菊石 49.8 m
3. 灰—深灰色薄层状含钙质粉砂质泥岩与浅灰绿色薄层状钙质泥质粉砂岩互层。含双壳类 *Claraia griesbachi*，*Pseudoclaraia wangi* 及少量菊石 38.6 m
2. 浅灰绿色中厚层状含粉砂质泥灰岩，与浅灰—灰色薄层状钙质泥质粉砂岩、含钙质粉砂质泥岩互层。含双壳类 *Claraia griesbachi* 及少量菊石 30.9 m
1. 灰—深灰色薄层状钙质泥岩夹浅黄色泥岩，含双壳类 *Claraia dieni*，*Pseudoclaraia wangi* 及少量菊石 *Ophiceras* sp. 等 13.9 m

———— 整　合 ————

下伏地层：**大隆组**　硅质泥岩

【地质特征及区域变化】　于兴宁四望嶂剖面所见，四望嶂组下部为灰—深灰色钙质泥质粉砂岩与钙质泥岩呈互层状，夹薄层泥灰岩；中部为紫红色钙质泥岩与钙质粉砂岩互层，夹泥灰岩及安山玢岩；上部为紫红色钙质粉砂岩间夹钙质泥岩，偶见透镜状泥灰岩；总厚度大于 1053.7 m，富含双壳类化石。梅县金坑剖面，本组由灰—深灰色薄层状泥灰岩、钙质粉砂岩、粉砂质泥岩组成，总厚大于 115 m，含双壳类。五华黄塔为浅灰色薄层—纹层状泥质灰岩、钙质页岩、钙质粉砂岩、粉砂岩等，总厚度大于 200 m。广州加禾剖面，本组以钙质泥岩、泥质粉砂岩为主，含大量双壳类，厚度大于 109 m。恩平圣堂剖面所见为黄色细砂岩与粉砂岩互层，夹页岩及粉砂质页岩，底部以含砾砂岩为标志，平行不整合于圣堂组（含豆状结核粉砂岩）之上，总厚大于 167 m；含双壳类化石。韶关地层小区以仁化白石窝—大园村剖面为代表，四望嶂组下部以浅灰、黄褐色页岩及泥质粉砂岩为主，夹薄层泥灰岩（705 队称“格顶寨泥灰岩”）；中部以浅灰、灰褐色粉砂质泥岩为主，夹页岩及泥质粉砂岩（称“文顶寨页岩”）；上部以浅灰、灰白色块状鲕粒灰岩、豆状灰岩为主，夹粉砂质泥岩、微晶灰岩（称“白石窝灰岩”）；总厚度 686.9 m；上覆黄坌组为灰绿色薄层状泥岩；下伏大隆组为硅质岩。连县、阳山地层小区，四望嶂组整合于大冶组之上，以阳山黄坌圩剖面为代表；下部为黄褐色薄层状钙质页岩（含双壳类等化石），上部为灰—深灰色致密灰岩夹钙质页岩、泥质粉砂岩等，总厚 358.5 m；上覆黄坌组为长石石英砂岩。阳山百罗坑剖面的四望嶂组，下部为灰绿色泥质页岩，夹粉砂岩、钙质页岩，含双壳类等化石；中部以钙质粉砂质页岩为主夹泥质粉砂岩及灰岩透镜体；上部为灰色页岩与薄层状泥质灰岩、粉砂质灰岩互层，含双壳类，总厚度大于 434 m。向南至阳山大良官坑总厚度 176 m，上覆黄坌组为含砾不等粒砂岩。连县石塘剖面本组为青灰、灰紫色薄层状泥灰岩，总厚大于 333 m，含双壳类及腕足类等化石。本组富含双壳类 *Pseudoclaraia wangi*，*Claraia aurita*，*C. griesbachi*，*C. stachei*，*C.* cf. *hunanica*，*Eumorphotis multiformis*，*E. inaequicostata*，*Entolium discites*，*Bakevellia* 等；时代属早三叠世。

黄坌组　Th（44－0804）

【创名及原始定义】　南岭区测队（1958）以阳山黄坌圩剖面命名黄坌群。代表位于下三叠统“大冶群”之上的一套紫红色砂岩、页岩，含浅海相化石及陆相植物化石碎片的地层。

【沿革】　黄坌群创名后一直沿用至今，此次对比研究修订为黄坌组。

【现在定义】　指整合于四望嶂组之上的一套砂泥质碎屑岩。底部以杂色泥质砂岩、砂质泥岩为主；中上部为紫红色泥质细砂岩、粉砂岩，顶界不明。

【层型】　正层型为阳山县黄坌圩剖面（112°40′，24°42′），南岭区测队 1958 年测制。

黄坌组	总厚度＞438.2 m
10. 棕红色或黄灰色薄层状页岩与砂岩互层（未见顶）	25.3 m
9. 黄灰色厚层状中粒砂岩	40.0 m
8. 黄灰色中层状中粒或粗粒岩屑长石石英砂岩	10.0 m
7. 棕红色薄层状页岩，含植物 *Pterophyllum* ? sp.	106.9 m
6. 黄褐色薄层状页岩	12.2 m
5. 紫红色厚层状含绢云母细砂岩夹紫红色中厚层状粉砂质泥岩	68.3 m
4. 紫红色、红褐色厚层状粗砂岩	14.3 m
3. 棕红色厚层状含绢云母细砂岩	23.6 m
2. 黄褐、黄灰色及棕红色厚层状长石石英细砂岩，夹少量灰色中粒—粗粒石英砂岩	130.0 m
1. 棕红、黄灰色含绢云母长石石英粉砂岩及细砂岩与黄褐色页岩互层，砂岩由铁质胶结。含海百合茎 *Isocrinus candelabrum* 及双壳类 *Gervillia* sp.	7.6 m

——————整　合——————

下伏地层：**四望嶂组**　深灰色薄层状灰岩

【地质特征及区域变化】　黄坌组只分布于连县、阳山、韶关地层小区。于阳山黄坌圩剖面所见，黄坌组底部为棕红及黄灰色含长石细砂岩、粉砂岩夹页岩，含海百合茎 *Isocrinus candelabrum*，及植物和双壳类化石；下部以棕红、红褐色细粒长石石英砂岩及泥质砂岩为主；上部为黄灰、棕红色中粗粒砂岩夹薄层状页岩；总厚度大于 438.2 m。阳山串田洞剖面，黄坌组下部为紫红色薄层状泥岩夹粉砂岩、不等粒砂岩，上部以中粒长石石英砂岩为主，总厚度大于 210.3 m。阳山大良官坑剖面，为一套以灰色为主的杂色泥质页岩和不等粒砂岩夹钙质砂岩及透镜状灰岩，底部以含砾不等粒砂岩为标志，总厚度大于 325 m；上部含 *Eumorphotis*，*E. telleri*，*Oxytoma scythicum* 等。仁化董塘、大园村剖面，黄坌组整合于四望嶂组豆状灰岩之上，底部为薄层土黄色粉砂质泥岩，向上为紫红色薄层泥岩夹粉砂岩，总厚度大于 56.3 m。

第二节　生物地层概况

一、泥盆系

广东泥盆纪地层中化石非常丰富，但分布不均。如泥盆系下部的陆相碎屑岩中目前发现有植物、鱼类、叶肢介、轮藻等，但这些化石多采集于粤北地区东部的碎屑岩上部（如乐昌西岗寨、大河陂和乳源桂头游溪等地的老虎头组），其余地区除连县石牌、阳春、台山一带有少量报道之外，大都仍未发现化石，特别是这套碎屑岩的下部至今还未见有化石的报道。在泥盆系上部以碳酸盐岩沉积为主的海相层段中，生物更为丰富，尤其是腕足类、珊瑚等底栖无脊椎动物分布最为普遍，其余门类如有孔虫、头足类、介形虫、苔藓虫、层孔虫、竹节石以及双壳类等也有零星报道。据广东地科所近年来在粤北东部地区的研究，发现有丰富的牙形刺。现根据收集到的资料，综合介绍如下。

1. 牙形刺

根据广东地科所《粤北地区泥盆纪地层划分及岩相古地理》(1983),《粤北帽子峰组及其时、空分布规律的研究》(1986),《广东乐昌泥盆—石炭系界线及相关地地层的研究》(1988),《粤北晚泥盆世弗拉斯阶—法门阶界线及多金属矿床层位的赋存特征》(1991) 和广东 706 队《1∶5 万石潭、沙河圩幅区调报告》(1990) 的研究和报道，广东泥盆纪地层中牙形刺的序列如下：

(1) *Icriodus brevis* 带，广东 706 队 (1990) 发现于清远石潭大洛的棋梓桥组中，这是广东泥盆系已发现的牙形刺中层位最低的化石。它在北美见于 *Polygnathus varcus* 带至 *Schmidtognathus hermanni* 带，在广西见于东岗岭阶，比 *Stringocephalus* 带稍低。

(2) *Icriodus alternatus* - *I. expansus* 组合带，广东地科所 (1991) 创建于乐昌西岗寨天子岭组十里亭段，作为牙形刺在广东弗拉斯阶顶部的代表。该组合带以 *Icriodus alternatus* 的首次出现为底界，以 *Polygnathus semicostatus* 的首次出现为顶界，大致相当于国际浮游相区标准牙形刺分带的 *Palmatolepis gigas* - *P. triangularis* 带。

(3) *Icriodus cornutus* - *Polygnathus semicostotus* 组合带，广东地科所 (1991) 创建于乐昌西岗寨天子岭组，韶关天子岭也有分布。该组合带以 *Polygnathus semicostatus* 的首次出现为底界，以 *Icriodus cornutus* 的发育为组合特征，顶界尚未确定；大致相当于国际浮游相区标准牙形刺分带的 *Palmatolepis crepida* - *P. rhomboidea* 带的范畴，或者近等于近岸相区的 *Icriodus cornutus* 带的下亚带。作为乐昌—韶关地区法门阶底部的牙形刺代表。

(4) *Palmatolepis crepida* 带，广东地科所 (1983) 发现于乐昌和仁化地区的天子岭组。该带的主要分子有 *Palmatolepis subperlobata*, *P. quadrantinodosa lobota* 等；虽未见带化石的出现，但 *Palmatolepis quadrantinodosa lobata* 在欧洲及我国湖南等地只限分布于 *Palmatolepis crepida* 带，从而证明本带在粤北地区的存在。

(5) *Palmatolepis rhomboidea* 带，广东地科所 (1986) 首先发现于乐昌梅花和乐家湾等地的天子岭组十里亭段。该带以 *Palmatolepis rhomboidea* 和 *Polygnathus semicostatus* 的出现为底界，以 *Palmatolepis marginifera* 的出现为上限。*Palmatolepis rhomboidea* 带是国际深水浮游相区和浅水相区共有的一个牙形刺化石带，在我国南方如贵州、广西、湖南等地的法门阶都有报道。

(6) *Palmatolepis marginifera* 带，广东地科所 (1986) 发现于乐昌大坪和洞背的天子岭组㳠泷段。该带以 *Palmatolepis marginifera marginifera* 的出现为下限；以 *Palmatolepis stoppli* 的消失和 *Polygnathus semicostatus*, *P. dapingensis*, *P. subirregularis* 的出现为上限。*Palmatolepis marginifera* 带也是国际深水相区和浅水相区法门阶共有的一个牙形刺化石带，在我国南方也广泛出现。

(7) *Polygnathus dapingensis* - *P. semicostatus* 组合带，广东地科所 (1986) 创建于韶关石角咀、升平路及乐昌洞背、乳源含者冲等地的天子岭组㳠泷段中。该组合带以 *Polygnathus* 的种大量出现为特征，*Polylophodonta* 也开始出现，其他非台型牙形刺化石随之大量繁盛。本组合带大致可与国际浅水相区的 *Scaphignathus velifer* 带下亚带或近岸相区的 *Icriodus costatus*

带下部进行对比。

(8) *Spathognathodus werneri - S. breviatus* 组合带，广东地科所（1988）创建于乐昌大坪剖面的长垑组底部，以 *Spathognathodus breviatus* 和 *S. werneri* 的大量出现为组合标志，下限尚未确定；以 *Polygnathus homoirregularis* 的首次出现为上限。本组合带大致相当于国际浮游相区牙形刺标准分带的 *Palmatolepis postera* 带下亚带或近岸相区的 *Icriodus costatus* 带下亚带的上部。

(9) *Polygnathus homoirregularis* 带，广东地科阶（1988）创建于乐昌大寨坝剖面长垑组下部。该带以 *Polygnathus homoirregularis* 的首次出现为底界；以 *Icriodus costatus darbyensis* 的首次出现为顶界；大致相当于国际浮游相区牙形刺标准分带的 *Palmatolepis postera* 带的上部或近岸相区 *Icriodus costatus* 带下亚带的顶部。

(10) *Icriodus costatus darbyensis - I. raymondi* 组合带，广东地科所（1986）创建于乐昌大赛坝的长垑组中部，以 *Icriodus costatus darbyensis* 的首次出现为底界，以 *Polygnathus communis shangmiaobeiensis* 的首次出现为顶界。该组合带的层位相当于国际浮游相区牙形刺标准分带的 *Palmatolepis expana* 带至 *Siphonodella praesulcata* 带中亚带或近岸相区的 *Icriodus costatus* 带的中至上部。

(11) *Polygnathus communis shangmiaobeiensis* 带，广东地科所（1988）创建于乐昌大赛坝长垑组上部和乐昌大坪长垑组中部。该带的底界以 *Polygnathus communis shangmiaobeiensis* 的首次出现为标志，顶界以 *Siphonodella simplex* 的首次出现为特征。这个带相当于国际浮游相区牙形刺标准分带的 *Siphonodella praesulcata* 带的上亚带或近岸相区的 *Icriodus costatus* 带的顶部。

2. 介形虫

广东泥盆纪介形虫的生物地层工作，只有广东地科所（1986，1988）在粤北地区天子岭组㳠泷段和帽子峰组、长垑组做过一些工作。自下而上初步划分为5个组合带：

(1) *Cavellina - Baschkirina* 组合带，1986年创建于韶关升平路和乳源含者冲的天子岭组㳠泷段。该组合由 *Cavellina*，*Baschkirina*，*Waylandella*，*Microcheilinella*，*Bairdia*，*Acratia*，*Rectobairdia* 等属组成；以普遍出现 *Cavellina* 为主要特征。该组合带属于法门阶，其组成分子在湖南、湖北、贵州和俄罗斯伏尔加河和顿河流域均见有产出的报道。

(2) *Mennerites hupehensis - Bairdia eleziana* 组合带，1986年创建于韶关市升平路剖面的帽子峰组下段（升平路段）。其组合分子有：*Mennerites hupehensis*，*Bairdia eleziana*，*Cavellina indistincta*，*C. latiovata*，*Rectobairdia dushanensis* 等。它们在俄罗斯地台、湖北和贵州的法门阶也有产出。

(3) *Knoxiella - Bairdia eleziana* 组合带，1986年创建于曲江黄沙坪剖面帽子峰组石角咀段。该组合以 *Knoxiella* 的大量富集为主要特征，共生的属种有 *Acratia mossoiovica*，*Acratinella valida*，*Bairdia eleziana*，*Baschkirina rhomboidelis*，*Microcheilinella*，*Quadraticavellina*，*Rectobairdia*，*Savagella*，*Saraella* 等。

(4) *Bairdiacypris - Microcheilinella* 组合带，1988年创建于曲江黄沙坪剖面的长垑组下部，属于法门阶。该组合的化石个体丰度和属种分异度均较高，特征较为明显；主要分子有：*Bairdia*，*Bairdiacypris*，*Acratia*，*Knoxiella*，*Microcheilinella* 和 *Paraparchites* 等；以 *Bairdia*，*Bairdiacypris* 两属的个体数量最多，种类也较为多样。*Knoxiella* 虽然在本组合中仍有存在，但在种的分异度和丰度方面已比前一个组合带大为逊色。

(5) *Spinobairdia yuebeiensis* - *Primitia quadrata* 组合带，1988年创建于乐昌大赛坝和大坪剖面的长垑组中，也属法门阶。该组合带以 *Spinobairdia* 属的首次出现和消失为底界和顶界；以 *Spinobairdia yuebeiensis*，*S. shaoguanensis* 的大量富集和频繁出现为特征。因为 *Spinobairdia* 在国内外还很少见有报道，从而使这个组合带具有明显的地方色彩，但组合带中的不少分子在湖北和俄罗斯也见有报道。

3. 珊瑚

珊瑚化石在广东泥盆系的碳酸盐岩中分布比较普遍，如东岗岭组、巴漆组、棋梓桥组、天子岭组、融县组和长垑组都比较丰富，帽子峰组和春湾组及信都组的碳酸盐岩夹层中也有零星出现。兹综合前人的研究成果将其序列介绍如下。

(1) 据广东区调队（1977）《广东泥盆系》报道，在粤西云浮县岭下剖面附近于下泥盆统中（即本书的信都组）产有 *Favosites*，*Aulopora* 等珊瑚化石。它们出现于 *Eospiriferina wangi* 等腕足类层之下，覆于 *Zosterophyllum* 等植物层之上，层位属于早泥盆世。这是迄今广东珊瑚化石出现的最低层位。

(2) *Endophyllum* 带，王钰等（1974）建立，其标准分子在广东见于连州东陂其王岭剖面的东岗岭组。该带中的其他珊瑚分子还有 *Temnophyllum poshiense*，*T. waltheri*，*Sinospongophyllum ptatabulatum*，*Grypophyllum* cf. *gracile*，*Sunophyllum whittakeri*，*Cystiphylloides kwangsiense*，*Keriophyllum* cf. *aiense*，*Stringophyllum isactum*，*Smithiphyllum simples*，*Chaetetes tenuissimus*，*C. nantanensis*，*Thamnopora* aff. *reticulata*，*Caliapora sinensis* 等。这个珊瑚带分布在英德红岩以西的棋梓桥组和东岗岭组中，大致与腕足类 *Stringocephalus* 带相当，也大致相当于侯鸿飞等（1988）*Temnophyllum waltheri* - *Dendrostella trigemme* 组合带的中部。

(3) *Temnophyllum liumaensis* 组合带，广东地科所（1983）建立于乐昌廊田的棋梓桥组。其中比较重要的分子有 *Temnophyllum liumaensis*，*T. leei*，*Disphyllum longiseptatum*，*D. frechi*，*Thamnopora* cf. *retardata* 等。该组合分布在韶关皇岗岭、十里亭、乳源东坪、乐昌廊田、西岗寨等地；大致相当于腕足动物的 *Emanuella* 带至 *Ilmenia sinensis* - *Leiorhynchus* 组合带，与侯鸿飞等（1988）*Temnophyllum waltheri* - *Dendrostella trigemme* 组合带的上部可以对比。

(4) *Hexagonaria* - *Sinodisphyllum* 组合带，广东地科所（1983）创建于乐昌乐家湾的天子岭组十里亭段下部。其主要组合分子有 *Hexagonaria bompasi*，*H. orientalis*，*H. regularis*，*H. sinensis*，*H.* cf. *thomesi*，*Sinodisphyllum variabile*，*Disphyllum cylindricum*，*D. frechi* 等。分布在乳源东坪，乐昌梅花、乐家湾、西岗寨、罗村和仁化凡口等地的棋梓桥组上部或天子岭组十里亭段下部；大致相当于侯鸿飞等（1988）*Pseudozaphrentis* - *Sinodisphyllum* 组合带的下部，与腕足动物的 *Theodossia* - *Devonoproductus* 组合带也可以对比。

(5) *Mictophyllum* - *Phillipsastraea* 组合带，广东地科所（1983）建立于乐昌乐家湾的天子岭组十里亭段的中部。其分布情况与 *Hexagonaria* - *Sinodisphyllum* 组合带相同。大致可与 *Pseudozaphrentis* - *Sinodisphyllum* 组合带的上部进行对比。

(6) *Ceriphyllum elegantus* 组合带，吴望始等（1981）建立，分布于湘中新化、涟源、邵东和粤北韶关。韶关帽子峰组升平路段产出的 *Zaphrentoides* 的印模，可能属于这个组合带，共生的珊瑚还有 *Zaphrentis* 。该组合带组成分子的主要特征是形体小，构造简单，鳞板带不发育，仅在少数个体中发育二至三列鳞板，代表了一个特定的生物群落，生存于潮间带或滨海带的环境中。

(7) *Caninia dorlodoti* 组合带，吴望始等（1974）建立，分布在湖南、广西东北及广东西部和北部。该组合带的大部分属种为双带型的珊瑚和少量复体珊瑚，生存于潮下带或浅海环境中，代表了“邵东组”另一个化石群落。广东连县长垑组出现的 *Caninia dorlodoti*，*Syringopora ramulosa* 及乐昌地区帽子峰组石角咀段至长垑组底部出现的 *Caninia jielingensis* 和 *C. patula* 是这个组合带的重要组成分子，属于法门阶。

(8) *Cystophrentis* 延限带，湖南区调队（1984）首先使用，含义与 *Cystophrentis* 带相同，是代表 *Cystophrentis* 属各种总的延伸范围，以 *Cystophrentis* 的出现和消失为底顶界限。该延限带在广东境内分布于长垑组。

4. 腕足类

腕足类在广东泥盆系中的分布相当广泛，凡是与海相沉积有关的层段，如信都组、东岗岭组、棋梓桥组、春湾组、融县组、东坪组、天子岭组、帽子峰组和长垑组均有产出，特别是在韶关和粤中地区更为丰富。其组合面貌和序列与华南生物地理区的腕足类生物地层特征相似。兹根据前人的研究成果将其序列综合介绍如下。

(1) *Orientospirifer* 带，侯鸿飞等（1988）建立，是华南区象州型泥盆系最低的腕足类组合，以广西那高岭组为代表。据南颐（1989）报道：在粤西的怀集、封开、云浮境内的信都组中产有 *Orientospirifer nakaolingensis*，说明 *Orientospirifer* 带在广东西部是存在的。

(2) *Euryspirifer* 带，侯鸿飞等（1988）建立，该带化石的最大特点是展翼、多褶的石燕类大量发育，中泥盆世繁盛的 *Athyrisina* 首次出现于本组合，*Athyrisina yohi*，*A. plicata* 似乎仅限于该带。据广西区调队（1965）、广东区调队（1977）等介绍，郁南连滩大地坡等地的信都组中，产有 *Athyrisina plicata*，同层共生的还有 *Mucrospirifer*，*Indospirifer*，*Tylothyris chui* 等展翼、多褶石燕类，说明 *Euryspirifer* 带在广东西部地区也是存在的。

(3) *Athyrisina squamosaeformis* - *Acrospirifer houershanesis* 组合带，侯鸿飞等（1988）建立，该组合主要分布于泥质、钙质岩相（近岸浅水环境）区；特点是 *Athyrisina* 的许多种、小型的 *Uncinulus* 以及大量的 *Desquamatia* 繁盛，石燕类的特点是出现了复杂微细纹饰（如泪滴状壳饰、斜短放射纹、多排瘤刺等）。在粤西地区的信都组中，*Athyrisina* 分布普遍，*Eospiriferina* 和 *Rhipidthyris* 也时有出现，*Indospirifer*，*Acrospirifer* 也不乏存在，总的面貌与该组合相似，说明该组合带在粤西地区也有发育。

(4) *Stringocephalus* 组合带，侯鸿飞等（1988）建立，以 Stringocephalidae 为代表，下限在华南大致相当于牙形刺 *Polygnathus ensensis* 上亚带，上限较可靠的是在 *Schimidtognathus hermanni* - *Polygnathus cristatus* 带。在广东，*Stringocephalus* 组合带分布在连县地区的东岗岭组（如连县其王岭）及粤北地区西部的棋梓桥组（如连南八京洞、英德红岩）。主要分子有 *Stringocephalus burtini*，*S. obovatus*，*S.* cf. *obesus* 等，属于吉维特阶（Givetian）。

(5) *Emanuella* 组合带，侯鸿飞等（1988）建立，以 *Emanuella takwanensis* 为代表；分布在广西、贵州、湖南等地碳酸盐岩台地相区的 *Stringocephalus* 富集层之上，时限相当牙形刺 *Polygnathus varcus* 带至 *P. asymmetricus* 带。*Emanuella* 组合带在广东分布较 *Stringocephalus* 组合带更为普遍，粤北和粤中地区的东岗岭组、棋梓桥组均有产出，如连县其王岭、英德红岩、乳源东坪、乐昌西岗寨和廊田、韶关皇岗岭等地均有报道。

(6) *Leiorhynchus kwangsiensis* 组合带，据侯鸿飞（1988）报道，其位于 *Emanuella* 层之上，组成分子有 *Leiorhynchus*，*Leioseptothyris* 以及 *Schizophoria*，*Athyris* 的许多种。在近岸

地带，这一组合常不发育，而代之出现大量无洞贝的代表，常表现为间隔带，时限相当于牙形刺 *Polygnathus varcus* 上亚带至 *P. asymmetricus* 带，但在不同地区其所代表的时限范围不尽相同，即穿时现象明显。广东境内的情况与之十分相似，*Leiorhynchus* 等仅在英德红寨、乳源南水电站等少数地区的棋梓桥组上部有产出，而大部分地区的棋梓桥组、东岗岭组上部或东坪组则为大量无洞贝（如 *Atrypa*，*Spinatrypa*，*Spinatrypina* 等）和 *Schizophoria*，*Athyris* 等的繁盛为特征。

(7) *Theodossia* - *Desquamatia* - *Devonoproductus* 组合带，广东地科所（1983）建立于乐昌西岗寨的东坪组至天子岭组下部，粤北和粤中地区均有分布。该组合带的特点是弓石燕科和无洞贝科的种群占绝对优势，分布也最为广泛，属于弗拉斯阶。在一般情况下，*Theodossia*，*Devonoproductus*，*Hypothyridina*，*Spinatrypina* 等首先出现，随后以 *Cyrtospirifer*，*Tenticospirifer*，*Desquamatia* 等的大量富集为特征，但两者之间没有明显的分界线。

(8) *Yunnanellina* - *Yunnanella* - *Xinshaoella* 组合带，广东地科所（1983）建立于韶关天子岭的天子岭组上部，属于法门阶。在一般情况下，*Yunnanellina* 与 *Yunnanella*，*Xinshaoella* 有一个上、下的层位关系，前者出现较早，后两者出现较晚，但它们之间没有一条明显界限，而往往有一个共生过渡的层段存在。该组合带广泛分布于粤北地区东部和粤中地区的天子岭组上部及粤东地区的春湾组。在瑶山之西（如乐昌乐家湾、梅花、乳源东坪等地），至今尚未见有 *Yunnanellina*，而在粤东地区则未见有 *Xinshaoella* 的报道。

(9) *Mesoplecta* - *Tenticospirifer* 组合带，侯鸿飞等(1988)提出(又称为 *Mesoplecta* - *Cleiothyridina* 群落)，除了命名分子外，以发育一些高级长身贝类及大量 *Cleiothyridina* 为特征。该组合分布在粤北和粤中地区的帽子峰组中。吴望始等（1980）以 *Plicochonetes*，*Spheospira*，*Mesoplica* 为上述组合的代表，并认为其组合面貌与西欧艾特隆层（Etroeungt）的腕足类组合相似。广东地科所（1986）曾称为 *Cyrtospirifer* - *Pleuropugnoides kinlingensis* 共存延限带，时代属法门阶。

(10) *Paulonia menggongaoensis* - *Waagenoconcha retiformis* 组合带，广东地科所（1988）建立于乐昌大赛坝剖面的长垑组。该组合的下限以 *Paulonia menggongaoensis* 的出现为标志；上限以 *Waagenoconcha retiformis* 的消失为限。与其下伏组合相比，本组合中长身贝类更进一步繁盛，不少新的分子相继出现。该组合属于法门阶上部，目前仅见发育于韶关—乐昌地区的长垑组中，其余地区还没有进行深入工作，其延展范围还不清楚。

5. 古植物

广东境内泥盆系中，植物化石分布比较普遍，但层位较为局限，仅在老虎头组、信都组的某些夹层及帽子峰组有产出。其总的面貌与中国南方区的古植物群类似。对照侯鸿飞等（1988）综合提出的组合序列，广东泥盆纪植物化石可划分为下列 4 个单位。

(1) 李作明等（1990）于香港船湾的红色砂岩中发现 *Zosterophyllum*，*Taeniocrada*，*Psilophytopsida*？和 *Psilophytites*？等；建立 *Zosterophyllum* - *Taeniocrada* 组合带。他们认为该组合带的层位相当于艾姆斯阶（Emsian），可与广西的二塘组大致对比。但到目前为止，在广东内地，尚未见有该组合带主要分子的报道。

(2) *Psilophyton princeps* 在粤西地区的老虎头组（或信都组的陆相夹层）中广泛发现（如廉江勒古斜、云浮岭下、怀集龙湾及天堂顶、连南八京洞、连县石牌和其王岭等地），共生者只有 *Lepidodendropsis*，*Psilophtites*，*Lepidodendron* 等。其组成内容既不同于 *Zosterophyllum* 植物群的组合面貌，也不同于 *Protolepidodendron scharyanum* 植物群的面貌。但据侯鸿飞等

(1988) 报道，中国南方区 *Zosterophyllum* 植物群的晚期组合（*Zosterophyllum yunnanicum* - *Drepanophycus spinaeformis* 组合）和 *Protolepidodendron scharyanum* 植物群的早期组合中也有 *Psilophyton* 的产出。粤西沉积区老虎头组与信都组中的植物群落与上述两个植物组合的对比关系如何尚不清楚。

(3) *Protolepidodendron scharyanum* 植物群，侯鸿飞等 (1988) 认为该植物群可分为早、晚两期。早期 (大致相当于 Eifelian) 发现的植物化石不多，除 *Protolepidodendron scharyanum* 外，还有 *Psilophyton* ?, *Psilophytites*, *Taeniocrada* 等，其研究现状尚不具备建立植物组合的条件；晚期称为 *Protolepidodendron scharyanum* - *Barrandeina dusliana* 组合带。据目前掌握的材料，粤北和粤中地区的老虎头组中含有 *Lepidodendropsis arborescens*, *Protopteridium minutum*, *Protolepdodendron scharyanum*, *Psilophytites*, *Taeniocrada* cf. *decheniana*，及轮藻 *Sycidium* 等；广东地科所(1983)将其归于 *Protolepidodendron scharyanum* - *Barrandeina dusliana* 组合带。

(4) *Leptophloeum rhombicum* 植物群，*Leptophloeum rhombicum* 在广东分布较广，粤西 (连县大塘头) 的榴江组、粤北和粤中的帽子峰组、粤东北的老虎头组上部 (平远东石) 均有产出。侯鸿飞等 (1988) 划分为早晚两个组合：早期 (大致为弗拉斯期) 为 *Leptophloeum rhombicum* - *Cyclostigma kiltorkense* 组合；晚期 (大致为法门期) 为 *Leptophloeum rhombicum* - *Sublepidodendron mirabile* 组合。

在广东，早期组合的主要分子 *Cyclostigma kiltorkense* 在 3 个地点有报道，其一产于连南牛栏洞剖面的老虎头组中，其二，在韶关上庙背剖面的帽子峰组，其三是广州横沙的帽子峰组上部。前两产地均没有 *Leptophloeum rhombicum* 及早期组合的其他重要分子存在，后者共生的主要为晚期组合分子。因此，*Leptophloeum rhombicum* - *Cyclostigma kiltorkense* 组合带在广东境内是否发育尚难以定论。

Leptophloeum rhombicum - *Sublepidodendron mirabile* 组合带在广东的分布相当普遍，廉江、阳春、广州至韶关、乐昌等粤中—粤北地区内的帽子峰组均有分布，粤东区的局部地区 (如平远东石) 的老虎头组上部也有出现。

6. 鱼类

广东泥盆系中发现的鱼类主要为胴甲类，在全省各地的老虎头组、信都组、春湾组、天子岭组和帽子峰组中均有产出。

潘江 (1979) 曾将中国胴甲类化石自上而下分为 6 个组合，即：

(6) *Sinolepis* - *Asterolepis sinensis* 组合；

(5) *Remigigolepis* 层；

(4) *Bothriolepis kwangtungensis* - *B. lochangensis* 组合；

(3) *Hunanolepis tieni* - *Bothriolepis sinensis* 组合；

(2) *Xichonolepis* - *Wudinolepis* 组合；

(1) *Yunnanolepis* - *Qujinolepis* 组合。

广东泥盆系中的鱼类化石，除 (1)、(5) 两个组合未见出现之外，其余 4 个组合带的代表分子均有发现。

Wudinolepis 仅见于粤西地区的信都组，(3) 和 (4) 组合见于粤西和粤中地区的老虎头组，(6)见于粤中、粤北和粤东地区的春湾组和帽子峰组。值得指出的是，*Bothriolepis* 在老虎头组、春湾组、天子岭组和帽子峰组均有出现，而且 (3) 与 (4) 组合的分界是不清楚的。

另外，粤北地区的天子岭组上部及帽子峰组的灰岩夹层和长垑组中还含有下列微体古脊椎化石(鱼牙)：*Cladodus*, *Phoebodus*, *Protacrodus*, Chondrichthyes, Acanthodus, Actinopterygians, *Ctenacanthus*, "*Onychodus*", Denaeid, *Diplodus*, *Haxpagodens ferox*, Palaeoniscoid, *Phoebodus politus*, Placodermi, *Protacrodus*, Shark 等。其组合面貌，与贵州睦化代化组顶部的 Shark 组合完全可以对比。

7. 叶肢介

在乐昌西岗寨和大河陂的老虎头组上部含有丰富的叶肢介，主要属种有 *Hepuleaia primitiva*, *Trileaia suboblonga*, *Leaia chiaensis*, *Hemicycloleaia hunanensis*, *H. guangxiensis*, *Rostroleaia pterygia*, *Lioestheria truncata*, *L. hepuensis*, *L. chengmaensis*, *L. gunguganensis* 等，称为 *Leaia* 组合。这个叶肢介组合与轮藻 *Sycidiummelo*；鱼类 *Bothriolepis lochangensis*, *B. kwangtungensis* 共生。

8. 双壳类

双壳类在老虎头组、信都组、东岗岭组、春湾组、天子岭组和帽子峰组均有分布，据统计其分布如下：

(1) 老虎头组中有 *Cypricardinia*, *Modiomorpha paracyclas*, *Sphenotomorpha lanceolata*, *Ctenodonta* cf. *insignis*, *Nuculoidea*, *Pterinea* 等；主要分布于怀集、英德、乳源、乐昌、和平、平远等地。

(2) 信都组中有 *Byssonychia*, *Edmondia*, *Eumarcia*, *Modiomorpha*, *Phalaclella*, *Pterinea* cf. *costata*, *Solenopsis*, *Spheuotus*, *Paracyclas*, *P. rugosa*, *Pteria*, *Dalila*, *Nyassa*, *Orthonota undulata*, *Praeliucina*, *Tancrediopsis rutunda*, *T.* cf. *elegans*, *Parallelodon*, *Actinopteris*, *Protomya*, *Nucula* 等，主要分布在怀集莫罗、云浮岭下、封开华栏等地。

(3) 东岗岭组中只于乳源南水电站有 *Modiomorpha*, *Posidonia* 产出。

(4) 春湾组中产 *Pteronitella liuyangensis*, *Actinodesma*, *Pterinopecten*, *Pteronites*, *Leptodesma*, *Ariculopecten*, *Pectinacea* 等，主要分布在连平瓮潭、连平卷龙坝等地。

(5) 天子岭组中仅在乐昌西岗寨、台山黄竹坑见有 *Posidonia*。

(6) 帽子峰组中有 *Posidonia*, *P.* aff. *becheri*, *Carbonicola* cf. *carbonania*, *Palaeoneilo*, *Ariculopecten*, *Pleuronectites*, *Nuculana* 等，分布在韶关帽子峰、廉江铺仔茵、仁化赤石迳、广州横沙、乐昌大赛坝等地。

另外，据李作明等 (1990) 报道；香港船湾地区泥盆纪碎屑岩中含有下列 3 个双壳类组合：*Pseudonuculana zhaoi* - *Deceptrix guangxiensis* 组合；*Orthonota guangdongensis* - *Paracyclas* 组合；*Edmondia* aff. *subovata* 组合。他们认为前两个组合属于早泥盆世，后一组合属于中泥盆世早期。它们与广东内地产出的双壳类如何对比尚不清楚。

9. 其他

在广东泥盆系中，除上述常见化石外，还有苔藓虫、层孔虫、有孔虫、竹节石、头足类、腹足类和海百合茎、海绵、三叶虫等零星材料的报道，兹综合介绍如下：

(1) 有孔虫在乐昌大赛坝剖面长垑组的中及下部有 *Septatournayella*, *Tournayella*, *Septabrunsiina*, *Eotuberitina* 和 *Archaesphaera* 等。许寿永等 (1981) 认为这些有孔虫可以归入 *Septaberunsiina pella* - *Septatournayella rauserae* 组合。该组合以壳体一般较小，一些杜内虫科分子见有皱形隔壁的特征给人以深刻的印象；与湖南法门阶的 *Quasiendothyra communis* - *Q. kobeitisana* 组合（湖南区调队，1987）相比，在组合内容方面有许多共同分子。

(2) 苔藓虫：据吴望始（1986）报道，韶关北门升平路剖面的天子岭组㳺泷段中有 *Monotrypa hsui*，*Atactoechus shaoguanensis* 等。*Monotrypa hsui* 在湖南黎家坪见于法门阶；*Atactoechus* 在我国仅见于法门阶；*Atactoechus shaoguanensis* 与新疆库鲁克塔克的 *Atactoechus moniliformis* 是十分相似的，只是前者的横板和间隙比较多。在韶关石角咀剖面的长垑组中有 *Rhombopora*，该属在湖南和湖北长阳马鞍山也有报道。

另外，Fenestellidae 的分子较为常见，常在海相沉积中与腕足类共生，但均未作详细鉴定。

(3) 竹节石：在粤西地区的榴江组较为常见，巴漆组、信都组偶有出现。最常见的为 *Tentaculites*，如连县小带、冲口、青草洞、其王岭 、大土岭等地的榴江组或巴漆组均有产出。另外，据《广东省区域地质志》云浮岭下的信都组之下含有 *Nowakia acuaria*，但层位不明。

(4) 头足类：仅在两份资料中有报道。陈康（1944）报道在连县（相当于榴江组的层位中）产有 *Endolobus*；广东区调队报道在连南八京洞的棋梓桥组含有 *Manticoceras*。另外，在乐昌乐家湾的天子岭组下部亦曾见有头足类化石产出，但未作详细鉴定；乐昌大赛坝长垑组含有 *Bergoceras*。

(5) 层孔虫：主要分布于粤西和粤北地区的棋梓桥组中，东岗岭组、融县组及天子岭组仅有零星出现。据资料统计有如下属种：*Amphipora* cf. *pervesiculata*，*A. ramosa*，*Clathrodictyon*，*Paramphipora* cf. *tschussovensis*，*Stromatopora*，*Stachyodes*，*Stromatoporella*，*Anostylostroma*，*Actinostroma* 等。它们分布于怀集莫罗，封开华栏，郁南龙骨顶，连南锅水河，乳源英阳，连县其王岭，乐昌西岗寨、梅花、罗村、廊田，英德红岩等地。其中 *Amphipora ramosa* 特别常见，在某些地区的棋梓桥组中常富集成层（如乐昌西岗寨、英德红岩等），构成层孔虫生物灰岩。

(6) 海百合茎：海百合茎化石在融县组（如英德红岩）、天子岭组（如乐昌西岗寨）、帽子峰组（如韶关帽子峰）及长垑组（如乐昌大赛坝）均有分布。融县组和天子岭组中出现者个体一般较小，数量也不多；而帽子峰组和长垑组出现者不仅茎节粗大，而且数量也极其丰富，在有的层段中大小杂乱堆积，成为识别地层和分析沉积环境的良好标志。这些海百合茎化石，大多数为圆圆茎（如 *Cyclocyclicus kwangtungensis* ），其次为星圆茎（如 *Pentagonocyclicus kwangsiensis*），在仁化赤石迳的帽子峰组中还见有保存较好的海百合腕部羽枝。

(7) 据广东地科所（1986，1988）报道，韶关地区帽子峰组和长垑组含有少量三叶虫 *Phillipsia* 和 *Hunanoproetus*；乐昌大赛坝的长垑组含有腹足类 *Naticopsis mangberitii* 和 *Paromphalus mapingensis*；江西区调队报道在平远东石的老虎头组产有星骨海绵骨针（? *Astraeospongium*），与植物 *Leptophloeum rhombicum* 同层产出。

二、石炭系

广东省石炭纪地层发育较全，分布广泛，化石丰富，但由于沉积环境、岩相、岩性和研究程度的差异，化石种类和丰度也不尽相同。早石炭世的岩相和岩性变化较大，化石门类多样，研究程度亦高；中晚石炭世为较单一的碳酸盐沉积，主要有有孔虫（包括䗴类）和珊瑚，研究程度较低。本书主要根据前人工作的成果，概述如下。

（一）下石炭统生物组合（带）特征

1. 有孔虫

(1) *Plectogyra komi* - *Granutiferella complanata*（*P* - *G*）组合带：林甲兴等（1990）命名，分布于粤西和粤北地区大赛坝组或连县组。以 *Granutiferella*，*Plectogyra* 和 *Endothyra* 等

大量出现为特点。本带与鄂西的 *Ploctogyra komi* - *P. tubeliformis* 组合可对比。

(2) *Dainella gumbeica* - *Pseudoendothyra notialis* (*D* - *P*) 组合带：许寿永等（1981）建立，分布于石磴子组底部至中部，主要分子有 *Dainella*，*Pseudoendothyra*，*Mediocris*，*Forschia*，*Haplophragmella* 等。其下限相当于大塘阶的底，与西欧维宪阶的底界基本一致。

(3) *Quasidiscus guangdongensis* (*Q*) 带：相当于 *Eodiscus guangdongensis* 组合（许寿永等，1981），分布于石磴子组上部，以 *Quasidiscus* 的出现并大量繁衍为该带的开始；上限与珊瑚 *K* - *K* 组合一致，但下限略低。

(4) *Shouguania annectena* (*S*) 带，组成分子有 *S. annectena*，*Eostaffella proikensis*，*Endothyra guangdongensis*，*Brunsia* cf. *spirillinoides*，*Glomospira* sp. 及 *Plectogyra* sp. 等，与珊瑚 *A* - *A* 组合带相当，仅见于连县测水组下部。*Shouguania* 在韶关地区可上延到梓门桥组。

(5) *Archaediscus mellitus* - *Cribrostomum speciosus* (*A* - *C*) 组合带：许寿永等（1981）创名，分布于梓门桥组，代表早石炭世晚期有孔虫最繁盛期，其中以 *Archaediscus*，*Cribrostomum*，*Bradyina*，*Globivalvulina*，*Climacammina*，*Cribrogenerina* 等属最为典型；常与珊瑚 *Y* - *S* 带共生。

2. 牙形刺

本省石炭系牙形刺研究程度较低，倪世钊（1981）和秦国荣（1988）曾做过一定工作，现介绍如下。

(1) *Siphonodella levis* (=*simplex*) (*S. l.*) 带，季强（1987）建立，底界以 *S. levis* 的首次出现为标志，顶界止于 *S. sinensis*（或 *S. obsoleta*）的首次出现（它略高于珊瑚 *Cystophrentis* 的绝灭界面），层位相当于国际浮游相区牙形刺标准分带 *Siphonodella sulcata* 带的上部。它见于乐昌大坪长垑组中上部及大赛坝剖面大赛坝组中部。

(2) *Siphonodella sinensis* (*S. s.*) 带，季强（1987）创建于湖南江华，底界以 *S. sinensis* 的首次出现来确定，顶界止于 *S. eurylobata* 的首现；在乐昌地区仅见于大坪长垑组的中上部。本带相当于国际浮游相区牙形刺分带的 *S. duplicata* 带与 *S. sandbergi* 带之和。

(3) *Siphonodella obsoleta* (*S. o.*) 带，秦国荣等（1988）建立，底界以 *S. obsoleta* 的首次出现为标志，顶界止于 *S. eurylobata* 的首现；在乐昌地区仅见于大赛坝剖面大赛坝组中部。

(4) *Siphonodella eurylobata* (*S. e.*) 带，这是王成源（1987）正式使用的牙形刺带，底界以 *S. eurylobata* 的首次出现为标志，顶界标志没有明确。它广泛发育于乐昌大坪长垑组的中上部及乐昌大赛坝组中部及上部。本带大致相当于国际浮游相区牙形刺标准分带的 *S. crenulata* 带至 *S. isosticha* 带的延展范围。

(5) *Cavusgnathus unicornis* - *C. naviculus* (*C* - *C*) 组合带，秦国荣等（1988）建立，仅见于乐昌大赛坝石磴子组的中部，底界以 *C. naviculus* 的首次出现为标志，上界还有待研究。本组合带大致可与国际浮游相区牙形刺标准分带的 *Mestognathus beckmani* 带进行对比。

3. 珊瑚

本省早石炭世珊瑚较丰富，研究历史也较长，不少学者进行过工作和研究，现以许寿永等（1981）的划分为基础综述如下（由下而上）：

(1) *Pseudouralinia* 延限带：含义与俞建章（1931）的 *P.* 带相同，以大型单体假乌拉珊瑚的延限为标志，床板珊瑚也甚为繁盛；许寿永等（1981）称为 *Syringopora ramulosa aspina* - *Kueichowpora suni* 组合。本带广布于粤西、粤中沉积区内的连县组或大赛坝组，粤北乐昌大赛坝石磴子组下部亦发现 *Pseudouralinia*。

(2) *Caninophyllum kureikaense* – *Carinokoninckophyllum carinatum* (C–C) 组合带：即许寿永等（1981）建立的 *C. kureikaense* – *Koninckophyllum carinatum* 组合带，代表假乌拉珊瑚消失以后，*Dorlodotia*（即丛状的 *Thysanophyllum*＝*Thysanophylloides*）属出现之前、以犬齿珊瑚型珊瑚再度发育和具中轴的珊瑚为特点的珊瑚动物群。其具有岩关期和大塘期混生的属种，主要分布于粤西和粤北石磴子组底部至下部。

(3) *Dorlodotia shaoyangensis* – *Kwangsiphyllum permicum* (D–K) 组合带：本带原名是 *Thysanophyllum shaoyangensis* – *K. permicum* 组合带。常见于粤西区的石磴子组，在粤中地区的同一层位中很少发现，但可见到本带内的其他属种。本带珊瑚以群体为主，也出现少量三带型单体珊瑚，床板珊瑚中以笛管珊瑚最为发育。

(4) *Kueichouphyllum sinense* – *K. heishihkuanense* (K–K) 组合带：本带以贵州珊瑚富集和三带型珊瑚繁盛为标志，广泛见于石磴子组上部，可与黔南的 *K. sinense* – *Arachnolasma sinense* 型带（俞建章，1931），及吴望始等（1974）的 *K. sinense* – *Cyathoclisia simplex* 组合对比。

(5) *Aulina carinata* – *Arachnolasma sinense* (A–A) 带：本带见于连县、阳春、乳源和惠阳等地测水组和连平忠信组中，相当大塘期的中晚期。

(6) *Yuanophyllum kansuense* – *Siphonodendron asiaticum* (Y–S) 组合带：亦即 *Yuanophyllum kansuense* – *Lithostrotion asiaticum* 组合，因后一种为丛状变体珊瑚，应改归于 *Siphonodendron* 属内。本带以三带型皱纹（或四射）珊瑚占优势，广泛见于本省梓门桥组或曲江组（少见）。在粤西北阳山㳇背大埔组底部亦有发现。广泛分布于我国大塘阶上部。

4. 腕足类

本省早石炭世腕足类发育，分布广，现据杨德骊、倪世钊（1981）和赵汝旋等（1988）研究，归纳如下（由下至上）：

(1) *Martiniella elongata* – *Eochoristites neipengtaiensis* (M–E) 组合带：分布于粤西连县组和粤中大赛坝组。赵汝旋等（1988）在乐昌大赛坝组中建立了3个延限带，即 *Rhipidomella michelini* 延限带，*Leptagonia analoga* 延限带和 *Fusella tornacensis* 延限带，前两带分布在大赛坝组上段，后一带主要分布在大赛坝组顶部，石磴子组下部亦见个别标本。其中 *Eochoristites*，*Martiniella*，*Fusella* 等广泛分布于黔、湘、鄂、桂的岩关阶上部。

(2) *Megachonetes zimmermanni* (M) 顶峰带：在本省常见于石磴子组下部灰岩中，与珊瑚 C–C 组合带共生。

(3) *Pugilis hunanensis* – *Vitiliproductus groberi* (P–V) 组合带：出现于石磴子组上部（与珊瑚 K–K 组合带共生），代表大塘期腕足动物群第一次大发展期，属种繁多，其中有的属种在粤北测水组底部亦有发现。

(4) *Rugosochonetes kansuensis* – *Marginifera viseeniana* (R–M) 组合带：除带化石外还有 *Echinoconchus elegans*，*Gigantoproductus* sp. 等。常见于测水组和忠信组中部。带中的一些属种在粤西阳春梓门桥组中下部亦有见及。为华南大塘阶常见属种。

(5) *Kansuella kansuensis* – *Gigantoproductus edelburgensis* (K–G) 组合带：以丰富的大长身贝类和戟贝类占优势为特点，常见于本省梓门桥组及曲江组中，带中的一些属种在粤北测水组上部亦有出现。*K. kansuensis*，*G. edelburgensis* 在黔、湘、桂、苏、皖、鄂大塘阶上部甚为常见。

5. 双壳类

本省早石炭世双壳类研究程度不高，张仁杰等（1986）对测水组和梓门桥组（或曲江组）的双壳类做过研究，目前主要在乳源、曲江、英德和阳春等地有报道。*Edmondia rudis - Parallelodon guangdongensis*（*E - P*）组合带由许寿永等（1981）建立，常见于测水组上部—曲江组下部。梓门桥组的双壳类已报道的有 *Pernopecten zhuzhouensis*，*Streblochondria obliqua*，*Nuculopsis* cf. *gibbosa* 等。

6. 介形类

赵汝旋等（1988）对乐昌地区长垑组—石磴子组下部的介形类进行了研究，建立了三个组合带，其中一个带属晚泥盆世，现将石炭纪的两个带简介于下：

（1）*Healdianella subaequalis - Rectobairdia korzenewskajae*（*H - R*）组合带。本组合的组成面貌与下伏泥盆纪的介形类组合明显不同，特征是 *Spinobairdia* 已全部消失，代之而兴起发育的是另一个种群，如 *Bairdia brevis*，*Shishaella hunanensis*，*Healdianella equalis*，*Trinota pulchra* 和 *Rectobairdia korzenewskajae* 等。本带在大赛坝剖面中出现于大赛坝组中部至石磴子组底部，与牙形类 *Siphonodella levis* 带伴生，顶界与牙形类 *C - C* 组合带的底界大致相当；在乐昌大坪则在长垑组中部开始出现。

（2）*Shishaella williamsae - S. nicklesi*（*S - S*）组合带。本带与 *H - R* 带有着密切的关系，不少分子是两者所共有，但在丰度方面有所不同；以 *Bairdia brevis*，*Shishaella hunanensis*，*Trinota pulchra* ，*Healdianella subaequalis* 和 *Rectobairdia korzenewskajae* 等完全消失，和 *Cavellina elongata*，*Shishaella williamsae*，*S. nicklesi* 等的开始发育和繁盛为特点；主要见于乐昌大赛坝石磴子组的下部，并与牙形刺 *C - C* 组合带相当。

7. 古植物

本省早石炭世地层中植物化石比较繁盛，尤以测水组最为发育，李星学、冯少南、吴秀元等不少学者做过研究。现将许寿永等（1981）所建化石带介绍如下（由下而上）：

（1）*Sublepidodendron mirabile - Lepidodendropsis hirmeri*（*S - L*）组合带：本带主要分布于粤东大湖组，以具有晚泥盆世和早石炭世过渡型植物为特点，但不含大塘期的 *Adiantites*，*Cardiopteridium* 及晚泥盆世的 *Leptophloeum* 等。

（2）*Cardiopteridium spetsbergense - Adiantites gothanii*（*C - A*）组合带：本带以 *Cardiopteridium* 和 *Adiantites* 最为繁盛，分布广泛，层位稳定，主要产出于测水组下部。

（3）*Archaeopteridium - Sphenopteris obtusiloba*（*A - S*）组合带：本带主要分布于测水组上部和忠信组中部，曲江组中亦有少量属种。本带以种子蕨类占绝对优势，特别是 *Neuropteris* 最为繁盛，还有雄性生殖器官属 *Potoniea* 以及出现于北半球中石炭世的常见种（如 *Sphenopteris obtusiloba*，*Neuropteris gigantea*，*N. pseudovata*，*N. heterophylla*，*N. otozamioides* 等）。

8. 孢子

石炭纪孢粉研究程度很低，赵汝旋等（1986，1988）先后报道了仁化帽子峰组及乐昌大赛坝组的两个孢子组合，现介绍如下。

（1）*Verrucosisporites nitidus - Anapiculatisporites hystricosus*（*V - A*）组合带：本带具有泥盆—石炭纪过渡类型的色彩。其中有些种在晚泥盆世已经繁盛，但可延至早石炭世，如 *Anapiculatisporites hystricosus*，*Acanthotriletes pusillus*，*Calamospora nigratus*，*Densosporites spitsbergensis*，*Knoxisporites litheratus*，*Retusotriletes communis* 等；有些化石虽然在晚泥盆世

已出现，但主要繁盛于早石炭世，如 *Verrucosisporites nitidus* 和 *Cyclogranisporites dasaibaensis* 等。本带产出于粤北大赛坝组底部，位于法门阶顶部牙形类 *Polygnathus communis shangmiaobeiensis* 带与杜内阶底部的 *Siphonodella levis* 带之间。

(2) *Lycospora*－*Calamospora* (*L*－*C*) 组合：本组合以具环类孢子占优势，各种刺、瘤、网等纹饰的孢子较为常见，并发现众多形态各异的黑孢子。其中既可见到泥盆纪晚期的孢子，如 *Punctatisporites*，*Retusotriletes*，*Laevigatosporites*，*Granulatisporites muninensis*，*G. tenuis* 等，又有石炭纪早期分子，如 *Lycospora pusilla*，*Calamospora orbicula*，*Knoxisporites pristinus*，*Acanthotriletes parispinosus*，*Densosporites anulatus* 等；但石炭纪早期孢子的百分含量已经很高，层位应高于上述 *V*－*A* 组合带，目前发现于仁化胡坑的帽子峰组中。

（二）中上石炭统生物组合（带）特征

本省中晚石炭世岩石地层由浅海相灰岩组成，生物以有孔虫（䗴类）为主，其次是珊瑚，其他门类化石较少，且研究程度低，下面介绍的是许寿永等（1981）建立的䗴带和珊瑚带。

1. 䗴类

(1) *Pseudostaffella*－*Profusulinella* (*P*－*P*) 组合带：本带主要分布于黄龙组或壶天群的下部，部分属种亦出现在大埔组中。相当杨敬之等(1982)的 *Pseudostaffella* 带至 *Profusulinella* 带。

(2) *Fusulinella*－*Beedeina* (*F*－*B*) 组合带：本带以 *Fusulinella* 属首次出现为下界，以 *Fusulina* 的出现为上界。本组合带常见于黄龙组或壶天群中下部，在粤西阳山韦屋一带大埔组中亦可见到本带的部分属种。

(3) *Fusulina* (*F*) 延限带：本带含义与原 *Fusulina* 带相同，以 *Fusulina* 首次出现为下界，上界止于 *Montiparus*，*Triticites* 等的始现；常见于黄龙组上部或壶天群中，某些属种在粤西阳山一带大埔组中亦有发现。

(4) *Triticites* (*T*) 延限带：含义与原 *Triticites* 带相同，常见于船山组下部或壶天群中，亦有少数种（如 *T. chinensis*，*T. lalaotuensis*，*T. huanglienhsiaensis* 等），见于粤西阳山一带黄龙组。

(5) *Pseudoschwagerina* (*S. l.*) 延限带，本带的含义与广义的 *Pseudoschwagerina* 带相同。它以该属首次出现为下界，上界止于栖霞阶 *Misellina claudiae* 带；主要见于船山组或壶天群的上部，在蕉岭白湖栖霞组底部硅质岩中亦含有 *Pseudoschwagerina*。

2. 珊瑚

(1) *Lithostrotionella stylaxis*－*Kionophyllum* (*L*－*K*) 组合带：本带以 *Lithostrotionella* 属繁盛为特征，*Chaetetes* 也较常见，层位与䗴类 *Pseudostaffella*－*Profusulinella* 组合带相一致，常见于黄龙组下部。

(2) *Caninia lipoensis*－*Chaetetes flexis* (*C*－*C*) 组合带：本带以刺毛珊瑚大量发育和犬齿珊瑚类富集为特征，常见于黄龙组中部。可与江苏南京黄龙组上部的 *Arachnastraea asiatica* 组合对比。

三、二叠系

广东二叠纪地层化石丰富，初步统计有䗴类、头足类、腕足类、珊瑚、植物及双壳类、腹足类、有孔虫、苔藓虫、古杯类、牙形刺、三叶虫以及海百合茎等。其中以䗴、头足类、腕足类、珊瑚、植物研究程度较高，前人所建各组合带简述于下。

1. 䗴类

䗴类被用来划分二叠系的研究工作在我国始于30年代，最早为李四光（1931），后有陈旭（1934）、盛金章（1958）等。本书按林甲兴等（1981）的分带由上而下划分为：

（8）*Palaeofusulina sinensis* 带；

（7）*Gallowayinella meitienensis* 带；

（6）*Codonofusiella* 带；

（5）*Yabeina* 带；

（4）*Neoschwagerina* 带；

（3）*Parafusulina undulata* - *Schwagerina chihsiaensis* 带；

（2）*Sphaerulina hunanica* 带；

（1）*Misellina claudiae* 带。

上述8个化石带中，(1)—(3)带属栖霞阶见于栖霞组，但 *Misellina* 未鉴定到种。*Parafusulina undulata* - *Schwagerina chihsiaensis* 带出现于栖霞组上部（可见于全省各区，但产出位置各地不一，距栖霞组顶界从20～80 m不等）。(4)及(5)带属茅口阶见于连阳区茅口组，两带相距甚近，往往是 *Neoschwagerina* 带先出现，有时几乎混交在一起。(6)带属林甲兴等（1981）所称的乐平阶见于水竹塘组下部。*Gallowayinella meitienensis* 带属长兴阶出现于水竹塘组中部，而其上常仅数米则出现 *Palaeofusulina sinensis* 带，顶峰带均见于长兴组中部或上部；(7)带常较(8)带低数米至10 m左右，连县一带有混生现象。

2. 头足类

广东二叠纪地层中头足类以菊石的资料最丰富。据詹立培（1979）报道，自上而下建立有如下菊石带。

（10）*Rotodiscoceras* 带；

（9）*Pseudotirolites* - *Pleuronodoceras* 带；

（8）*Pseudostephanites* - *Tapashanites* 带；

（7）*Paratirolites* - *Shevyrevites* 带；

（6）*Iranites* - *Phisonites* 带；

（5）*Sanyangites* 带；

（4）*Araxoceras* - *Konglingites* 带；

（3）*Anderssonoceras* - *Prototoceras* 带；

（2）*Waagenoceras* 带；

（1）*Kufengoceras* 带。

在(2)带与(3)带间赵金科等（1978）建立了 *Timorites* - *Cyclolobus* 带，时代归属早二叠世（茅口阶）。

Kufengoceras 带产于孤峰组底部，共生的还有 *Altudoceras*，*Paraceltites*，*Paragastrioceras*，*Lopingoceras*，*Metalegoceras* 等。*Waagenoceras* 带及 *Timorites* - *Cyclolobus* 带在广东以含丰富的 *Shouchangoceras* 为特征，徐光洪等（1979）称为 *Shouchangoceras* 带，见于花都-阳春地层小区的童子岩组上部，共生有 *Altudoceras*，*Paragastrioceras*，*Metacoceras* 以及䗴类、珊瑚、腕足类及植物等。相当于龙潭阶的(3)—(4)带化石 *Anderssonoceras* 及 *Konglingites* 均分布于格顶组下部（*Konglingites* 也见于水竹塘组下部）。赵金科（1978）认为 *Sanyangites* 带仅见于江西宜春；*Pseudostephanites* - *Tapashanites* 带及 *Pseudotirolites* - *Pleuronodoceras* 带

均属于长兴阶，化石产于长兴组（或大隆组）中，伴生的有 *Xenodiscus*，*Chaotiannoceras*，*Pseudogastrioceras*，*Hunanoceras* 及䗴类、腕足类等。

3. 腕足类

二叠纪的腕足类甚为繁盛，研究者也众，本次对比研究仅将詹立培（1979）列述的组合（带）介绍如后。

（6）*Cathaysia sinuata* – *Crurithyris* 组合带；

（5）*Enteletina sinensis* – *Spinomarginifera kueichowensis* mut. α 组合带；

（4）*Tyloplecta yangtzeensis* – *Edriosteges poyangensis* 组合；

（3）*Urushtenia crenulata* – *Semibrachy thyrina* 组合带；

（2）*Cryptospirifer* – *Tyloplecta grandicostata* 组合带；

（1）*Orthotichia chekiangensis* – *Tyloplecta richthofeni* 组合带。

（1）组合带属栖霞阶，代表性分子分布于栖霞组中，（2）组合带及（3）组合带属茅口阶，代表性分子分布于茅口组及孤峰组，仅见于花都-阳春地层小区内孤峰组见有 *Urushtenia crenulata* 及 *Neoplicatifera* 等代表分子。

属于龙潭阶的 *Tyloplecta yangtzeensis* – *Edriosteges poyangensis* 组合的代表分子见于连县地层小区的水竹塘组底部、韶关地层小区的格顶组底部和偶见于连县地层小区及花都-阳春地层小区童子岩组的顶部；该组合的较重要分子有 *Cathaysia chonetoides*，*Haydenella kiangsiensis*，*Compressoproductus compressus*，*Asioproductus bellus* ，*Spinomarginifera lopingensis*，*Oldhamina grandis*，*Permophricodothyris grandis*，*Tyloplecta yangtzeensis* 及 *Edriosteges poyangensis* 等；韶关地区格顶组上部以小个体、壳薄的 *Waagenites*，*Neochonetes* 为特征（侯鸿飞等，1979）；梅县地层小区的翠屏山组（如宝坑）近下部亦见此组合的典型分子 *Asioproductus bellus*，*Permophricodothyris grandis* 等，但未发现 *Edriosteges poyangensis* 及 *Tyloplecta yangtzeensis*。花都-阳春地层小区，于广州夏茅，高要蚬冈等地童子岩组的顶部或沙湖组底部所含腕足类也可能属于该组合。

相当于长兴阶下部的 *Enteletina sinensis* – *Spinomarginifera kueichowensis* mut. α 组合带的代表性分子分布于九陂组中上部，主要见于连县莲塘、鲤鱼田及城岭等剖面。据连县三口江、大麦峵、莲塘等地所获材料，该组合带还含有丰富的 *Neochonetes sublatesinuata*，*Haydenella subextensa*，*Anidanthus sinosus*，*Magniderbyia lata*，*Enteletes kwangtungensis*，*Meekella kueichowensis*，*Spinomarginifera kueichowensis* 及 *Oldhamina squamosa* 等。

Cathaysia sinuata – *Crurithyris* 组合带属长兴阶的顶部带，代表性分子见于连县地层小区连南马屋寨长兴组。韶关格顶、梅县槐岗及横石等地的长兴组也常见 *Crurithyris* 富集层。

4. 珊瑚

广东二叠纪的珊瑚化石分布零星。栖霞组含有 *Wentzellophyllum*，*Hayasakaia*，*Yatsengia asiatica*，*Promichelinia*，*Michelinipora*，*Waagenophyllum*（*Liangshanophyllum* ），*Paracaninia*，*Allotropiophyllum* 等。相当黄汲清（1932）由下而上所建立的 *Polythecalis yangtzeensis* 带；*Hayasakaia elegantula* 带及 *Wentzellophyllum volzi* 带，而进一步划分有待研究。广东茅口组所含珊瑚化石，詹立培（1979）称为 *Ipciphyllum* 动物群。水竹塘组含 *Waagenophyllum*，*Liangshanophyllum* 等。长兴组（或大隆组）含 *Asserculinia*，*Lophocarinophyllum* 等。

5. 古植物

二叠纪的植物化石非常丰富，根据冯少南等（1979，1981）研究，由上而下分为三个生物组合：③ *Ullmannia* cf. *bronnii* - *Annularia pingloensis* 组合；② *Ginkgophyllum zhongguensis* - *Lobatannularia* 组合；① *Gigantopteris nicotianaefolia* - *Ullmannia frumentaria* 组合。其中相当于茅口阶上部的第①组合分布于童子岩组，共生分子有 *Pecopteris*，*Annularia*，*Compsopteris*，*Gigantonoclea*，*Taeniopteris*，*Lepidodendron*，*Neuropteridium* 等，以往常称大羽羊齿植物群。相当于乐平阶的 *Ginkgophyllum zhongguensis* - *Lobatannularia* 组合见于韶关地区的九陂组、兴守—梅县地区的翠屏山组，广州、阳春的沙湖组。相当于长兴阶的 *Ullmannia* cf. *bronnii* - *Annularia pingloensis* 组合产出于连县地层小区的九陂组。

四、下—中三叠统

广东早、中三叠世发现的古生物化石主要有双壳类、植物、菊石等，其次有海百合茎、叶肢介、腕足类等。

1. 双壳类

郑可雄、刘楚新（1982）以兴宁梅县地区的实际材料为依据，自上而下划分出 6 个组合：

（6）*Eumorphotis multiformis* 组合，包括 *Bakevellia costata*，*Promyalina patiatiensis*，*Unionites fassaensis*，*U. canalensis* 等属种；

（5）*Leptochondria* 组合，主要为小个体的 *Posidonia*，*Leptochondria*，*Bakevellia costata* 等。

（4）*Claraia hubeiensis* 组合，包括 *Claraia concentrica* 等；

（3）*Claraia aurita* 组合以大量的 *Claraia aurita*，*C. concentirica* 出现为标志。

（2）*Claraia stachei* 组合，主要分子以壳面具有放射饰纹为特征，包括 *Claraia stachei*，*C. desquamata*，*C. radialis*，*C. hunanica* 等；

（1）*Pseudoclaraia wangi* 组合，包括 *Pseudoclaraia wangi*，*Claraia griesbachi*，*C. deieni*，*C. longyanensis*，*C. fukianensis* 等。

1988 年《广东省区域地质志》将早三叠世双壳类归纳为两个组合：上部称 *Eumorphotis inaequicostata* 组合，以 *Claraia hunanica*，*Eumorphotis inaequicostata* 为主；下部称 *Pseudoc - claraia wangi* - *C. stachei* 组合。

本次对比研究认为，广东早三叠世双壳类自下而上可划分为：（1）*Towapteria scythicum* 顶峰带；（2）*Pseudoclaraia wangi* 延限带；（3）*Claraia aurita* - *Claraia stachei* - *Eumorphotis multiformis* 组合带；（4）*Eumorphotis inaequicostata* 延限带。它们可分别与殷鸿福（1983）对华南地区划分的 4 个带相对比。

2. 其他门类化石

（1）菊石最常见的有 *Ophiceras*，多见于四望嶂组底部，分布曲江花坪、仁化董塘、兴宁四望嶂、五华黄塔、广州加禾。此外于四望嶂还发现 *Meekoceras*，于董塘发现 *Ophiceras tibeticum* 等。

（2）海百合茎，于恩平圣堂四望嶂组下部采到 *Isocrinus* cf. *tyrolensis* var. *major*，于阳山黄坌圩黄坌组下部采到 *Isocrinus condelabrum* 等。

（3）植物化石碎片甚多，有鉴定成果者见于阳山黄坌圩黄坌组下部，有 *Todites*?，*Pterophyllum*?，*Neocalamites* ? 等。

（4）此外于广州加禾四望嶂组底部见有叶肢介 *Euestheria* 和腕足类 *Lingula* 等。

第三节　年代地层划分及其他

一、广东泥盆系年代地层界线的讨论

1. 广东泥盆系的下界

广东泥盆系不整合覆于前泥盆系之上，普遍具底砾岩，于云浮南乡岭下和广西岑溪樟木也证实泥盆系底部砾岩与下伏志留系之间存在一个间断面即有古风化壳黑土及褐铁矿层（见1：5万德庆、悦城幅区调报告）。它们不是连续沉积。目前证实有下泥盆统上部存在的仍只有封开、怀集、云浮地区。在粤北及粤中的广大地区，杨溪组中至今尚未发现化石，其上覆的老虎头组则含中泥盆世 *Protolepidodendron scharyanum* 植物群的晚期组合；也就说，这些地区是否存在早泥盆世的沉积尚无依据。从目前资料分析，广东泥盆系底界的时限由早泥盆世中期至中泥盆世末期，由西向东有逐渐变晚的趋势；所谓“钦防残留海槽向广东延伸”及“香港地区有早泥盆世沉积的报道”值得怀疑。

2. 广东下、中泥盆统的界线

在广东西部的封开、怀集和云浮等有海相早泥盆世沉积的地区，以珊瑚 *Favosites* 及 *Aulopora*，腕足类 *Orientospirifer nakaolingensis*，鱼类 *Wudinolepis* 等为标志，中泥盆世沉积以腕足类 *Athyrisina plicata*，*Mucrospirifer*，*Indospirifer*，*Tylothyris chui*；鱼类 *Hunanolepis tieni* - *Bothriolepis sinensis* 组合带分子和双壳类 *Edmondia* aff. *subovata* 组合带等的出现为标志。在粤西北及粤北地区泥盆系下部碎屑岩含植物化石 *Psilophyton*，其上为含 *Endophyllum*，*Stringocephalus* 的吉维特阶（东岗岭阶）的代表。显然，碎屑岩的时限应包括中泥盆世早期，故下、中泥盆统的界线只能在含 *Psilophyton* 的碎屑岩中通过。

3. 广东中、上泥盆统的界线

广东中、晚泥盆世沉积自西而东大致可分为3种岩相组合，即含硅质的灰岩组合（巴漆组）、泥质碳酸盐岩组合（东岗岭组或棋梓桥组）和碎屑岩组合（老虎头组—春湾组）。含硅质的灰岩组合主要分布于粤西北地区，其中仅发现有零星的珊瑚（如 *Prismatophyllum*，*Thamnopora hilame* 和 *Pachyfavosites* 等），中、上泥盆统的界线一般是根据竹节石 *Tentaculetis* 的出现来确定。

分布在粤东北的老虎头组，根据其上覆春湾组中含有 *Yunnanella* 等晚泥盆世法门期腕足类，推测老虎头组应包括了晚泥盆世早期及中泥盆世晚期的沉积在内；但目前为止，尚未发现可靠的中泥盆世化石资料，因此中、上泥盆统的界线暂时还不明确。粤北和粤中的某些地点，中、上泥盆统界线也在老虎头组中通过，一般可根据 *Protolepidodendron schayanum* 植物群的消失和晚泥盆世 *Leptophloeum rhombicum* 植物群的出现来确定。

分布在粤北和粤中地区的东岗岭组或棋梓桥组，生物比较发育，但由于连续产出的剖面不多，对于中、上泥盆统界线的确定亦非易事。在中国南方的珊瑚—腕足类生物相地层中，中、上泥盆统界线的划分是以 *Stringocephalus* 的消失和 *Cyrtospirifer* 的出现为标志。侯鸿飞等(1988)指出：在鸮头贝消失之后，弓石燕出现之前，有一段具有中、晚泥盆世过渡性动物群的沉积；在 *Stringocephalus* 富集层之上，往往可以观察到其他两个腕足类富集层——下部为 *Emanuella* 介壳层，上部为 *Leiorhynchus kwangsiensis* 组合带，后者可能是穿时的，在不同地区其所代表的时限范围不尽相同，而且在近岸地带不发育而代之出现大量无洞贝的代表；根据所谓过渡动物群的出现只能作为识别中、上泥盆统界线大体位置的参考。粤北和粤中地区中、上泥盆统界线附近的生物发育情况与中国南方的情况大致相似，但 *Stringocephalus* 只分布在英德红岩以西地区，*Leiorhynchus* 仅在英德红寨、乳源南水电站等少数地点出现，只有 *Emanuella* 的分布比较广泛，因此大致可以 *Emanuella* 的消失以及 *Theodossia*，*Devonoproductus*，*Cyrtiopsis*，*Cyrtospirifer* 等的出现为标志来确定中、上泥盆统的分界。珊瑚在粤北地区的中、上泥盆统界线附近也具有过渡色彩，广东地科所（1983）提出以 *Temnophyllum liumaense* 的消失和 *Sinodisphyllum* - *Hexagonaria* 组合带的出现为界线划分的标志；Disphyllidae 一些属种明显的隔壁加厚（隔壁边缘增厚形成的边缘厚结带或床板带与鳞板带交界处加厚），*Hexagonaria* 隔壁退化呈断续状或变薄等构造方面的变异特征，也可以作为上泥盆统底界的标志。

4. 广东弗拉斯阶与法门阶的界线

在我国南方弗拉斯阶与法门阶的界线，习惯的划分是以珊瑚类的大量消失及腕足动物无洞贝类的消失、以云南贝-小云南贝动物群的出现为标志。在粤北地区，晚泥盆世早期是四射珊瑚的一个兴盛时期，不仅丰度高，而且分异度也高，但一进入法门期，珊瑚群落已基本消失；在腕足动物方面，晚泥盆世早、晚期的组合面貌亦有重大差异，如在弗拉斯期大量繁盛的无洞贝科在法门期全部消失，弗拉斯阶常见的一些长身贝亚目的代表分子（如 *Devonoproductus*）以及弓石燕科的一些早期代表（如 *Theodossia* 等）在法门阶也未见再出现，而以 *Yunnanella*，*Yunnanellina* 为代表的小咀贝类群构成了法门阶腕足类化石组合的特色。牙形刺 *Icriodus alternatus* - *I. expansus* 组合带与 *I. cornutus* - *Polygnathus semicostatus* 组合带的分界，也是这条界线确定的重要标志。

5. 广东泥盆系与石炭系的界线

根据国际泥盆-石炭系界线工作组（1979）的推荐和国内部分学者的意见[13]，泥盆-石炭系界线确定在牙形刺 *Siphonodella sulcata* 带的底界。因此，我省过去在粤北地区按习惯划分的“孟公坳组”(下部或全部)也就应置于泥盆系顶部。据广东地科所(1986)的研究，*Cystophrentis* 在粤北地区均与法门阶的牙形刺共生，其延展的上限与弓石燕科分子的延展上限大致相同。本书即采用以 *Cystophrentis* 延限带的顶界作为泥盆系的顶界标志，并在区域对比中实施应用。但在泥盆—石炭系界线附近，各地的岩相有所不同，因此界线的生物标志也有所不同。

(1) 在灰岩夹硅质岩相区，界线在长垑组与大赛坝组之间通过。牙形刺、介形虫、腕足类、微古脊椎动物以及孢粉等化石和磁性地层划分等资料，都与以 *Cystophrentis* 带作为泥盆系顶界的划分意见相吻合。如在乐昌大赛坝剖面中，牙形刺 *Polygnathus communis shangmiaobeiensis* 带和介形虫 *Spinobairdia yuebeiensis* - *Primitia quadrata* 组合带的消失；孢子 *Verrucosisporites nitidus* - *Anapiculatisporites hystricosus* 组合带（位于牙形刺 *Siphonodella simplex* 带之下）的出现为界线划分的直接生物标志。腕足类 *Paulonia menggongaoensis* - *Waagenoconcha retiformis* 组合带和 *Cyrtospirifer* 延限带，珊瑚 *Cystophrentis* 延限带，有孔虫 *Septabrunsiina pella* - *Septatounayella rauserae* 组合带以及微体古脊椎动物 *Acanthodus*，*Ctenaconthus*，*Diplodus*，*Phoebodus politus* 和 *Protacrodus* 等的消失都在上述界线位置之下；而腕足类 *Eochoristites neipentaiensis* - *Martiniella chinglungensis* 组合带 ，*Rugosochonetes guangdongensis* 高峰带，*Rhipidomella michelini* 延限带，*Leptagonia analoga* 延限带和 *Fusella tornacensis* 延限带。珊瑚 *Pseudouralinia* 延限带和牙形刺 *Siphonodella simplex* 带，介形虫 *Rectobairdia korzenewskajae* - *Healdianella subaequlis* 组合带等的出现都在界线之上的岩层

中。因此，在这种类型沉积中，泥盆系与石炭系界线的确定在古生物方面依据是比较充分的。

(2) 在灰岩相区，界线在长垑组（灰岩）的内部通过。如在乐昌大坪剖面中，腕足类几乎没有发现，珊瑚的丰度也不高，而且分布比较局限；但牙形刺和介形虫等生物比较发育，而且它们的分布是紧接连续的，泥盆系与石炭系的分界可以牙形刺 *Polygnathus communis shangmiaobeiensis* 带与 *Siphonodella simplex* 带的分界，介形虫 *Spinobairdia yuebeiensis - Primitia quadrata* 组合带与 *Rectobairdia korzenewskjae - Healdianella subaequlis* 组合带的分界为生物的直接标志；珊瑚 *Cystophrentis* 与 *Pseudouralinia* 的出现虽然不连续（有间隔带的存在），但它们的分界也与牙形刺的划分意见一致。

(3) 在碎屑岩相区，界线在帽子峰组内部通过。如在仁化胡坑及广州横沙剖面，古植物 *Leptophloeum rhombicum - Sublepidodendron mirabile* 组合带与 *Sublepid odendron songziensis - Archaeocalamites scrobiculatus - Rhodeopteridium* 组合带的分界，鱼类 *Bothriolepis* 等的消失以及孢子 *Lycospora - Calamospora* 组合带的出现，都可以作为确定泥盆系与石炭系界线的生物标志。宝安排牙山剖面的老虎头组上部也发现有 *Archaeocalamites scrobiculatus*，*Rhodea* 等植物化石，说明其中包含了早石炭世的沉积，其界线附近的岩相及界线划分的生物标志也应属于这一类型。

二、泥盆-石炭系界线附近磁性地层划分的初步探讨

测量岩石中剩余磁性变化特征并据以进行地层划分和对比，是磁性地层学的研究内容之一，是地层多重划分的一个种类。但在目前，古地磁工作者只编制了 4500 ka 以来的地磁极性年表，在泥盆纪至石炭纪还没有一个已知的极性年表可作对比，因而在较为古老的地层中进行古地磁的测量与探索，对于磁性地层学的研究和发展是有意义的。

广东地科所曾在粤北地区的泥盆系与石炭系界线附近的地层中进行过古地磁的研究探索。下面以乐昌大赛坝剖面为代表作简单介绍；其岩石剩余磁性测量数据是王奇湘提供的，见《粤北帽子峰组的古地磁初步研究》。

大赛坝剖面中采集的古地磁样品共有 9 个。采集于长垑组中上部的 35 和 26 号样品的剩磁偏角为 11.6°～60.3°，剩磁倾角为 15.5°～43.5°，属正极性。采集于长垑组上部的 33 号样品的剩磁偏角为 334°，剩磁倾角为－29.9°，属过渡（混合）极性。采集于大赛坝组下段的 32 号样品的剩磁偏角为 56.1°，剩磁倾角为－41.6°，应该属于负极性。而采自大赛坝组上段和“石磴子组”底部的 30、29 和 28 号样品的剩磁偏角为 16°～138°，剩磁倾角为 2°～13°，属于正向极性。

根据上述磁性地层的初步划分，乐昌大赛坝剖面长垑组至大赛坝组的磁性序列为：正极性→过渡（混合）极性→负极性→过渡（混合）极性→正极性。对照古生物资料，其中正极性→过渡（混合）极性的转换面与牙形刺的 *Icriodus costatus darbyensis - I. raymondi* 组合带和 *Polygnathus communis shangmiaobeiensis* 带的分界大致吻合。过渡（混合）极性→负极性的转换面则与泥盆系与石炭系的分界（即牙形刺 *Polygnathus communis shangmiaobeiensis* 带和孢子 *Verrucosisporites nitidus - Anapiculatisporites hystricosus* 组合带的分界）近一致。而负极性→过渡（混合）极性的转换面及过渡（混合）极性→正极性的转换面也分别与孢子 *Verrucosisporites nitidus - Anapiculatisporites hystricosus* 组合带，牙形刺 *Siphonodella simplex* 带，*S. obsoleta* 带三者的分界线大致相同。

三、广东石炭系年代地层界线的讨论

1. 石炭系统与阶的划分

考虑到国内外对石炭系统和阶的命名及其界线划分尚存在着不同意见，此次对比研究广东省采用石炭系三分方案：下统沿用岩关阶和大塘阶；中上统暂用罗苏阶、滑石板阶、达拉阶、小独山阶和黔南阶。

2. 石炭系的顶界

对石炭系与二叠系的界线，前苏联、美国、日本等以往的意见基本上相一致，将䗴类 *Pseudoschwagerina* 带或 *Schwagerina* 带，即阿舍利阶（Asselian）和美国的狼营统（Wolfcampian）视为二叠系底界。随着对生物地层和年代地层的深入研究，对此界线产生了不同的意见，尤其是我国国内的意见分歧较大。第 8 届（1975）国际石炭系会议及前苏联学者（1979）对二叠系的底界提出 4 条界线供研究选择：（1）划在格热尔阶（Gzhelian）上部䗴类 *Daixina sokensis* 带之底；（2）划在阿舍利阶之底，即 *Schwagerina vulgaris* - *S. fusiformis* 带之底；（3）划在阿舍利阶上部 *Schwagerina sphaerica* - *Pseudofusulina firma* 带之底；（4）划在萨克马尔阶（Sakmarian）之底或 *Pseudofusulina moelleri* - *P. uralica* 带之底。目前，国外多数学者仍倾向采用阿舍利阶之底或狼营统的底界作为石炭系的上限。吴望始、张遴信等（1979）、杨敬之等（1983）、芮琳等（1986）、周祖仁（1987）、许寿永等（1987）、丁蕴杰等（1992）亦对 P/C 界线做过较为详细的讨论。如果我国的 P/C 界线要与国际惯用的阿舍利阶底界基本上相一致，则两系界线划在小独山阶与黔南阶之间；若要强调多门类生物演化的明显界线作为年代地层时代的主要依据，则 P/C 界线划在黔南阶的顶部比较合适，此界线大致相当于阿舍利阶上部䗴类 *Schwagerina sphaerica*（即 *Sphaeroschwagerina spharica*）- *Pseudofusulina firma* 带的顶界。广东晚石炭世船山组内化石研究程度很低，P/C 具体界线不明，但参照上述划分，其界线大致可划在该组的中上部（即 *Pseudoschwagerina* 带的中下部；鉴于广东研究的现状和习惯，本书暂将 P/C 界线划在 *Pseudoschwagerina*（*S. l.*）带的顶部。

3. 中上石炭统与下石炭统的界线

第 10 届国际石炭系会议（1983）推荐以菊石 *Homoceras* 带或牙形刺 *Declinognathodus noduliferus* 带作为中上统底界的标志，以有孔虫 *Globivalvulina moderata*, *Millerella pressa*, *M. marblensis* 等首次出现作为辅助标志。贵州罗苏阶的底部的牙形刺和有孔虫与国际上推荐的界线标志基本相符，故以罗苏阶底部做为中上统的下界。阮亦萍（1981）在广西南丹石炭系内发现菊石，建立 *Homoceras nudum* 带和 *Eumorphoceras plummeri* - *Dombarites falcatoides* 带，并以它们的分界作为 C_{2-3}/C_1 的分界，与国际上的 H/E 带界线相当。广东石炭系中上统研究程度甚低，尚未发现上述的菊石、牙形类和有孔虫等化石，而大埔组化石稀少，C_{2-3}/C_1 界线有可能在大埔组之底或在其内，这有待进一步研究证实。鄂西长阳县大埔组最下部发现有下统的床板珊瑚 *Kueichowpora setamaiensis*，本省粤西阳山大埔组最下部亦发现下统的 *Yuanophyllum kansuensis* 等，显然是包括了早石炭世的沉积。

四、广东二叠系年代地层界线的讨论

1. 二叠系统与阶的划分

詹立培（1979）将二叠纪的年代地层分为二统五阶，即下二叠统（包括①未建阶；②栖霞阶；③茅口阶）和上二叠统（包括④乐平阶；⑤长兴阶）。根据 W B Harland 等人（1982）

研究，二叠纪的时线是 286～248 Ma；但国际地层划分分会第 6 号报告（1971）提出的二叠纪是 285～230 Ma。根据我国南方二叠系发育特点，此次对比研究暂从詹立培（1979）所提的方案。未建阶下界以䗴类 *Pseudofusulina moelleri* ；菊石 *Propopanoceras* 及珊瑚 *Wentzellophyllum*，*Protomichelinia* 的出现为标志；上界暂以 *Pseudofusulina moelleri* 带和 *Propopanoceras* 带的顶界为限；广东目前仍归入栖霞阶。

2. 上下二叠统界线

此界线目前仍不明确，虽然一般以䗴类 *Codonofusiella*，菊石 *Anderssonoceras* - *Prototoceras* 带及腕足类 *Tyloplecta yangtzeensis* - *Edriosteges poyangensis* 组合的出现视为上二叠统，但这并不是乐平阶的真正底界，因此建议以 *Neomisellina* - *Codonofusiella* 组合带作为上二叠统底界的划分标志。

3. 二叠、三叠系界线

我国南部以往常以菊石 *Ophiceras* 或双壳类 *Claraia wangi*（郑可雄、刘楚新 1982 年修改为 *Pseudoclaraia wangi* ）动物群的出现作为三叠系下界。虽然在陕西、四川、浙江长兴、福建永定等地于下三叠统底部发现有 *Chonetes*，*Waagenites*，*Crurithyris*，*Pseudowellerella* 等"二叠纪型"腕足类与 *Claraia wangi*，*Ophiceras* 共生，但只能表明这些地区二叠系与三叠系是连续沉积关系，一般将这一动物群称为混生动物群。目前，浙江长兴在 *Claraia wangi* 带之下发现 *Hindeodus parvus* 带，提出以牙形刺 *Hindeodus parvus* 带之底作为下三叠统之底界，这一划分方案已经到国内外学者的广泛承认。

五、广东下-中三叠统年代地层界线的讨论

1. 印度阶（Induan）**与奥伦尼克阶**（Olenekian）**的界线。**

双壳类（*Claraia aurita* - *C. stachei* - *Eumorphotis multiformis* 组合带是印度阶最顶部的化石带。在连县、阳山地层小区，*E. multiformis* 出现在大冶组的中上部；梅县地层小区出现在四望嶂组的上部。在阳春-花都地层小区的恩平圣堂，四望嶂组上段出现的是 *E. inaequicostata*（奥伦尼克阶分子），底部出现 *Isocrinus* cf. *tyrolensis* var. *major*，表明印度阶的界线应在四望嶂组下部通过。

2. 下三叠统与中三叠统界线

在阳山黄坌圩剖面，黄坌组底部产海百合茎 *Isocrinus candelabrum*，四望嶂组产双壳类 *Eumorphotis*，前人多将中三叠统底界划在黄坌组的底部，但在阳山官坑剖面于黄坌组距底界 220 m 处有 *Oxytoma* cf. *scythicum*，*Eumorphotis telleri* 的出现，表明黄坌组的下部应属下三叠统，黄坌组的沉积时限为早—中三叠世。

---

①张有正，1959，南岭地层初步总结、南岭地层现场会议文件。

②广西区调队，1974（投稿），关于广西泥盆纪地层划分的意见，广西地质科技情报，1975（1）。

③周国强、陈培权、陈远光，1984，粤中地区泥盆系—下石炭统岩关阶划分的新认识，广东地质科技，(1)。

④广东省地质科学研究所，1983，粤北地区泥盆纪地层划分对比及岩相古地理。

⑤赵汝旋、秦国荣，1986，粤北帽子峰组及其时空分布规律的研究，广东省地质科学研究所。

⑥赵汝旋、秦国荣，1988，广东乐昌泥盆—石炭系界线相关地层的研究，广东省地质科学研究所。

⑦许寿永、林甲兴，1979，中南地区地层研究的进展——石炭系，宜昌地质矿产研究所编（参加第二届全国地层会议论文）。

⑧南颐、马国干，1962，广东翁源、连平、和平境内上泥盆统及下石炭统地层划分与对比问题的几点认识。

⑨宜昌地质矿产研究所广东石炭纪煤组，1979，广东石炭系的初步研究（手稿）。

⑩徐光洪、谌建国，1979，中南地区地层研究的进展——上二叠统，宜昌地质矿产研究所编（参加第二届全国地层会议论文）。

⑪饶家光、陈家怀、卢道厚，1961，恩平煤田晚二叠世煤系的初步研究。

⑫郑可雄、刘楚新，1982，兴梅煤田早三叠世大冶群的划分对比，广东煤田地质科技，(6)。

⑬Wan Chengyuan，1987，Devonian－Carboniferous Bonndary in south China，Contributed to the 11th international congress of Carboniferous.

第五章

晚三叠世—晚侏罗世

广东省晚三叠世—晚侏罗世地层发育，类型繁杂；在东江和沿海地层分区有大面积分布，桂湘赣地层分区有小面积分布，云开地层分区有零星分布，雷琼地层分区缺失。晚三叠世沉积为含煤碎屑岩，是我省主要含煤地层之一。早侏罗世沉积以碎屑岩为主，是我国侏罗纪三大海相地层分布区之一；中侏罗世地层由碎屑岩和火山岩组成，晚侏罗世以火山岩为主。

晚三叠世地层研究始于1929年，从朱庭祜在湘南宜章与粤北乐昌交界处之艮口村发现中生代含煤地层起，哈安姆（A Heim）等（1930）和李毓尧等（1934）又分别在广州附近和粤北地区创立小坪系和艮口系，时代定为晚三叠世—早侏罗世。范嘉松（1963）的《广东里阿斯统瓣鳃类化石》和尹赞勋等（1964）的《广东里阿斯统下部海相地层的时代》，厘定了上三叠统与下侏罗统的界线。这些成果在50年代末至60年代全省开展1∶20万区域地质调查和矿产普查勘探中得到广泛应用，并又增添大量的资料。70—80年代，西安煤炭科学研究所（简称西安煤研所，下同）、中国地质科学院地质矿产研究所（简称中国地科院地矿所，下同）以及李子舜、陈金华等进行了专题研究，获得了大量地层古生物资料。

早侏罗世地层研究始于葛利普鉴定韩雷采自香港的菊石 *Hongkongites hongkongensis*，时代定为早白垩世（后经布茨曼修订，时代改属早侏罗世）；他们认为广东侏罗纪的海侵范围仅到达香港，所以直到1956年仍以小坪系或艮口群代表本省瑞替期（Rhaetian）—里阿斯期（Lias）地层。1956—1959年，相继在粤东、粤中、粤北发现早侏罗世菊石和双壳类，如广东762队（1959）在紫金蓝塘创建蓝塘岩系、孙云铸等（1959）在开平金鸡创立金鸡煤系等，为本省早侏罗世地层研究揭开了新的一页。60年代至80年代初，尹赞勋、孙云铸、范嘉松、陈金华、刘淑文以及西安煤研所等，也为本省早侏罗世地层研究增添了大量新资料。80年代末至90年代初，广东区调队在粤东进行1∶5万区调时，首次以现代地层学理论为指导，进行多重地层划分，标志着本省早侏罗世地层研究进入了一个新阶段。

中侏罗世地层研究始于谢家荣（1928）对广九铁路沿线地质矿产调查时建立的李朗组（岩石组合特征与早白垩世地层相似）。张韦等（1983）将原定为中侏罗世的百足山群修订属早白垩世，张显球（1992）将原定为中侏罗世的马梓坪群修订属早白垩世，而原定为早白垩世的塘厦群，经陈丕基等（1986）和广东省地矿局（1985）研究，时代应属早、中侏罗世。广东区调队（1971）在梅县地区发现双壳类，并认为可与福建漳平群对比，因而引用漳平群。

晚侏罗世地层研究始于乐森珥等（1932）对丰顺、梅县的火山岩调查。张有正等（1962）创建高基坪群，一直沿用至今。1989—1990年广东区调队在粤东进行1：5万区调时，采用双重填图法，建立了热水洞组、水底山组和南山村组。

本省晚三叠世—晚侏罗世岩石地层根据宏观岩性总体相似性和地层位置进行划分。据统计，省内以往创建或引用了93个地层名称（其中晚三叠世24个，侏罗纪69个），本次对比研究推荐使用3个群和24个组，现介绍如下。

第一节　岩石地层单位

艮口群　T*G*　(44－0805)

【创名及原始定义】　李毓尧、朱森（1934）以乐昌艮口葫芦口剖面创名艮口系，原指湖南宜章与广东乐昌交界附近的含煤碎屑岩。其下部为砂岩及页岩互层，以灰、黑或黄色页岩为主，含煤三层；中部为砂、页岩互层，其中以黄、灰、棕诸色砂岩为主；上部由暗灰或灰黄色块状砂岩及灰白色石英砂岩组成；含植物化石。李毓尧等创名时所采植物化石经斯行健鉴定，认为时代属晚三叠世。

【沿革】　广东地科所（1960）于《广东省1：50万地质图说明》中修订为艮口群，西安煤研所（1973）于《粤北中生代含煤地层》中将其限定于东周勒群之下。

对广东晚三叠世—早侏罗世含煤地层，广东省地质局及广东煤田勘探公司所属各勘探队，曾分别于各煤田划分并建立一批“组”、“段”及非正式地层单位，记载在广东省煤田地质勘探公司（1975）编制的《广东省煤炭资源图册》中，普遍以中部富含海相双壳类的地层为标志进行三分。

【现在定义】　指不整合于石炭纪—早三叠世地层之上，整合于金鸡组之下的一套含煤碎屑岩。其岩性以灰黑色细粒砂岩及粉砂岩为主，底部夹砾岩，往上夹粉砂质页岩及碳质页岩和煤层，包括红卫坑组、小水组和头木冲组。

【层型】　正层型为乐昌县葫芦口剖面（113°01′，25°11′），广东区调队1973年重测。

【地质特征及区域变化】　艮口群岩性组合具较明显的三分性。下部（红卫坑组）底为杂色砾岩，向上为中细粒石英砂岩、粉砂岩夹页岩、碳质页岩及煤层，厚45～480 m；中部（小水组）以灰黑色粉砂岩、页岩为主，夹细砂岩、碳质页岩及薄煤层，局部见泥灰岩，富含菱铁矿透镜体，厚80 m；上部（头木冲组）由中细粒砂岩、粉砂岩、粉砂质页岩构成的韵律层为主，夹碳质页岩、煤层，局部见砾岩，厚80～160 m。乐昌、曲江地区艮口群总厚280～530 m。在英德大湾，前人将艮口群四分，曾分别称小湾段、七里峡段（含煤段）、黄茅峡段（相当小水组）、南坑段（相当头木冲组），艮口群总厚达1300 m。翁源—连平一带曾称下部为廖屋山段及鱼良头段，中上部为狮子岭段，艮口群总厚700 m。沿海地层分区的艮口群底界不明，以细碎屑岩为主，含煤性差，总厚大于2000 m。

红卫坑组　T*hw*　(44－0806)

【创名及原始定义】　广东省205煤田地质勘探队（简称广东煤田205队，下同）（1969）[①]以曲江县红卫坑社主村剖面命名红卫坑段，《广东省区域地质志》(1988)介绍。原指曲江红卫坑—牛牯墩一带不整合于石炭纪地层之上，牛牯墩段之下的上三叠统主要含煤段。其底部为砾岩；下部为砂砾岩、含砾粉砂岩、粉砂岩、泥岩夹少量细砂岩及可采煤层一层；中上部为粉砂岩、粉砂质泥岩、泥岩，夹不稳定砾岩2～3层和局部可采煤层2层；富含植物化石。

【沿革】 中国地科院地矿所(1972)修订为红卫坑组。该组修订后包括前人的牛牯墩段。

【现在定义】 指不整合于童子岩组或其他下伏地层之上，整合于小水组之下的一套含煤碎屑岩。其下部（社主段）以砂砾岩、砂岩为主，夹页岩、砂质页岩及煤层、煤线；上部（牛牯墩段）以砂岩、页岩为主。顶部与小水组富含双壳类的泥质粉砂岩呈整合接触。

【层型】 正层型为曲江县龙归圩社主村K30探槽剖面(113°29′，24°45′)，广东煤田202队1975年重测。

红卫坑组　　总厚度＞160.0 m

15. 灰—浅灰色细砂岩、粉砂岩夹2层煤（下部煤层为本区主采煤层，厚1.49 m)，含植物 *Ptilozamites chinensis*，*Pterophyllum aequale*，*P. ptilum*，*P. sinense*，*Anthrophyopsis crassinervis*，*Taeniopteris* sp.（未见顶）　12.7 m

14. 浅灰色泥质粉砂岩夹细砂岩　14.0 m

13. 灰、灰白、灰紫色细粒石英砂岩　6.6 m

12. 灰色粉砂岩夹石英细砂岩，本层下部粉砂岩中富含植物 *Ptilozamites* sp.，*Pterophyllum aequale*，*P. pitilum*，*P. sinense*，*Anthrophyopsis crassinervis*，*Taeniopteris* sp.　21.5 m

11. 黑色碳质泥岩、粉砂质泥岩夹褐色细砂岩及薄煤，含双壳类 *Nanlingella niugudunensis*　9.3 m

10. 浅灰—灰紫色粉砂岩夹细砂岩薄层，粉砂岩具断续波状水平层理，含植物化石　7.0 m

9. 灰—深灰色细粒石英砂岩，含煤屑和铁锰质碎屑；顶部含菱铁矿结核，呈似层状分布　6.0 m

8. 粉砂质泥岩夹煤层（该煤层为本区主要可采层，厚2.7 m)　7.0 m

7. 灰色粉砂岩夹黑色泥岩及煤层两层（上层可采，厚1.25 m)　8.0 m

6. 黑—深灰色泥岩夹碳质泥岩、菱铁质砂岩及煤层，含植物 *Pterophyllum* sp.，*Sinoctenis calophylla*，*Anthrophyopsis crassinervis*　9.3 m

5. 灰—淡紫色细粒石英砂岩　10.4 m

4. 灰绿—灰紫色粉砂岩与黑色泥质岩互层，顶部有0.2m的菱铁质砂岩。中部粉砂岩含丰富的植物 *Equisetites* sp.，*Todites denticulatus*，*T. goeppertianus*，*Clathropteris meniscoides*，*Dictyophyllum* sp.，*Thaumatopteris* sp.，*Ptilozamites* sp.，*Thinnfeldia* sp.，*Pterophyllum exhibens*，*Sinoctenis calophylla*，*Anthrophyopsis crassinervis*，*Baiera multipartita*，*Podozamites* sp.　4.0 m

3. 煤层夹黑色碳质泥岩　6.3 m

2. 灰—淡紫色粉砂岩与黑色泥质粉砂岩互层，粉砂岩中富含植物化石碎片　11.0 m

1. 灰白色砂砾岩及燧石角砾岩　28.0 m

～～～～～～～ 不整合 ～～～～～～～

下伏地层：**童子岩组**　灰色薄层状粉砂岩及粉砂质泥岩

【地质特征及区域变化】 该组分布于韶关、英德、河源和汕头等地，由砾岩、砂砾岩、砂岩—粉砂岩、粉砂质泥岩相互叠置组成，下粗上细，底部常有底砾岩，煤层主要位于中部。在区域上岩性变化比较大，特别是底部砾岩层可以相变为燧石角砾岩、石灰岩块砾岩、砂砾岩或鲕状铝土质泥岩。在英德浛洸一带，本组上部夹有微晶灰岩透镜体，英德廖屋山一带夹有流纹岩和火山碎屑沉积岩，河源黄村一带夹有斜长玄武岩。揭西灰寨一带主要由含砾砂岩、中粗粒长石石英砂岩组成。总厚度65.7～900.8 m，自西北往东南增厚，乐昌小水厚65.7 m，乐昌罗家渡厚122 m，乐昌安口厚度大于162 m，乐昌葫芦口厚215.1 m，曲江牛牯墩厚536.2

m，连平竹园厚 394 m，龙门荷树塘厚大于 393.6 m，揭西灰寨厚 900.8 m。该组下部富含以 *Ptilozamites*，*Anthrophyopsis* 等为代表的植物化石，上部含以 *Bakevelloides hekiensis*，*Palaeophorus oblongatus nanlingensis* 为代表的双壳类。时代应属晚三叠世卡尼期（Canian）。

小水组 Txŝ （44-0807）

【创名及原始定义】 广东省煤田地质勘探公司 300 队（简称广东煤田 300 队，下同）(1969)[②]以乐昌小水剖面命名，《广东省区域地质志》(1988) 介绍。原指角度不整合于关春组之上的一套灰色粉砂岩和粉砂质泥岩，夹少量细砂岩及黑色页岩，含丰富的海相双壳类化石，底以砂岩为标志与下伏地层分界；时代曾划为早侏罗世。

【沿革】 广东省煤矿勘探设计院（1970）修订为小水段，中国地科院地矿所（1972）将其置于艮口群中部，时代属晚三叠世。

【现在定义】 指整合于红卫坑组与头木冲组之间的一套粉砂岩、粉砂质泥岩，与少量细粒砂岩及灰黑色泥岩，以含大量双壳类化石为特征。底界以碳质泥岩和煤线的消失以及灰色粉砂岩、泥岩的出现为标志与下伏红卫坑组分界；顶与头木冲组厚层状石英砂岩分界。

【层型】 正层型为乐昌县小水公路剖面（113°07′，25°18′），广东煤田 201 队 1972 年重测。

上覆地层：**头木冲组** 23. 灰白色长石石英砂岩 9.5 m

——————— 整 合 ———————

小水组 总厚度 61.1 m

22—20. 灰白色粉砂岩和粉砂质泥岩与石英砂岩互层，含菱铁质结核，含双壳类 *Modiolus niugudunensis*，*Isocardioides yini*，*Protocardia* cf. *antilonga*，*Pleuromya* sp. 和植物 *Ptilozamites* cf. *chinensis* 6.5 m

19—17. 灰白色厚层细粒石英砂岩，上部为灰色粉砂岩 4.5 m

16. 灰白色粉砂质泥岩，含菱铁质结核，含双壳类 *Protocardia* cf. *antilonga*，*Mytilus* sp.，*Oxytoma* sp.，*Pleuromya* sp. 22.6 m

15—14. 灰白色砂岩及紫灰色粉砂岩，含菱铁质结核，含双壳类 *Protocardia* cf. *antilonga*，*Mytilus lamellosus*，*Isocardioides yini*，*Plagiostoma xiaoshuiensis* 7.8 m

13. 灰色粉砂质页岩夹菱铁质结核，中部夹一层厚 30 cm 的生物碎屑灰岩。含双壳类 *Modiolus niugudunensis*，*Isocardioides yini*，*Plagiostoma xiaoshuiersis*. 12.0 m

12—9. 灰—灰黑色粉砂岩，含菱铁质细砂岩及泥岩夹钙质页岩，含双壳类 *Modiolus niugudunersis*，*Isocardioides yini*，*Protocardia* cf. *antilonga*，*P. transversa*，*Plagiostoma xiaoshuiensis*，*Mytilus lamellosus* 7.7 m

——————— 整 合 ———————

下伏地层：**红卫坑组** 8. 泥岩夹碳质泥岩，含菱铁质结核 7.1 m

【地质特征及区域变化】 该组分布于韶关、英德、河源和汕头等地，由粉砂岩、细粒砂岩—粉砂质泥岩、泥岩相互叠置组成。在区域上岩性变化不大，英德廖屋山一带夹一层安山质火山碎屑岩，连平大顶一带夹 3 层鲕状赤铁矿层，河源黄村一带夹 2～3 层赤铁矿层及火山岩夹层，惠东松坑夹一层赤铁矿层，揭西灰寨等地岩石粒度变粗（以细粒砂岩、粉砂岩为主）。总厚度 59.4～791.7 m，以连平大顶和惠东松坑等地最厚，乐昌小水厚度大于 61.1 m，曲江牛牯墩厚 105.3 m，翁源官渡厚大于 240 m，连平大顶厚 723 m，龙门荷树塘厚 59.4 m，惠东松坑厚大于 791.7 m，揭西灰寨厚 535.2 m。该组富含以 *Plagiostoma xiaoshuiensis*，*Oxy-*

toma mojsisovicsi 为代表的海相双壳类；时代为晚三叠世中晚期。

头木冲组　Tt　(44-0808)

【创名及原始定义】　广东煤田205队（1972）[3]于乐昌罗家渡头木冲沟创名头木冲段，《广东省区域地质志》(1988) 介绍。原指晚三叠世海相层之上的海退系列含煤碎屑岩。岩性以灰白色石英砂岩为主，夹深灰色粉砂质泥岩、泥岩、煤线及可采煤层，以含大量植物和双壳类化石和具细砂岩、粉砂岩夹碳质泥岩的韵律为特征。

【沿革】　西安煤研所（1973）修订为头木冲组，沿用至今。

【现在定义】　指整合于小水组与金鸡组之间的一套含煤碎屑岩，岩性以灰白色石英砂岩为主，夹少量粉砂岩、碳质泥岩、煤线和煤层。底部以夹碳质泥岩或煤线的石英砂岩为标志与下伏小水组分界；顶与金鸡组长石石英砂岩分界。

【层型】　正层型为乐昌县罗家渡头木冲沟剖面（113°06′，25°18′），广东煤田205队1972年测制。

上覆地层：**金鸡组**　黄色长石石英细砂岩与粉砂岩互层夹泥岩，上部为粉砂质泥岩夹粉砂岩。含双壳类 *Camptonectes* (*Hunanonectes*) *parachlamys*

——————　整　合　——————

头木冲组	总厚度 214.9 m
63. 掩盖	47.5 m
62. 灰白色厚层状石英细砂岩	5.9 m
61. 灰白色泥岩（为煤层底板）及煤层	3.0 m
60. 灰白色厚层状石英细砂岩，含少量云母碎片，致密坚硬，硅质胶结	8.2 m
59. 深灰黑色致密粉砂质泥岩，上部产双壳类 *Mysidiella* sp., *Myophoria* sp., *Jiangxiella plana*, *J. subovata*, *J. datianensis*, *Myophriopis acyrus*；下部含植物 *Cladophlebis* sp., *Pterophyllum sinense*, *P. subaequale*, *Clathropteris meniscioides*, *Equisetites* sp., *Dictyophyllum nathorsti*, *Phlebopteris* sp., *Stachyotaxus* sp.	4.6 m
58. 底部为灰黑色粉砂岩，中部及上部均为灰白色泥岩	1.6 m
57. 灰白色中厚—厚层状细粒石英砂岩，层面具波痕，顶部含1m厚的可采煤层	10.4 m
56. 灰白色石英砂岩、灰黑色粉砂岩及碳质泥岩及煤线，韵律结构发育	17.6 m
55. 以石英细砂岩为主夹薄层粉砂岩及煤线（极不稳定），具发育不完整的韵律结构	3.9 m
54. 灰—灰白色中厚层状细粒石英砂岩，致密坚硬，硅质胶结，夹薄层粉砂岩。含植物 *Taeniopteris* sp., *Carpolithus* sp., *Pterophyllum pinnatifidum*, *Nilssonia* sp., *Ptilozamites* cf. *chinensis*	18.1 m
53. 灰黑色粉砂岩夹石英细砂岩、碳质泥岩和煤线。含植物 *Carpolithus* sp., *Taeniopteris tenuinervis*, *Ptilozamites* cf. *chinensis*	4.10 m
52. 灰白—灰色厚层状细粒石英砂岩夹粉砂岩	4.9 m
51. 底部为细粒石英砂岩，向上过渡为灰黑色粉砂岩夹薄层细粒石英砂岩。含植物 *Dictyophyllum* sp., *Pterophyllum* sp.	4.7 m
50. 底部为细粒石英砂岩，向上过渡为粉砂岩，夹不稳定的菱铁质透镜体	6.8 m
49. 下部为紫灰色、灰黑色粉砂岩夹少量泥岩；中部为粉砂岩和细粒石英砂岩互层夹少量泥岩及煤线，并含菱铁质透镜体；上部为灰黑色粉砂岩夹细粒石英砂岩	13.3 m
48. 掩盖	55.0 m
47. 灰白色中厚层细粒石英砂岩	2.0 m
46. 深灰色细砂岩，疏松；顶部为粗砂岩	3.3 m

——————整　合——————

下伏地层：小水组

45. 掩盖　9.0 m

44. 灰黑及灰色细砂岩、粉砂岩、粉砂质泥岩互层，夹菱铁质透镜体。含双壳类　4.9 m

【地质特征及区域变化】　该组分布于韶关、英德、河源和汕头等地，由砂岩—粉砂岩、粉砂质泥岩、碳质泥岩反复叠置组成。在区域上岩性变化不大，但所夹的煤层厚度变化大，如在韶关地区夹有可采或局部可采煤层，其余各地仅见薄煤层或煤线和碳质泥岩。在新丰茶洞、揭西灰寨一带，本组以中、细粒砂岩为主，在惠东多祝、稔山等地含砾砂岩及中粗粒砂岩增多。总厚度 53.7～953.8 m，自西往东增厚，乐昌头木冲厚 214.9 m，曲江牛牯墩厚 53.7 m，新丰茶洞厚度大于 124.4 m，龙门荷树塘厚 98.4 m，揭西灰寨厚 953.8 m，惠东松坑厚 815 m，惠东蛇山厚度大于 541.1 m。该组富含植物和双壳类，双壳类以 *Jiangxiella* 及 *Modiolus* 为代表，时代属诺利晚期（Norian）—瑞替期（Rhaetian）。

小坪组　T*x*　（44-0809）

【创名及原始定义】　哈安姆等（1930）以广州北郊小坪剖面命名小坪系，原指广州附近不整合于水口系之上的煤系地层。岩性为灰黄色砂岩及灰黑色页岩互层夹薄煤层，底部有砾岩，页岩含植物化石。哈安姆等命名时将其归属侏罗纪，所采植物化石经张席禔研究后认为时代属早侏罗世或晚三叠世；陈国达（1949）采获植物化石经斯行健研究认为应属晚三叠世。

【沿革】　广东地质局系统及煤炭系统所属各勘探队，曾在各煤田普查勘探中将广州、花县、高要、高明地区的小坪（煤）系划分为多个段（组）及非正式地层单位，具代表性的方案是以中部粉砂岩、泥岩（凤岗页岩）为标志划分为下含煤段（罗客煤组）、上含煤段（马安煤组）。但区内相当早侏罗世晚期（桥源组）的含煤地层尚未分解出来。

《中南地区区域地层表》（1974）修订为小坪组，《广东省区域地质志》（1988）将其称为艮口群。此次对比研究恢复使用小坪组，修订为伏于金鸡组之下的一套含煤碎屑岩，使用于东江地层分区的阳春-花都地层小区与武夷地层分区的梅县地层小区。

【现在定义】　指不整合于早石炭世—早三叠世地层之上，整合或平行不整合于金鸡组之下的一套较粗的含煤碎屑岩。岩性以灰白色砾岩、砂砾岩、含砾砂岩、石英砂岩为主，夹黑色粉砂岩、碳质页岩及薄煤层，以沉积韵律发育为特征。底部以砾岩为标志与下伏地层分界；顶与金鸡组砂岩、含砾砂岩或砂砾岩、砾岩呈整合或平行不整合接触。

【层型】　因正层型广州北郊小坪剖面已被覆盖，现指定花县华岭剖面为新层型（113°04′，23°19′），广东区调队 1963 年测制。

小坪组　总厚度＞570.0 m

35. 下部灰白色粗粒石英砂岩，向上由含砾砂岩变为细砾岩（未见顶）　3.4 m

34. 浅灰、灰白色泥质页岩夹薄层状细砂岩，页岩中夹数厘米厚的薄煤层。含植物 *Podozamites* sp.，*Equisetites* sp.，*Pterophyllum* sp.，*Taeniopteris* sp.　7.3 m

33. 灰白色厚层状中粒含云母长石石英砂岩　5.0 m

32. 浅灰色薄层状泥质页岩为主夹细粒石英砂岩和碳质页岩，下部夹一层 5 cm 厚的薄煤层　27.8 m

31. 灰白色石英质细砾岩，砾径 2～4 mm　10.9 m

30. 灰、灰黑色绢云母泥质页岩夹黑色碳质页岩和夹 4 层薄煤层，含植物 *Thinnfeldia*

rhomboidales, *Pterophyllun schenki*, *Ptilozamites chinensis* 19.7 m

29—27. 灰白色厚层状粗—中粒石英砂岩及含长石石英砂岩 33.4 m

26—22. 灰—灰黑色泥质页岩和黑色薄层状碳质页岩，后者夹有煤层（厚 5～10 cm）多层。含植物 *Ptilozamites chinensis*，*Thinnfeldia rhomboidales* 88.0 m

21. 灰白色细砾岩，砾径 3～5 mm 17.3 m

20—18. 灰色粉砂质绢云母泥质页岩夹煤 5 层（厚度分别 5～40 cm，呈扁豆状），顶部页岩中含植物 *Neocalamites carrerei* 33.2 m

17. 灰白色细砾岩，向上部逐渐过渡为中粒石英砂岩 18.0 m

16—12. 下部为灰色泥质页岩夹煤 2 层(厚 10～15 cm)，向上过渡为中—细粒石英砂岩。含植物 *Podozamites lanceolatus*，*Dictyophyllum nathorsti* 62.3 m

11. 灰白色块状粗粒石英砂岩 11.2 m

10—7. 浅灰、深灰色绢云母泥质页岩、粉砂质绢云母页岩为主，夹灰白色中细粒石英砂岩、碳质页岩数层及含煤层 11 层(部分呈煤线，厚 0.5～20 cm)。含植物 *Ptilozamites chinensis* 113.5 m

6. 灰白色石英质细砾岩，向上过渡为粗粒石英砂岩 9.0 m

5—4. 浅灰色泥质页岩，夹灰白色细粒长石石英砂岩，顶部夹碳质页岩及煤层（厚度为 7～10 cm）。含植物 *Desmiophyllum* sp.，*Podozamites* sp. 42.7 m

3. 下部为灰白色细砾岩，向上由含砾砂岩逐渐过渡为粗中粒、细粒石英砂岩 27.0 m

2. 下部为灰白色中细粒石英砂岩，上部为灰白色中粒含长石石英砂岩夹灰色泥质页岩和碳质页岩 28.9 m

1. 浅灰色泥质页岩夹粉砂质页岩（未见底） 11.2 m

【地质特征及区域变化】 该组分布于广州、高要、高明和梅县等地。由砾岩、砂砾岩、含砾砂岩—砂岩、粉砂岩、碳质页岩叠置组成，主要煤层位于中下部。在区域上岩性变化较大，特别是砾岩层，可以变为硅质角砾岩或石灰岩块砾岩或砂砾岩或含砾砂岩。本组总厚度 14.1～810 m。富含以 *Anthrophyopsis*，*Ptilozamites* 为代表的植物和以 *Bakevelloides hekiensis*，*Palaeopharus oblongatus* 为代表的双壳类，时代属晚三叠世。

小云雾山组 Txy (44-0811)

【创名及原始定义】 广东区调队（1977）[④]于云浮小云雾山创名小云雾山群，《广东省区域地质志》(1988) 介绍。原指粤西晚三叠世内陆盆地型含煤碎屑岩建造。其底部往往为砾岩或含砾粗砂岩，向上逐渐变为细砂岩、粉砂岩和页岩夹砾岩及煤层，具有多旋回的沉积特征。

【沿革】 原称小坪群或晚三叠—早侏罗世地层，现修订为小云雾山组。

【现在定义】 指不整合于早古生代及元古宙变质岩之上的一套含煤碎屑岩。岩性以灰及灰黑色厚层状石英砂岩、岩屑石英砂岩为主，夹杂砾岩、砂砾岩、碳质泥岩、煤线和薄煤层，以杂砾岩、岩屑石英砂岩发育为特征。底部以底砾岩为标志与下伏地层分界，顶界不明。

【层型】 正层型为云浮县小云雾山剖面（111°52′，22°43′），广东区调队 1962 年测制。

小云雾山组 总厚度>402.2 m

17. 灰色石英质砾岩夹粉砂质页岩，局部夹煤包（未见顶） 33.0 m

16. 灰色中厚层状细粒石英砂岩 39.0 m

15. 灰色中厚层状砾岩夹砾状砂岩及中粗粒石英砂岩 12.0 m

14. 灰色砂质页岩夹石英砂岩，下部夹碳质页岩及薄煤层 15.8 m

13. 灰色厚层状粗砂岩夹砾状砂岩	18.5 m
12. 砂质页岩夹黑色页岩及薄煤层	8.0 m
11. 灰色厚层状细粒石英砂岩	17.5 m
10. 厚层状砾岩、砾状砂岩及中粗粒石英砂岩	14.0 m
9. 砂质页岩、页岩夹煤层	60.0 m
8. 灰色厚层状细粒石英砂岩，底部为中粒砂岩，上部夹煤线	31.0 m
7. 灰色厚层状砾状砂岩	10.0 m
6. 灰黑色页岩，顶部夹碳质页岩及煤层	11.0 m
5. 灰色细粒石英砂岩夹薄煤层	12.5 m
4. 灰色中厚层状砂砾岩	6.2 m
3. 灰色砂质页岩夹石英砂岩	39.2 m
2. 灰色厚层状砾状砂岩及细粒石英砂岩，底部夹粉砂岩及碳质页岩	52.2 m
1. 底部为砾岩，中部为灰色厚层状中细粒砂岩，上部为薄层状砂质页岩。含植物 *Cladophlebis* cf. *kaoiane*，*Danaeopsis fecunda* 等	22.5 m

～～～～～～ 不整合 ～～～～～～

下伏地层：**大绀山组**　石英片岩、云母片岩

【地质特征及区域变化】　该组分布于罗定和英德等地。由杂砾岩、砂砾岩、含砾砂岩—砂岩、粉砂岩—粉砂质泥岩、页岩、煤线、薄煤层组成4～12个沉积旋回。在区域上岩性变化较大，自东北往西南变粗，在佛冈龙家塘、从化吕田等地以页岩、砂岩为主，清远下坑以石英砂岩、岩屑砂岩、杂砂岩为主。其下伏地层随地而异，顶部一般受到不同程度剥蚀，残存厚度402.2～2274.8 m，西南薄，东北厚。该组含有南方型的 *Ptilozamites*－*Lepidopteris* 植物群，时代属晚三叠世。

金鸡组　*Jj*　(44－0901)

【创名及原始定义】　孙云铸等（1959）[⑤]以开平金鸡剖面创建金鸡煤系，孙云铸（1960）介绍。原指开平—恩平一带不整合于鸣山层（硅质岩）之上、百足山砾岩之下的一套含煤地层，岩性由底部硅质角砾岩、含煤砂岩及页岩和中上部的石英砂岩夹泥质碳质页岩组成，分6个明显的沉积旋回，含菊石等化石。时代归属于里阿斯世。

【沿革】　1960—1964年孙云铸、尹赞勋在研究乐昌、开平、惠阳等地的剖面后，认为广东的金鸡群海相地层相当于早侏罗世赫唐期（Hettangian）—辛涅缪尔期（Sinemurian），但命名剖面金鸡群顶界出露不全。1970年广东煤田202队在曲江县安口东周勒创建东周勒群，以代表超覆于晚古生代地层之上的下侏罗统碎屑岩，下部称天门坳组，上部称桥源组。其中天门坳组包括板湾段、金鸡段（菊石沟段）及天门坳段，代表早侏罗世海相地层。西安煤研所（1973）将天门坳组修订为金鸡组。广东省地质矿产局（1988）将全省下侏罗统海相地层均称金鸡组。

【现在定义】　指位于小坪组（或头木冲组）与桥源组之间的一套碎屑岩。岩性为细粒石英砂岩、粉砂岩、粉砂质泥岩互层，夹少量砂砾岩、含砾砂岩、碳质泥岩、劣质煤及煤线，以沉积旋回发育为特征。底部以砾状砂岩或含砾砂岩为标志与下伏小坪组（或头木冲组）分界，呈整合或平行不整合接触；与上覆桥源组呈整合接触。

【层型】　正层型为开平县金鸡剖面（112°29′，22°10′），广东区测队1959年测制。

金鸡组 总厚度>196.2 m

22. 灰白色泥质粉砂岩夹薄层状石英砂岩，含双壳类 *Tutcheria itoi*，*T. singulata*，*Yokoyamaina globosa*，*Chlamys kotakiensis*，*Liostrea* sp.，*Plagiostoma* sp.（未见顶） 8.5 m

21. 灰紫、白色中厚层状细粒石英砂岩 7.5 m

20. 灰白色泥质粉砂岩，含菊石 *Uptonia* sp. 1.5 m

19. 灰白色中厚层状石英砂岩 6.5 m

18. 白、暗紫色泥质页岩，含双壳类 *Pleuromya* sp.，*Palaeoneilo galatea*，*P. hulukouensis jinjiensis*，*Fimbria ? regularis*，*Cultriopsis* cf. *lanceolatus*，*Parainoceramus matsumotoi*，*P.* cf. *lunaris*，*Oxytoma kobayashii*，*Mytitus lamellosus*，*Camptonectes* (*Hunanonectes*) *parachlamys*，*C.* (*H.*) *sanduensis*，*C.* (*H.*) *yizhangensis* 及菊石 *Arietites* sp.，*A. semicostatus* 12.8 m

17. 灰绿色粉砂岩、泥质页岩，含菊石 *Arietites* cf. *semicostatus*，*A.* cf. *robustum*，*Coronioceras* sp.，*Agassiceras* sp. 12.0 m

16. 上部为暗红色砂质页岩夹薄层状泥质页岩，下部为灰绿色砂岩（含植物化石碎片），含菊石 *Echinoceras* sp. 13.3 m

15. 灰白、黄色中细粒石英砂岩，含云母及铁质 23.4 m

14. 紫灰色砂质页岩夹薄层状粉砂岩，含菊石 *Arietites* sp.，*A. semicostatus*，*Echinoceras* sp.；双壳类 *Teinonuculana graphica*，*Nuculana dewalquei*，*Palaeoneilo galatea*，*P. hulukouensis jinjiensis*，*Astarte subvoltzii*，*Parainoceramus matsumotoi*，*Oxytoma kobayashii*，*Luciniola* cf. *hasei*，*L. problematica*，*L. cingulata*，*Reticulana elongata*，*Mytitus lamellosus*，*Camptonectes*(*Hunanonectes*)*parachlamys*，*Retroceramus heyuanensis*，*Hiatella* cf. *rotundata* 48.0 m

13. 黄褐色厚层状铁质砂岩 3.5 m

12. 灰白色石英砂岩夹泥质粉砂岩，含双壳类 *Nuculana doris*，*Radulonectites? exsertus*，*Unicardium cardioides* 3.6 m

11. 暗红色砂质页岩与石英砂岩互层，含双壳类? *Pleuromya* sp.，*Radulonectites* sp.，*Nuculana* (*Dacryomya*) *elongata*，*Palaeoneilo galatea*，*Astarte* cf. *voltzii*，*A. delicata*，*Chlamys subulata*，*C.* (?) *tenuistriata*，*Mytilus lamellosus*，*Cardinia toriyamai*，*Protocardia philippiana* 及菊石 *Psiloceras planorbis* 19.8 m

10. 黑色碳质页岩，局部夹劣质煤，含菊石 *Hongkongites* sp.，*H. hongkongensis*，*Sulciferites sulciferus* 2.1 m

9. 褐色厚层状砂岩、砾状砂岩夹薄层状页岩，含双壳类 *Tancredia* sp.，*Cardinia* sp.，*Pinna* sp.，*Hiatella arenicola*，*H.* cf. *rotundata*，*Astarte regularis*，*Chlamys subulata*，*C.* cf. *punctatissimus*，*Pleuromya oblonga*，*Nuculana doris*，*Palaeonucula* cf. *navis*，*Modiolus* cf. *guangdongensis*，*Mytilus lamellosus*，*Camptonectes* (*Hunanonectes*) *sanduensis*，*C.* (*H.*) *parachlamys* 33.7 m

——— 整　合 ———

下伏地层：**小坪组**　上部为灰色泥质页岩，下部为灰黑色细砂岩

【地质特征及区域变化】　该组零散分布于韶关和阳春—花都地层小区，由砂岩—粉砂岩—泥岩组成5～8个沉积旋回，在区域上岩性由南往北变粗。在曲江云顶东，该组底部为铝土质泥岩，与下伏头木冲组呈不整合接触。曲江东周勒底部有23 m砾岩，与下伏二叠纪地层为不整合接触，砾岩之上有8 m含砾砂岩，往上为0.02～1.4 m煤层和含 *Arietites semicostatus*

之砂岩、粉砂质泥岩、泥岩。曲江茶山、天门坳和大宝山等地，下部夹有砾岩、砂砾岩、含砾砂岩、薄煤层和煤线。高明官迳和三水大尧山一带底部为厚薄不等的由灰岩砾石组成之砾岩，与下伏小坪组呈平行不整合接触。开平金鸡夹有砾状砂岩、碳质泥岩或劣质煤。惠阳黄洞中部夹 44 m 含砾砂岩、砂砾岩。该组总厚度 273～578 m，在韶关地区具由北往南增厚，广州地区由西往东增厚。其中富含菊石和双壳类等化石，总时限为赫唐期—普林斯巴早期(Pliensbachian)。

蓝塘群　TJ*L*　(44－0902)

【创名及原始定义】　广东省地质局 762 队（简称广东 762 队，下同）(1959) 在 1∶20 万河源、增城、博罗、紫金地区区调报告（初稿）中，以紫金蓝塘一带为典型地区创名蓝塘岩系。原指紫金蓝塘一带一套巨厚的类复理石建造。其下部为灰黑色板状页岩及粉砂岩夹煤层，并夹一层较为稳定的灰黑色石灰岩；中部为绢云母泥质、碳质页岩及石英粉砂岩；上部为灰黑色砂质页岩。

【沿革】　自创名后蓝塘群广泛应用于粤东地区，代表不整合于中—上侏罗统火山岩（高基坪群）之下的晚三叠世—早侏罗世地层。范嘉松（1963）于博罗县青山研究蓝塘群的底界，将蓝塘群下部划分为三个组，指出第一组为晚三叠世瑞替期。广东区调队（1971）引用漳平群代表原蓝塘群上部的红色碎屑岩。广东区调队（1973—1977）将蓝塘群解体，下部称大顶组（晚三叠世）、中部称金鸡组（早侏罗世）、上部称漳平群（中侏罗世）。《广东省区域地质志》(1988) 以惠东联和—上龙水剖面为代表，将蓝塘群下部称艮口群、中部称金鸡组及桥源组、上部称漳平群。

80 年代末广东区调队在粤东沿海开展 1∶5 万区调时，再次起用蓝塘组代替早侏罗世沉积，并划分若干段。黎汉明等（1994）改称蓝塘群，限定为位于头木冲组与桥源组之间的一套地层，并划分五个组。

【现在定义】　指整合于头木冲组与桥源组之间的一套碎屑岩。由砂岩、粉砂岩、泥岩组成，自下而上具粗—细—粗—细—粗的变化，构成两个大的沉积旋回。包括银瓶山组、上龙水组、长埔组、吉水门组、青坑村组。

【层型】　选层型为惠东县联和—上龙水剖面（115°13′，23°14′），广东区调队 1983 年测制。

【地质特征及区域变化】　底部（银瓶山组）以中细砂岩为主，下部（上龙水组）以具灰白—灰黑色条带的泥质粉砂岩与含碳泥质页岩组成的韵律层为特征，中部（长埔组）以中厚层状细粒长石石英砂岩为主，上部（吉水门组）以灰黑色泥岩为主，以含黄铁矿、硅质小结核为特征，顶部（青坑村组）由中厚层状长石石英砂岩、粉砂岩及粉砂质泥岩组成，总厚度达 2300 m。

银瓶山组　TJ*y*　(44－0903)

【创名及原始定义】　该组系王宝琛（1986）[⑧]以海丰至惠东一带为典型地区建立的，黎汉明等（1994）介绍。原指海丰—惠东一带位于上龙水组之下的一套由黄白及紫灰色中厚—厚层状长石石英砂岩、岩屑石英砂岩夹粉砂岩和泥岩组成的地层体。

【沿革】　广东区调队（1971）在 1∶20 万海丰幅区调报告中称为金鸡群的下亚群。

【现在定义】　指整合于头木冲组与上龙水组之间的一套砂岩、粉砂岩夹泥岩。岩性以灰黄、灰白、紫灰色薄—中厚层和厚层状细粒长石石英砂岩及岩屑石英砂岩和粉砂岩为主，夹泥岩。底以厚层状砂岩为标志与下伏头木冲组分界；顶与上龙水组泥岩分界。

【层型】 选层型为揭西县灰寨剖面（116°00′，23°28′），广东区调队 1973 年测制。

上覆地层：**上龙水组** 灰黑、紫红（风化）色微薄层—薄层状粉砂质泥岩夹泥质粉砂岩

——————整 合——————

银瓶山组	总厚度 419.5 m
58. 浮土掩盖	42.1 m
57. 灰及深灰色薄—中厚层状细粒砂岩、粉砂岩和泥质粉砂岩互层	12.9 m
56. 深灰色微薄—薄层状粉砂岩与泥质粉砂岩互层，含双壳类 *Unionites*? *rhomboidalis*	27.9 m
55—53. 灰黑色微薄—薄层状泥质粉砂岩与粉砂质泥岩互层，夹少量细粒砂岩	54.5 m
52—50. 灰、深灰色中厚—薄层状细粒砂岩和泥质粉砂岩互层，夹少量粉砂质泥岩，含双壳类 *Hiatella* sp.	78.0 m
49—46. 灰黑及浅黄褐（风化）色中厚层状细粒砂岩、粉砂岩和泥质粉砂岩互层，中部夹中粒长石石英砂岩	34.9 m
45—40. 灰黑色微薄—薄层状粉砂岩、泥质粉砂岩夹粉砂质泥岩和中细粒砂岩	6.1 m
39. 浅灰、黄褐（风化）色中厚层状中细粒长石石英砂岩，底部夹粗粒长石石英砂岩	42.3 m

——————整 合——————

下伏地层：**头木冲组** 灰黑、深灰色薄层状含碳质粉砂岩与碳质泥质粉砂岩互层，夹少量薄层状细粒砂岩，含植物化石碎片

【地质特征及区域变化】 该组分布于河源、紫金、海丰、汕头等地，由砂岩—粉砂岩和泥岩反复交替组成；在区域上岩性变化不大，河源地区以石英砂岩为主，汕头地区以长石石英砂岩为主；总厚度 103.3～419.5 m，自西往东增厚。在博罗荷树塘剖面，该组下部富含晚三叠世的重要分子 *Unionites concentrica* 等。在海丰吉水门剖面，上部富含早侏罗世赫唐期的标准属种 *Hiatella arenicola* 等。在海丰大嶂山剖面，顶部含辛涅缪尔期的菊石 *Sulciferites*；总时限为瑞替晚期—赫唐期—辛涅缪尔早期，自东往西层位升高。

上龙水组 $J\hat{s}$ （44－0904）

【创名及原始定义】 该组系王宝琛（1986）[⑧]以惠东上龙水剖面命名，黎汉明等（1994）介绍。原指海丰—惠东一带位于银瓶山组与长埔组之间的一套碳质泥质岩夹长石石英砂岩，由浅黄、灰黑色中厚层状泥质岩和薄—微薄层泥质粉砂岩与含碳泥质页岩互层组成韵律层，夹少量中细粒长石石英砂岩和岩屑石英砂岩。

【沿革】 广东区调队（1971）在海丰地区称为金鸡群第二亚群下部。

【现在定义】 指整合于银瓶山组与长埔组之间的一套泥岩、粉砂岩、泥岩为主夹砂岩或砂砾岩组成。以韵律层发育为特征。顶及底部均以大套泥岩为标志与上覆及下伏地层分界。

【层型】 正层型为惠东县上龙水剖面（115°13′，23°14′），广东区调队 1983 年测制。

上覆地层：**长埔组** 灰黄、灰紫色厚层状细粒长石石英砂岩

——————整 合——————

上龙水组	总厚度 502.3 m
18. 灰黑色厚层状含碳质泥岩，含菊石？*Psiloceras* sp.，*Asteroceras* sp. 和双壳类	14.3 m
17. 灰白、灰黄、灰紫色细粒长石石英砂岩夹含碳质泥岩	41.5 m
16. 灰黑色中厚层状含碳质泥岩，常夹粉砂岩薄层或条带或透镜体	48.3 m
15. 浮土掩盖	43.9 m

14. 灰黑色中厚层状含碳质泥岩夹粉砂岩薄层或条带或小透镜体，含菊石 *Psiloceras* sp.，*Asteroceras* sp. 及双壳类 *Pleuromya* sp.，*Plagiostoma* sp.，*Palaeoneilo* sp.，*P. galatea*，*Camptonectes* (*Hunanonectes*) *parachlamya*，*Mytilus lameuosus*，*Meleagrinella shanglongshuiensis*. 53.1 m

13. 灰白、灰黄、灰紫色中厚层状细粒或不等粒长石石英砂岩与灰黑色中厚层状碳质泥岩呈不等厚互层，水平层理、微波状层理和透镜状层理发育，局部见包卷层理及泥砾 126.4 m

12. 灰黑色中厚层状含碳质泥岩夹细粒长石石英砂岩、粉砂岩，泥岩中富含双壳类 *Chlamys* sp.，*Meleagrinella shahglongshuiensis*，*M. orbicularis* 29.6 m

11. 灰白、灰黄、灰紫色中厚层状细粒长石石英砂岩，夹灰黑色含碳质泥岩及粉砂岩薄层，见断续水平层理，泥岩中富含双壳类 *Palaeoneilo* sp.，*Meleagrinella shanglongshuiensis*，*M. obliquaeformis*. 28.2 m

10. 浮土掩盖 106.1 m

9. 灰黑色泥岩夹泥质粉砂岩（局部呈互层），见水平层理 10.9 m

——————整　合——————

下伏地层：**银瓶山组**　灰白、灰紫色厚层状中细粒长石石英砂岩夹粉砂岩和泥岩

【地质特征及区域变化】　该组广泛分布于河源、紫金、海丰、汕头等地，岩性稳定，总厚度 631.0～1122.0 m，以揭西灰寨至惠来葵潭一带最厚。在惠东上龙水和惠来青坑剖面该组含赫唐期的菊石 *Psiloceras*。在揭西灰寨剖面的上部和博罗青山剖面的中下部含辛涅缪尔期的菊石 *Arietites*。总时限为早侏罗世赫唐期—辛涅缪尔期，自东往西层位逐渐升高。

长埔组　J$\hat{c}$　(44-0905)

【创名及原始定义】　广东省地质局 703 地质大队（简称广东 703 队，下同）(1962)[7]在海丰长埔锡矿区命名长埔岩系，黎汉明等（1994）介绍。原指海丰长埔锡矿区所见的一套长石石英砂岩夹碳质泥质岩。

【沿革】　广东区调队（1973）在海丰地区称为金鸡群第二亚群中部。王宝琛（1986）修订为长埔组。

【现在定义】　指整合于上龙水组与吉水门组之间的一套砂岩夹泥岩。岩性以灰白、浅灰色中厚层及厚层状细粒长石石英砂岩为主，夹岩屑石英砂岩、粉砂岩和泥岩。顶及底部均以厚层砂岩为标志与上覆、下伏地层分界。

【层型】　选层型为惠东县上龙水剖面（115°13′，23°14′），广东区调队 1983 年制测。

上覆地层：吉水门组　灰、灰黑色泥岩

——————整　合——————

长埔组 总厚度 688.6 m

46. 灰白—灰紫色厚层状细粒长石石英砂岩 46.7 m

45. 灰黑色含碳质泥岩，含双壳类化石碎片 8.3 m

44. 浮土覆盖，零星见灰黄、灰白、灰紫（风化）色中厚层状细粒长石石英砂岩夹灰黑色泥岩薄层 82.0 m

43. 灰白、灰黄、灰紫（风化）色含碳质泥岩，含双壳类 *Astarte* sp.，*Meleagrinella* cf. *olifex* 及植物茎干化石碎片 3.2 m

42. 浮土掩盖，局部见灰黄色细粒长石石英砂岩 22.2 m

41. 暗灰—浅灰色厚层状含碳质泥岩，偶夹细—粉砂岩薄层及条纹，含双壳类 *Astarte* sp.，*Meleagrinella* cf. *olifex* 及植物化石碎片 7.8 m

40. 灰白、灰黄、灰紫、紫红（风化）色厚层状细粒长石石英砂岩 13.4 m

39. 灰、灰黑色厚层状泥岩与灰白—灰紫色厚层状细粒长石石英砂岩呈不等厚互层 5.8 m

38. 灰紫、紫红（风化）色中厚层状细粒长石石英砂岩 21.9 m

37. 灰白、灰黄、灰紫、紫红（风化）色中厚层粉砂质细粒长石石英砂岩夹粉砂岩 18.8 m

36. 浮土掩盖，见砂岩碎块 36.2 m

35. 灰、暗灰色中厚层状含碳质泥岩，含菊石 *Asteroceras* sp. 及双壳类 *Meleagrinella* sp.，*Otapiria* sp.，*Camptonectes* cf. *punctatissimus* 6.3 m

34. 灰白、灰黄色中厚层状细粒长石石英砂岩 14.3 m

33. 灰色泥岩，夹细粒长石石英砂岩薄层及泥质粉砂岩条纹，含菊石 *Asteroceras* sp. 及双壳类 *Chlamys* sp.，*Hiatella* sp. 21.9 m

32. 灰白色中厚层状细粒长石石英砂岩，夹泥质粉砂岩薄层 35.1 m

31. 灰白、灰黄、黄褐（风化）色泥岩 9.3 m

30. 灰白、黄褐（风化）色厚层状粉砂质细粒长石石英砂岩 82.2 m

29. 灰白及灰黄色中厚层状细粒长石石英砂岩、粉砂岩、杂砂质泥岩，组成三个小韵律 6.40 m

28. 黑色泥岩，见泥质粉砂条纹及硅质结核，含双壳类 *Astarte* sp.，*Astartopsis* sp.，*Meleagrinella* sp. 13.8 m

27. 灰、灰白色中厚层状细粒长石石英砂岩，夹泥质粉砂岩薄层 18.4 m

26. 灰色泥岩夹含泥砾杂砂质粉砂岩及细粒长石石英砂岩薄层 3.7 m

25. 灰白、灰黄色厚层及巨厚层状细粒及中—细粒长石石英砂岩，局部含泥砾，顶部为中厚层状粉砂—细粒长石石英砂岩 85.3 m

24. 顶部为灰白色长石石英细—粉砂岩与粉砂岩组成的小韵律，往下为灰白色厚层状细粒长石石英砂岩 13.1 m

23. 灰色中厚层状泥岩，夹具泥质团块的泥质砂岩薄层，富含菊石 *Asteroceras* sp. 及双壳类 *Meleagrinella* sp.，*Camptonectes parachlamys* 2.9 m

22. 灰白色厚层状粉砂—细粒长石石英砂岩 30.0 m

21. 灰色中厚层状泥岩，具不规则砂质条带及团块，富含菊石 *Asteroceras* sp. 及双壳类 *Chlamys* sp.，*Meleogrinella* sp. 和植物茎干化石碎片 14.2 m

20. 灰色厚层状粉砂—细粒长石石英砂岩及粉砂质细粒石英砂岩 51.1 m

19. 灰黄、灰紫色厚层状细粒长石石英砂岩 14.3 m

——— 整　合 ———

下伏地层：**上龙水组**　灰黑色厚层状含碳质泥岩，含菊石？*Psiloceras* sp. 等

【地质特征及区域变化】　该组广泛分布于河源、紫金、海丰、汕头等地，由厚—中厚层细粒砂岩或粉砂岩与泥岩反复叠置组成。在区域上岩性变化不大，河源地区本组以石英砂岩为主，汕头地区以长石石英砂岩、粉砂岩为主（自西往东岩性变细），在海丰—陆丰一带夹有不稳定的含泥砾长石石英砂岩、岩屑石英砂岩，海丰长埔—银瓶山一带夹有极不稳定的复成分砾岩、砂砾岩，在惠东双子水一带岩石粒度最粗（为复成分砾岩、砂砾岩和长石石英砂岩互层），在惠来一带粉砂岩显著增多。该组总厚度 680.9～1176.7 m，自西往东增厚；含有菊石 *Arietites* 和 *Hongkongites* 等，时代属早侏罗世辛涅缪尔期。

吉水门组　Jĵs　(44-0906)

【创名及原始定义】　广东区调队 (1989)[8] 以海丰吉水门剖面命名吉水门段。原指海丰—

惠东一带位于长埔段之上的一套泥质岩，岩性为紫灰、灰黑色中厚—厚层状泥质岩夹少量砂岩、粉砂岩和磷质铁质泥质岩。

【沿革】 广东区调队（1973）在海丰地区称为金鸡群第二亚群中上部。黎汉明等（1994）修订为吉水门组。

【现在定义】 指整合于长埔组与青坑村组之间的一套泥岩。岩性以浅灰、灰、灰黑色中厚层及厚层状泥岩为主，夹少量磷质铁质泥岩、砂岩和粉砂岩。顶、底部均以大套泥岩为标志与上覆青坑村组和下伏长埔组分界。

【层型】 正层型为海丰县吉水门剖面（115°03′，22°50′），广东区调队1987年测制。

吉水门组	总厚度>1 034.5 m
35. 灰白色中厚层状泥岩（未见顶）	5.8 m
34. 浮土掩盖，底部出露有灰黑色中厚层状含碳质泥岩，具铁质、硅质结核或条带。含菊石 *Hongkongites* sp.，双壳类 *Parainoceramus* sp. 及植物化石碎片	68.1 m
33. 灰黑色厚层状含铁质泥岩，具铁质、硅质结核或条带，含植物 *Neocalamites* sp.	52.8 m
32—30. 灰黑色厚层状泥岩、含磷质黄铁矿泥岩和磷质铁质泥岩	220.8 m
29—26. 灰黑色中厚—薄层状泥岩夹粉砂质泥岩，含双壳类 *Parainoceramus* sp.	193.6 m
25. 浅灰、紫灰、紫红（风化）色厚层状细粒岩屑石英砂岩、细砂质石英粉砂岩与泥岩、粉砂岩互层	77.0 m
24. 紫灰、浅紫红（风化）色厚层状泥岩，含菊石 *Arietites* cf. *bonnardii* 和植物 *Phoenicopsis*? sp.，*P.* cf. *angustifolia*	99.9 m
23—20. 紫灰色、浅紫红（风化）色厚层状粉砂质泥岩与泥岩互层，底部为紫红（风化）色厚层状含砾砂质泥岩	315.90 m

——————— 整　合 ———————

下伏地层：**长埔组**　厚层状细粒石英砂岩、粉砂岩与铁质泥岩互层

【地质特征及区域变化】 该组广泛分布于河源、紫金、海丰、揭西等地，岩性稳定，自东往西砂岩粉砂岩略有增多。总厚度1039.9～1304.5 m，自东往西变薄。富含菊石 *Arietites* 和 *Hongkongites* 等，时代属早侏罗世辛涅缪尔期。

青坑村组　*Jq*　（44-0907）

【创名及原始定义】 广东区调队（1991）[9]以惠来青坑剖面命名青坑段。原指惠来青坑一带位于吉水门段之上，桥源组之下的一套碎屑岩。岩性为灰白—灰色中厚层状细粒长石石英砂岩、粉砂岩和粉砂质泥质岩互层。

【沿革】 广东区调队（1973）在海丰地区称为金鸡群第二亚群的上部。黎汉明等（1994）修订其为青坑村组。

【现在定义】 指整合于吉水门组与桥源组之间的一套砂岩、粉砂岩夹泥岩。岩性以灰白—灰色中厚层状细粒长石石英砂岩、细粒石英砂岩、粉砂岩为主，夹泥岩。顶以粉砂岩与桥源组底部之含砾砂岩分界；底部以细粒砂岩与下伏吉水门组顶部之泥岩分界。

【层型】 正层型为惠来县青坑村剖面（116°04′，23°07′），广东区调队1990年测制。

上覆地层：**桥源组**　紫灰、浅黄色中厚层状细粒岩屑石英砂岩，偶含砾石

——————— 整　合 ———————

青坑村组　　总厚度1 221.2 m

57. 浅灰色中厚—厚层状泥质粉砂岩夹石英砂岩 15.5 m

56—54. 浅灰、黄灰色中厚层状细粒长石石英砂岩与泥质粉砂岩互层，夹薄—微薄层状泥质粉砂岩与粉砂质泥岩组成的韵律层 177.1 m

53—52. 浅灰、黄灰色中厚层状细粒长石石英砂岩夹泥质粉砂岩、粉砂质泥岩 74.8 m

51. 浅灰色中厚层状泥质粉砂岩夹细粒长石石英砂岩，偶夹薄—微薄层状泥岩与粉砂质泥岩组成的韵律层 24.5 m

50—49. 浅灰、浅黄色中厚层状细粒长石石英砂岩、泥质粉砂岩、粉砂质泥岩互层 73.6 m

48. 浅黄、浅灰色中厚层状细粒长石石英砂岩与泥质粉砂岩互层，偶夹粉砂质泥岩 176.2 m

47—46. 黄白、浅灰色厚层状泥质粉砂岩夹粉砂质泥岩和细粒长石石英砂岩 151.8 m

45—44. 浅灰色中厚层状粉砂质泥岩夹泥质粉砂岩 135.2 m

43. 浅灰色中厚层状细粒长石石英砂岩与粉砂质泥岩互层 22.3 m

42. 浅灰色中厚层状粉砂质泥岩夹泥质粉砂岩，含双壳类 *Nuculana*? sp.，*Meleagrinella* sp.，*Astarte* cf. *delicata*，*Mytilus* cf. *lamellosus* 和菊石 *Arietites* sp. 62.1 m

41—38. 黄灰、浅灰色薄层及中厚层状泥质粉砂岩夹粉砂质泥岩，偶夹粉砂岩。含双壳类 *Entolium*? sp. 及海百合茎和植物化石碎片 177.0 m

37. 浅黄、浅灰色中厚层状中细粒长石石英砂岩和泥质粉砂岩互层，夹少量粉砂质泥岩和薄—微薄层状泥质粉砂岩与粉砂质泥岩组成的韵律层 37.9 m

36. 浅灰色厚层状粉砂质泥岩 23.6 m

35. 浅灰、紫红（风化）色中厚层状细粒长石岩屑砂岩、粉砂岩与粉砂质泥岩互层 69.4 m

——————— 整 合 ———————

下伏地层：吉水门组　浅灰色中厚层状粉砂质泥岩，含少量硅质结核或条带

【地质特征及区域变化】　该组分布于河源、紫金、惠东、惠来等地，由砂岩—粉砂岩—泥岩反复叠置组成。在区域上，自西往东变细，河源地区以石英砂岩为主，惠东地区以长石石英砂岩为主。该组总厚度 1048～1640 m，自西往东增厚。在惠来青坑剖面下部含菊石 *Arietites*，时代暂定为辛涅缪尔期—普林斯巴（Pliensbachian）早期。

嵩灵组　*Js*　（44－0908）

【创名及原始定义】　广东区调队（1972）[10]以梅县嵩灵上溪口剖面命名嵩灵群。原指蕉岭高思—梅县嵩灵一带不整合于文笔山组之上，高基坪群之下的一套碎屑岩和火山岩地层；自下而上分为碎屑岩、碎屑岩夹火山岩、中基性火山岩、中酸性火山岩和杂色碎屑岩等 5 个岩性段。

【沿革】　广东区调队（1971）在 1∶20 万梅县幅区调报告中称金鸡群，划分三个亚群，下亚群指整合于小坪组之上的河流、三角洲相粗碎屑沉积，中亚群为海陆交互相碎屑岩，上部夹中性、中酸性喷出岩，上亚群为含煤地层，局部见安山质凝灰岩、凝灰质砂砾岩夹层。《中南地区区域地层表》（1974）仍按广东区调队（1972）意见称嵩灵群，并细分下、中、上 3 个亚群。广东区调队（1987）于《粤东下侏罗统初步研究报告》中修订嵩灵群限定为中、上亚群，将下亚群划入小坪组。《广东省区域地质志》（1988）将中、上亚群分别修订为金鸡组和桥源组。此次对比研究修订为嵩灵组，将其限指含煤碎屑岩之间的早侏罗世火山碎屑岩。

【现在定义】　指位于小坪组（或头木冲组）与桥源组之间的一套碎屑岩和火山岩。由砂岩、凝灰质砂岩、粉砂岩、粉砂质页岩、沉凝灰岩、火山角砾岩和安山岩、安山质凝灰岩、英安质凝灰岩、流纹质凝灰岩等组成。底部以火山岩为标志与下伏地层呈喷发不整合接触。顶与桥源组含煤（碳质页岩）碎屑岩呈整合接触。

【层型】 正层型为梅县嵩灵剖面（116°16′，24°34′），广东区调队1972年测制。

嵩灵组 总厚度> 879.6 m

23. 安山岩（未见顶） 94.4 m

22. 暗绿色火山渣状安山质玻屑角砾凝灰岩及暗绿色粗粒角砾状安山质凝灰岩 241.6 m

21. 棕灰、浅棕红色（风化）安山质沉凝灰岩及暗绿色安山质晶屑玻屑凝灰岩 36.5 m

20. 浅灰、灰白色中厚层状细—中粒长石石英砂岩夹灰绿色薄层状粉砂质页岩 24.5 m

19. 浮土掩盖 99.3 m

18. 灰黑色粉砂岩及浅灰白色中厚层状细粒长石石英砂岩 65.7 m

17. 浅灰、灰绿色中厚层状长石石英砂岩夹少量黑色粉砂岩，底部夹一薄煤层。含植物 *Podozamites lanceolatus*, *Nilssonia* sp., *N. orientalis* 及双壳类 *Pleuromya* sp. 136.5 m

16. 角砾状凝灰岩 8.9 m

15. 灰绿色英安质角砾状玻屑凝灰岩，下部夹黑色粉砂岩、粉砂质页岩。含植物 *Nilssonia* sp. 18.1 m

14. 浅灰色中厚层状细粒长石石英砂岩、碳质粉砂岩夹3层煤（厚度分别为10、20、30 cm） 5.1 m

13. 浅灰、灰绿中厚层状细粒长石石英砂岩夹灰黑色粉砂岩，含植物 *Podozamites lanceolatus*, *Todites goeppertianus*, *Thaumatopteris* sp., *Cladophlebis* sp. 118.0 m

12. 棕黄、棕红色流纹质玻屑凝灰岩及绿色杏仁状安山岩 31.0 m

~~~~~~~~~~ 不整合 ~~~~~~~~~~

下伏地层：小坪组 黑色粉砂岩及粉砂质页岩与浅灰色薄—中厚层状细粒石英砂岩互层，偶夹煤层

【地质特征及区域变化】 该组仅分布于梅县、连平等地，岩性变化较大，特别是火山碎屑沉积岩夹层不稳定，在区域上可变为火山碎屑岩或熔岩，在连平上坪夹有玄武岩。由于断裂破坏，该组厚度一般不全，可见厚度217～879.6 m。在蕉岭墨赖头含有菊石 *Psiloceras* cf. *planorbis*，时代属早侏罗世早期。

桥源组 Jqy (44-0909)

【创名及原始定义】 广东煤田205队(1969)[①]以曲江桥源剖面命名桥源段，原指曲江天门坳—东周勒一带曲江群上部的一套砂岩。岩性为灰、绿灰色中粗粒长石石英砂岩，上部和下部均夹粉砂岩、泥岩及煤线。与下伏天门坳段为整合接触。

【沿革】 广东煤田205队(1970)在创建东周勒群的同时将桥源段修订为桥源组。《广东省区域地质志》(1988)将桥源组推广到全省，代表早侏罗世晚期地层，在区域上指整合于金鸡组和漳平组之间的海退序列海陆交互相碎屑岩，时代为普林斯巴期—阿林期(Aalenian)。

【现在定义】 指整合于金鸡组之上、不整合于伞洞组之下的一套含煤碎屑岩。由紫灰、深灰、灰黑色中—细粒长石石英砂岩及粉砂岩和泥岩呈不等厚互层，夹少量粗粒砂岩、煤层和煤线。以下部岩性粒度粗、上部细、中部沉积韵律发育和夹煤层为特征。在区域上整合或平行不整合于漳平组紫红色砂岩（或塘厦组凝灰质砂岩）之下。

【层型】 正层型为曲江县桥源剖面（113°25′，24°48′），广东706队1985年重测。

桥源组 总厚度> 364.5 m

9. 灰白—棕灰色中厚层状中细粒长石石英砂岩（未见顶） 30.0 m
~~~~~~~~~~

8. 浅灰、褐灰色薄层状粉砂岩，底部为薄层泥质粉砂岩 37.1 m

7. 灰白色中厚层状中细粒长石石英砂岩 122.9 m

6. 灰—灰白色薄层状粉砂质泥岩 2.3 m

5. 灰黄色厚层状中细粒长石石英砂岩 44.6 m

4. 浅灰白色中厚层状中细粒长石石英砂岩夹灰黑、浅棕色粉砂质泥岩及石英粉砂岩 51.1 m

3—2. 灰白色厚层状细粒长石石英砂岩，底部为深灰色薄层状粉砂质泥岩 37.6 m

1. 浅灰黄色中厚层状中粗粒长石石英砂岩，粒度由上往下逐渐变细 38.9 m

——————整 合——————

下伏地层：**金鸡组** 灰黑色薄层状粉砂质泥岩

参考剖面为惠东县联和—上龙水剖面（115°13′，23°14′），广东区调队1983年测制。

【地质特征及区域变化】 该组零散分布于韶关、广州、河源、梅县和汕头等地，岩性稳定，但其中所夹的煤层极不稳定。上覆地层随地而异，在惠阳至深圳和大埔至梅县一带被塘厦组整合或平行不整合覆盖，在紫金至惠阳一带被漳平组整合或平行不整合覆盖，在普宁—陆丰一带被热水洞组或龙潭坑组喷发不整合或不整合覆盖。其顶部一般均受到不同程度的剥蚀，残存厚度443.7～1407.6 m，东部比西部厚。富含植物和双壳类化石，时代属早侏罗世晚期至中侏罗世初期，自西往东时代逐渐变新。

塘厦组 *Jt* （44－0941）

【创名及原始定义】 广东761队（1962）以东莞塘厦剖面命名塘厦群，原指分布于东莞塘厦至宝安观澜一带的页岩及火山碎屑岩。按岩性分为两个亚群：下亚群由一套含火山灰的碎屑岩和页岩组成，与下伏早侏罗世或前侏罗纪地层呈断层或不整合接触；上亚群为一套伴有火山活动的砂页岩及火山碎屑岩，未见顶。

【沿革】 谢家荣等（1928）称“李朗层”。塘厦群命名后因时代归属存在争议未被推广。此次对比研究考虑其作为岩石地层单位是客观存在，故改称为组并推荐使用。

【现在定义】 塘厦组指位于桥源组之上的一套杂色碎屑岩和火山碎屑沉积岩。岩性以砂岩、凝灰质砂岩、粉砂岩、泥岩、凝灰质泥岩为主，夹少量凝灰岩及砂砾岩和砾岩，以普遍含火山物质为特征。底部以火山碎屑沉积岩为标志与下伏桥源组呈平行不整合接触。

【层型】 正层型为东莞县塘厦剖面（114°01′，22°48′），广东761队1962年测制。

塘厦组 总厚度＞717.00 m

31. 凝灰质砾岩（未见顶） 12.0 m

30—24. 紫—紫灰色中层状凝灰质细砂岩与凝灰质粉砂岩 84.0 m

23. 紫色中层状凝灰质砾岩 5.0 m

22—17. 紫—紫灰色中层状凝灰质细粒砂岩与紫色块状凝灰质粉砂岩互层 67.0 m

16. 紫色块状凝灰质粉砂岩夹泥质页岩 9.0 m

15—13. 紫—紫红色中层状凝灰质细粒砂岩与紫色块状凝灰质粉砂岩互层 51.0 m

12. 紫灰色中层状含砾石不等粒凝灰质砂岩 16.0 m

11—8. 紫色中—厚层状凝灰质粉砂岩与灰紫色中—厚层状中粒凝灰质砂岩互层 24.0 m

7—6. 灰紫—紫红色薄层状凝灰质粉砂岩夹含凝灰质页岩 59.0 m

5. 紫红色薄层状含凝灰质页岩与细粒凝灰质砂岩及中粒凝灰质砂岩互层，夹含砾不等粒凝灰质砂岩 114.0 m

4—3. 灰白—白色中层状中粒凝灰质砂岩 44.0 m

2. 紫红色薄层状含凝灰质页岩，夹灰白色凝灰质细砂岩及紫红色凝灰质粉砂岩　104.0 m

1. 灰—灰白色块状含砾凝灰质砂岩，夹凝灰质砂岩及紫红色沉凝灰岩（未见底）　128.0 m

【地质特征及区域变化】 该组分布于东江地层分区的河源断裂与深圳—五华深断裂之间。主要由砂岩、凝灰质砂岩—粉砂岩、泥岩、凝灰质泥岩反复叠置组成，在区域上岩性变化不大，梅县八凉帽夹有流纹斑岩，东莞塘厦清溪—雁田一带泥岩显著增多。由于构造破坏，一般未见顶底界，总厚度 586.0～2130.7 m。在梅县鹅峰髻该组含双壳类 *Pseudocardinia*?，? *Tutuella rotunda* 等；在东莞塘厦至宝安雁田一带，含叶肢介 *Palaeolimnadia baitianbaensis*，*Nestoria* 等；区域延展具穿时性，在深圳一带为早侏罗世晚期—中侏罗世早期，梅县一带为中侏罗世早期。

麻笼组 J*m* (44-0942)

【创名及原始定义】 南岭区测队 2 分队（1958）在 1∶20 万连平、和平、新丰、忠信地区地质测量总结报告（初稿）中，以连平麻笼嶂剖面命名麻笼岩系。原指连平石背岭及麻笼嶂等地以残留帽盖产出、呈角度不整合覆于蓝塘群或更老的地层之上的一套碎屑岩。下部由黄白及灰白色砾岩、砂砾岩、粗砂岩组成，往上为粗粒石英砂岩夹紫色泥质岩及粉砂岩，偶夹流纹斑岩。

【沿革】 广东 762 队（1959）将其修订为麻笼群。此次对比研究修订为麻笼组。

【现在定义】 指不整合于桥源组之上的一套杂色较粗的碎屑岩，由灰白—灰或紫灰—浅紫色砾岩、砂砾岩、粗砂岩及粉砂岩和泥岩组成。顶界不明。

【层型】 正层型为连平县麻笼嶂剖面（114°31′，24°13′），南岭区测队 2 分队 1958 年测制。

【地质特征及区域变化】 该组零散分布于韶关、连平和怀集等地。由砾岩、砂砾岩、粗砂岩、粉砂岩、页岩反复叠置组成。在区域上岩性变化不大，连平麻笼嶂一带夹有流纹岩。下伏地层除在连平地区外，一般不整合于前侏罗纪地层之上，未见顶，残存厚度 200～1100.5 m，未获化石资料，时代暂定为中侏罗世。

漳平组 J*ẑ* (44-0943)

【创名及原始定义】 福建省地质局区测队（简称福建区测队，下同）（1965）以福建漳平城郊剖面命名漳平群。指整合覆于梨山群之上、不整合于晚侏罗世火山岩系之下以淡水双壳类 *Tutuella-Pseudocardinia* 动物群大量出现为特征的一套细碎屑沉积。岩性为以红色为主的杂色砂页岩。

【沿革】 广东区调队（1971）将漳平群引用于梅县地区，1977 年推广到粤东沿海，代表整合或平行不整合于金鸡群之上的一套湖泊相凝灰质碎屑岩。《广东省区域地质志》(1988) 称漳平组，代表整合或平行不整合于桥源组之上的以紫红色含凝灰质碎屑岩为主，局部夹火山熔岩及凝灰角砾岩的含淡水双壳类的地层。本次对比研究从福建命名漳平组的原始含义，专指以紫红色为主的杂色砂质岩。而将富含火山凝灰物质夹火山熔岩的地层称塘厦组。

【现在定义】 在福建指位于梨山组之上、长林组之下的内陆盆地杂色细碎屑沉积。下段以紫红色为主的杂色细砂岩、粉砂岩、泥页岩；上段为黄灰、浅紫等杂色砂岩、粉砂岩夹含砾杂砂岩，偶夹凝灰质粉砂岩、凝灰岩等。底与梨山组呈整合接触，顶被长林组复成分砂砾岩不整合覆盖。在广东指位于桥源组（或塘厦组）之上、吉岭湾组（或热水洞组）之下的一套杂色碎屑岩。由紫红、灰白、灰绿色砂岩及粉砂岩和泥岩夹少量含砾砂岩和砾岩组成；底部以含砾砂岩或砂岩为标志与下伏桥源组（或塘厦组）呈整合或平行不整合接触，顶为吉岭湾组灰绿色安山岩喷发不整合所覆盖。

【层型】 正层型为福建省漳平市城郊剖面。本省次层型为河源县黄村剖面（115°17′，23°48′），广东703队1975年测制。

上覆地层：**吉岭湾组** 灰—灰绿色安山岩，底部见火山角砾岩及安山质凝灰岩

～～～～～～ 不整合 ～～～～～～

漳平组	总厚度＞410.0 m
14. 浅紫红色厚层状长石石英砂岩夹紫红、灰色薄层状泥岩	200.0 m
13. 紫红色中粒长石石英砂岩夹灰色薄层状泥岩	180.0 m
12. 紫红色含砾长石石英砂岩	30.0 m

———— 整　合 ————

下伏地层：**桥源组** 11. 浅棕灰色厚层状细粒长石石英砂岩夹灰色薄层状泥岩　10.0 m

【地质特征及区域变化】 该组分布于河源、紫金、梅州、汕头等地，由砂岩—粉砂岩、泥岩反复叠置组成。在区域上，自南往北岩石粒度变粗，如大埔大麻、饶平锡坑等地下部之砾岩、砂砾岩夹层显著增多。该组顶部一般受剥蚀，残存厚度350.4～2147.2 m。未获化石资料，时代暂定为中侏罗世。

吉岭湾组 *Jjl* （44-0944）

【创名及原始定义】 张有正等（1962）[11]以河源黄村吉岭湾剖面命名吉岭湾群。指出露于紫金—平远一带的一套中基性火山岩，由安山玢岩、辉石安山玢岩夹少量酸性火山岩、英安质火山碎屑岩、凝灰质砂岩、粉砂岩、页岩和砾岩组成。

【沿革】 广东区调队（1965）将其置于高基坪群下亚群，《广东省区域地质志》（1988）称为高基坪下亚群第二段。但《中南地区区域地层表》（1974）采用吉岭湾群。此次对比研究仍推荐使用吉岭湾群并修订为吉岭湾组。

【现在定义】 指位于漳平组之上、高基坪群（热水洞组）之下的一套中基性火山岩。岩性以安山岩为主，夹玄武岩、英安质—安山质凝灰熔岩、安山质凝灰岩和火山角砾岩等。底部以火山角砾岩或安山质凝灰岩为标志，与下伏漳平组或前侏罗纪地层呈喷发不整合接触；上被高基坪群酸性火山岩喷发不整合所覆盖。

【层型】 正层型为河源县黄村剖面（115°17′，23°48′），广东703队1975年重测。

上覆地层：**高基坪群（热水洞组）** 灰、浅灰色流纹岩

～～～～～～ 不整合 ～～～～～～

吉岭湾组	总厚度 420.0 m
18. 灰黑色英安质—安山质晶屑凝灰熔岩	100.0 m
17. 灰黑色安山岩	120.0 m
16. 灰黑—灰绿色橄榄辉石玄武岩	110.0 m
15. 灰—灰绿色安山岩，底部见火山角砾岩及安山质凝灰岩	90.0 m

～～～～～～ 不整合 ～～～～～～

下伏地层：**漳平组** 浅紫红色厚层状长石石英砂岩夹紫红、灰色薄层状泥岩

【地质特征及区域变化】 该组分布于惠阳、河源、梅县等地，一般由火山角砾岩、安山

质凝灰岩—安山岩、玄武岩—安山质凝灰岩、英安质凝灰熔岩、英安岩相互叠置组成。在区域上岩性和厚度变化较大，特别是底部的火山碎屑岩可变为火山碎屑沉积岩或正常沉积岩。在增城东洞，该组不整合于小坪组之上，总厚度1079.1 m，下部54.9 m为英安岩、英安质角砾凝灰岩、英安质火山集块角砾岩、英安质沉角砾凝灰岩，夹凝灰质粉砂岩和页岩。在从化大岭山林场，底部碎屑岩显著增多，并夹有钙硅角岩、石榴石矽卡岩。在博罗利山墨石坑，该组总厚大于109.7 m，以安山岩、安山质凝灰岩、粉砂岩为主，夹有赤铁矿、磁铁矿层。而在墨石坑南4.5 km的黄姜龙，全由玄武岩、安山岩、安山质凝灰熔岩、安山质凝灰岩和英安质凝灰熔岩组成。河源黄村吉岭湾总厚420 m，夹有橄榄辉石玄武岩。在吉岭湾北约2 km的上湖肚，总厚693.9 m，全由辉石安山岩组成。在平远高塘头，不整合于小坪组之上，总厚670 m，夹有流纹岩、凝灰质砂砾岩、凝灰质页岩薄层。而在高塘头北约16 km的东石，岩性较为单一，以安山岩和玄武岩为主。该组在博罗利山采获双壳类？*Ferganoconcha*，在增城东洞获Rb－Sr等时线年龄值为187±16 Ma，时代属中侏罗世。

龙潭坑组　*Jl*　(44－0945)

【创名及原始定义】　广东区调队（1991）[9]以普宁龙潭坑剖面建立，指普宁龙潭坑—惠来西岭一带不整合于蓝塘组或桥源组之上的一套火山-沉积型地层。

【沿革】　广东区调队（1973）在1∶20万海丰幅区调报告中将陆丰县陂洋一带喷发不整合于金鸡群之上，由酸性、中酸性火山碎屑岩或熔岩和少量沉积岩夹层组成的地层称兜岭群。广东区调队（1991）所创的龙潭坑组即兜岭群底部的一套火山沉积碎屑岩。

【现在定义】　指位于蓝塘群（或桥源组）之上、高基坪群（南山村组）之下的一套火山碎屑沉积岩。下部为紫红或黄白色沉集块岩、沉凝灰岩、砂岩和砂砾岩，夹流纹质凝灰岩；上部为灰至灰白色流纹质凝灰岩，夹紫红或黄白色沉集块角砾岩、砂岩。底部以凝灰质砂砾岩为标志，与下伏蓝塘群呈不整合接触，上被高基坪群英安—流纹质火山岩喷发不整合所覆盖。

【层型】　正层型为普宁县龙潭坑剖面（115°52′，23°10′），广东区调队1990年测制。

上覆地层：**高基坪群（南山村组）**　青灰色英安—流纹质凝灰岩

～～～～～～～～ 不整合 ～～～～～～～～

龙潭坑组	总厚度 906.5 m
26. 浅紫红色凝灰质粉砂岩	0.3 m
25. 灰白、砖红色流纹质玻屑（火山灰尘）凝灰岩	28.5 m
24. 黄白色沉集块角砾岩	21.1 m
23. 紫红色轻变质长石岩屑粉砂岩，上部过渡为沉凝灰岩	21.9 m
22—20. 青灰色流纹质角砾凝灰岩夹流纹质玻屑凝灰岩	17.7 m
19. 浅紫红色含砾凝灰质粉砂岩	3.4 m
18. 青灰色流纹质含角砾凝灰岩	86.6 m
17—16. 紫灰色英安质沉集块角砾岩及黄灰色英安质沉凝灰角砾岩，底部为紫红色	157.7 m
15—9. 灰白色及黄白色流纹质凝灰岩、沉凝灰岩及角砾凝灰岩	155.3 m
8. 紫红色英安—流纹质玻屑凝灰岩	8.2 m
7. 黄白色凝灰质砂岩	20.0 m
6. 青灰色流纹质角砾凝灰岩	83.7 m
5. 紫红色凝灰质粉砂岩，夹凝灰质细粒砂岩、凝灰质泥岩和黄白色轻变质岩屑粉砂—细粒砂岩	93.4 m

4. 紫红色英安—流纹质凝灰岩 18.5 m

3. 黄白色长石岩屑细砂—粉砂岩 32.7 m

2—1. 青灰色流纹质玻屑凝灰岩及黄白色流纹质凝灰岩，底部为凝灰质砂砾岩（0.45m） 57.5 m

~~~~~~~~~ 不整合 ~~~~~~~~~

下伏地层：蓝塘群（吉水门组） 黑色泥岩

【地质特征及区域变化】 该组仅分布于海丰、普宁等地，岩性变化较大，凝灰质砂砾岩在短距离内可变为凝灰质砂岩或凝灰质含砾砂岩或复成分砾岩。如在海丰一带，本组夹有流纹质凝灰岩。在惠来一带夹流纹质熔结凝灰岩。在普宁一带上部流纹质凝灰岩显著增多。除龙潭坑剖面外，其上覆地层一般为热水洞组喷发不整合覆盖；总厚385.2～906.5 m。在普宁大坪—惠来葵潭一带富含晚侏罗世孢粉化石；在惠来钟丘洋、海丰鸡母巢等地，其上覆热水洞组火山岩的Rb-Sr等时线年龄值为171.00～173.3 Ma。据此，龙潭坑组的时代暂归属中侏罗世。

高基坪群 JK*G* (44-0971)

【创名及原始定义】 张有正等（1962）[11]以丰顺高基坪剖面创建，指惠阳—五华一带位于蓝塘群之上、官草湖群之下的一套以酸性喷发岩为主的火山岩系。主要由流纹斑岩、凝灰熔岩和霏细斑岩组成，中部为灰黑至黑色碳质页岩、凝灰质页岩、凝灰质砾岩和凝灰岩。

【沿革】 广东761队（1958）于揭西县河婆命名河婆岩系，时代定中侏罗世。张有正、倪岳英（1962）修订为高基坪群，时代定晚侏罗世（而将吉岭湾群置于中侏罗世）；《中南地区区域地层表》（1974）采用这一方案。广东区调队（1971—1973）引用兜岭群并均将时代置于晚侏罗世。广东区调队在1977年《广东省1：50万地质图说明书》和1988年《广东省区域地质志》中所使用的高基坪群均将“吉岭湾群”包括在内，并称为高基坪群下亚群。此次对比研究从张有正、倪岳英的原始含义，限于吉岭湾组之上的一套以酸性流纹岩、英安岩及其火山碎屑岩为主的地层（即习惯沿用的高基坪群上亚群）。

【现在定义】 指喷发不整合于龙潭坑组或吉岭湾组或蓝塘群之上，被官草湖组不整合覆盖的一套中酸性、酸性火山岩；以火山碎屑岩为主，火山碎屑沉积岩和熔岩为次的地层。自下而上包括热水洞组、水底山组和南山村组。

【层型】 正层型为揭西县高基坪剖面（115°54′，22°38′），广东761队1959年测制。

【地质特征及区域变化】 紫金县义容高基坪群以暗灰、灰色流纹质熔结凝灰岩为主，夹沉凝灰岩及黑色板岩，细粒砂岩，厚度大于1940 m。深圳—惠东一带高基坪群下部以流纹岩、流纹质凝灰岩为主，上部为流纹岩夹英安岩，厚度大于3340 m。海丰鲘门高基坪群以流纹岩为主，中上部夹英安岩或流纹质英安岩，厚度可达6000 m。陆丰南峰坳高基坪群下部以流纹岩为主，中上部以英安质、流纹质熔岩为主，总厚度大于3700 m。丰顺八乡高基坪群中部（水底山组）可见结晶灰岩、钙质砂岩、板岩及含磁铁矿矽卡岩。饶平鹅面寮高基坪群沉积岩夹层明显增多。梅县地区高基坪群下部以流纹岩为主，上部以英安岩为主，总厚度大于2000 m。高基坪群沿惠阳—海丰、揭西—饶平一带厚度巨大，构成沿海地层分区的主要陆相火山岩带。

热水洞组 J*r* (44-0972)

【创名及原始定义】 广东区调队（1989）[8]以海丰热水洞至惠东鲜水塘一带为典型地区命
~~~~~~~~~

名热水洞段。指海丰热水洞至惠东鲜水塘一带位于高基坪群下部的一套灰—深灰色流纹质火山碎屑岩和英安—流纹质火山碎屑岩（局部有流纹质熔岩、英安—流纹质熔岩和火山碎屑沉积岩）。

【沿革】 相当于《广东省区域地质志》(1988) 所称高基坪群上亚群第一段。广东区调队 (1991) 修订为热水洞组。

【现在定义】 指喷发不整合于蓝塘群之上，平行不整合于水底山组之下的一套酸性及中酸性火山碎屑岩。主要由流纹质火山碎屑岩和英安—流纹质火山碎屑岩组成，夹少量火山碎屑沉积岩，顶部见有熔岩。

【层型】 正层型为海丰县热水洞剖面 (115°00′，22°50′)，广东区调队 1989 年测制。

上覆地层：**水底山组** 深灰色沉凝灰岩

——————— 平行不整合 ———————

热水洞组	总厚度 1 754.0 m
6. 灰色流纹质熔结凝灰岩；上部含角砾，中部浮土掩盖（约 141 m）	284.6 m
5. 灰色流纹质熔结凝灰岩，中—上部含集块和角砾	372.1 m
4. 灰色流纹质熔结凝灰岩	67.6 m
3. 灰色流纹质熔结浆屑凝灰岩	223.1 m
2. 灰色流纹质熔结凝灰岩；上部含角砾，下部为浮土掩盖（约 193m）	718.7 m
1. 深灰色英安—流纹质熔结凝灰岩	87.9 m

～～～～～～～ 不整合 ～～～～～～～

下伏地层：**吉水门组** 黑色泥岩

【地质特征及区域变化】 热水洞组广泛分布于惠东、海丰等地，亦零散分布于广州、河源、梅县地区。其岩性变化不大，大致以深圳—五华断裂为界，东南侧流纹质熔结凝灰岩发育，在丰顺八乡夹有铁矿层，在惠来石流潭有珍珠岩；西北侧流纹岩发育，在河源桂山夹有玄武岩。其下伏地层随地而异，除蓝塘群外还分别不整合或喷发不整合覆于桥源组、漳平组、吉岭湾组、龙潭坑组或前侏罗纪地层之上。总厚度 137.1～1764.0 m，以海丰—丰顺为中心向外变薄。该组全岩 Rb－Sr 等时线年龄值 146.8～175.12 Ma，时代属中—晚侏罗世，在河源—海丰—惠来一带火山喷发较早，时限较长，自此往外时限较短。

水底山组 J$\hat{s}$d (44－0973)

【创名及原始定义】 广东区调队 (1989)⑧以惠东鲜水塘—水底山一带为典型地区命名水底山段，指位于热水洞段与南山段之间的一套火山碎屑沉积岩夹火山碎屑岩（局部可见泥质砾岩）。

【沿革】 相当于《广东省区域地质志》所称高基坪群上亚群第一段上部沉积岩夹层。广东区调队 (1991) 修订为水底山组。

【现在定义】 指平行不整合于热水洞组之上，被南山村组喷发不整合所覆盖的一套火山碎屑沉积岩，由灰—黑色页岩、凝灰质粉砂岩、凝灰质砂岩、沉集块岩、沉凝灰岩及流纹质熔结集块角砾岩等组成。底部以火山碎屑沉积岩为标志与下伏热水洞组分界。

【层型】 正层型为海丰县热水洞剖面 (115°00′，22°50′)，广东区调队 1989 年测制。

上覆地层：**南山村组** 灰色流纹质熔结凝灰岩

~~~~~~~~~~ 不整合 ~~~~~~~~~~

水底山组　　总厚度 180.40 m

11. 黑色千枚状页岩夹灰白色凝灰质砂岩，水平层理发育　　22.80 m

10. 深灰色流纹质熔结集块角砾岩，上部夹 3.5m 灰色凝灰质砂岩　　72.80 m

9. 黑色凝灰质粉砂质泥岩　　13.70 m

8. 黑色泥岩，含鱼类 *Lycoptera* sp.；植物 *Coniopteris hymenophylloides*，*Onychiopsis elongata*，*Ptilophyllum pecten*，*Cupressinocladus elegans*，*C. gracilis*，*C. haifengensis*，*Podozamites* sp.，*Brachyphyllum* cf. *obesum*；及孢粉 *Sphenophyllum* sp.，*Desmiophyllum* sp.，*Coniopteris* sp.，*Osmunda* sp.，*Leiotriletes* sp.，*Trachytriletes* sp.，*Brachyphyllum* sp.，*Pinites* sp.，*Pseudopinus* sp.，*Protopicea* sp.，*Podocarpites* sp.，*Striatopinites* sp. 等　　24.30 m

7. 灰色沉凝灰岩夹凝灰质粉砂岩，具水平层理　　46.80 m

——————— 平行不整合 ———————

下伏地层：**热水洞组**　灰色流纹质含角砾熔结凝灰岩

【地质特征及区域变化】　该组分布于惠东、海丰、揭西、饶平等地。岩性变化不大，但底部的岩性不稳定，在区域上可变为深灰色沉集块岩或碳质粉砂岩或水平层理极发育的碳质页岩，甚至硅质泥岩。总厚度 79.3～672.1 m。富含植物、孢粉和叶肢介、鱼化石，时代暂归晚侏罗世。

南山村组　JK*n*　(44-0974)

【创名及原始定义】　广东区调队（1989）[8]以惠东南山村—长潭村一带为典型地区命名南山段，指惠东南山村—长潭村一带位于水底山段之上的一套中酸性、酸性火山岩。其下部为英安—流纹质含角砾熔结凝灰岩，中部为黑色泥岩、沉凝灰岩夹流纹质、英安—流纹质凝灰岩；上部为深灰色英安—流纹质熔结凝灰岩。

【沿革】　相当于《广东省区域地质志》（1988）所称高基坪群上亚群第二段。广东区调队（1991）修订为南山村组（包括原南山段及大安段）。

【现在定义】　指位于水底山组与官草湖组之间的一套火山碎屑岩。岩性主要为英安质火山碎屑岩、流纹质火山碎屑岩，夹少量火山碎屑沉积岩，顶部有熔岩。呈喷发不整合覆盖于水底山组之上，上被官草湖组砂砾岩不整合覆盖。

【层型】　正层型为海丰县热水洞剖面（115°00′，22°50′），广东区调队 1989 年测制。

南山村组　　总厚度＞1 121.40 m

22. 深灰色英安质熔结凝灰岩（未见顶）　　208.3 m

21. 灰白色粉砂质泥岩，岩石受接触热变质成斑点板岩　　4.9 m

20. 深灰色英安质熔结凝灰岩　　88.1 m

19. 深灰色流纹质熔结浆屑凝灰岩　　74.0 m

18. 灰色流纹质含角砾熔结凝灰岩　　31.4 m

17—16. 灰白、灰色流纹质玻屑凝灰岩及晶屑凝灰岩　　51.8 m

15. 灰白色流纹质熔结晶屑凝灰岩　　104.6 m

14. 灰色流纹质熔结凝灰岩　　182.5 m

13. 灰白色含角砾流纹质熔结浆屑晶屑凝灰岩　　127.1 m

12. 灰色流纹质熔结凝灰岩　　248.7 m
~~~~~~~~~~

~~~~~~~~~~~ 不整合 ~~~~~~~~~~~

下伏地层：水底山组　黑色千枚状页岩

【地质特征及区域变化】　该组广泛分布于沿海地层分区，岩性变化不大；在海丰尖峰山和陆丰十八尖等地发育有石泡流纹岩，在海丰坑口和普宁尖峰东等地的上部为富硅流纹岩，总厚度 242.2～2072.2 m。火山岩的 Rb－Sr 等时线年龄值为 131.0～141.0 Ma，时代属晚侏罗世—早白垩世。

第二节　生物地层概况

晚三叠世—晚侏罗世时期，本省属环太平洋生物区，化石丰富。现参考前人成果，按生物分类分述如下。

1. 菊石

本省下侏罗统富含菊石，研究者众，现将孙云铸等（1960，1980）、尹赞勋等（1964）、王思恩等（1985）、南颐（1989）等研究成果综合如下：

（1）*Psiloceras planorbis* 带

分布于广州地区的金鸡组下部、梅县地区的嵩灵组中下部及惠东—惠来地区的上龙水组，以 *Psiloceras* 的出现为底界，以该属的绝灭和 *Arietites* 的出现为顶界，时代属早侏罗世赫唐期。

（2）*Arietites semicostatus* 带

分布于广州地区的金鸡组中部，韶关地区的金鸡组中下部，河源地区的长埔组和吉水门组，惠东—惠来地区的上龙水组顶部、长埔组、吉水门组、青坑村组中及下部；以富含 *Arietites* 为特征；主要分子有 *Arietites semicostatus*，*A. bisulcostatus*，*A. bonnardii*，*A. successum*，*Hongkongites hongkongensis*，*Sulciferites sulciferus*，*Arnioceras robustum*，*A.* cf. *semicostatus*，等；以 *Psiloceras* 的绝灭和 *Arietites* 的出现为底界，以 *Arietites* 的绝灭和 *Uptonia* 的出现为顶界；时代属早侏罗世辛涅缪尔期。

（3）*Uptonia* 带

仅见于广州地区的金鸡组中及上部，以含 *Uptonia* 为特征，*Arietiees* 绝灭和 *Uptonia* 出现为底界，时代属普林斯巴早期。

2. 双壳类

本省晚三叠世—中侏罗世地层富含双壳类，研究者众多，现将李子舜（1977）、陈金华（1982、1983）、钱丽君等（1987）研究成果综合如下：

（1）*Guangdongella* - *Bakevelloides* 组合

分布于韶关和河源地区的红卫坑组及广州地区的小坪组，以富含 *Bakevelloides*，*Guangdongella* 为特征；组成分子主要有 *Bakevelloides guangdongensis*，*B. hekiensis*，*B. matsushitai*，*Guangdongella exquisita*，*G. longimorpha*，*Pteria* cf. *pahangensis*，*P. latististriata*，*Waagenoperna triangularis*，*Nanlingella niugudunensis* 等。据陈金华（1983）研究，其时代属卡尼期。

（2）*Palaeophorus* - *Oxytoma* 组合

分布于韶关、英德和河源地区的小水组，以富含 *Oxytoma*，*Palaeophorus* 为特征；主要
~~~~~~~~~~~

分子有 *Oxytoma mojsisovicsi*, *O. sinensis*, *O. dabaoshanensis*, *O.* cf. *yeharai*, *Palaeophorus gigantus*, *P. lanceolatus*, *P. oblongatus*, *Entolium kolymense*, *Plagiostoma xiaoshuiensis*, *Chlamys similis*, *Modiolus paronaiformis*, *M. quadraformis*, *Pleuromya wakasana*, *Tosapecien himalis janensis*, *Isocardioides yini* 等。据李子舜（1977）研究，其时代属卡尼期。

(3) *Jiangxiella* - *Modiolus* 组合

分布于韶关和河源地区的头木冲组。以富含 *Modiolus*, *Jiangxiella* 为特征；主要分子有 *Jiangxiella elliptica*, *J. subovata*, *J. dationensis*, *J. plana*, "*Volsella*" *problematica*, *V. niugudunensis*, *Lilingella* cf. *simplex* 等。据李子舜（1977）研究，其时代属诺利—瑞替期

(4) *Hiatella* 组合

分布于广州地区的金鸡组下部、河源和汕头地区的银瓶山组中上部及梅县地区嵩灵组下部，以富含 *Hiatella* 为特征，主要分子有 *Hiatella arenicola*, *H. rotundata*, *H. fabcea*, *H. sinemuriensis*, *H. curta*, *H. qingshanensis*, *H. minuta*；常见属种还有 *Nuculana doris*, *Palaeonucula navis*, *Astarte voltzii* 等。据陈金华（1982）研究，其时代属早侏罗世赫唐期。

(5) *Parainoceramus* - *Teinonuculana* 组合

分布于广州地区的金鸡组中上部、韶关地区的金鸡组、河源和汕头地区的上龙水组—吉水门组及梅县地区的嵩灵组中上部，以富含 *Teinonuculana*, *Parainoceramus* 为特征；代表分子有 *Teinonuculana graphic*, *Parainoceramus matsumotoi*, *P. amygdaloides*, *P. lunoris* 等；共生属种还有 *Retroceramus heyuanensis*, *Palaeoneilo galatea*, *P. hulukouensis jinjiensis*, *Luciniola problematica*, *L. cingulata*, *Mytilus lamellosus*, *Modiolus imbricatus*, *Veteranella jinjiensis*, *Nuculana dewalquei*, *Palaeonucula* cf. *navis* 等。据陈金华（1982）研究，其时代属早侏罗世辛涅缪尔期至普林斯巴早期。

(6) *Hunanella shijiabanensis* - *Lilingella cuneata* 组合

分布于韶关、河源和汕头地区的桥源组，以富含 *Lilingella*、*Hunanella* 为特征；重要的属种有 *Lilingella cuneata*, *L. simplex*, *L. fujianensis*, *L. robusta*, *Hunanella shijiabanensis*, *H. longa*, *H. guanyintanensis*, *H. oblongiformis*, *H. ovata*, *H. elliptica*, *H. wenjiachiensis*, *H. suborbicularis*, *H. eilotes*, *H. changbunensis*, *H. kuitanensis*, *H. triagularis*, *H. ziguiensis* 等。据钱丽君等（1987）研究，其时代属早侏罗世晚期。

3. 介形虫

本省晚三叠世—早侏罗世地层中介形虫化石比较丰富，中侏罗世—晚侏罗世地层也有报道，钱丽君等（1987）划分为 2 个组合。

(1) *Gomphocythere*? - *Miniocythere* 组合

分布于韶关地区的红卫坑组、广州地区的小坪组下部。主要由 *Gomphocythere*?, *Miniocythere* 组成；常见的种有 *Gomphocythere*? *donglingensis*, *G.*? *giganacclinia*, *G.*? *sublonga*, *G.*? *subovata*, *G.*? *urbana*, *G.*? *larga*, *G.*? *subquadrata*, *G.*? *nanqiaoensis*, *Miniocythere guangdongensis*, *M. subovata*, *Oncocythere subelliptica* 等。据钱丽君等（1987）研究，其时代属晚三叠世诺利期（Norian）。

(2) *Gomphocythere*? *yubacunensis* - *G.*? *longa* 组合

分布于广州地区的金鸡组下部，主要由 *Gomphocythere*? *longa*, *G.*? *yubacunensis*, *G.*? *chengtanjiangensis* 和极少量 *Oncocythere*, *Naevicythere*, *Tungchuania* 及 *Darwinula* 组成。据钱丽君等（1987）研究，其时代属早侏罗世早期。

4. 叶肢介

对本省晚三叠—晚侏罗世地层中的叶肢介化石刘淑文（1982）曾有报道，张韦（1984）称 *Asiolimnadiopsis - Eosolimnadiopsis* 组合。该组合仅见于河源地区的桥源组内；主要由 *Eosolimnadiopsis shanbeiensis*, *Asiolimnadiopsis heyuanensis*, *A. lantangensis*, *A. atalis*, *Guangdonglimnadiopsis para*, *G. buccing*, *G. huiyangensis*, *G. zhoujiangensis* 等组成。张韦（1984）认为其时代属里阿斯世中晚期。

5. 植物

本省晚三叠世—晚侏罗世地层均含植物化石，其中上三叠统较丰富，研究者众多。现依徐仁（1979）、周志炎（1984）等意见综合如下：

（1）*Ptilozamites - Lepidopteris* 组合

分布于韶关和河源地区的红卫坑组和头木冲组、广州和梅县地区小坪组、英德和罗定地区的小云雾山组，以富含 *Lepidopteris ottonis*, *Ptilozamites chinensis* 为特征；常见属种还有 *Pterophyllum aequale*, *P. ptilum*, *Anomozamites minor*, *Danaeopsis fecunda*, *Cladophlebis raciborskii* 等。据徐仁（1979）研究，其时代属晚三叠世。

（2）*Otozamites - Marattiopsis* 组合

分布于韶关地区的金鸡组、梅县地区的嵩灵组及汕头地区的银瓶山组，以富含 *Marattiopsis*, *Otozamites* 为特征；常见属种有 *Marattiopsis asiatica*, *M. muensteri*, *M. horensis*, *Otozamites minor*, *O. bechei*, *O. indosinensis*, *O. hsiangchiensis*, *Nilssonia polymorpha*, *N. orientalis*, *Todites goeppertianus*, *T. shensiensis*, *Stachypteris spicans*, *Clathropteris meniscioides*, *Taeniopteris tenuinervis*, *Phlebopteris angustiloba*, *Dictyophyllum nathorsti* 等。据周志炎（1984）研究其时代属早侏罗世早期。

6. 孢粉

本省晚三叠世—晚侏罗世地层均含孢粉化石，据王思恩等（1985）、钱丽君等（1987）等研究成果综合如下：

（1）*Ricciisporites tuberculatus - Ovalipollis* 组合

见于韶关地区的头木冲组和小水组，以裸子植物花粉略占优势，主要有 *Cycadopites*, *Chasmatosporites*, *Granasporites*, *Psophosphaera*, *Inaperturopollenites*, *Alisporites*, *Ricciisporites tuberculatus* 等；并出现 *Gliscopollis*, *Taeniaesporites*, *Ovalipollis* 等；蕨类孢子为次，主要有 *Dictyophyllidites*, *Concavisporites*, *Deltoidospora*, *Osmundacidites*, *Duplexisporites*, *Cyathidites trilobatus*, *Aratrisporites* 等。据钱丽君等（1987）研究，其时代属晚三叠世中晚期。

（2）*Classopollis - Cerebropollenites - Klukisporites* 组合

见于韶关地区的桥源组，以裸子植物花粉为主，主要有 *Classopollis*，其次有 *Quadraeculina anellaeformis*, *Q. minor*, *Alisporites*, *Pinuspollenites*, *Indusisporites*, *Inaperturopollenites*, *Psiloschizosporis*, *Cycadopites*, *Chasmatosporites* 等；蕨类孢子为次，主要有 *Dictyophyllidites*, *Cyathidites minor*, *Cyathidites australis*, *Concavissimisporites*, *Marattisporites scabratus* 等，同时出现具有侏罗纪特色的 *Klukisporites* sp.，*Cerebropollenites findlalensis*, *C. carlylensis*, *C. mesozoicus*, *Eucommiidites* sp.，*Chasmatosporites apertus*, *Lycopodiumsporites* sp. 等。据钱丽君等（1987）研究，其时代属早侏罗世晚期。

（3）*Classopollis - Concavissimisporites* 组合

见于汕头地区的龙潭坑组，以裸子植物花粉为主，主要有 *Classopollis minor*, *C. classoides*,

此外还有 *Inaperturopollenites*，*Alisporites*，*Pinuspollenites* 等；蕨类孢子为次，主要有 *Cyathidites minor*，*C. australis*，*Concavissimisporites scutheyensis*，此外还有少量 *Osmundacidites* cf. *nicaius*，*Klukisporites lacunus*，*Duplexisporites* sp. 等。王思恩等（1985）认为其时代属晚侏罗世。

第三节　年代地层界线讨论

1. 三叠系与侏罗系的分界

省内侏罗系与三叠系的界线划分各地有所不同。在韶关、广州地区，除肇庆、三水、乐昌等地外，三叠系与侏罗系为连续沉积，对界线的划分目前认识已趋一致。王思恩等（1985）指出，小坪组或艮口群含 *Danaeopsis fecunda*，*Cladophlebis raciborskii*，*Ptilozamites chinensis*，*Anomozamites minor*，*Lepidopteris ottonis* 等晚三叠世的植物化石，而上覆金鸡组含丰富的菊石 *Psiloceras planorbis* 或 *Arietites semicostatus* 等欧洲赫唐期和辛涅缪尔期的标准分子，故侏罗系的底界应划在含 *Psiloceras planorbis* 带的金鸡组之底部。

在河源、汕头地区，侏罗系的下界目前仍是一个尚未解决的问题，焦点是对银瓶山组的双壳类尚缺乏系统研究。在揭西灰寨剖面银瓶山组上部采获 *Hiatella* sp.，顶部采获 *Uniontes*? *rbomboidalis*。在黄山洞地区，银瓶山组和头木冲组含双壳类 *Unionites concentrica*，*Jiangxiella subovata* 和叶肢介 *Euestheria minuta*，*E. yipinglangensis*，*E. rhomobica*，*E. obliqua* 等我国华南地区晚三叠世常见的重要分子，时代大致为诺利期—瑞替期。在海丰地区，银瓶山组中上部含双壳类 *Hiatella arenicola*，*H. rotundata*，*Otapiria* sp.，*Lupherella* sp. 和菊石 *Sulciferites* sp. 等国内外早侏罗世的标准属种，时代属于早侏罗世赫唐期—辛涅缪尔期。因此，侏罗系与三叠系的界线应以双壳类 *Hiatella* 的出现为标志。

在梅县地区，侏罗系下界研究程度低，仅在蕉岭墨赖头的嵩灵组含有菊石 *Psioloceras* cf. *planorbis*。故侏罗系与三叠系的界线也应以 *Psioloceras* 出现为标志。

2. 侏罗系下、中统的分界

惠来葵潭一带，《中国的瓣鳃类化石》编写小组（1976）报道：在惠来头屯矿区桥源组上部含双壳类 *Pseudocardinia carinata*；广东地科所（1987）在葵潭—西岭之桥源组上部采获 *Pseudocardinia kweichouensis*，*P. hupehensis*，*Tutuella*? *rotunda*，*Ferganoconcha*? sp.，*Sibireconcha*? sp. 等；广东区调队（1991）在葵潭农中桥源组的中部采获 *Hunanella shijiabaensis*，*H. oblongiformis*，*H. longa*，*H. ovata*，*H. guanyintanensis*，*H. suborbicularis*，*H. elliptica* 等；在葵潭—西岭之间的桥源组上部获 *Ferganoconcha* cf. *shansiensis*，*Hunanella* cf. *shijiabaensis*，*H. ovata*，*H. suborbicularis* 等。其中 *Hunanella* 属各种是我国南方早侏罗世晚期 *Hunanella* - *Qiyanyia* 组合的代表分子，*Pseudocardinia*，*Tutuella*，*Ferganoconcha*，*Sibireconcha* 等属系我国南方中侏罗世 *Lamprotula cremeri* - *Pseudocardinia kweichouensis* 化石群的重要分子。

东莞塘厦一带的塘厦组中，陈丕基等（1982）曾在塘厦—清溪公路边清下村和磨坭村之间采获叶肢介 *Palaeolimnadia baitianbaensis*；广东区调队（1985）曾在塘厦、雁田、中坑等地还采获 *Palaeolimnadia sichuanesis*，*P. houjieensis*，*Euestheria* aff. *shandanensis* 和 *Nestoria* sp.。其中 *Palaeolimnadia baitianbaensis* 系早侏罗世的叶肢介，最初发现于川北广元的白田坝组，后来在东北、华北和西南、华中地区早侏罗世煤系地层中屡见不鲜；*Nestoria* 属见于蒙古、

前苏联外贝加尔中侏罗世—白垩纪地层，在我国分布于云南大姚、湖北兴山、河北滦平、辽宁林西地区及吉林大兴安岭地区

据以上分析，省内下、中侏罗统的界线应以双壳类 *Hunanella* 或叶肢介 *Palaeolimnadia* 的消失，以双壳类 *Pseudocardinia* 或叶肢介 *Nestoria* 的出现为标志。

3. 侏罗系中、上统的分界

省内中、晚侏罗世火山岩发育，生物地层难以系统研究，现据广东地科所、南京地矿所、中国科学院地球化学研究所（简称中科院地化所，下同）广东区调队、广东756队等单位获得的Rb-Sr等时线年龄（表5-1）、U-Pb同位素地质年龄、K-Ar同位素地质年龄进行讨

表5-1 广东沿海中—晚侏罗世火山岩Rb-Sr等时线年龄数据表

序号	岩石名称	采样地点	层位	年龄值(Ma)	锶初始比值	相关系数	资料来源
1	泥质页岩	惠东上龙水	上龙水组	196±10			叶伯丹等(1986)
2	安山岩	增城东洞	吉岭湾组	187±16	0.7105±0.0001	0.99	广东区调队(1993)，宜昌地矿所测试
3	流纹岩、英安流纹岩	海丰莲花山	热水洞组	175.12±12.38	0.7065	0.9962	广东地科所(1987)，中科院地质所测试
4	英安质—流纹质碎斑熔岩	海丰鸡母巢	热水洞组	173.3±8.9	0.7072	0.9909	广东区调队(1989)，南京地矿所测试
5	流纹质凝灰岩	海丰大蕉园	热水洞组	173.6±8.8	0.7089	0.995	广东区调队(1989)，南京地矿所测试
6	流纹质熔结凝灰岩	惠来钟丘洋	热水洞组	171.0±5	0.7088±0.0002	0.998	广东区调队(1989)，宜昌地矿所测试
7	流纹质熔结凝灰岩	河源桂山	热水洞组	169.8±9.9	0.70971±0.0008	0.9982	广东756队(1989)
8	流纹岩、流纹质熔结凝灰岩	普宁望天石	热水洞组	157.52±6.53	0.7058±0.0006	0.9987	广东地科所(1987)，中科院地化所测试
9	流纹质含砾晶屑熔结凝灰岩	惠东大禾洞	热水洞组	157±6	0.7115±0.0008	0.99	广东756队(1994)，宜昌地矿所测试
10	英安—流纹质熔结凝灰岩	海丰明热	热水洞组	154.9±12.4	0.7144±0.0006	0.9842	广东区调队(1989)，南京地矿所测试
11	英安质凝灰熔岩夹英安质凝灰岩	惠来钟丘洋	热水洞组	154.0±6	0.7085±0.0004	0.998	广东756队(1992)，宜昌地矿所测试
12	英安—流纹质凝灰熔岩	惠来西岭	热水洞组	152.0±4	0.7081±0.0002		杨世义等(1984)
13	英安—流纹质凝灰熔岩	惠来西岭	热水洞组	150.27±5.11	0.7135	0.9978	陈惜毕(1984)
14	安山岩、英安质角砾熔岩、凝灰熔岩	普宁望天石	热水洞组	148.76±6.95	0.7062±0.0005	0.9975	广东地科所(1987)，中科院地化所测试
15	流纹岩	惠东山蕉坑	热水洞组	147.5±2	0.7066±0.0001	0.99	广东区调队(1994)，宜昌地矿所测试
16	流纹质凝灰岩	揭西中心村	热水洞组	146.8±7	0.7131±0.0002	0.995	南京地矿所(1990)
17	次花岗岩	澄海莲花山	南山村组	141.0			徐晓春(1986)
18	次花岗岩	澄海莲花山	南山村组	137.2±2.9	0.7069	0.99	倪宗斌(1981)
19	流纹—英安质凝灰岩	饶平鹅面寮	南山村组	136.8±6.8	0.7104±0.003	0.9927	南京地矿所(1990)
20	英安—流纹质熔结凝灰岩	澄海莲花山	南山村组	135.81±8.68	0.7061	0.9969	倪宗斌(1981)
21	含集块角砾熔岩	惠阳葵涌坳	南山村组	131.0±2.0	0.7087±0.0002	0.999	广东756队(1991)，宜昌地矿所测试

论。上述地质年龄值经过反复研究认为，K-Ar法年龄系统偏新（相差40～70 Ma），U-Pb法与Rb-Sr等时线法较为接近，Rb-Sr同位素等时线年龄值与野外地质解释基本一致（接近形成火山岩的真实年龄）。目前热水洞组有13个Rb-Sr等时线年龄值为146.8～175.12 Ma，按Cosuna（1985）的《中生代地质年表》所列的地质年龄界限，其中有3个为173.6±8.8～175.12±12.38 Ma（属阿林期Aalenian），有2个为169.8±9.9～171.0±5 Ma（属巴柔期Bajocian），有1个为157.52±6.53 Ma（属于牛津期Oxfordian），有7个为146.8±7～154.9±12.4 Ma（属于基末利期Kimmeridgian）。故省内中、上侏罗统的界线应在热水洞组内部通过。

---

①广东省煤田205队，1969，广东曲江县红卫地区中生代含煤地层（未刊）。

②广东省煤田地质勘探公司300队，1969，乐昌罗家渡小水矿区地质详查普查报告（未刊）。

③广东省煤田205队，1972，广东南岭煤田1∶2.5万地质测量及编图工作报告（未刊）。

④广东区调队，1977，广东省1∶50万地质图说明书（内部印刷）。

⑤孙云铸等，1959，广东开平区里阿斯地层的划分和对比（摘要）。地质科技情报，(10)。

⑥王宝琛，1986，现代地层学和花岗岩岩石序列划分的概念在地质制图中的应用，广东区域地质，(2)。

⑦广东703队，1962，海丰长埔锡矿详勘储量报告（未刊）。

⑧广东区调队，1989，1∶5万白云、梅陇、海丰、鲘门幅区调报告（未刊）。

⑨广东区调队，1991，1∶5万葵潭、兵营幅区域地质调查报告（未刊）。

⑩广东区调队，1972，1∶20万梅县幅区测地质新成果新看法，广东地质科技，1972 (1)

⑪张有正、倪岳英，1962，从粤东火山岩系中化石的发现试对广东中晚侏罗世地层进行初步划分，中国古生物学会第10届学术年会论文（内部印刷）。

第六章 白垩纪—第三纪

广东省白垩纪—第三纪地层发育，分布广泛；在陆地上残存93处，呈断陷盆地形式展布，约占陆地总面积18%；在南海北部大陆架等海区亦有大面积分布。其中除白垩系底部和中上部有火山岩、上第三系有灰色碎屑岩外，主要由红色碎屑岩组成。南雄坪岭剖面（大塘剖面或坪岭—真仙岩剖面）是研究我国陆相白垩系与第三系的界线的重要剖面。

白垩纪地层研究始于1928年冯景兰等对粤北红层调查，创立南雄层和丹霞层。第三纪地层研究最早是周铭斯（1926）在茂名调查油页岩，并建立茂名层。随后，徐瑞麟等（1932）在西江流域建立华表石系；陈国达等（1949）在茂名创建白石岭层、油金窝层和黄牛岭层；边兆祥等（1949）在广州郊区建立赤岗砾岩。50—70年代是本省白垩纪—第三纪地层研究的一个新的历史时期，全省开展的1∶20万区域地质调查和矿产普查与勘探；中国科学院古脊椎与古人类研究所、南京地质古生物研究所等在南雄等盆地开展地层古生物工作；中南煤田勘探总局130队、地质部第四普查勘探大队、茂名石油公司等对茂名盆地和雷琼凹陷的普查和勘探，广东省地质局735队对珠江三角洲地区的石油普查和勘探等，为本省白垩纪—第三纪地层增添了大量的资料。80年代至90年代初，中国海洋石油总公司南海东部和西部石油公司在南海北部大陆架进行油气区域概查、地球物理概查、普查和勘探以及石油勘探等，为本省第三纪地层增添了大量新资料。张显球（1987，1993）以及中国科学院古脊椎与古人类研究所、南京地质古生物研究所、德国波恩大学等，采用多学科对南雄盆地的地层和古生物开展深入研究的有关论文和专著的陆续发表，标志着本省白垩纪—第三纪地层研究进入了一个地层多重划分对比研究的新阶段。

广东省白垩纪—第三纪岩石地层以南雄、丹霞、罗定、茂名、三水、百足山、兴宁、官草湖和雷琼等研究程度较高的盆地为基础，根据宏观岩性特征和地层位置进行划分。据统计，省内以往创建或引用的白垩纪—第三纪地层名称共有132个，其中白垩纪52个、第三纪80个。经本次对比研究后，推荐使用3个群和38个组共41个岩石地层单位（包括前述的高基坪群和南山村组），现介绍如下。

第一节 岩石地层单位

官草湖组 Kg (44-1001)

【创名及原始定义】 广东761队(1959)于广东省紫金县—五华地区1∶20万区域地质测量中间性报告中，以揭西官草湖剖面命名官草湖岩系。指揭阳、紫金、五华、兴宁、平远一带覆盖于河婆岩系之上的一套凝灰质砂砾岩。其底部为暗紫色含石英斑岩砾石的粉砂质砂砾岩。

【沿革】 广东区调队(1973)将其修订为官草湖群。郝诒纯等(1986)将其修订为官草湖组。

【现在定义】 指平行不整合于南山村组流纹岩之上的一套火山碎屑沉积岩和火山岩。由砾岩、凝灰质砾岩、砂砾岩、砂岩、凝灰质砂岩和凝灰岩、橄榄玄武岩、玄武—安山质凝灰熔岩、流纹岩等组成；顶界不明。

【层型】 正层型为揭西县官草湖剖面(115°55′，22°38′)，广东761队1959年测制。

官草湖组	总厚度>385.00 m
19. 灰色凝灰质砾岩，局部被浮土掩盖(未见顶)	156.00 m
18. 灰色凝灰质砾岩夹凝灰质砂岩	77.00 m
17. 灰色细—中粒凝灰质砂岩夹凝灰质含砾砂岩	100.00 m
16. 含流纹岩砾石的细粒砂岩	52.00 m

——————— 平行不整合 ———————

下伏地层：**南山村组** 浅绿、浅灰色流纹岩

【地质特征及区域变化】 该组分布于东江、武夷、沿海地层分区内。岩性变化较大，特别是熔岩和火山碎屑岩沿走向可在短距离内变为火山碎屑沉积岩。如在揭西中心村，该组夹有厚365.2 m流纹岩、橄榄玄武岩和凝灰熔岩，总厚度大于880 m。而在中心村东北约20 km的丰顺龙颈水库，几乎全由凝灰质砾岩和凝灰质砂砾岩组成，总厚度大于1031 m。潮安浮石—大峰山一带由火山砾岩、英安质凝灰岩、英安岩、流纹质凝灰岩和流纹斑岩组成。惠阳澳头由沉凝灰岩组成，总厚度大于788 m。河源桂山牛径由流纹岩组成，总厚度大于175.4 m。龙门左潭由流纹质凝灰岩和流纹质含集块火山角砾岩组成，厚度大于595 m。该组顶部一般遭受不同程度的剥蚀，残存厚度175.4～1127 m。在梅县地层小区上覆晚白垩世地层。火山岩已获4个Rb－Sr等时线年龄值122.0～127.4 Ma，时代属于早白垩世。

合水组 K*h* (44－1007)

【创名及原始定义】 郑家坚等(1974)以兴宁龙田剖面命名合水段，指兴宁盆地兴宁群的流纹岩及其以下的碎屑岩。其下部为紫红色砾岩，中部为棕红、紫红、灰白、灰绿色凝灰质砂岩、泥质砂岩、砂岩、砂质泥岩夹砂砾岩，上部为灰白、粉红色流纹岩。

【沿革】 南岭区测队2分队(1958)于连平地区创建羊石脑岩系(相当于本次对比研究推荐使用的官草湖组)及灯塔岩系。创名后灯塔群在粤东北地区被广泛引用。郑家坚等(1974)以兴宁盆地为代表创建兴宁群。兴宁群以中部流纹岩为标志划分，下部(包括流纹岩)称合水段，上部称叶塘段。《广东省区域地质志》(1988)将合水段修订为合水组。

【现在定义】 指不整合覆于晚古生代地层(春湾组)之上，伏于优胜组之下的一套较粗的碎屑岩。其下部为砾岩；中上部为砂岩、粉砂岩，夹少量含铜砂岩和粉砂质泥岩。与优胜组流纹岩喷发不整合接触。

【层型】 正层型为兴宁县龙田剖面(115°44′，24°14′)，广东723队1973年测制。

上覆地层：**优胜组**　4. 灰白—粉红色流纹岩，底部有一层厚 1 m 淡绿色叶蜡石层　10.00 m

～～～～～～～～ 不 整 合 ～～～～～～～～

合水组　总厚度 1065.00 m

3. 紫红色钙质泥岩和粉砂质泥岩夹粉砂岩及细粒砂岩，含石膏团块。含介形类 *Cypridea* spp.，*Mongolocypris* sp.，*Lycopterocypris* sp. 等　430.00 m

2. 紫红色含钙质粉砂岩及含钙质砂岩，夹粉砂岩、细粒砂岩、粉砂质泥岩，中下部夹含铜砂岩　311.00 m

1. 紫红色厚层状砾岩；砾石成分复杂，主要为石英砂岩、长石石英砂岩、石英岩、石英和长石，此外还有少量花岗岩、片岩、泥岩、泥灰岩等。局部夹砂岩和钙质粉砂岩　324.00 m

～～～～～～～～ 不 整 合 ～～～～～～～～

下伏地层：**春湾组**　细粒石英砂岩、粉砂岩夹透镜状灰岩

【地质特征及区域变化】　该组仅分布于梅县、兴宁、河源等地区。岩石粒度下粗上细，自盆地中心往边缘变粗，五华盆地夹有钙质页岩和泥灰岩。该组总厚 78.0～1065.0 m，以河源、灯塔、兴宁、五华盆地最厚，向北变薄。其中含双壳类、叶肢介、介形虫和植物化石。河源双江剖面采获双壳类?*Trigonioides*，兴宁龙田剖面采获介形虫 *Cypridea*，*Mongolocypris*，*Lycopterocypris* 等，时代属早白垩世。

优胜组　K*y*　（44－1057）

【创名及原始定义】　黎汉明（1994）以和平县优胜剖面为正层型，兴宁龙田剖面为副层型创建优胜组，指位于合水组与叶塘组之间的一套火山岩。由流纹质凝灰岩、流纹岩、流纹—英安质熔岩、英安质碎斑熔岩、玄武岩等组成，以流纹岩分布最广。底部以流纹岩、流纹质凝灰岩或玄武岩为标志与下伏合水组呈喷发不整合接触，与上覆叶塘组呈平行不整合接触。

【沿革】　以灯塔盆地、贝岭盆地（优胜剖面所在地）为代表的粤东北地区的火山岩，多置于灯塔群上部，时代定为晚白垩世。郑家坚等（1974）置于合水段上部，《广东省区域地质志》置于合水组上部，时代定早白垩世。黎汉明（1994）将其从合水组中分出来。

【现在定义】　同原始定义。

【层型】　正层型为和平县优胜剖面（115°05′，24°30′），南京地矿所 1990 年测制。

优胜组　总厚度＞ 560.0 m

6. 流纹—英安质熔岩及英安质碎斑熔岩，后者呈岩穹状出露于火山机构中心部位（未见顶）　150.0 m

5. 流纹质凝灰岩及流纹岩，前者局部弱熔结，后者呈岩穹状产出　410.0 m

～～～～～～～～ 不 整 合 ～～～～～～～～

下伏地层：**合水组**　红色泥岩

【地质特征及区域变化】　该组仅分布于梅县、龙川、和平、五华、河源等地，岩性变化不大，一般由单一的流纹岩组成。在和平长塘、龙川背岭、连平软坑、梅县石子岗、大埔百侯等地见有玄武岩、英安质碎斑熔岩、流纹—英安质熔岩、流纹—英安质熔结凝灰岩及流纹质凝灰岩。在梅县松口、石子岗等地夹有凝灰质砾岩和粉砂岩。该组总厚度 10.0～661.9 m，长塘盆地和松口盆地最厚，其他盆地较薄。

南京地矿所（1990）于《粤东地区火山地质、火山岩与侵入岩及其对锡多金属矿床控矿意义》研究报告中，在和平长塘获 Rb－Sr 等时线年龄值为 89.5±5.3 Ma；二机部华南地勘局

在平远檀树峡获 Rb－Sr 等时线年龄为 94±10 Ma；时代属晚白垩世。

叶塘组 K*yt* （44－1058）

【创名及原始定义】 郑家坚等（1974）以兴宁龙田剖面命名叶塘段，指兴宁盆地兴宁群的流纹岩以上的碎屑岩。岩性为紫红色泥质砂岩、砂质泥岩、泥岩夹砂岩、砂砾岩透镜体和深灰、灰、灰绿色泥岩；与下伏合水段呈整合接触。

【沿革】 60 年代以来多称丹霞群，时代归老第三纪。郑家坚等（1974）称叶塘段，《广东省区域地质志》（1988）修订为叶塘组，时代归于白垩纪。

【现在定义】 指位于优胜组之上的一套较细的碎屑岩。岩性以紫红色粉砂岩、钙质粉砂岩、粉砂质泥岩夹灰绿或深灰色钙质泥岩、粉砂质泥质灰岩和石膏薄层为主。底部为火山质砾岩、砂砾岩与下伏优胜组呈平行不整合接触，顶界不明。

【层型】 正层型为兴宁县龙田剖面（115°44′，24°14′），广东 723 队 1973 年测制。

叶塘组　　总厚度＞2270.00 m

10. 紫红色粉砂岩夹砂岩及砂砾岩透镜体，含轮藻 *Maedlerisphaera shanggangensis*，*M. sanshuiensis*，*Gyrogona yanbuensis*，*Obtusochara* cf. *culmina*；介形虫 *Lycopterocypris* sp.，*Cypridea* sp.（未见顶）　380.00 m

9. 紫红及褐红色粉砂岩、粉砂质泥岩夹灰绿色钙质泥岩薄层。含叶肢介 *Tenuestheria curvata*，*Zhestheria* sp.；植物 *Manica* sp.，*Brachyphyllum* sp.；介形虫 *Lycopterocypris* sp.，*Clinocypris longula*，*Darwinula* sp.，*Ziziphocypris* ? sp.，*Cypridea* sp.；孢粉 *Schizaeoisporites* sp.，*Exisipollenites* sp.，*Ephedripites* sp.，*Stiatricolporites* sp.，*Tricolporopollenites* sp.，*Aquilapollenites* sp.；及虚骨龙类牙齿（Coelurosauridae）等　810.00 m

8. 紫红色钙质粉砂岩夹粉砂质泥岩及灰绿色钙质泥岩；含介形虫 *Lycopterocypris* sp.，*Cypridea* sp.　130.00 m

7. 紫红、深灰色钙质泥岩、粉砂岩夹多层石膏。含叶肢介 *Tenuestheria tenuis*，*Aglestheris* ? sp.；植物 *Manica* sp.，*Brachyphyllum* sp.；介形虫 *Darwinula* sp.，*Mongolianella* sp.，*Lycopterocypris* spp.；轮藻 *Charites tenuis*，*C. guanpingensis*，*C. dalangshanica*，*Latochara cylindrica*，*Grambastichara toronata* 等　540.00 m

6. 紫红色粉砂岩、粉砂质泥岩夹透镜状砂岩；含介形虫 *Lycopterocypris* spp.，*Cypridea* sp.，? *Darwinula* sp. 等　320.00 m

5. 紫红色火山质砾岩、砂砾岩。砾石成分有石英、石英岩、花岗岩、片岩、流纹岩等　90.00 m

——————— 平行不整合 ———————

下伏地层：**优胜组**　灰白、粉红色流纹岩，底部有一层厚 1 m 淡绿色叶蜡石层

【地质特征及区域变化】 该组分布于梅县、兴宁、五华、龙川等地。岩石自下向上具粗—细—粗的变化趋势，在区域上，由盆地中心往边缘变粗。在龙川十二排，该组下部为厚 2 m 的火山质细砂岩，中部夹拜来石数层。龙川赤石渡下部为厚达 200 m 的花岗质砾岩和凝灰质砾岩，中部夹粉砂质泥质灰岩及钙质泥岩。兴宁龙田下部为厚 90 m 的火山质砾岩和砂砾岩，中部夹钙质泥岩和石膏层。五华沙葛—李星排下部为厚 64 m 的砾岩，中部夹泥质灰岩。该组顶部受不同程度剥蚀，可见厚度 203～2270 m。在兴宁龙田剖面该组含介形虫、叶肢介和植物、孢粉、轮藻以及爬行类等化石。具早白垩世至晚白垩世的过渡色彩，但轮藻以 *Charites tenuis* 为主，介形虫 *Lycopterocypris* 大量繁盛，故其时代置于晚白垩世早期为宜。

百足山组 K*b* （44－1005）

【创名及原始定义】 广东712队（1958）[①]以开平百足山剖面命名百足山砾岩。指台山—恩平一带不整合覆于下三叠系之上的一套粗碎屑岩，岩性为灰白及浅紫红色砾岩、砂砾岩、砂岩夹页岩（含少量火山碎屑物质）。

【沿革】 广东区调队（1963）称百足山群，进一步划分四个亚群：a亚群以粗碎屑岩为主，夹细砂岩、粉砂岩及凝灰岩；b亚群以紫红色石英粉砂岩为主，夹页岩、细砂岩及砂砾岩；c亚群以青灰色钙质石英粉砂岩为主；d亚群以黄白色砂粒岩、含砾砂岩为主，夹细砂岩及粉砂岩。张捷芳（1980）据其中所发现的轮藻将其置于白垩纪，修订为百足山组。

此次对比研究，将百足山组限定为原百足山群（1963）的a亚群与b亚群，而将以青灰色含钙质粉砂岩为主的一套地层置于白鹤洞组。

【现在定义】 指不整合覆于四望嶂组之上，伏于白鹤洞组之下的一套杂色的较粗的碎屑岩和火山碎屑沉积岩。下部为砾岩、砂砾岩、含砾砂岩夹凝灰质砂砾岩、砂岩、凝灰质粉砂岩，上部为砂砾岩、凝灰质砂砾岩、含砾砂岩、砂岩夹沉凝灰岩、凝灰质粉砂岩、粉砂岩和粉砂质页岩。底以砾岩为标志与下伏地层分界，顶与白鹤洞组钙质砂岩呈整合接触。

【层型】 正层型为开平县百足山剖面（112°35′，22°19′），广东区调队1978年重测。

百足山组	总厚度＞369.40 m
21. 浅灰带浅紫红色厚层状泥质粉砂岩（未见顶）	7.40 m
20. 灰紫色厚层状长石石英粉砂岩，含泥质团块（直径2～10 mm），夹有灰紫色粗粒砂岩透镜体	20.00 m
19—13. 灰紫色厚层状长石粉砂岩夹杂砂质长石石英砂岩及凝灰质含砾长石石英砂岩	57.70 m
12. 灰紫色砂质长石石英粉砂岩，含孢粉 *Classopollis annulatus*	147.40 m
11—7. 灰白、浅黄色复成分砾岩夹细粒砂岩、泥质粉砂岩和凝灰质砂岩	60.60 m
6—1. 灰、深灰色复成分砾岩，夹粗—细粒砂岩、黄褐色细粒砂岩和青灰色石英粉砂岩	75.40 m

～～～～～～～ 不 整 合 ～～～～～～～

下伏地层：**四望嶂组** 泥质粉砂岩与灰岩互层

【地质特征及区域变化】 该组仅分布于广州地区。下部以砾岩为主，上部砂岩粉砂岩增多；在区域上，自东往西火山物质减少。在开平金鸡、百足山等地，该组夹有凝灰质砂岩和凝灰质粉砂岩。鹤山那水和新会棠下等地夹有凝灰质粉砂岩和沉凝灰岩多层。东莞峡口主要由凝灰质砾岩组成。由于构造破坏，该组一般未见顶，残存厚度96～502.1 m。在鹤山那水和开平百足山剖面含叶肢介 *Feiyunella zhedongensis*，*Linhaiella longiformis*，*L. mirifica* 和轮藻 *Atopochara trivolvis* 等，时代属于早白垩世。

白鹤洞组 K*bh* （44-1006）

【创名及原始定义】 广东735队等（1975）[②]以广州市白鹤洞ZKⅢ-1井12.94—299.59 m井段剖面建立，原指广州市白鹤洞至顺德大良一带伏于三水组之下的一套地层。下部为紫红色砾岩、砂砾岩、细—粉砂岩夹砂质泥岩，上部为深灰色泥灰岩、灰岩与暗棕色粉砂岩、粉砂质泥灰岩相间，普遍见薄层或团块状石膏。

【沿革】 广东761队（1962）将不整合于石炭纪地层之上的陆相红色碎屑岩，置于中—上侏罗统称百足山群。进一步划分三个亚群：下亚群以砾岩、砂岩为主，夹少量页岩及凝灰岩；中亚群由砾岩、砂砾岩和紫色页岩、碳质页岩组成；上亚群以页岩为主，夹细砂岩及少量含砾砂岩。广东735队（1975）命名的白鹤洞组，相当于广州地区原百足山群中亚群。

【现在定义】 指位于百足山组与三水组之间的一套碎屑岩。其岩性以深灰、青灰、灰绿、暗棕色粉砂岩、钙质粉砂岩、粉砂质泥岩、钙质泥岩为主。上部夹泥灰岩和灰岩，普遍含薄层或团块状石膏；下部夹砂岩和含砾砂岩。底部以含砾砂岩（或青灰色钙质粉砂岩）与下伏百足山组（紫红色粗碎屑岩）呈整合接触；与上覆三水组平行不整合接触。

【层型】 正层型为广州市白鹤洞 ZKⅢ-1 井剖面（113°15′，23°03′）；广东 735 队 1975 年测制。

白鹤洞组	总厚度＞287.70 m
20. 暗紫红色粉砂岩（未见顶）	5.90 m
19. 灰色钙质泥岩夹暗紫红色泥灰岩	10.80 m
18—13. 暗紫红色钙质粉—细砂岩夹灰色钙质泥岩	60.00 m
12—10. 灰色泥灰岩及含膏泥灰岩夹暗紫红色粉砂质泥灰岩	53.40 m
9—6. 暗紫红色粉砂质泥灰岩夹深灰色灰岩	69.20 m
5—2. 暗紫红色粉砂质泥灰岩与深灰色灰岩互层	73.50 m
1. 暗紫红色粉砂质泥岩（未见底）	14.00 m

【地质特征及区域变化】 该组仅分布于广州地区，在地表出露于南海平洲，番禺大石、紫坭，顺德大良、龙江，开平沙塘、赤坎和高要蚬冈等地。经钻井揭露在广州市白鹤洞至石溪和顺德小蒡至伦教一带也有分布。该组有下粗上细的趋势，在区域上一般由盆地中心向边缘变粗；在广州市白鹤洞—石溪一带顶部有 60～85 m 厚的泥灰岩和灰岩。由于构造破坏，该组在地表出露零星，钻井也未获完整剖面，故顶底不全，厚度 224.9～970.8 m。其中富含轮藻、孢粉等化石，在顺德小蒡至伦教地区的水 72、73、74 井剖面中含轮藻 *Atopochara trivolvis*，一般认为是阿普第阶（Aptian）的标志化石；袁友仁等（1991）在上述钻井采样作古地磁分析，白鹤洞组古地磁年龄为 93～129 Ma。因此，时代应属早白垩世晚期—晚白垩世初期。

【其他】 张韦（1989）将广州地区的早白垩世地层仍称百足山群，自下而上划分为伦教组、小蒡组及白鹤洞组。从岩性组合上百足山组以含火山凝灰物质为特征，白鹤洞组以钙质泥岩和泥灰岩为主，不宜再归并为群。

三水组 $Ks\hat{s}$ (44-1055)

【创名及原始定义】 张显球等（1973）[③]以三水河口水 7 井 304.52—963.98 m 井段剖面创建，张显球等（1993）介绍。指三水河口、宝月一带的一套以紫红色碎屑岩为主，夹少量深灰色泥岩、泥灰岩，含团块状石膏为主要特征的地层体。与下伏上古生界不整合接触，与上覆大塱山组为整合接触。

【沿革】 广东区调队（1963）将其划分为下第三系下部“红色粗碎屑岩”和上部“碎屑岩及含油页岩石膏层”，中新统红色粗碎屑岩，上新统火山岩。唐鑫（1964）创建岩石地层单位名称：自下而上称西坑坊群、烂门头群、坊心组、踏死马岗组。而《广东省区域地层表（草案）》（1964）自下而上称南雄群，烂门头群，坊心组，踏死马岗组，西樵山群。《中南地区区域地层表》（1974）自下而上称南雄群、罗佛寨组、坊心组、西南组、西樵山群。上述划分方案的基本点是以含油页岩及上覆火山岩为划分标志。广东 735 队（现称地质矿产部第十二普查勘探大队）对三水盆地进行石油普查，于 1974—1975 年提出的划分方案为三水组、大塱山组、坊心组、西坊组、华涌组。以后虽不同的研究者在时代界线的厘定上不尽相同，但均以这一方案为基础。三水组代表不整合面上的红色碎屑岩，时代为晚白垩世。

【现在定义】 指位于前白垩纪地层（或白鹤洞组）与大塱山组之间的一套由紫红或棕红色粉砂岩、细砂岩夹砂砾岩、不等粒砂岩和少量深灰至灰绿色钙质泥岩、泥灰岩组成的地层，普遍含团块状石膏。底部以砂砾岩与下伏白鹤洞组或前白垩纪地层呈平行不整合或不整合接触；与上覆大塱山组（含石膏钙质砂岩）呈整合接触。

【层型】 正层型为三水县河口水7井剖面（112°51′，23°10′），广东735队1972年测制。

上覆地层：**大塱山组** 暗紫红色泥质粉砂岩夹灰紫色细砂岩、含膏钙质中砂岩

——————— 整 合 ———————

三水组 总厚度573.30 m

15—13. 暗紫红色钙质泥岩夹深灰色泥灰岩，局部含石膏团块。含介形虫 *Talicypridea amoena*, *T. obesa*, *Cypridea cavernosa*, *C. dalangshanensis*, *Mongolocypris gigantea*, *Clinocypris aculeata*, *Candona declivis*, *Cyclocypris minuta*, *Eucypris vulgaris*, *E. breviturgida*, *Metacypris kaitunensis*；腹足类 *Truncatella sanshuiensis*, *Pyrgula* ? *xijiangensis*, *Valvata* cf. *sinensis*, *Physa shakengensis*, *Hydrobia* ? sp.；双壳类 *Sphaerium gibberum*；轮藻 *Charites guanpingensis*, *C. tenuis*, *Latochara curtula*, *Gobichara deserta*, *Grambastichara commuis*, *Mesochara mongolica*, *Obtusochara lanpingensis*, *O. culmina* 55.70 m

12—11. 上部为暗紫红色含粉砂质钙质泥岩，下部为褐色钙质泥岩。含介形虫 *Talicypridea amoena*, *Cypridea cavernosa*, *Mongolocypris gigantea*, *Cyclocypris minuta*, *Candona declivis*, *Paracandona hunanensis*, *Cyprois guangzhouensis*, *Metacypris kaitunensis*；腹足类 *Truncatella sanshuiensis*, *Pyrgula* ? *xijiangensis*, *Valvata* cf. *sinensis*, *Valvata* (*Cincinna*) sp., *Physa shakengensis*, *Hydrobia* ? sp.；轮藻 *Sphaerochara granulifera*, *Mesochara mongolica*, *M. xinanensis*, *Charites guanpingensis*, *Gobichara nigra*, *Obtusochara cuimina*, *Maedlerisphaera sanshuiensis* 24.60 m

10—8. 棕红、紫红色泥质粉砂岩夹薄层灰紫色砾岩及含砾粗砂岩 152.20 m

7—5. 暗紫红色泥质粉砂岩夹钙质泥岩，上部含硬石膏。含介形虫 *Talicypridea fabaria*, *Cyclocypris minuta*；轮藻 *Obtusochara*? sp., *Maedlerisphaere minuscula*, *Charites guanpingensis*, *Latochara curtula*, *L. yuananensis*, *Grambastichara commuis* 81.60 m

4—3. 紫红色泥质粉砂岩、灰紫色泥质细砂岩、浅灰色钙质中—粗砂岩夹灰或紫灰色含砾粗砂岩，含介形虫 *Cyprois guangzhouensis*, *Talicypridea* (*Khandia*) *imparilis*；裸子植物花粉 *Classopollis annulatus*（占15%），*Inaperturopollenites* sp.（4%），被子植物花粉 *Sporopollis* sp.（5%），*Tricolpopollenites* sp.（4%），*Plicapollis trinus*（3%），*Quercoidites microhenrici*（3%）；蕨类孢子 *Schizaeoisporites kulandyensis*（13%），*S. evidens*（6%） 64.10 m

2—1. 灰或紫灰色砂砾岩、含砾粗砂岩与紫红色泥质粉砂岩不等厚互层。含介形虫 *Talicypridea* (*Khandia*) *imparilis*；腹足类 *Truncatella* sp., *Pyrgula* ? *xijiangensis* 194.90 m

【地质特征及区域变化】 该组仅分布于广州、三水、高要、开平、东莞等地，下粗上细，由盆地中心往边缘变粗。在广州市白鹤洞、三元里，高要白土，开平凤山、罗汉山等地该组下部砾岩和砂砾岩较发育。清远石角高咀中部出现厚层的砂砾岩。广州市西濠口至二沙头一带，上部的深灰色泥岩、泥灰岩特别发育，有时与棕红色泥岩互层。该组厚度变化大，在三水盆地厚度82.5～680.3 m。百足山盆地未见顶，残存厚度419.7～858.1 m。

该组富含介形虫、腹足类以及双壳类、恐龙蛋和轮藻、孢粉、植物等化石。介形虫称为

Cypridea–*Talicypridea*–*Mongolocypris* 动物群，为晚白垩世的标准化石。袁友仁等（1991）对顺德莘村水72井采样作古地磁分析，认为三水组属白垩纪静磁期，年代数据为80～93 Ma，亦属晚白垩世。

大塱山组 K*dl* （44-1056）

【创名及原始定义】 张显球等（1973）[3]以三水大塱山ZK2井69—297 m井段剖面创名。其中下部以暗紫红色泥质粉砂岩为主，夹细砾岩、含砾砂岩、不等粒砂岩和灰黑、灰绿色钙质泥岩、泥灰岩；上部为近60 m厚的砾岩层；与下伏三水组及上覆坤心组均为整合接触。

【沿革】 相当于唐鑫等（1964）所称的烂门头群，其时代原置于古新世—始新世。

【现在定义】 指整合于三水组与莘庄村组之间的一套由灰紫或暗紫红色粉砂岩、细砂岩夹砂砾岩、不等粒砂岩和灰黑、灰绿、深灰色钙质泥岩及泥灰岩组成的地层。以下部粒度较粗，砾岩、砂砾岩较发育，上部较细，泥岩、泥灰岩较发育为特征。

【层型】 正层型为三水县大塱山ZK2井剖面（112°50′，23°10′），佛山地质队1971年测制。

上覆地层：**莘庄村组** 紫红、暗紫红色砾岩和砂砾岩

——————— 整 合 ———————

大塱山组 总厚度＞368.7 m

18. 紫红色泥质粉砂岩，含星点状石膏，近下部夹一层灰绿色泥灰岩。含介形虫 *Candona declivis*，*Paracandona hunanensis*，*Limnocythere orientalis*；轮藻 *Hornichara longiovata*，*Mesochara rubeola* 39.3 m

17—16. 紫红色泥质粉砂岩，夹灰色不等粒砂岩、灰白色砂砾岩、细砾岩；底部为灰色砂砾岩、不等粒砂岩，夹薄层泥质粉砂岩 45.9 m

15—11. 灰黑、暗紫红色泥灰岩，下部夹紫红色钙质粉砂岩。含大量介形虫 *Limnocythere orientalis*，*Porpocypris orbiculata*，*Nanxiongium dalangshanense*，*Cypridea cavernosa*，*Talicypridea quadrata*，*Candona declivis*；轮藻 *Hornichara longiovata*，*Obtusochara dalangshanensis*，*O. brevicylindrica*，*O. lanpingensis*，*Grambastichara tornata*，*G. ampliovata*，*G. cylindricovata*，*Charites corniformis*，*C. tenuis*，*C. longior*，*Gyrogona qianjiangica*，*Maedlerisphaera sanshuiensis*，*M. shanggangensis* 44.7 m

10—9. 紫红、暗紫红色含砾砂岩与泥质粉砂岩互层；底部为灰色细砾岩、含砾细—中砂岩及灰、暗紫红色粉—细砂岩。含介形虫 *Cypridea diplonoda*，*C. elongata*，*Mongolocypris gigantea*，*Porpocypris orbiculata* 46.0 m

8—4. 深灰带绿灰色泥灰岩，夹紫红色粉砂岩。含介形虫 *Cypricea diplonoda*，*C. anxiangensis*，*C. usualis*，*C. xindianensis*，*Mongolocypris gigantea*，*M. tera*，*Nanxiongiam pusillus*，*N. dalangshanense*，*Eucypris imparilis*，*Candona declivis*，*Candoniella candida*，*Limnocythere orientalis*；轮藻 *Croftiella hekouensis*，*C. laevis*，*Gobichara deserta*，*Stephanochara fortis*，*Charites guanpingensis*，*Gyrogona hubeiensis*，*G. huajiazhuangensis*，*Harrisichara poculiformis*，*Obtusochara lanpingensis*，*O. ovalis*，*O. brevicylindrica*，*Neochara longiovalis*，*Rhabdochara hispida*，*Maedlerisphaera sanshuiensis*，*M. shanggangensis* 31.5 m

3—1. 灰紫或暗紫红色砂岩、含砾砂岩夹粉—细砂岩、灰绿色含粉砂质泥灰岩（未见底） 161.3 m

【地质特征及区域变化】 该组仅分布于广州、三水、高要、东莞等地。岩石具有下粗上细的变化趋势，在三水盆地内自西北往东南变细。在三水河口，该组上部砂砾岩较发育，三水南岸全由砂砾岩组成。广州市长途汽车总站、石围塘，南海盐步、大沥、沙坑及顺德潭村等地钙质泥岩、泥灰岩增多。在广州市石围塘、顺德潭村一带还夹2～3层玄武岩；总厚度69.3～517.1 m。

该组富含介形虫、腹足类、双壳类和轮藻、孢粉、植物等化石。介形虫称为 *Porpocypris - Nanxiongium - Cypridea* 动物群，具有浓厚的晚白垩世色彩。腹足类以晚白垩世淡水前鳃类的 *Parateinostoma turriculatum* 数量最多。因此，大塱山组的时代属晚白垩世。

莘庄村组 Ex (44-1105)

【创名及原始定义】 张显球等（1978）[4]以三水大塱山 ZK52 井 216.32—378.93 m 井段剖面创名莘庄组，指三水盆地大塱山组与坃心组之间的下粗上细的地层。其下部为较粗的碎屑岩，中上部以暗紫红色为主夹深灰色泥岩、泥灰岩、粉砂岩。以交错层理和红色岩层发育，普遍夹石膏层为主要特征。与下伏大塱山组呈整合或平行不整合接触。

【沿革】 相当于广东735队（1973—1975）所称坃心组的第一段（即含石膏岩段），此次对比研究因原名与北京西山地区早白垩世的辛庄组同名，故修订为莘庄村组。

【现在定义】 指位于大塱山组与坃心组之间的一套下粗上细的红色地层。其下部为暗红色砾岩、砂砾岩、含砾砂岩；中及上部为暗红、灰、灰黑色泥质粉砂岩、粉砂质泥岩、钙质泥岩夹钙质粉砂岩、泥岩、泥灰岩和石膏层。底部以砂砾岩为标志与下伏地层呈整合或平行不整合接触；与上覆坃心组（油页岩）呈整合接触。

【层型】 正层型为三水县大塱山 ZK52 井（112°50′，23°12′），佛山地质队1970年测制。

上覆地层：坃心组 灰黑色钙质泥岩

——————— 整 合 ———————

莘庄村组 总厚度 162.50 m

10. 灰白—浅灰色粉砂岩与灰黑色泥岩、泥灰岩互层，上部夹劣质油页岩，粉砂岩单层厚10～45 cm，交错层理发育。含介形虫 *Sinocypris nitela*, *Eucypris sanshuiensis*, *Parailyocypris changzhouensis*, *Limnocythere dalangshanensis*, *L. honggangensis*；轮藻 *Grambastichara cylindricovata*, *Peckickara zuomalingensis*, *P. minoriquadrata*, *P. longa*, *Rhabdochara changzhouensis*, *R. jiangduensis*, *Stephanochara xibucunensis*, *S. quadrata* 24.30 m
9. 灰黑带暗红色粉砂质钙质泥岩，夹泥灰岩和粉砂岩；含介形虫 *Eucypris sanshuiensis*, *E. dongguanensis*, *E. squerrosa*, *Parailyocypris changzhouensis*, *Ilyocypris macilenta*, *Sinocypris nitela*；腹足类 *Pseudamnicola buxinensis*, *Valvata* (*Cincinna*) ? sp.；轮藻 *Peckichara subspherica*, *P. zuomalingensis*, *P. minoriquadrata*, *Stephanochara breviovalis*, *S. funingensis*, *S. microcacca*, *Grovesichara changzhouensis*, *G. kielani*, *Croftiella humilis* 15.40 m
8. 暗紫带浅灰黑色泥质粉砂岩和泥岩互层，含介形虫、腹足类、轮藻等化石 21.20 m
7. 灰黑带暗红色粉砂质泥岩，含雪花状石膏和石膏层 10.90 m
6. 暗红色含钙质结核粉砂岩，下部为泥质粉砂岩，含介形虫 *Eucypris sanshuiensis*；轮藻 *Grovesichara changzhouensis*, *Peckichara subspherica*, *P. varians*, *Stephanochara breviovalis*, *S. buxinensis*, *S. funingensis*, *S. microcacca*, *Raskyaechara xinghuaensis*, *Croftiella humilis*, *Grambastichara toronata*, *Rhabdochara changzhouensis*,

R. jiangduensis, *Harrisichara luosigangensis* 8.80 m

5. 灰黑色钙质泥岩（上部夹钙质粉砂岩），夹石膏层或含团块状、雪花状石膏；含介形虫 *Eucypris sanshuiensis*, *E. dongguanensis*, *Sinocypris lenticula*, *Limnocythere dalangshanensis*；轮藻 *Obtusochara lanpingensis*, *O. ovalis*, *Gyrogona qianjiangica* 36.60 m
4. 暗红带浅灰黑色泥质粉砂岩夹石膏层或含石膏团块；含介形虫 *Eucypris sanshuiensis*, *E. dongguanensis*, *Limnocythere dalangshanensis*；轮藻 *Obtusochara lanpingensis*, *O. ovalis*, *Gyrogona qianjiangica* 25.20 m
3. 暗红色含砾泥质粉砂岩，局部含石膏团块，砾径 0.5～1.5 cm 5.30 m
2. 暗红色砂砾岩，砾石成分为石英、石英砂岩，砾径大者达 4 cm 以上 10.40 m
1. 暗红色砾岩，胶结紧密、坚硬（未见底） 4.40 m

【地质特征及区域变化】 该组分布于三水、开平、东莞、河源、龙川等地。岩石粒度下粗上细。在区域上自盆地中心往边缘变粗、灰色层减少。在三水盆地的四会大坑，莘庄村组中部夹薄层灰岩、泥灰岩。南海盐步中部灰岩、泥灰岩发育。东莞盆地莘庄村组的上部有白云质灰岩。在三水盆地的大涡塘、华木、民乐及龙归盆地、开平盆地、东莞盆地、河源盆地和惠州盆地，莘庄村组砂砾岩、含砾砂岩显著增多，灰岩和泥灰岩层显著减少，甚至缺失。龙川诸盆地全由砾岩组成。该组总厚度 40～820 m。

该组含有丰富的介形虫、腹足类、轮藻以及鱼类、双壳类、叶肢介和孢粉等化石。介形虫以 *Eucypris sanshuiensis*, *Parailyocypris changzhouensis*, *Limnocythere dalangshanensis* 为主，时代属老第三纪早期。三水驿岗等地含的鱼类 *Tungtingichthys gracilis*，时代属古新世。袁友仁等（1991）对顺德水 71，72，73，74 井系统采样作古地磁分析，认为大塱山组和莘庄村组为正负极性相间，表明位于静磁期之上的时期，年代介于距今 50～60 Ma，相当早始新世。因此，莘庄村组的时代应属古新世为宜。

坾心组 E*b* （44 - 1106）

【创名及原始定义】 唐鑫等（1965）以三水红岗剖面创立，指三水坾心至红岗一带的一套灰黑及深灰色油页岩、泥岩、泥灰岩和砂岩。与下伏烂门头群呈整合接触，与上覆踏死马岗组为平行不整合接触。

【沿革】 广东 735 队（1974—1975）将唐鑫等命名的坾心组分解为坾心组（包括含石膏岩段、含油页岩段）及西坾组（砂岩段）。此次对比研究厘定的坾心组仅相当广东 735 队修订的坾心组含油页岩段。

【现在定义】 指位于莘庄村组与宝月组之间的一套深灰色岩层。由钙质泥岩、泥灰岩、油页岩、粉砂岩和砂岩组成，以含油气、膏盐等矿产为主要特征。底部以油页岩为标志与下伏莘庄村组呈整合接触；与上覆宝月组紫红色砾岩呈整合或平行不整合接触。

【层型】 正层型为三水县红岗剖面（112°51′，23°10′），广东 735 队 1973 年重测。

上覆地层：**宝月组** 灰白及浅紫红色块状砾岩、砂砾岩、含砾砂岩

———— 整 合 ————

坾心组 总厚度 99.80 m

4. 棕红色含砾中—粗砂岩，夹粉砂质泥岩 14.00 m
3. 细砂岩夹含砾砂岩，大部分掩盖 26.30 m
2. 灰白色中层状粉—细砂岩夹紫红色薄层状铁质砂岩，上部为粉红色泥岩 29.50 m

1. 深灰—灰黑色钙质泥岩、页岩，夹粉砂岩、泥灰岩和劣质油页岩。含介形虫 *Sinocypris nitela*，*Cyprois buxinensis*，*Candona xinzhuangensis*，*Ilyocypris macilenta*，*Eucypris mollitia*，*Limnocythere honggangensis*；叶肢介 *Paraleptestheria menglaensis*；腹足类 *Lioplax honggangensis*，*Pupoides* sp.，*Gyraulus* sp.，*Secusana* ? *ravia*，*Discostrobilops* sp.；双壳类 *Pisidium amnicum*，*P.* cf. *vincentianum*，*Sphaerium rivicolum*，*S. altiformis*，*S. parasolidium*；鱼类 *Osteochilus latiocorpus*，*Mystus dalungshanensis*，*M. spinipectoralis*，*Zacco honggangensis*；植物 *Trapa paulula*，*Cinnamomum naitoanum*，*Lygodium kaulfussii*，*Marchanites* sp. 等　30.00 m

——————— 整　合 ———————

下伏地层：**莘庄村组**　粉砂岩

【地质特征及区域变化】　该组分布于三水、东莞、河源、龙川等地。岩性变化不大，自下而上具变粗的趋势(下部夹有火山碎屑沉积岩或火山岩)，在区域上由盆地中心往边缘变粗。在三水盆地宝月至华木一带坾心组的砂岩、泥岩发育，而灰岩很薄或尖灭。在三水宝月夹有凝灰岩及玄武岩（厚达 180 m）。在南海华木和吉利，下部有厚达 70～80 m 由灰岩砾石组成的砾岩。而三水乐平、南海官窑、马头岭等地，砂岩减少，甚至完全尖灭，灰岩却逐渐增多。龙归和东莞盆地的坾心组以钙质泥岩为主，夹有白云质灰岩。河源盆地主要由红色和灰色相间的钙质泥岩组成。龙川诸盆地钙质泥岩减少而粉砂岩、砂岩、砾岩显著增多并呈互层状出现。该组总厚度 105.3～730.2 m，三水盆地以三水宝月—南海华木一带最厚（达 500～700 m），东莞盆地厚 490～680 m。

该组以富含动、植物化石为特征，门类多，数量丰富。其中鱼类有 *Tungtingichthys*，*Osteochilus* 等，时代属早始新世。双壳类有 *Sphaerum rivicolum*，*Pisidium amnicum* 等，时代属古新世晚期—始新世早期。介形虫称为 *Sinocypris nitela* - *Candona xinzhuangensis* 组合和 *Cyprois buxinensis* - *Limnocythere honggangensis* 组合，时代为早始新世。因此，坾心组的时代属晚古新世至早始新世。

宝月组　E*by*　(44-1107)

【创名及原始定义】　张显球（1978）④以三水竹山岗水 23 井（水深 17 井）8—831.6 m 井段剖面创建。原指三水盆地介于大套深灰色岩层的坾心组与火山岩发育的华涌组之间的一套红色碎屑岩，间夹数层深灰色或杂色泥岩，自下而上岩性逐渐变粗，交错层理发育；与下伏坾心组呈整合接触。

【沿革】　唐鑫（1964）称踏死马岗组，《中南地区区域地层表》称“西南组”。广东 735 队（1974—1975）下部称西坾组，上部称华涌组。张显球命名宝月组以示与西坾组有所区别，故此次对比研究采用宝月组。

【现在定义】　指位于坾心组与华涌组之间的一套红色碎屑岩。其下部为深灰、褐灰色钙质泥岩与钙质粉砂岩互层，夹细砂岩；中部为紫灰色粉砂岩、细砂岩夹含砾砂岩及泥岩；上部为紫红、棕红、浅灰色砂砾岩和含砾砂岩与砂岩、粉砂岩互层，夹泥岩。底部以粉砂质泥岩、粉砂岩、砂岩、含砾砂岩互层为标志与下伏坾心组呈整合或平行不整合接触；与上覆华涌组凝灰岩或凝灰质砂岩呈整合或平行不整合接触。

【层型】　正层型为三水县竹山岗水 23 井剖面（112°56′，23°15′），广东 735 队 1974 年测制。

宝月组 总厚度＞786.5 m

14. 紫灰及灰白色含砾粗砂岩与暗紫红、紫灰色细—中砂岩及粉砂岩互层；上部夹暗紫色粉砂质泥岩，底部夹砂砾岩（未见顶） 68.0 m
13. 紫灰色含砾粗砂岩、砂砾岩、不等粒砂岩，夹暗紫红色含灰质团块砂质泥岩；上部为暗紫红色粉砂质泥岩及深灰色钙质泥岩夹粉砂岩；含介形虫 *Sinocypris parva*；腹足类 *Discostrobilops* sp.，*Amnicola* sp. 44.0 m
12. 暗紫红色砂砾岩、含砾粗砂岩、粗砂岩与泥质粉砂岩互层，夹粉砂质泥岩 56.0 m
11. 紫灰及灰白色砂砾岩、含砾粗砂岩与紫红色泥质粉砂岩、粉砂质泥岩互层 83.0 m
10. 灰白、紫灰、紫红色砂砾岩及含砾粗砂岩与暗紫红色细—粉砂岩及粉砂质泥岩互层。含介形虫 *Cyprois reniformis*，*Limnocythere baoyueensis* 75.0 m
9. 上部为灰、灰绿、紫红色钙质泥岩及灰白色钙质粉砂岩夹含砾砂岩，粉砂岩具交错层理；中部为灰白色含砾粗砂岩、砂砾岩夹粉—细砂岩；下部为灰白色粉—细砂岩夹钙质泥岩；底部为紫灰色砂砾岩、含砾粗砂岩。其中含大量介形虫 *Cypris henanensis*，*Cyprois reniformis*，*Sinocypris parva*，*Limnocythere baoyueensis* 54.0 m
8. 紫红色粉—细砂岩夹灰色含砾砂岩、不等粒砂岩，顶部为深灰色钙质泥岩。含介形虫 *Cyprois reniformis*，*Sinocypris parva*，*Ilyocypris* sp.，*Limnocythere baoyueensis*；昆虫 “*Stenotegmina*” sp. 73.0 m
7. 紫灰色粉砂岩夹粉砂质泥岩、细砂岩、不等粒砂岩，底部为灰白色含砾粗砂岩 63.5 m
6. 灰紫色粉砂岩与灰绿色细—中砂岩不等厚互层，夹粗砂岩、含砾砂岩、粉砂质泥岩、钙质泥岩，粉砂岩交错层理发育。含介形虫 *Cyprois buxinensis*；腹足类 *Discostrobilops* sp. 79.0 m
5. 上部为深灰色钙质泥岩，中下部为暗紫红色粉砂质泥岩与泥质粉砂岩、深灰色钙质泥岩互层，夹灰白、紫灰色细—粗砂岩。含介形虫 *Cyprois reniformis* 51.0 m
4. 紫灰色粉砂岩、浅灰色中—粗砂岩及暗紫红色粉砂质泥岩，底部为灰白色含砾粗砂岩及砂砾岩 18.0 m
3. 紫灰色钙质泥岩与浅灰色钙质粉砂岩互层夹细砂岩，交错层理发育 47.0 m
2. 深灰色钙质泥岩；下部夹灰白色钙质粉砂岩薄层或条带，上部与灰色钙质粉砂岩互层，交错层理发育。含介形虫 *Sinocypris nitela* 50.5 m
1. 灰—灰白、深灰色钙质粉砂岩与钙质泥岩互层，底部为灰白色细—中粒砂岩 24.5 m

———— 整 合 ————

下伏地层：坜心组　深灰、紫灰色钙质泥岩

【地质特征及区域变化】　该组分布于三水、东莞、河源、龙川等地。在三水盆地本组岩石自下而上变粗，沉积韵律发育，自南往北有变细的趋势，如在三水南边，砂砾岩和含砾砂岩显著减少；南海丹灶、华涌、沙头等地，夹有火山岩和火山碎屑沉积岩薄层。在河源盆地的博罗杨村，本组岩性变粗，由砾岩、砂砾岩组成。宝月组总厚 136～1744 m。三水盆地以三水南边、南海华涌、民乐等地最厚（约 800～1100 m），南海华平、小塘、白沙桥、华木等地最薄（仅 130～270 m），河源盆地的博罗杨村厚达 1744 m。

该组富含介形虫、腹足类、双壳类以及鱼类、哺乳类和轮藻、孢粉、植物等化石。其中介形虫称 *Cyprois reniformis*－*Cypris henauensis* 组合；腹足类主要属种有 *Amnicola xiagangensis*，*Physa beijiangensis*；双壳类有 *Eupera sinensis*，*E. laevigata*；时代属中始新世为宜。

华涌组　E*h*　（44－1108）

【创名及原始定义】　张显球等（1973）[3]以南海华涌水 3 井 6—812.6 m 井段剖面命名。指三水盆地一套上、下部均为较粗的碎屑岩，中部为火山碎屑沉积岩的地层体。与下伏坤心组呈整合或平行不整合接触，顶部遭受剥蚀。

【沿革】 相当于《中南地区区域地层表》所称的西樵山群。张显球等（1973）命名的华涌组，包括下砂砾岩段，（中部）火山岩段，上砂砾岩段。此次对比研究厘定的华涌组仅包括火山岩段及其上砂砾段。

【现在定义】 指位于宝月组之上的一套碎屑岩和火山岩。其下部为灰白及灰紫色砂砾岩、含砾砂岩、粉砂岩与火山碎屑岩、流纹岩、粗面岩、玄武岩互层或互为夹层；上部为砖红—棕红色砂砾岩、含砾砂岩、粉砂岩、泥岩，夹少量玄武岩或凝灰质砂岩。底部以火山岩或火山碎屑沉积岩为标志与下伏宝月组呈喷发不整合或整合接触；顶部遭受剥蚀。

【层型】 正层型为南海县华涌水3井剖面（112°59′，23°08′），广东735队1971年测制。

华涌组 总厚度>806.80 m

21. 顶部为砂质泥岩，上部为灰紫色含砾砂岩，下部为紫红、灰紫色粉砂质泥岩夹粗砂岩（未见顶） 38.20 m

20. 上部及下部为砖红—紫红色砂砾岩、含砾粉—粗砂岩，中部为深灰色泥质粗砂岩、浅紫红色钙质粉砂岩及细砂岩 59.40 m

19. 灰紫—紫红色粉砂岩、泥质粉砂岩，中部夹暗紫红色钙质泥岩、灰黑色页岩及灰紫色灰质细砂岩。含介形虫 *Cyprois circularis*，*C. grandis*，*Candona levis*，*Cyprinotus novus*，*Limnocythere xiaotangensis* 21.20 m

18. 上部为砖红色含砾中—粗砂岩，中部为紫红色钙质粉砂岩及灰紫色不等粒砂岩，下部为紫红色砂砾岩与粉—细砂岩互层 31.70 m

17. 上部为灰黑色泥岩、页岩及油页岩夹浅灰色微粒灰岩，中部为灰褐、暗紫红色钙质粉砂岩，下部为紫褐色钙质细砂岩（交错层理发育），底部为灰黑色页岩及钙质泥岩。含介形虫 *Limnocythere xiaotanyensis*，*Cypris favosa*，*Cyprois circularis*，*C. grandis*，*Ilyocypris* sp.，*Candona levis*，*Cyprinotus novus*，*Sinocypris reticulata*；腹足类 *Amnicola* sp.，*Pupoides* sp.；轮藻 *Hornichara huachongensis* 等 30.90 m

16. 灰紫色砂砾岩及含砾粗砂岩夹中—细粒砂岩 22.20 m

15. 暗紫色泥岩、灰紫—紫红色泥质粉砂岩及钙质细砂岩，中部夹灰黑及紫褐色粉砂质或泥质微粒灰岩、黑色泥岩。含介形虫 *Cypris favosa*，*Sinocypris reticulata*，*Limnocythere lata*；腹足类 *Pupoides* sp. 和孢粉等 30.30 m

14. 灰白及灰紫色砂砾岩、暗紫红色粉—细砂岩，中部夹钙质泥岩和暗紫红色凝灰质砂岩。含介形虫 *Sinocypris reticulata*，*Limnocythere lata*，*L. xiaotangensis*；轮藻 *Hornichara huachongensis* 49.80 m

13. 紫红、砖红色钙质粉砂岩及灰紫色泥质不等粒砂岩，夹肉红、砖红色砂砾岩和含砾钙质细—中粒砂岩，底部为灰、深灰色钙质泥岩夹泥灰岩。含介形虫 *Sinocypris reticulata*，*Limnocythere lata* 43.60 m

12. 灰绿或深灰色火山角砾岩及橄榄绿色岩屑晶屑凝灰岩，上部夹玄武岩、沉凝灰岩和浅灰色生物灰岩，下部夹灰褐色中粒钙质砂岩、铁质粉砂岩 68.40 m

11. 上部为灰紫、暗紫红色粉砂质泥岩和钙质粉砂岩夹绿灰色蚀变岩屑凝灰角砾岩；下部为灰黑色泥岩及灰棕色泥灰岩夹碳酸盐化凝灰角砾岩、沉凝灰岩。含介形虫 *Sinocypris reticulata*，*Cypris* sp，*Limnocpthere lata*；双壳类 *Sphaerium* sp. 41.20 m

10. 灰绿—灰棕色凝灰角砾岩、角砾凝灰岩及晶屑凝灰岩，中下部夹深灰色泥灰岩、灰白—深灰色白云质灰岩及灰、暗紫红色泥岩。含介形虫 *Sinocypris reticulata*，*Cypris*

sp.，*Limnocythere lata*，*L. xiaotangensis* 43.50 m

9. 浅灰色钙质细砂岩，灰白色砾状粗砂岩、粗砂岩、硅质中砂岩，底部砂砾岩 22.70 m
8. 上部为灰白、浅灰色粉—细砂岩与灰黑色泥岩及棕红色泥灰岩互层，下部为浅灰色硅质细砂岩及中—粗粒砂岩，底部为浅灰色砂砾岩。含介形虫 *Sinocypris reticulata*，*Cypris* sp.，*Cyprois circularis*，*Limnocythere lata* 及轮藻 *Hornichara huachongensis*，*H. jintanensis*，*Charites nanhaiensis*，*Rhabdochara jiangduensis*，*Stephanochara breviovalis* 和孢粉等 34.90 m
7. 上部为浅灰色粉—细砂岩、紫褐色粉砂质泥岩及灰黑色钙质泥岩，下部为浅灰色砂砾岩、硅质细—粗粒砂岩。含介形虫 *Sinocypris reticulata*，*Cyprois circularis*，*Limnocythere lata* 和孢粉等 39.90 m
6. 灰色钙质粉砂岩夹紫红色泥灰岩，含介形虫 *Sinocypris reticulata* 7.60 m
5. 杂色火山角砾岩及灰绿色角砾凝灰岩夹深灰色凝灰质粉砂岩 9.00 m
4. 紫灰色钙质粉砂岩及浅灰色硅质细粒砂岩 28.90 m

3—2. 灰白色砂砾岩夹灰色粉砂岩、粉砂质泥岩及深灰色钙质泥岩、凝灰质粗砂岩；含介形虫 *Sinocypris retroclinia*，*Cyprois cicularis*，*Limnocythere sublata* 91.20 m

1. 灰白色砂砾岩与灰色粉砂岩、细砂岩、中砂岩互层夹 3 层灰—灰黑色岩屑、晶屑凝灰岩，上部夹一层深灰色泥岩，下部夹灰色泥灰岩。含介形虫 *Cypris* sp.；轮藻 *Hornichara huachongensis* 92.20 m

【地质特征及区域变化】 该组仅分布于三水盆地，岩性变化较大（特别是火山岩）。其下部以熔岩和火山碎屑岩为主，火山碎屑沉积岩为次，局部夹玄武岩或凝灰质砂岩。在区域上，自盆地中心向边缘碎屑岩变粗，而火山岩的层数及厚度迅速递减。在南海华木、莲子塘、白沙桥、刘边等地该组灰、深灰色泥岩较发育。在三水西南、南海华平、小塘、罗村等地夹 3～4 层凝灰岩，而在三水宝月、隔坑等地火山岩完全消失。该组顶部受不同程度的剥蚀，可见厚度 275.3～1070.0 m。

该组富含介形虫、腹足类、双壳类、鱼类和轮藻、孢粉和植物化石。其中介形虫称 *Sinocypris reticulata*－*Limnocythere lata* 组合和 *Limnocythere xiaotangensis*－*Cyprois circularis* 组合，时代属晚始新世。腹足类主要含 *Nanhaispira eversilabia*，*Australorbis* sp. 等，并通常与 *Sinoplanorbis*，*Palaeancylus* 等属共生，组成我国晚始新世一个较典型的腹足类化石组合。华涌组下部火山岩有 21 个 K－Ar 同位素年龄数据，最小值达 43 Ma，平均值为 49.78 Ma，属中始新世范围，因此华涌组时代属中、晚始新世。

伞洞组　K*s*　（44－1003）

【创名及原始定义】 广东 705 队（1988）⑤以仁化沙湾剖面建立。指仁化伞洞至曲江西牛潭水库一带的一套暗紫红色火山岩，岩性为流纹质凝灰熔岩、安山岩、玄武岩。上覆“新径组”为凝灰岩、凝灰质砂岩和粉砂岩。

【沿革】 广东 761 队 4 分队（1959）于曲江县马梓坪创名马梓坪群。广东 705 队（1988）命名的伞洞组为原马梓坪群下部的火山岩（安山玢岩）及凝灰岩。张显球（1992a）修订伞洞组的含义指包括新径组在内的一套地层。

【现在定义】 指不整合于桥源组之上，整合于马梓坪组之下的一套暗紫红色火山岩和火山碎屑沉积岩。其下部为流纹质凝灰熔岩、安山岩、玄武岩；上部为凝灰岩、凝灰质砂岩、粉砂岩。

【层型】 正层型为仁化县沙湾剖面（113°31′，25°07′），广东 705 队 1988 年测制。

上覆地层：**马梓坪组**　含砾细粒长石石英砂岩

——————　整　合　——————

伞洞组	总厚度＞93.70 m
9. 浅青灰色含凝灰质粉砂质页岩	5.50 m
8. 暗紫红色凝灰质粉砂质铁质泥岩	2.40 m
7. 青灰色含凝灰质粉砂质泥岩	3.10 m
6. 绿黄色含凝灰质泥质粉砂岩	2.10 m
5. 深灰绿色沉凝灰岩	66.00 m
4. 灰紫、灰褐色岩屑凝灰岩	1.70 m
3. 紫红色岩屑玻屑熔凝灰岩	1.70 m
2. 暗灰色玄武岩	1.70 m
1. 暗灰紫色玄武岩，含3%～5%柱状斑晶，局部见定向排列（未见底）	9.50 m

【地质特征及区域变化】　该组仅分布于韶关地区，上部岩性稳定，下部变化大。曲江马梓坪该组下部由流纹质凝灰熔岩和安山岩组成，仁化伞洞主要由玄武岩组成，仁化新径未见下部岩性。该组厚度小于124 m，自西往东变薄。未获化石和同位素年龄资料，时代暂定为早白垩世。

马梓坪组　K*m*　（44－1004）

【创名及原始定义】　广东761队4分队（1959）以曲江马梓坪剖面命名马梓坪群。指曲江西牛潭水库—乐昌廊田一带的一套暗紫红、灰绿、黄绿、灰黑色泥岩和粉砂岩，下部夹含砾砂岩，底部为火山岩。

【沿革】　马梓坪群自命名后沿用，但时代经古生物化石证实，修订为早白垩世。张显球（1992a）修订为马梓坪组。本次对比研究后的马梓坪组不包括下部火山岩段（伞洞组）。

【现在定义】　指位于伞洞组之上的一套杂色碎屑岩，由暗紫红色砂岩及粉砂岩和浅黄、黄绿、灰绿、灰黑色泥岩组成。以岩性较细，泥岩发育，颜色带黄绿和灰绿为主要特征。底部以含砾砂岩或砾岩为标志与下伏伞洞组呈整合接触，顶界不明。

【层型】　正层型为曲江县马梓坪剖面（113°31′，25°07′），广东705队1988年重测。

马梓坪组	总厚度＞987.70 m
24. 紫红色厚层状泥岩和粉砂质泥岩，下部夹长石石英细砂岩。含介形虫 *Darwinula contracta*，*D. bapanxiaensis*，；叶肢介 *Halysestheria* sp.；轮藻 *Maedlerisphaera* ? sp.。（未见顶）	84.20 m
23. 灰紫、深紫红色厚层状泥岩夹少量粉砂岩，含介形虫 *Darwinula contracta*，*D. bapanxiaensis*，叶肢介 *Halysestheria* sp.；轮藻 *Maedlerisphaera* sp.	72.30 m
22. 浅紫红色粉砂质泥岩夹粉砂岩，底部夹细粒含云母长石石英杂砂岩	44.80 m
21. 紫红色泥质粉砂岩夹黄绿色粉砂质泥岩。含介形虫 *Darwinula contracta*，*D. oblonga*，*D. bapanxiaensis*；叶肢介 *Halysestheria* sp.，*H. guangtongensis*	62.40 m
20. 紫红、浅红色泥质粉砂岩。含介形虫 *Darwinula contracta*，*D. bapanxiaensis*；叶肢介 *Halysestheria* sp.	21.40 m
19. 紫红色泥岩，含介形虫 *Darwinula contracta*，*D. oblonga*，*D. bapanxiaensis*，叶肢介 *Halysestheria* sp.，*H. guangtongensis*，*Orthestheria* sp.，*O. wangzhuangensis*	111.60 m

18. 浅红黄色粉砂质页岩，页理发育　22.80 m

17. 浅红、浅黄绿色泥岩　20.80 m

16. 黄绿色粉砂岩夹灰、浅紫色页岩。含介形虫 *Darwinula contracta*，*D. oblonga*，*D. bapanxiaensis*，*D.* cf. *sarytirmenensis*，*Metacypris parallela*，*Eolimnocythere* ? sp.；叶肢介 *Halysestheria* sp.，*H. guangtongensis*，*Orthestheria* sp.，*O. wangzhuangensis*；轮藻 *Maedlerisphaera* sp.；植物 *Brachyphyllum* sp. 及腹足类和鱼鳞等　118.70 m

15—12. 浅紫红色厚层泥质粉砂岩夹浅黄、灰色粉砂岩　224.10 m

11—7. 浅灰色中细粒长石石英砂岩夹粉砂岩、含砾长石石英砂岩　188.30 m

6. 黄色粗粒至含砾杂砂岩夹粉砂岩　16.30 m

——————— 整　合 ———————

下伏地层：**伞洞组**　灰白、灰紫色厚层状含凝灰质杂粉砂岩

【地质特征及区域变化】　该组仅分布于韶关地区，岩性变化不大，残存厚度763～987.7 m，自西往东变薄。该组含介形虫 *Darwinula contracta*；叶肢介 *Orthestheria wangzhuangensis*，*Halysestheria guangtongensis* 及轮藻 *Maedlerisphaera* sp. 等；时代应归属早白垩世。

南雄群　K*N*　(44-1051)

【创名及原始定义】　冯景兰（1928）以南雄盆地为典型地区创名南雄层，指粤北地区较细的红色岩系。其下部为砂砾岩及泥质砂岩；中部为砂质泥岩与泥质砂岩互层，夹有砂岩；上部以砂质泥岩、泥岩、泥质砂岩为主，夹含砾砂岩、砂砾岩。

【沿革】　冯景兰（1928）创建南雄层及丹霞层，但层序有误。陈国达（1938）修订作为“老红岩系”的典型层位。广东761队（1962）修订为南雄群。60年代以来南雄群和灯塔群在粤北及粤东北被广泛引用。杨钟健、周明镇（1962）对广东省地质局（1960）采自南雄盆地的脊椎动物化石进行鉴定，肯定南雄盆地有上白垩统的存在。

1962—1974年中国科学院古脊椎动物与古人类研究所（简称中科院古脊椎动物研究所，下同）等，对南雄盆地进行了系统的调查和大量的古生物研究工作，将南雄群修订为南雄组；并以南雄城南—大凤剖面为典型剖面，对南雄组依岩性分为三部分。张显球等（1981）依岩性组合将南雄组三部分分别命名为大凤段、主田段、浈水段。此次对比研究仍称南雄群，包括大凤组、主田组及浈水组。

【现在定义】　指不整合于前白垩纪地层与整合于罗佛寨群（上湖组）之间的一套灰棕、棕红、砖红色碎屑岩。由砾岩、砂砾岩、含砾砂岩、不等粒砂岩、粉砂岩和粉砂质泥岩组成。自下而上包括大凤组、主田组和浈水组。

【层型】　选层型为南雄县大凤剖面（114°18′，25°03′），广东735队1978年重测。

上覆地层：**上湖组**　棕、暗红色粉砂质泥岩夹粉砂岩、细砂岩，底部见薄层砾岩

——————— 整　合 ———————

浈水组　总厚度 262.3 m

62. 棕红色粉砂质泥岩，富含钙质团块，含介形虫 *Talicypridea* (*Khandia*) *cylindrica*，*Candoniella longa*　9.2 m

61—58. 棕红色粉砂质泥岩夹棕色含砾不等粒砂岩　48.3 m

57. 棕红色粉砂质泥岩夹浅灰棕色钙质砂岩条带，泥岩中含灰质团块。含轮藻 *Gyrogona qianjiangica*，*Peckichara lefeldi*　23.9 m

56—53. 棕红色粉砂质泥岩，夹灰棕色泥质粉砂岩及砾岩、砂砾岩、不等粒砂岩　39.3 m

52—47. 棕红色粉砂质泥岩夹棕色砂砾岩，含介形虫 *Mongolocypris subtera* 103.6 m

46—44. 棕红色含砂泥质粉砂岩和粉砂质泥岩，夹含砾不等粒砂岩透镜体。含介形虫 *Cypridea* (*Morina*) *xindianensis*, *Mongolocypris gigantea*, *Ruficypris postclina*, *Cyprois guangzhouensis*, *C. depressa*, *Candoniella candida*, *C. minuta*, *Limnocythere paomagungensis*, *Metacypris kaitunensis*, *M. pulchra*；轮藻 *Charites guanpingensis*, *Gyrogona qianjiangica*, *Obtusochara ovalis*；腹足类 *Reesidella* sp.， 38.0 m

主田组 总厚度 781.9 m

43. 棕红色含灰绿色斑块之粉砂质泥岩，顶部为浅灰色不等粒砂岩—粉砂岩，含介形虫化石碎片及轮藻 *Gyrogona yanbuensis* 15.7 m

42—40. 棕红色粉砂质泥岩夹灰绿色薄层泥灰岩，下部富含钙质团块和不等粒砂，含介形虫 *Cypridea profusa*, *C. usualis*, *Talicypridea sublatiovata*, *T.* (*Khandia*) *nanxiongensis*, *Ruficypris postclina*, *Mongolianella khamariniensis*, *Limnocythere paomagangensis*；轮藻 *Nemegtichara prima*, *Gyrogona qianjiangica*, *Charites dalangshanica*, *C. sadleri*, *Hornichara dalangshanensis*, *Obtusochara lanpingensis*, *Peckichara lefeldi*, *Latochara curtula* 53.3 m

39—37. 棕红色泥质粉砂岩夹多层灰绿色泥灰岩，含介形虫 *Nanxiongium nanxiongense*, *N. ellipticum*, *N. breve*, *N. ovatum*, *N. parvum*, *Talicypridea* (*Cristocypridea*) *quadrata*, *T.* (*C.*) *latiovata*, *T.* (*Khandia*) *nanxiongensis*,, *T.* (*K.*) *anhuiensis*, *T.*? *gibbera*, *Cypridea profusa*, *C. usualis*, *C. anterotruncata*, *Ruficypris postclina*, *Clinocypris aculeata*, *Candoniella candida*, *C. longa*, *Limnocythere paomagangensis*；轮藻 *Gyrogona qianjiangica*, *Obtusochara lanpingensis*, *O. ovalis*, *Charites dalangshanica*, *C. sadleri*, *C. guanpingensis*, *Grambastichara yuntaishanensis*, *Rhabdochara jiangduensis* 60.0 m

36—33. 棕红色粉砂质泥岩，含介形虫 *Nanxiongium nanxiongense*, *N. ellipticum*, *N. breve*, *N. ovatum*, *N. parvum*, *Talicypridea* ? *gibbera*, *T.* (*Cristocypridea*) *quadrata*, *T.* (*C.*) *latiovata*, *T.* (*Cristocypris*) *subelliptica*, *T.* (*C.*) *parallela*, *T. sublatiovata*, *T. protracta*, *T.* (*Khandia*) *nanxiongensis*, *Ruficypris imparilis*, *R. postclina*, *Eucypris illustis*, *Candoniella candida*, *C. minuta*, *Limnocythere paomagangensis*；轮藻 *Mesochara mongolica*, *Charites dalangshanica*, *C. sadleri*, *C. hengjiangensis*, *C. guanpingensis*, *Obtusochara brevicylindrica*, *O. lanpingensis*, *O. ovalis*, *Gyrogona qianjiangica*, *Hornichara dalangshanensis*, *Rhabdochara jiangduensis*，腹足类 *Reesidella* ? sp. 96.0 m

32—30. 棕红色粉砂质泥岩，上部夹灰绿色薄层泥灰岩。含介形虫 *Talicypridea sublatiovata*, *T.* (*Khandia*) *nanxiongensis*, *T.* (*K.*) *anhuiensis*, *T.* (*Cristocypris*) *parallela*, *T.* (*C.*) *subelliptica*, *T.* (*C.*) *tumida*, *T.* (*Cristocypridea*) *latiovata*, *T.* (*C.*) *quadrata*, *Cypridea* (*Morinina*) *xindianensis*, *C.* (*M.*) *dafengensis*, *Ruficypris sp.*, *Candoniella candida*, *C. minuta*, *Limnocythere paomagangensis*；轮藻 *Mesochara mongolica*, *Hornichara dalangshanensis*, *Charites dalangshanica*, *C. guanpingensis*, *C. sadleri*, *Obtusochara lanpingensis*, *O. ovalis*, *O. brevicylindrica*, *Rhabdochara jiangduensis*, *Maedlerisphaera shanggangensis* 64.3 m

29—27. 棕红色粉砂质泥岩，夹 3 层单厚 0.4～0.7 m 的灰绿色泥灰岩。含介形虫 *Nanxiongium nanxiongense*, *N. ellipticum*, *N. ovatum*, *N. parvum*, *Ruficypris postclina*, *Talicypridea* (*Cristocypridea*) *latiovata*, *T.* (*Cristocypris*), *parallela*, *Clinocypris aculeata*, *Candoniella candida*, *Cyprois guangzhouensis*, *C. depressa*, *Limnocythere paomagangensis*, *L. orientalis*；轮藻 *Gyrogona qianjiangica*, *G. yanbuensis*, *Charites sadleri*, *C. hengjiangensis*, *C. tenuis*, *C. dalangshanica*, *Obtusochara lanpingensis*, *O. ovalis*, *Grambastichara yuntaishanensis*, *G. ampliovata*, *Nemegtichara prima* 60.6 m

26—20. 棕红色粉砂质泥岩夹灰绿色灰质条带，含介形虫 *Talicypridea sublatiovata*, *T. hemiseleneata*, *T. foriacea*, *T.* (*Cristocypris*) *parallela*, *T.* (*C.*) *subelliptica*, *T.* (*C.*) *tumida*, *T.* (*Khandia*) *nanxiongensis*, *Cypridea* (*Morinina*) *xindianensis*, *Rufocypris postclina*, *Cadoniella minuta*, *Limnocythere paomagangensis*, *L. orientalis*；轮藻 *Gyrogona qianjiangica*, *G. yanbuensis*, *Hornichara dalangshanensis*, *Charites dalangshanica*, *C. tenuis*, *Nemigtichara prima* 137.2 m

19—16. 棕红色粉砂质泥岩，顶部为灰绿色薄层泥灰岩。含介形虫 *Talicypridea amoena*, *T. protracta*, *T. sublatiovata*, *T.* (*Khandia*) *anhuiensis*, *Cypridea cavernosa*, *C. recta*, *Nanxiongium exiquum*, *Eucypris paomagangensis*, *E. nanxiongensis*, *Ruficypris postclina*, *Candoniella candida*, *Limnocythere paomagangensis*；轮藻 *Mesochara mongolica*, *Nemegtichara elliptica*, *Grambastichara yuntaishanensis*, *G. ampliovata* 86.0 m

15—13. 棕红色粉砂质泥岩夹灰绿色灰质条带，含介形虫 *Talicypridea* (*Cristocypridea*) *chinensis*, *T.* (*Khandia*) *imparilis*, *Mongolocypris gigantea*, *M. guangdongensis*, *Cyprois guangzhouensis*, *Candona declivis*, *Candoniella candida*, *C. minuta*；轮藻 *Mesochara mongolica*, *Charites guanpingensis*, *Gobichara deserta* 86.0 m

12—10. 棕红色粉砂质泥岩夹灰绿色灰质团块或条带及浅灰棕色钙质粉砂岩。含介形虫 *Talicypridea* (*Khandia*) *imparilis*, *T.* (*K.*) *nanxiongensis*, *Cypridea cavernosa*, *Mongolocypris* sp., *Ruficypris postelina*, *Candoniella candida*, *C. minuta*, *Candona wangdianensis*, *Limnocythere paomagangensis*；轮藻 *Gyrogona qianjiangica*, *Gobichara deserta*, *Obtusochara culmina*, *Nemegtichara prima*, *Grambastichara ampliovata*, *Maedlerisphaera sanshuiensis*, *M. minscula*, *Euaclistochara*, *indistincta* 92.5 m

9. 棕红色粉砂质泥岩与浅灰色钙质粉砂岩互层，含灰质团块，夹薄层砂砾岩。含介形虫 *Cypridea cavernosa*, *C. recta*, *C.* (*Morinina*) *dafengensis*, *Talicypridea sp.*, *Candona declivis*, *C. wangdianensis*, *Candoniella candida*, *C. minuta*, *Metacypris kaitunensis*, *M. xindianensis*；轮藻 *Porochara anluensis* 和腹足类，双壳类等化石 30.3 m

大凤组 总厚度 223.7 m

8. 灰棕色块状砂砾岩夹泥质砂岩 56.3 m

7—6. 紫棕、砖红、棕红色块状砂砾岩 81.2 m

5—4. 紫棕、砖红色块状砂砾岩夹泥质砂岩条带 55.6 m

3—1. 砖红色砂砾岩与棕红色泥质粉砂岩，砾石以花岗岩为主 30.6 m

~~~~~~~~~~ 不 整 合 ~~~~~~~~~~

下伏地质体：燕山早期斑状花岗岩

【地质特征及区域变化】 见大凤组、主田组、浈水组描述，南雄群总厚1300～2400m。

大凤组 K*d* (44-1052)

【创名及原始定义】 张显球（1981）于《南雄盆地白垩—早第三纪地层划分及介形类化石组合序列》中，以南雄大凤剖面命名大凤段，张显球（1987）介绍。指南雄盆地南雄组下部较粗的碎屑岩。岩性以棕红、紫红色厚层砾岩、砂砾岩为主，夹泥质粉砂岩及泥质砂岩，与下伏前白垩纪地层或燕山早期花岗岩呈不整合接触。

【沿革】 相当于中科院古脊椎动物研究所（1974）所称南雄组下部。此次对比研究修订
~~~~~~~~~~

为大凤组。

【现在定义】 指位于前白垩世地层与主田组之间的一套较粗的碎屑岩。主要为砾岩、砂砾岩和含砾砂岩，夹砂岩、粉砂岩和粉砂质泥岩，以砾岩、砂砾岩发育为主要特征。与下伏前白垩纪地层或燕山早期花岗岩呈不整合接触，与上覆主田组粉砂质泥岩呈整合接触。

【层型】 正层型为南雄县大凤剖面（114°18′，25°03′），广东735队1978年重测。

【地质特征及区域变化】 该组分布于连县、怀集、韶关和南雄等地。由粗→细组成2个沉积旋回；在区域上，连县地区由南往北岩性变细，韶关地区由东往西变细。在曲江、乐昌和连县等地，该组砂岩和粉砂岩层比例显著增大，砾岩、砂砾岩、含砾砂岩与砂岩、粉砂岩和粉砂质泥岩呈互层出现。该组总厚223.7～1996.6 m，具有自东往西变薄的趋势。

在南雄大凤剖面该组含恐龙蛋化石，曲江长坝剖面含介形虫 *Mongolocypris - Cypridea - Darwinula* 组合。在长坝剖面作古地磁测定，大凤组所有样品的剩磁极性为正，表明该组的地质年代不早于距今118 Ma。据此，时代属早白垩世晚期—晚白垩世早期。

主田组 Kẑ （44-1053）

【创名及原始定义】 张显球（1981）以南雄大凤剖面命名主田段，张显球（1987）介绍。指南雄城南至大玢岭一带的一套棕红色粉砂质泥岩，夹薄层灰绿色泥灰岩和浅棕色钙质粉砂岩。以沉积物粒度较细，泥岩发育为主要特征。与下伏大凤段呈整合接触，上为浈水段整合覆盖。

【沿革】 相当于中科院古脊椎动物研究所（1974）所称南雄组中部。此次对比研究修订为主田组。

【现在定义】 指整合于大凤组与浈水组之间的一套棕红色粉砂质泥岩，夹灰绿色泥灰岩薄层和粉砂岩、钙质粉砂岩，以及少量砂岩和含砾砂岩。底部以大套粉砂质泥岩为标志与下伏大凤组分界，顶以浈水组含砾砂岩分界。

【层型】 正层型为南雄县大凤剖面（114°18′，25°03′），广东735队1978年重测。

【地质特征及区域变化】 该组分布于连县、怀集、韶关和南雄等地，岩性稳定。在连县百塘冲，该组夹有含砾砂岩和泥质灰岩薄层，厚度特大（大于1873.7 m）。其他地区厚度变化不大（怀集闸岗厚770 m，南雄大凤厚781.5 m，南雄沙头坳厚804 m）。

该组除富含介形虫、轮藻外，还有恐龙、恐龙蛋及有孔虫、腹足类、双壳类等化石。介形虫称为 *Talicypridea* 动物群，恐龙、恐龙蛋为晚白垩世的特征化石，时代属晚白垩世。

浈水组 Kẑŝ （44-1054）

【创名及原始定义】 张显球（1981）以南雄大凤剖面命名浈水段，张显球（1987）介绍。指南雄城南至古子坑村北之间的一套岩性较粗，粗细相间，富含恐龙蛋化石的红色碎屑岩；以砾岩、砂砾岩较发育为特征。与下伏主田段及上覆上湖组均为整合接触。

【沿革】 相当于中科院古脊椎动物研究所（1974）所称南雄组上部。此次对比研究修订为浈水组。

【现在定义】 指整合于主田组与上湖组之间的一套碎屑岩。为灰棕、砖红色砂砾岩，含砾砂岩，砂岩与棕红色粉砂岩，粉砂质泥岩不等厚互层。底部以含砾砂岩或砂砾岩为标志与下伏主田组分界，顶与上覆上湖组紫红色泥岩呈整合或平行不整合接触。

【层型】 正层型为南雄县大凤剖面（114°18′，25°03′），广东735队1978年重测。

【地质特征及区域变化】 该组分布于连县、怀集、韶关和南雄等地，岩性稳定，总厚度221.4～294.1 m。其中富含轮藻、介形虫、腹足类、恐龙蛋和恐龙。恐龙 *Tarbosaurus* 和 *Micro-*

hadrosaurus 均是晚白垩世的标准化石。

丹霞组　KE*d*　(44-1091)

【创名及原始定义】　冯景兰（1928）以仁化丹霞山剖面命名丹霞层；指仁化丹霞山和南雄苍石寨、杨历岩、大玢岭等地的一套较粗的岩系。岩性由砾岩、砂砾岩、长石石英砂岩组成；以其岩性粗、坚硬，形成奇峰和悬崖峭壁的丹霞地貌为主要特征。与下伏古生界呈角度不整合接触。

【沿革】　广东761队（1959）称丹霞群。郑家坚等（1973）将其修订为丹霞组。其时代归属虽有争议，但作为岩石地层单位仍被广泛引用，沿用至今。

【现在定义】　指位于大凤组之上的一套由紫红—砖红色厚—巨厚层状砾岩、砂砾岩、含砾砂岩、不等粒长石石英砂岩，夹杂砂质长石石英粉砂岩、粉砂质泥岩组成的岩层。以平行层理和大型交错层理发育为特征。底部以厚—巨厚层状砾岩和砂砾岩为标志与下伏地层呈不整合或平行不整合接触，顶界不明。

【层型】　正层型为仁化县丹霞山剖面（113°44′，25°01′），广东705队1988年重测。

丹霞组　　总厚度＞481.25 m

11. 褐红或紫红色厚层状砾岩、砂砾岩，砾石多呈棱角状，无定向排列，分选极差，夹数层厚1～3 m棕红、紫红色不等粒长石砂岩，常具板状交错层理，上部被剥蚀。含轮藻 *Maedlerisphaera minuscula*，*M. sanshuiensis*，*Gobichara deserta*，*Gyrogona qianjiangica*。（未见顶）　41.22 m
10. 棕红—肉红色厚层—块状不等粒长石砂岩，具平行层理及大型板状交错层理，在顶部0.1 m棕红色粉砂质泥岩的Rb-Sr法等时线年龄为76±22 Ma　67.89 m
9. 褐红色块状砾岩，层理不发育　2.56 m
8. 棕红色厚层状含砾不等粒长石砂岩夹砂砾岩条带，具平行层理和交错层理　46.54 m
7. 棕红色厚层状不等粒长石砂岩　8.24 m
6. 褐红色砾岩与棕红色长石砂岩互层　15.54 m
5. 棕红色厚层状长石砂岩　4.41 m
4. 褐红色砾岩与棕红色厚层状砂岩互层，夹一层0.5 m厚的紫红、暗紫、红色含石膏晶粒的粉砂质泥岩。含介形虫 *Yumenella xiagouensis*，*Y. hemiseleneata*，*Y. danxiaensis*，*Y. latilimbata*，*Y. acutilonga*，*Y. cornuta*；轮藻 *Grambastichara yuantaishanensis*，*Gyrogona qianjiangica*，*Maedlerisphaera minuscula*，*M. sanshuiensis*　29.35 m

3—1. 棕红色砂砾岩、砾岩（未见底）　265.50 m

【地质特征及区域变化】　该组分布于韶关、乐昌、连县、梅县、兴宁、河源、惠州和汕头等地。有些盆地，该组自下向上具粗—细—粗的变化趋势。如坪石、星子及丹霞盆地中部均以砂岩为主；河源盆地及淡水盆地，中部亦以含砾砂岩或含砾粉砂岩为主；也有些盆地该组全由砾岩和砂砾岩组成。该组顶部受剥蚀，可见厚度210～4278 m。该组含孢粉、轮藻、介形虫、腹足类和恐龙蛋化石。在仁化丹霞山剖面，该组下部古地磁为正极性，中、上部出现了正负极性交替，表明这一地层位于静磁期之上的时期，其特征与70～75 Ma的磁性条带颇为相似，即年龄值不晚于70 Ma；中部棕红色粉砂质泥岩的Rb-Sr等时线年龄为76±22 Ma。还含有介形虫 *Yumenella* 及少量轮藻 *Grambastichara yuntaishanensis* 等。因此，丹霞组的时代归晚白垩世似应无疑。河源下村丹霞组中下部含恐龙蛋 cf. *Oolithes elongatus*，时代也应属晚白垩世。惠阳白云坑的丹霞组含腹足类 *Sanshuispira hexalamella* 和介形虫 *Eucypris san-*

shuiensis，与三水盆地莘庄村组同类化石相似，时代属古新世。南雄盆地上罗田村以南的丹霞组砂砾岩中找到恐龙蛋，而村北红色砂砾岩中找到古新世哺乳类，说明丹霞组具明显的穿时性。其总的时限为晚白垩世至早第三纪。

罗佛寨群　KE*L*　(44-1101)

【创名及原始定义】　张玉萍等（1963）以南雄罗佛寨剖面命名罗佛寨组。指南雄盆地平行不整合于南雄组之上含古新世哺乳类化石的地层。按其岩性分上、下两段：下段主要为紫红或褐红色泥岩、砂质泥岩夹砂砾岩，含钙质结核；上段由紫红及灰绿灰褐色泥岩、砂质泥岩、泥质砂岩和砂岩组成。

【沿革】　中科院古脊椎动物研究所（1963）于南雄盆地首次发现古新世哺乳动物群化石，将原划分为南雄层的这一部分地层划分出来称罗佛寨组。郑家坚等（1973）将其划分为下段与上段。周明镇等（1973，1977）称下段为上湖段，上段为浓山段。童永生等（1976）将上湖段修改为上湖组；浓山段修改为浓山组，并进一步划分出竹桂坑段、大塘段及上部（未命名段）。并认为“罗佛寨组”在地层含义上应给予修改，而修订为罗佛寨群。

【现在定义】　指整合或平行不整合于南雄群之上的一套较细的碎屑岩；主要由暗棕、紫红、灰绿色粉砂质泥岩，夹泥岩、粉砂岩和细砂岩组成。自下而上包括上湖组、浓山组和古城村组。

【层型】　正层型为南雄上湖村—罗佛寨剖面(114°26′,25°06′)，张玉萍等1963年测制。

【地质特征及区域变化】　见上湖组、浓山组及古城村组描述。

上湖组　KE$\hat{s}$　(44-1102)

【创名及原始定义】　周明镇等（1973）以南雄罗佛寨剖面命名上湖段。指南雄修仁至湖口一带的一套富含哺乳类化石和钙质结核的紫红色粉砂质泥岩夹薄层砂砾岩和砂岩。与下伏南雄组呈平行不整合接触。

【沿革】　郑家坚等（1973）称罗佛寨组下段。童永生等（1976）将其修订为上湖组。张显球（1981）再将其细分为坪岭段、下惠段和逆龙巷段。

【现在定义】　指位于浈水组与浓山组之间的一套由紫红、暗紫红色粉砂质泥岩和泥质粉砂岩夹薄层含砾砂岩、砂岩组成的地层，以泥岩发育，富含钙质结核为主要特征。底部以粉砂质泥岩、砂岩、含砾砂岩不等厚互层为标志与下伏浈水组呈整合或平行不整合接触，顶与浓山组（泥岩）呈整合接触。

【层型】　正层型为南雄县罗佛寨剖面（114°26′，25°06′），郑家坚等1964年测制。

上覆地层：**浓山组**　浅紫红色泥岩夹灰绿色泥岩，含龟、鳄化石碎片

—————— 整　合 ——————

上湖组	总厚度596.00 m
7. 紫红色泥岩夹薄层砂砾岩，含灰质结核，上部浮土掩盖	243.00 m
6. 紫红色泥岩及砂质泥岩，含哺乳类（Anagalidae）化石	19.00 m
5. 紫红色泥岩夹泥质砂岩，含灰质结核	53.00 m
4. 紫红色砂砾岩	5.00 m
3. 紫红色泥岩夹薄层泥质砂岩	120.00 m
2. 褐红色泥岩夹灰绿色泥岩、砂岩，含灰质结核。含哺乳类 *Bemalambda* sp.，*Dissacus* sp. 和龟鳖类化石碎片	21.00 m
1. 紫红色泥岩夹泥质砂岩，含龟鳖类和哺乳类化石碎片	135.00 m

——————整　合——————

下伏地层：**浈水组**　浅红、灰白色砂砾岩

【地质特征及区域变化】　该组仅分布于南雄盆地，岩性变化不大，自下往上钙质增多。下部（坪岭段）以富含姜状钙质结核为特征，中部（下惠段）以夹钙质砂岩和钙质粉砂岩为特征，上部（逆龙巷段）以夹钙质泥岩为特征；在区域上具自西南往东北岩性变细的趋势。在南雄罗佛寨，该组自下至上均夹有不稳定的砂砾岩，而南雄坪岭仅其下部夹砂砾岩，中、上部夹含砾砂岩。该组总厚度 440.8～596.0 m，自西南往东北变薄。其底部含恐龙蛋 *Oolithes* sp.，中上部含哺乳类 Anagalidae 和 Bemalambdidae 科的分子，此外还有介形虫、轮藻等化石。时代属晚白垩世末期至古新世早期。

浓山组　E*n*　(44－1103)

【创名及原始定义】　周明镇等（1973）以南雄罗佛寨剖面命名浓山段。指南雄罗佛寨一带的一套含龟、鳄类化石的浅紫红夹灰绿色泥岩，上部夹砂岩和细砾岩的地层。与下伏上湖段呈整合或平行不整合接触，上为丹霞组角度不整合覆盖。

【沿革】　童永生等（1976）将浓山段修订为浓山组，并将其分三段：下段（竹桂坑段）由灰绿、紫红色泥岩及灰褐色砂岩组成；中段（大塘段）紫红色泥岩、砂质泥岩互层，夹砂岩；上段（未命名）以紫红、灰绿色泥质砂岩、砂质泥岩为主。

【现在定义】　指整合于上湖组与古城村组之间的一套由暗褐及紫红色粉砂质泥岩夹灰绿色泥岩、泥灰岩、钙质粉砂岩组成的地层；上部浅褐色钙质粉砂岩显著增多，与粉砂质泥岩常呈互层出现，并夹少量砂砾岩。底部以大套粉砂质泥岩与下伏上湖组分界，顶部与上覆古城村组灰黑色泥岩分界。

【层型】　正层型为南雄县罗佛寨剖面（114°26′，25°06′），郑家坚等 1964 年测制。

浓山组　　总厚度＞229.00 m

3. 浅紫色泥岩、砂岩、细砾岩夹灰绿色泥岩。产介形虫 *Sinocypris exselsa*，*S. subfuningensis*，*Limnocythere honggangensis*，*Eucypris hukouensis*（未见顶）　83.00 m

2. 紫红色泥岩及泥质砂岩与灰绿色砂岩及泥岩互层。含龟类 *Hokouchelys chenshuiensis*；鳄类 *Asiatosuchus nanlingensis*；介形虫 *Sinocypris exselsa*，*S. subfuningensis*，*Eucypris hukouensis*，*Parailyocypris changzhouensis*，*Limnocythere honggangensis*；轮藻 *Harrisichara poculiformis*，*Grovesichara changzhouensis*，*Croftiella spherica*，*Peckichara varians*，*P. longa*，*Neochara sinuolata*，*Maedleriella nanxiongensis*，*Sinochara rudongensis*，*S. dongtaiensis*，*Stephanochara breviovalis*，*S. hukouensis*，*Rhabdochara changzhouensis*，*R. luofuzhaiensis*，*Gobichara deserta*　68.00 m

1. 浅紫红色泥岩夹灰绿色泥岩，含龟、鳄化石碎片及介形虫 *Sinocypris exselsa*，*S. subfuningensis*，*Limnocythere honggangensis*；轮藻 *Peckichara varians*，*P. longa*，*Grovesichara changzhouensis*，*Neochara sinuolata*，*Rhabdochara luofuzhaiensis*，*Stephanochara breviovalis*　78.00 m

——————整　合——————

下伏地层：**上湖组**　紫红色泥岩夹薄层砂砾岩

【地质特征及区域变化】　该组仅分布于南雄盆地，自下往上岩石粒度变粗。在区域上自西南往东北钙质显著增多，在坪岭剖面还夹有泥灰岩。厚度 220.9～336.8 m，自西南往东北

增厚。该组主要含哺乳类、爬行类、腹足类和介形虫、轮藻、孢粉和植物化石。其中哺乳类 Archaeolambdidae 和 Phenacodontidae 系晚古新世代表类型，时代应属晚古新世。

古城村组 E*g* (44-1104)

【创名及原始定义】 张显球（1984）以南雄坪岭剖面创名古城组。指南雄大塘毛鸡湾村至真仙岩一带的一套以棕、暗棕色粉砂质泥岩为主，下部与灰黑色泥岩互层并夹粉一细砂岩和劣质油页岩，上部夹灰黄、灰绿色粉砂质泥岩的地层；以沉积物较细，暗棕、红棕色与灰黑色泥岩相间为主要特征。与下伏浓山组为整合接触，上部被剥蚀。

【沿革】 相当于童永生等（1976）所称的浓山组上段（未命名）。此次对比研究因原名与马国干（1980）所创的震旦纪古城组同名而修订为古城村组。

【现在定义】 指整合于浓山组之上的一套棕、暗棕色粉砂质泥岩和泥岩。下部夹灰黑色泥岩、粉砂岩、细砂岩薄层，上部夹黄绿、灰绿色粉砂质泥岩；以棕、暗棕色与灰黑、灰绿色泥岩相间出现为主要特征。其底部以棕红与灰黑色泥岩互层为标志与下伏浓山组分界，顶部遭受剥蚀。

【层型】 正层型为南雄县坪岭剖面（114°31′，25°15′），地质部第12普查勘探大队1978年测制。

古城村组　　总厚度＞402.90 m

76—69. 暗棕、紫棕色粉砂质泥岩，中部夹浅灰棕色钙质粉砂岩和灰绿色条带（未见顶）　131.60 m

68. 棕红色钙质泥岩，中及下部夹浅灰色泥岩。富含介形虫 *Cyprois buxinensis*，*Candona* sp.　13.00 m

67—64. 棕红色泥岩，中下部夹灰黑色粉砂质泥岩和泥质粉砂岩　39.70 m

65—63. 棕红色泥岩，夹灰黑色泥岩和薄层细砂岩　85.70 m

62—61. 棕红色泥岩夹钙质粉砂岩条带，中下部夹3层（各厚1 m）灰黑色泥岩。含介形虫 *Cyprois buxinensis*　26.00 m

60—58. 棕红色与灰黑色泥岩互层，夹薄层钙质粉砂岩　52.50 m

57. 棕红与灰黑色泥岩互层，夹钙质粉砂岩条带。含介形虫 *Sinocypris nitela*，*Cyprois reniformis*，*C. buxinensis*，*Eucypris* sp.，*Candoniella* sp.；腹足类 *Pleurodiscus bellus*，*Pupoides* (*Ischnopupoides*) *antiquus*，*P.* (*I.*) *guchengensis*，*Acanthinula* ? *nanxiongensis*，*Brachyspira subsphaerica*，*B. asperella*，*Succinea baoyueensis*　54.40 m

——————— 整　合 ———————

下伏地层：**浓山组**　暗棕色粉砂质泥岩与浅棕色钙质粉砂岩互层

【地质特征及区域变化】 该组仅分布于南雄盆地。岩性变化不大（在南雄全安狮头寨含煤及煤线4～5层）。顶部受剥蚀，可见厚度428.7 m。该组主要含孢粉、介形虫和腹足类化石；介形虫以 *Cyprois buxinensis* 为主，腹足类称 *Pleuradiscus bellus* - *Brachyspira subsphaerica* 组合，与粤中龙归盆地坊心组所产甚为相似；时代置于始新世比较合适。

罗定组 K*l* (44-1002)

【创名及原始定义】 广东763队（1962）以罗定白马坑剖面创名罗定群。原指罗定盆地不整合覆盖于老地层之上，平行不整合伏于火山碎屑沉积岩之下的一套红色碎屑岩。

【沿革】 罗定群自创名后广泛引用于粤西地区，沿用至今。此次对比研究修订为罗定组。

【现在定义】 指不整合于古生代地层（罗罅组）之上，平行不整合于三丫江组之下的一套红色碎屑岩。其下部为紫红色细粒长石石英砂岩夹砾岩、中粒长石石英砂岩、粉砂质泥岩；上部为长石石英粉砂岩、钙质粉砂岩和砂岩。

【层型】 正层型为罗定县白马坑剖面（111°31′，22°49′），广东 763 队 1960 年测制。

上覆地层：**三丫江组** 紫红色细一中粒石英砂岩

——————— 平行不整合 ———————

罗定组	总厚度 2915.80 m
22. 紫红色长石石英粉砂岩	157.60 m
21. 含白色粘土的粉砂岩	23.20 m
20. 紫红色长石石英粉砂岩	802.00 m
19. 紫红色含钙质粉砂岩	89.50 m
18. 紫红色细砂岩夹红黄色粗粒长石石英砂岩	135.40 m
17. 紫红色钙质砂岩	96.90 m
16. 紫红色复矿细砂岩	87.70 m
15. 紫红色砂岩	334.10 m
14. 紫红色含泥质长石石英砂岩	75.60 m
13. 紫红色含泥质砂岩夹粉砂质页岩	104.90 m
12. 紫红色含锰质泥质细砂岩	196.60 m
11. 含泥质细砂岩	270.30 m
10. 紫红色中粒长石石英砂岩	94.50 m
9—1. 灰红色砾岩、紫红色细粒长石石英砂岩与砾状砂岩互层	447.50 m

~~~~~~~~~~ 不 整 合 ~~~~~~~~~~

下伏地层：**罗罅组** 云母石英片岩及石英云母片岩

【地质特征及区域变化】 该组分布于罗定和怀集地区。具下粗上细的趋势，上部粉砂岩显著增多。在区域上岩石粒度在怀集地区自南往北变粗，罗定地区由北往南变粗。在乐昌塘村、连县周家岱和吴川三丫江等地，该组砾岩夹层显著增多。由于构造破坏，本组一般未见顶，残存厚度 871.5～2915.8 m。含双壳类、叶肢介和介形虫等化石，在罗定、周家岱、清水、塘村等盆地均含有我国早白垩世双壳类的主要代表分子 *Trigonioides kodairai*。

三丫江组 Ksy （44－1059）

【创名及原始定义】 茂名石油公司（1973）[⑥]以化州三丫江一带为典型地区命名三丫江群。指茂名盆地不整合于八村群之上，铜鼓岭组之下的一套红色碎屑岩和火山碎屑岩。自下而上分为 4 个岩性段，第一段为红色碎屑岩，第二段为红色碎屑岩和火山碎屑沉积岩，第三段为英安斑岩和安山斑岩，第四段为霏细斑岩和流纹斑岩。

【沿革】 中南煤田勘探总局 130 队（简称中南煤田 130 队，下同）1956 年称茂名地区的白垩纪火山岩层为“石鼓系”，广东 765 队（1960）称“茂南火山杂岩”。茂名石油公司 1973 年称三丫江群以来，沿用较久。但广东省地矿局 704 地质大队（简称广东 704 队，下同）1991 年于《1∶5 万茂名幅区调报告》中称石鼓群，划分落叶岭组、艾屋组、大岭组、锡塘岭组。此次对比研究按沿用的习惯仍使用三丫江群并修订为组。

【现在定义】 指位于罗定组与铜鼓岭组之间的一套火山碎屑沉积岩和火山岩，岩性为沉火山角砾岩、砾岩、砂岩、粉砂岩、沉凝灰岩、凝灰岩、安山岩、英安集块熔岩、英安质岩、霏细岩、流纹岩。底部以火山碎屑沉积岩与碎屑岩互层为标志与下伏罗定组呈不整合或平行
~~~~~~~~~~

不整合接触；顶部与上覆铜鼓岭组紫红色砾岩呈不整合接触。

【层型】 选层型为茂名市落叶岭剖面（110°45′，21°41′），广东704队1990年测制。

三丫江组	总厚度>2719.90 m
21. 紫灰色英安岩（未见顶）	51.60 m
20. 黑色石英安山岩	191.60 m
19. 红、黄色英安质集块熔岩	90.60 m
18. 风化紫红色英安岩，K－Ar法年龄值74Ma	69.40 m
17—15. 黄、红、紫灰色风化安山质及砾质砂岩；砾石大小不一，大者达30 cm	476.70 m
14. 灰褐色安山岩	132.90 m
13. 风化红、紫灰色杂砾岩	184.80 m
12—10. 风化紫灰、暗红、黄色安山质晶屑凝灰岩	112.30 m
9. 灰黑色安山岩	5.90 m
8. 风化杂色安山质晶屑凝灰岩	33.00 m
7. 灰褐色安山岩	523.30 m
6—4. 风化灰紫、红、黄色安山质晶屑凝灰岩	186.80 m
3. 棕褐、暗棕色粗中粒砂岩及含砾细砂岩与粉砂质泥岩不等厚互层，含钙质团块或条带及石膏质条带，碎屑粒度由上往下变粗	357.50 m
2. 棕—棕褐色粉—细砂岩与砂质泥岩互层为主，夹中—细砂岩，含钙质团块	220.50 m
1. 棕红及灰绿色砾岩、沉火山角砾岩与砂岩互层，上部夹杂色熔角砾岩	83.00 m

——————— 平行不整合 ———————

下伏地层：**罗定组** 泥质细—粉砂岩

【地质特征及区域变化】 该组分布于罗定、茂名和雷州半岛。在茂名盆地，该组底部为砾岩、沉火山角砾岩、砂岩、砂质泥岩互层，夹熔角砾岩。下部为安山质晶屑凝灰岩和安山岩；中部为砾岩夹安山质砾质砂岩和安山岩；上部为安山岩、英安岩和英安质集块熔岩；顶部仅见于锡塘岭一带为霏细岩和流纹岩。在罗定盆地该组为砾岩、砂岩、沉凝灰岩和凝灰岩。在雷州半岛，该组由砾岩、砂岩、凝灰质砾岩、凝灰质砂岩组成。该组顶部受剥蚀，可见厚度129.5～2719.9 m。以茂名盆地最厚。在罗定盆地该组中发现有恐龙化石碎片；在茂名盆地有5个K－Ar同位素年龄数据，为64～91 Ma。据此，三丫江组时代属晚白垩世。

铜鼓岭组　Kt　(44－1060)

【创名及原始定义】 茂名石油公司（1973）[⑥]以茂名盆地铜鼓岭一带为典型地区创建。指茂名盆地铜鼓岭一带位于三丫江群与油柑窝组之间的一套红色复矿砾岩、含砾复矿砂岩、复矿砂岩，与上覆及下伏地层均呈不整合接触。

【沿革】 陈国达（1949）曾称丹霞系，1973年创名后沿用至今。

【现在定义】 指不整合于三丫江组之上，上垌组之下的一套红色碎屑岩。岩性为砖红、暗红、棕红、褐红色砾岩、砂砾岩、含砾砂岩、砂岩、含砾粉砂岩及粉砂质粘土岩呈不等厚互层。底部以砾岩为标志与下伏三丫江组分界，顶被上垌组（杂色砾岩）不整合覆盖。

【层型】 选层型为茂名市十三井剖面（110°55′，21°41′），广东湛江地质队1974年测制。

铜鼓岭组	总厚度> 568.20 m
47. 红及紫红色泥质砂砾岩、含砾砂岩、泥质砂岩互层（未见顶）	176.00 m

46. 灰或紫红色泥质砂岩、粉砂岩互层 79.00 m

45. 紫红色泥质砂岩、含砾砂岩互层，夹少量含砾粉砂岩 54.00 m

44. 浅棕、青灰色砂砾岩，夹少量砾岩 29.40 m

43—38. 棕色砾岩与砂砾岩互层 175.00 m

37—35. 棕色砾岩与砂砾岩互层，上部夹有纤维状石膏和泥石膏 54.80 m

~~~~~~~~~~ 不 整 合 ~~~~~~~~~~

下伏地层：**三丫江组** 褐色安山玢岩

【地质特征及区域变化】 该组仅分布于茂名盆地。岩性具由下往上变细的趋势，在区域上由盆地中心往边缘变粗。在茂名市林底，该组上部夹厚44.4 m之粉砂质粘土岩。在高州达桥几乎全由杂砾岩和杂砂砾岩组成。该组顶部受不同程度剥蚀，可见厚度38.2～843.0 m。在茂名市林底剖面采获大量介形虫 *Talicypridea parallela*，*T. quadrata*，*T. tumida* 等；时代属晚白垩世。

上垌组 Eŝd (44-1109)

【创名及原始定义】 广东704队（1991）[7]以茂名市上垌剖面为正层型，高州波罗塘CK1004孔剖面为副层型创建。指茂名盆地金塘露天矿上垌—波罗塘一带位于油柑窝组（油页岩）之下的一套灰白、灰、灰绿色碎屑岩。其下部为砂砾岩、角砾岩和砂岩；中部为粘土岩、粉砂岩夹细砂岩；上部为砂岩、粉砂岩夹砂砾岩和砂质粘土岩；与下伏铜鼓岭组呈不整合接触。

【沿革】 对茂名地区的含油页岩碎屑沉积，周铭斯（1926）称茂名层；陈国达等（1949）称茂名系，自下而上划分白石岭层、油金窝层、黄牛岭层、羊角圩层；中南煤田130队（1956）称邕宁系，划分为油柑窝层、尚村层等单位；广东区调队（1965）修订为油柑窝组、黄牛岭组、尚村组、老虎岭组、高棚岭组等，沿用至今。广东704队（1991）在《1∶5万茂名幅区调报告》中，将油柑窝组下部相当陈国达（1949）所称的白石岭层碎屑岩分解出来，命名上垌组。

【现在定义】 指位于铜鼓岭组与油柑窝组之间的一套灰色碎屑岩。由砂质粘土岩、粘土岩、泥质粉砂岩、粉砂岩、细砂岩、中粗粒砂岩和砂砾岩组成。底部以杂色砾岩或角砾岩为标志与下伏地层呈不整合接触，顶部与上覆油柑窝组油页岩呈平行不整合接触。

【层型】 正层型为茂名市上垌剖面（110°51′，21°43′），广东704队1990年测制。

副层型为高州县罗塘CK1004孔剖面（110°48′，21°49′），中南煤田130队1956年测制。

上覆地层：**油柑窝组** 以褐黑色薄层状油页岩为主，夹细砂岩和褐煤等，偶含黄铁矿

—————— 平行不整合 ——————

上垌组 总厚度 76.00 m

3. 灰绿—灰褐色致密块状硬粘土岩与粉砂岩互层，夹细砂岩、砂质粘土岩和泥岩，含黄铁矿 37.00 m

2. 灰白及灰绿色粘土粉砂岩、细砂岩、砂砾岩夹中、粗粒砂岩和砂质粘土岩 34.10 m

1. 杂色砾岩夹细砂岩，砾石为石英、长石和喷出岩，砾径一般为15～30 mm，呈棱角—次棱角状 4.90 m

~~~~~~~~~~ 不 整 合 ~~~~~~~~~~

下伏地层：**铜鼓岭组** 红色细砂岩

【地质特征及区域变化】 该组仅分布于茂名盆地，自下而上由砾岩、角砾岩、砂砾岩—砂岩、粉砂岩—砂质粘土岩、粘土岩组成2个沉积旋回，在区域上，自西南往东北岩性变细。在茂名市金塘露天矿一带，该组砾岩、砂砾岩较发育。而在高州石鼓、陈垌、茂名市山阁一带砂质粘土岩较发育。该组总厚度18～76 m，自南往北增厚，含孢粉、藻类化石，时代属始新世。

油柑窝组 E*y* （44－1110）

【创名及原始定义】 陈国达、黄国贤（1949）以茂名盆地羊角圩—连界一带为典型地区创名油金窝层。指茂名盆地羊角圩—连界一带位于白石岭层与黄牛岭层之间的一套由褐黑色致密薄层油页岩，局部夹粘土岩、细砂岩、碳质页岩、褐煤和生物屑泥质灰岩组成的地层。与上覆及下伏地层均为平行不整合接触。

【沿革】 广东区调队（1965）将陈国达等（1949）所称的油金窝层（油金窝为油柑窝地方方言的误称）修订为油柑窝组，沿用至今。现厘定的油柑窝组从广东704队（1991）含义，仅指平行不整合于上垌组之上的可燃性有机岩。

【现在定义】 指位于上垌组与黄牛岭组之间的一套可燃性有机岩。由褐黑色油页岩夹少量粘土岩、细粒砂岩、粉砂岩、褐煤和泥质灰岩组成。底以砾岩、油页岩为标志与下伏上垌组呈平行不整合接触，顶被黄牛岭组杂色砾岩平行不整合覆盖。

【层型】 选层型为茂名市上垌剖面（110°51′，21°43′），广东704队1990年测制。

上覆地层：**黄牛岭组** 黄、灰黄色砾质粗粒长石石英砂岩，底为厚约0.4 m的棕黄色细砾岩及厚约0.1 m的褐铁矿层

——————— 平行不整合 ———————

油柑窝组 总厚度 19.74 m

5. 灰紫、灰白色劣质油页岩，颜色由下往上变深。含动物 *Cyprinus maomingensis*，*Anosteira* sp. 及植物化石碎屑等 7.74 m
4. 灰黑色油页岩，局部含少量圆、椭圆状灰黄色泥砾及凝灰岩砾。富含 *Anosteira maomingensis*，*Tomistoma petrolica*，*Cyprinus maomingensis* 11.50 m
3. 下部为灰绿色粗—巨砾砾岩，砾石成分以下伏岩层的岩性为主，填隙物为砂和粘土及少量植物化石碎屑；上部为灰绿、黑色中细砾岩，砾石为植物化石碎屑及杂砂岩屑，填隙物为碳质粘土，含脊椎动物骨骼和牙齿化石 0.50 m

——————— 平行不整合 ———————

下伏地层：**上垌组** 灰白色薄层状风化粗中粒杂砂岩

【地质特征及区域变化】 该组仅分布于茂名盆地，岩性稳定，顶、底界线明显（底部有一层厚约0.5 m的底砾岩，顶部为一层薄粘土岩）。该组油页岩以金塘露天矿一带质量最佳，含油率为6%～8%，自金塘向北油页岩减少。石鼓一带该组中夹3层褐煤，含油粘土岩及粘土岩增多，往东南至羊角圩一带油页岩厚度增大，并夹1～4层褐煤。该组总厚度19.2～45.5 m，自西往东增厚。该组富含爬行类和鱼类化石，此外还有孢粉和植物化石。其中鱼类 *Cyprinus maomingensis* 的时代属始新世中晚期，最迟不超过渐新世初期。因此，油柑窝组的时代属中晚始新世至早渐新世。

黄牛岭组 N*h* （44－1171）

【创名及原始定义】 陈国达、黄国贤（1949）以电白望的牛岭剖面命名为黄牛岭层，指

茂名盆地望牛岭一带位于油柑窝层与羊角圩层之间的一套砂岩、砂砾岩；主要岩石为灰—灰白色松散砂砾岩、砂岩和绿灰或浅黄色砂质粘土岩夹煤线。与上覆及下伏地层均呈平行不整合接触。

【沿革】 广东区调队（1965）修订为黄牛岭组，沿用至今。

【现在定义】 指位于油柑窝组与尚村组之间一套的碎屑岩。由含砾长石石英砂岩、长石石英砂岩、长石石英粉砂岩、粉砂质粘土岩、粘土岩夹砂砾岩、砾岩组成。底部以含砾砂岩为标志与下伏油柑窝组呈平行不整合接触，与上覆尚村组（含油页岩）呈整合接触。

【层型】 正层型为茂名市望牛岭剖面（110°58′，21°41′），广东704队1990年重测。

黄牛岭组　　总厚度＞124.80 m

14. 橙黄、浅红色石英细砾岩夹薄层砾质不等粒长石石英砂岩，底面为一层厚5～16 cm的深紫红色铁壳层（未见顶）　　5.20 m

13. 紫红、黄、灰白色含砂粘土岩（底部为薄层棕黄色粉砂岩），夹6层薄层粗粒长石石英砂岩或砂岩透镜体，其顶底均有厚约2～10 cm的铁壳层　　21.70 m

12. 黄、白、淡红等色砾质不等粒长石石英砂岩夹薄层砾质粗粒长石石英砂岩　　71.50 m

11—10. 以黄色风化含砾泥质不等粒石英砂岩为主，上部为紫红色粘土岩及薄层棕色粉砂岩　　4.20 m

9. 黄、浅红、灰白色风化含砾巨粗粒石英砂岩，底部夹玫瑰红色粘土岩透镜体　　11.30 m

8—3. 黄、白色风化泥质巨粗粒长石石英砂岩及泥砾质不等粒石英砂岩，夹粉红色砂质粘土（高岭土）、泥质粉砂岩　　10.90 m

——————— 平行不整合 ———————

下伏地层：**油柑窝组**　杂色粘土岩、黑灰色油页岩

【地质特征及区域变化】 该组仅分布于茂名盆地。岩性变化较大，自下而上由粗→细组成2个沉积旋回，沉积韵律发育。在区域上，自西北往东南岩石粒度变粗。在茂名市山阁、电白羊角等地，该组砂砾岩发育。在高州石鼓、茂名市金塘露天矿等地，粉砂岩、粉砂质粘土岩发育。在高州波罗塘夹油页岩、含油页岩、褐煤和煤线。该组总厚度71～395.3 m，具有东北厚西南薄的趋势。该组含有植物和孢粉化石，植物 *Alnus* cf. *kefersteinii* 时代属中新世，*Sabalites* cf. *baishuensis* 属渐新世；现将黄牛岭组的时代暂置于中新世。

尚村组　N$\hat{s}$　(44－1172)

【创名及原始定义】 中南煤田130队（1956）[⑧]以高州尚村剖面命名为尚村层。指茂名盆地尚村一带位于黄牛岭层之上、老虎岭层之下的一套泥岩，主要由深灰及黑褐色泥岩、砂质泥岩组成，局部夹浅灰色砂砾岩和油页岩、褐煤以及不纯灰岩。与下伏地层呈整合接触。

【沿革】 广东区调队（1965）修订为尚村组，沿用至今。

【现在定义】 指位于黄牛岭组与老虎岭组之间的一套含有机质粘土岩。由灰至灰黑色含有机质粘土岩、含油粘土岩、粉砂质粘土岩和泥质粉砂岩，夹少量劣质油页岩、钙质粉砂岩、不纯灰岩、褐煤层及煤线组成。底部以含有机质粘土岩、油页岩为标志与下伏黄牛岭组呈整合接触，顶被老虎岭组（含砾砂岩）平行不整合所覆盖。

【层型】 正层型为高州县尚村剖面（110°48′，21°47′），广东704队1990年重测。

上覆地层：**老虎岭组**　灰白、黄白、土黄色不等粒长石石英砂岩及含砾不等粒长石石砂岩

与粉红、灰白、紫色粘土岩互层

——————— 平行不整合 ———————

尚村组　　　　　　　　　　　　　　　　　　　　　　　　　　　总厚度 365.00 m

8. 灰、黑灰色含有机质粘土岩　　　　　　　　　　　　　　　　　210.00 m

7. 杂色粘土岩，上部被浮土掩盖　　　　　　　　　　　　　　　　100.00 m

6. 褐黑色油页岩　　　　　　　　　　　　　　　　　　　　　　　55.00 m

———— 整　合 ————

下伏地层：**黄牛岭组**　灰色粉砂质粘土岩夹薄层粉砂岩

【地质特征及区域变化】　该组仅分布于茂名盆地，岩性以稳定的大套粘土岩为主，仅在高州尚村、茂名市洪山等地底部为油页岩。在区域上岩石自西往东变粗，如茂名市山阁、电白羊角一带粉砂岩、砂岩、含砾砂岩以及砂砾岩、砾岩的夹层显著增多。总厚度 354～473 m，自西往东增厚。该组含腹足类、鱼类和植物、孢粉化石。其中植物 *Castanea miomolissima*，*Liquidambar miocenica* 等系中新世晚期的常见分子；在茂五井采获孢粉，认为属中新世。据此，尚村组的时代置于中新世。

老虎岭组　N*l*　(44－1173)

【创名及原始定义】　中南煤田 130 队（1956）[8]以茂名市老虎岭一带为典型地区命名老虎岭层。指茂名盆地老虎岭一带位于尚村层与高棚岭层之间的碎屑岩。主要由灰白、灰黄、红色松散砂砾岩，灰白、黄绿、灰绿色细砂岩以及杂色砂质泥岩组成，局部夹煤线。与下伏地层呈平行不整合接触。

【沿革】　广东区调队（1965）修订为老虎岭组，沿用至今。

【现在定义】　指位于尚村组与高棚岭组之间的一套灰色碎屑岩。其岩性为含砾长石石英砂岩、长石石英砂岩、砂质粘土岩、粘土岩夹砂砾岩、粉砂岩、泥质粉砂岩。底部以含砾砂岩为标志与下伏尚村组呈平行不整合接触，顶部被高棚岭组平行不整合所覆盖。

【层型】　选层型为茂名市油行屋剖面（110°57′，21°43′），广东 704 队 1990 年测制。

上覆地层：**高棚岭组**　土灰、灰白带浅绿色长石细砂岩、泥质粉砂岩及粘土岩，顶底为薄层浅绿、灰黑色杂砾岩

——————— 平行不整合 ———————

老虎岭组　　　　　　　　　　　　　　　　　　　　　　　　　　总厚度 275.20 m

17. 褐黄、土黄色含砾不等粒含铁长石石英砂岩及不等粒含铁长石石英砂岩与薄层灰白色泥质粉砂岩互层，顶为黄色泥质细砂岩　　　　　　　　　　　　47.00 m

16—13. 灰白、黄色含砾粗粒（或不等粒）长石石英砂岩（风化砂性高岭土），夹薄层不等粒长石石英砂岩（风化砂性高岭土）及杂色粉砂质粘土岩和粘土岩　　80.40 m

12—7. 灰白色砾质粗粒长石石英砂岩夹薄层紫红、灰白色粉砂质粘土岩　　49.10 m

6—2. 黄、灰白色含砾（或砾质）粗粒长石石英砂岩，夹土黄、灰白色不等粒长石石英砂岩及黄、褐红色粘土岩　　　　　　　　　　　　　　　　　　51.70 m

1. 灰白色含砾粗粒长石石英砂岩夹黄色粘土岩及粉砂岩　　　　　　　47.00 m

——————— 平行不整合 ———————

下伏地层：**尚村组**　灰黑色含有机质粉砂质粘土

【地质特征及区域变化】　该组仅分布于茂名盆地，岩性变化不大，自下而上由粗—细组

成3个沉积旋回；在区域上，自盆地边缘往中心变细。在高州尚村至茂名市洪山一带本组含砾砂岩、砂岩减少，而砂质粘土岩增多。在高州分界茂10井底部夹有煤层、煤线。该组总厚度274.9～658.0 m。在高州尚村至茂名市洪山一带最厚达608～658 m，向盆地边缘变薄。该组含少量孢粉化石 *Alnus*，*Betulaceae*，*Ulmaceae* 等，暂归入中新世—上新世。老虎岭组长石石英砂岩风化后形成的砂质高岭土具工业意义。

高棚岭组　Ng　(44-1174)

【创名及原始定义】　中南煤田130队（1956）[8]以高州高棚岭一带为典型地区命名为高棚岭层。原指茂名盆地高棚岭一带位于老虎岭层之上的较粗的碎屑岩，主要由杂色厚层块状复矿中砾岩、复矿砂岩和粘土岩组成，与下伏地层呈不整合接触。

【沿革】　广东区调队（1965）修订为高棚岭组，沿用至今。

【现在定义】　指位于老虎岭组之上的一套杂色粗碎屑岩。由细—巨砾杂砾岩、杂砂砾岩、含砾杂砂岩、杂砂岩夹长石石英砂岩、泥质粉砂岩、砂质粘土岩和粘土岩组成。底部以杂砾岩为标志与下伏老虎岭组呈平行不整合接触，顶部遭受剥蚀。

【层型】　选层型为高州县分界剖面（110°57′，21°44′），广东704队1990年测制。

高棚岭组	总厚度＞1008.00 m
34. 黄色泥质粉砂岩（未见顶）	10.00 m
33—30. 杂色中砾岩及杂砾岩	366.00 m
29—27. 紫红、红、灰色为主的杂色粉砂质粘土岩夹含砾砂质粘土岩及泥质粉砂岩	177.00 m
26—23. 黄、紫红色砾质泥质不等粒长石石英砂岩及黄色粗粒长石石英砂岩	235.00 m
22—21. 灰白、灰黑色泥质细粒长石石英砂岩与灰黑色泥质粉砂岩不等厚互层，夹不等粒长石石英砂岩、含砾不等粒长石石英砂岩及粉砂质粘土岩	75.00 m
20. 灰白、灰绿、灰黑色 杂砾岩与泥质粉砂岩互层，夹泥质细粒长石石英砂岩和泥质不等粒长石石英砂岩	40.00 m
19. 灰黑色含砾不等粒长石石英砂岩与灰、黄色粉砂岩互层，夹粘土岩、泥质不等粒长石石英砂岩及杂砾岩	85.00 m
18. 灰白—土灰带浅绿色细砂岩、泥质粉砂岩、粘土岩夹含砾粉砂质粘土岩，顶及底部为浅绿、灰白、灰黑色杂砾岩	20.00 m

——————— 平行不整合 ———————

下伏地层：**老虎岭组**　黄褐、土黄色含砾不等粒含铁长石石英砂岩及不等粒含铁长石石英砂岩

【地质特征及区域变化】　该组仅分布于茂名盆地，岩性变化较大，自下而上具粗—细—粗的变化趋势，在区域上自西北往东南变细。在高州分界等地，中部泥质粉砂岩较发育。该组顶部受剥蚀，可见总厚度1026.0～1212.2 m。含孢粉和硅藻化石，孢粉主要有 *Quercoidites microhenrici*，*Alnus*，*Polypodiaceaes porites* 等，时代暂归上新世。

长流组　Eĉ　(44-1111)

【创名及原始定义】　中国石油公司南海分公司（1978）[9]以海康流沙港徐四井1914.0—2270.0 m井段剖面命名。指雷州半岛南部位于白垩纪地层之上、流沙港组灰色碎屑岩之下的一套杂色碎屑岩。岩性为灰黑、棕红色泥岩夹中细粒砂岩。底部为含砾砂岩或砂砾岩，与下伏地层呈不整合接触。

【沿革】 茂名石油公司（1964）于《广东沿海地区中新生界调查研究总结报告》中，将涠浅一井下部划为下第三系（E_1）红层，代表雷州半岛及北部湾盆地早第三纪早期的洪积、冲积—浅湖滨岸相沉积。长流组相当于这一套地层，命名后沿用至今。

【现在定义】 指不整合于前第三纪地层之上，整合于流沙港组之下的一套杂色碎屑岩。由棕红及棕褐色泥岩与灰绿或灰黑色泥岩不等厚互层组成，上部夹粉砂岩、砂岩，下部夹钙质砂岩、含砾砂岩和砂砾岩。

【层型】 正层型为海康县流沙港徐四井剖面（109°55′，20°24′），中国石油公司南海分公司 1978 年测制。

上覆地层：**流沙港组** 暗绿灰及杂色泥岩与灰白色细粒砂岩不等厚互层

——————— 整 合 ———————

长流组 总厚度 355.30 m

25—24. 灰白色中细粒砂岩夹棕红、绿灰色泥岩和粉砂质泥岩。 46.40 m

23. 灰白色细粒砂岩和粉砂岩夹绿灰色泥岩及含粉砂质泥岩，顶部为一层厚 2 m 的灰黑色玄武岩 16.70 m

22—15. 灰白色细粒砂岩与灰黑色泥岩不等厚互层，细粒砂岩和泥岩均含钙质。泥岩中含介形虫 *Sinocypris nitela*，*S. funingensis*，*Ilyocypris hengyangensis*，*Limnocythere honggangensis* 等；孢粉 *Cyathidites* cf. *minor*，*Ephedripites* sp.，*Ulmipollenites minor*，*U. tricostatus* 251.30 m

14. 棕红色泥岩与含砾粗粒砂岩不等厚互层，成分以石英和火成岩岩屑为主 15.50 m

13. 紫红色砂砾岩 25.40 m

~~~~~~~~~ 不 整 合 ~~~~~~~~~

下伏地层：**三丫江组** 灰色粗面安山岩与浅灰色安山玢岩不等厚互层

【地质特征及区域变化】 该组分布于雷州半岛，自下至上由粗—细组成 2 个沉积旋回。在区域上自北往南岩石粒度变细，在徐闻西连迈参二井砂岩、粉砂岩夹层的层数和厚度均减少。该组总厚度 278～574 m，自北往南增厚。该组富含介形虫和孢粉以及藻类化石。介形虫以 *Sinocypris* 为主；孢粉有 *Celtispollenites*，*Pentapollenites* 等；时代属古新世至早始新世。

流沙港组 E*l* （44－1112）

【创名及原始定义】 茂名石油公司（1975）[10]以徐闻西连迈参二井 2120—3227 m 井段剖面创建。原指雷州半岛南部位于涠洲群之下的碎屑岩。上段为灰黑、绿灰、棕红色泥岩夹细粒砂岩和泥质粉砂岩，下段为深灰、灰白色中—细粒砂岩与砂质泥岩互层。与上覆地层为不整合接触。

【沿革】 茂名石油公司（1964）将涠浅一井下部红层之上的杂色岩层置于下第三系（E_{2-3}）。1964 年地质部第四石油地质普查大队（简称地质部第四普查大队，下同）称涠洲群。茂名石油公司（1975）将涠洲群限于杂色岩层，于迈陈凹陷中发现伏于杂色岩层之下的以深灰色碎屑岩为主的地层称流沙港组。

【现在定义】 指整合于长流组与涠洲组之间的一套灰色碎屑岩。由深灰、灰黑、灰绿色泥岩与灰白色中—细粒砂岩不等厚互层组成；下部砂岩成分以岩屑为主，中部有一大套深灰色泥岩，上部砂岩成分以石英为主。底部以棕红色泥岩与灰白色砂岩互层为标志与下伏长流组呈整合接触，上被涠洲组杂色碎屑岩平行不整合所覆盖。
~~~~~~~~~

【层型】 正层型为徐闻县西连迈参二井剖面（109°56′，20°27′），茂名石油公司1975年测制。

上覆地层：**涠洲组** 浅绿灰色砂质泥岩，局部夹细砂岩，底部1 m为灰白色中粒砂岩

——————— 平行不整合 ———————

流沙港组 总厚度533.0 m

12. 灰黑色泥岩，含孢粉 *Alangiopollis javanicoides*，*Corsinipollenites hungaricus*，*Verrutricolporites* sp.，*Pentapollenites maomingensis*，*Tricolpites longicolpus*，*Tricolporopollenites* sp.，*Araliaceoipollenites edmundi*，*Florschuetzia trilobata*，*Liquidambarpollenites mangelsdorfianus*，*Corylopsis princeps*，*Ulmipollenites granopollenites*，*Momipites* sp.，*Alnipollenites verus*，*A. quadrapollenites*，*Juglanspollenites verus*，*Pinuspollenites strobipites*，*Cycadopites cycadoides* 等 46.00 m
11. 灰白色细砂岩与灰黑色(局部为绿灰色)泥岩互层，含孢粉 *Alangiopollis javanicoides* 等 150.00 m
10. 灰白色细砂岩与绿灰色、棕红色泥岩互层，局部含钙质，偶见褐煤线，下部有中细粒砂岩。含孢粉 *Corsinipollenites hungaricus*，*Pentapollenites maomingensis*，*Betulaepollenites* cf. *plicoides*，*Tiliaepollenites instructus* 等 157.50 m
9. 上部为灰白色中细砂岩及细砂岩（顶部微含细砾），下部为灰白色粗中粒砂岩。含孢粉 *Betulaepollenites* cf. *plicoides* 等 30.00 m
8. 绿灰色泥岩与灰白色细砂岩互层 55.00 m
7. 棕红色泥岩与灰白色粗中砂岩、含砾砂岩互层，含孢粉 *Tiliaepollenites instructus* 等 35.50 m
6. 棕红色泥岩与灰白色细砾岩或砾状粗砂岩互层 59.00 m

——————— 整 合 ———————

下伏地层：**长流组** 棕红色泥岩（局部有绿灰色斑块），下部夹泥质粉砂岩

【地质特征及区域变化】 该组分布于雷州半岛地下，自下而上由砾岩、含砾砂岩、砂岩—泥岩反复叠置组成。在区域上自盆地中心往边缘岩石变粗；总厚度142～523 m，自北往南增厚。该组含孢粉和藻类化石，孢粉主要有 *Salixipollenites*，*Momipites triletipollenites*，*Operculumpollis operculatus*，*Quercoidites*，*Ulmipollenites*，*Alnipollenites* 等，时代属中始新世至晚始新世。

涠洲组 E*w* (44－1113)

【创名及原始定义】 地质部第四普查大队（1964）[11]以广西北海市涠洲岛涠浅一井695—1084 m井段剖面命名涠洲群。指北部湾涠洲岛的老第三纪地层。下段为紫红色砂质泥岩夹泥岩、砂岩和砾岩，上段为杂色泥岩夹砂砾岩、砂岩和少量泥灰岩；与下伏白垩纪地层和上覆新第三纪地层均呈不整合接触。

【沿革】 茂名石油公司（1964）称杂色层（E_{2-3}）。地质部第四普查大队（1964）命名涠洲群并划分下段（相当于茂名石油公司的红色层），上段（相当于茂名石油公司的杂色层）。地质部第二海洋地质调查大队（1974）将涠洲群划分为下段、中段及上段；茂名石油公司（1975）修订的涠洲组仅相当上段。

【现在定义】 指位于流沙港组与下洋组之间的一套杂色杂碎屑岩。由紫红、棕红、灰白、深灰、灰绿色的泥岩、粉砂质泥岩、粉砂岩与砂岩、含砾砂岩及砂砾岩互层组成。中部岩性较细，以灰、深灰色为主。底部以灰白色含砾砂岩、中粗粒砂岩为标志与下伏流沙港组呈平

行不整合接触，与上覆下洋组（灰绿色砂岩）呈整合或平行不整合接触。

【层型】 本省次层型为徐闻县西连迈参二井剖面（109°56′，20°27′），茂名石油公司1975年测制。

上覆地层：**下洋组** 灰白色砾状粗砂岩，部分为含砾粗砂岩或中粗砂岩

——————— 整 合 ———————

涠洲组	总厚度 685.50 m
33—26. 棕红色泥岩与灰白色含砾粗砂岩或砾状粗粒砂岩互层	276.00 m
25—19. 绿灰色粉砂岩与泥岩互层，含动物化石，局部见含黄铁矿及碳质；含介形虫 *Chinocythere inflata*，*Disauritocypris trapezoidea*，*Cyprinotus leizhouensis*	244.50 m
18—16. 棕红色泥岩（含绿灰色斑纹）与灰白色粗砂岩互层	118.50 m
15—13. 灰白色砾状粗砂岩夹棕红色泥岩	46.50 m

——————— 平行不整合 ———————

下伏地层：**流沙港组** 灰黑色泥岩

【地质特征及区域变化】 该组分布于雷州半岛，自下而上具有由粗—细—粗的变化趋势。在湛江、乌石港、迈陈、前山等4个断陷中岩石均自中心往边缘变粗，在海康乌石港乌2孔中部还夹2层玄武岩。该组总厚度34.6～1434.5 m，在湛江、乌石港、迈陈、前山等断陷中心最厚，往边缘迅速变薄。该组富含孢粉和介形虫及腹足类化石；孢粉称为*Magnastriatites howardi* - *Trilobapollis* - *Verrutricolporites pachydermus* - *Retitricolpites* cf. *matauraensis* 组合，介形虫称为*Chinocythere*组合，时代应为渐新世。

下洋组 Nx （44-1175）

【创名及原始定义】 地质部第四普查大队（1965）[11]以徐闻下洋雷琼三井749—892.44 m井段剖面建立。指平行不整合于涠洲群之上的一套灰色粗碎屑岩。时代定为晚第三纪早期。

【沿革】 李树勋等（1954）于《湛江附近地质调查简述》中创建湛江系。茂名石油公司（1964）称湛江群，划分4个岩组。广东省水文工程地质一大队（简称广东水文一队，下同）（1964）将湛江群划分为北部湾组、雷琼组及湛江组。地质部第四普查大队（1965）将相当湛江群第一岩组的一套地层命名下洋组，沿用至今。

【现在定义】 指位于涠洲组与角尾组之间的一套粗碎屑岩。下部为灰绿、黄灰色砂砾岩及砂质泥岩，上部为灰、黄灰色砂砾岩及砂岩。底以砂砾岩与下伏地层（涠洲组）呈平行不整合接触，顶与角尾组（灰色泥岩）呈整合接触。

【层型】 正层型为徐闻县下洋雷琼三井剖面（110°30′，20°31′），地质部第四普查大队1964年测制。

上覆地层：**角尾组** 灰色薄层状泥岩

——————— 整 合 ———————

下洋组	总厚度 143.30 m
27—24. 浅绿灰、灰、浅黄灰、浅紫红等色砂砾岩及含砾粗砂岩夹薄层状泥岩	64.40 m
23—19. 浅绿灰色砂砾岩夹粉砂岩或泥岩	55.60 m
18—16. 浅灰绿—绿灰色砂砾岩及中细粒砂岩	22.70 m

——————— 平行不整合 ———————

下伏地层：**涠洲组** 浅绿灰、黄灰等色含砾中粗—中细粒砂岩与砂质泥岩或泥岩互层

【地质特征及区域变化】 该组分布于雷州半岛，自下而上由粗—细组成2～6个沉积旋回，在区域上自西北往东南粒度变细。在海康乌石港一带岩性单一，以砂砾岩、砾岩为主，局部夹一层玄武岩。总厚度62.5～717.0 m，自西北往东南变薄。该组含有介形虫、有孔虫、腹足类和双壳类化石，有孔虫称为 *Globigerina ciperoensis* - *Cassigerinella chipolensis* 组合，时代属早中新世。

角尾组 N*j* (44-1176)

【创名及原始定义】 地质部第四普查大队（1965）[11]以徐闻角尾雷琼一井600—986.8 m井段剖面命名。指雷州半岛位于下洋组与佛罗组两套较粗碎屑岩之间的细碎屑岩。下段为浅灰绿色粉砂岩、细砂岩夹泥岩，上段为灰绿色泥岩、粉砂岩和砂岩，与上覆及下伏地层均呈整合接触。

【沿革】 相当于茂名石油公司（1964）所称湛江群第二岩组，1965年命名后沿用至今。胡兰英（1981）曾将其下部称许家寮组。

【现在定义】 指整合于下洋组与灯楼角组两套粗碎屑岩之间的一套细碎屑岩。由灰、灰绿、绿色泥岩，粉砂质泥岩，泥质粉砂岩和细粒砂岩呈不等厚互层组成。

【层型】 正层型为徐闻县角尾雷琼一井剖面（109°56′，20°15′），地质部第四普查大队1965年测制。

上覆地层：**灯楼角组** 绿黄色细砂岩

———— 整 合 ————

角尾组 总厚度 391.64 m

47—45. 灰绿色中层及薄层状泥岩，局部含粉砂。含有孔虫 *Baggina notoensis*；介形虫 *Occultocythereis peristicta* 21.10 m

44—42. 灰绿、绿灰色泥岩，上部含粉砂，下部夹泥质砂岩。含介形虫 *Occultocythereis peristicta*，*Cytheridea* sp，*Cytherura* ? sp，*Trachyleberis* sp. 6.42 m

41—35. 灰绿色薄层状泥岩及绿灰色细砂岩。含介形虫 *Spinileberis longicaudata*，*Cytherelloidea yingliensis* 68.21 m

34—27. 灰绿色薄层状泥岩与粉砂岩、细砂岩呈不等厚互层，偶夹粗中粒砂岩 61.07 m

26—23. 灰绿色薄层状泥岩，含介形虫 *Loxoconcha* sp.，*Trachyleberis* sp.，*Echinocythereis* ? sp. 54.94 m

22—19. 绿灰色薄层状泥岩与细砂岩互层，含腹足类 *Limacina* sp. 43.10 m

18—13. 绿灰、灰绿色薄层状泥岩中部夹泥质砂岩及含砾砂岩 56.50 m

12—8. 灰绿色泥质砂岩及泥质粉砂岩和薄层状泥岩 70.30 m

———— 整 合 ————

下伏地层：**下洋组** 灰绿色粉砂岩

【地质特征及区域变化】 该组分布于雷州半岛，沉积韵律发育，在区域上自东往西岩石变粗。在海康乌石港一带，本组主要为中粗粒砂岩与泥岩互层，局部夹一层玄武岩。该组总厚度43.2～590 m，自东往西增厚。该组含有孔虫、介形虫和腹足类化石；有孔虫为 *Globorotalia siakensis* - *Orbulina suturalis* 组合，时代属渐新世晚期至中新世中期，在雷琼一井该组上部有中中新世开始出现的 *Orbulina suturalis*，因此，角尾组的时代属早中新世至中中新世。

灯楼角组 N*d* (44-1177)

【创名及原始定义】 中国石油公司南海分公司（1978）[9]以徐闻竹山徐浅一井 304.5—532.5 m 井段剖面命名。指雷州半岛位于角尾组与望楼港组之间的一套粗碎屑岩。

【沿革】 茂名石油公司（1964）称湛江群第三岩组，广东水文一队（1964）称雷琼组。地质部第四普查大队（1965）称佛罗组（引用广东 765 队 1959 年于海南岛南部莺歌海所创建的佛罗组），沿用到 1978 年，被新创的灯楼角组所代替。鉴于灯楼角组与佛罗组在岩性组合上有较大差别，并尊重石油部门与海南省项目研究组的意见，现推荐使用灯楼角组。

【现在定义】 指位于角尾组与望楼港组之间的一套较粗的碎屑岩，岩性以灰、灰白、灰绿、紫红、红褐色中—粗粒砂岩、含砾粗砂岩、砂砾岩为主夹粉砂岩和泥岩；下部夹少量砾岩、碳质泥岩及褐煤。底部以含砾砂岩为标志与下伏角尾组呈整合或平行不整合接触，顶部与望楼港组灰色泥岩（底部一层细砾岩）呈整合接触。

【层型】 正层型为徐闻县竹山徐浅一井剖面（110°10′，20°14′），茂名石油公司 1964 年测制。

上覆地层：**望楼港组** 灰色泥岩，含贝壳碎屑

——————— 整 合 ———————

灯楼角组 总厚度 228.00 m

56—55. 灰色微薄层状泥岩与中粒砂岩互层，含较多贝壳碎屑。有孔虫 *Martinottiella communis*，*Gaudryina solida*，*Saracenaria italica* 等 29.50 m

54—52. 深灰色砂砾岩（砂为粗砂，砾为中砾）及灰白色钙质粗砂岩，含少量贝壳碎屑。有孔虫 *Orbulina suturalis* 等 90.00 m

51. 灰色中细粒砂岩，颗粒由上往下变细，含贝壳碎屑及少量石英细砾，顶部颗粒较粗（以中粒为主）。含孢粉 *Polypodiisporites perverrucatus*，*Monosulcites* sp.，*Cupuliferoipollenites pusillus*，*Pterocaryapollenites stellatus*，*Verrutricolpites* sp.，*Cyrillaceaepollenites megaexactus* 等 20.00 m

50—48. 浅黄、灰色粗中粒砂岩及灰色薄层状泥岩，含少量贝壳碎屑。含介形虫 *Cytherelloidea* cf. *demiriacensis* 等 41.00 m

47—44. 灰绿色细中粒砂岩夹薄层状泥岩，底部含少量砾石 47.50 m

——————— 整 合 ———————

下伏地层：**角尾组** 灰色薄层状泥岩

【地质特征及区域变化】 该组分布于雷州半岛，岩性变化较大，特别是玄武岩夹层的厚度可从厚 1～141.3 m 不等。该组岩层自下而上由细—粗—细组成 5～7 个沉积旋回，在区域上自西北往东南变细。在徐闻下洋、角尾等地，本组泥岩增多，而含砾砂岩、砂砾岩相对减少。在海康幸福农场二队幸四井和徐闻下洋姑村雷琼三井玄武岩发育。该组总厚度 42.8～355.5 m，自西北往东南变薄。富含有孔虫、介形虫、腹足类化石，有孔虫为 *Globigerina nepenthes* - *Globorotalia acostaensis* 组合，时代属晚中新世。

望楼港组 Nw (44 - 1178)

【创名及原始定义】 广东省地质局 765 地质大队（简称广东 765 队，下同）（1959）[12]以海南岛莺歌海望楼港 CK4/41 孔 6.7—183.65 m 井段剖面命名。指位于佛罗组之上、第四纪松散沉积层之下的一套碎屑岩。下段为灰及蓝灰色粉砂质泥岩、泥岩和细砂岩，上段为蓝灰色粘土质粉砂岩与粉砂质泥岩互层夹细—中粒砂岩；与下伏地层为整合接触。

【沿革】 相当于茂名石油公司（1964）所称湛江群第四岩组，广东水文一队（1964）所称雷琼组上部。自地质部第四普查大队（1965）引用望楼港组于北部湾及雷州半岛后，沿用至今。

【现在定义】 指位于灯楼角组之上、湛江组之下的一套细碎屑岩。岩性以浅灰及灰绿色泥岩、粉砂质泥岩、泥质粉砂岩和粉砂岩为主，夹少量砂岩和含砾砂岩，下部有大套泥岩。底部以中粗粒砂岩或含砾砂岩为标志与下伏灯楼角组呈整合接触，与上覆湛江组褐黄色亚砂土呈平行不整合接触。

【层型】 本省次层型为徐闻县竹山徐浅一井剖面（110°10′，20°14′），茂名石油公司1964年测制。

上覆地层：**湛江组** 褐黄色亚砂土，以粗、中粒砂为主，下部含铁质

——————— 平行不整合 ———————

望楼港组 总厚度 259.50 m

64. 灰色薄层状粘土岩，含微量贝壳碎屑 26.50 m
63. 灰色砂质粘土岩，含少量贝壳碎片。有孔虫 *Quinqueloculina lamarckiana*；介形虫 *Callistocythere undulatifacialis*，*Ambocythere quadrata* 等 22.00 m
62. 灰色薄层状粘土岩，含较多贝壳碎屑及微量石英细砾。含介形虫 *Callistocythere undulatifacialis*，*Ambocythere quadrata* 等 3.00 m
61. 灰色中细粒石英砂岩，含较多贝壳碎屑 2.00 m
60. 灰—深灰色粉砂质泥岩，含微量贝壳碎屑，底部 1.8m 含砾石。含有孔虫 *Globorotalia exilis*，*Globigerinoides ruber*，*G. immaturus*；介形虫 *Neomonoceratina delicata*，*Spinileberis bella* 等 22.00 m
59. 灰带绿色粉砂岩，含少量贝壳碎屑，顶部为微薄层状泥岩 14.50 m

58—57. 灰色局部带绿色粉砂质泥岩及薄层状泥岩、细砂岩，底部含石英细砾。含有孔虫 *Globorotalia miocenica*，*Globigerina picassiana*，*G. rassireti culata*，*Hastigerina siphonifera*，*Globoquadrina globosa*，*G. altispira*，*Sphaeroidinellopsis seminulina*，及介形虫 *Cytheropteron uchioi*，*Bosquetina gibbera*，*Cornucoquimba moniwensis*，*Munseyella japonica*，*Paijenborchello iocosa*，*Spinocythere fragosa*，*Albibeberis asperata* 169.50 m

——————— 整　合 ———————

下伏地层：**灯楼角组** 灰、灰绿色中粒砂岩

【地质特征及区域变化】 该组分布于雷州半岛，岩性变化较大。该组岩层自下而上由粗—细组成5～7个沉积旋回，部分钻孔见夹有1～10层火山岩（夹层厚2.0～36.5 m）。在区域上自西北往东南变细，如在海康乌石港、英利等地夹多层砾岩、砂砾岩，在海康文堂、英利和徐闻外罗等地玄武岩较发育。总厚度41.2～415.7 m，自西北往东南变薄。该组富含介形虫、有孔虫、腹足类化石，此外还有双壳类、珊瑚、海胆、苔藓等；有孔虫为 *Globorotalia tosaensis* - *Globigerinoides extremus* 组合，省内望楼港组的时代暂归属上新世。

第二节　生物地层概况

白垩纪—第三纪时期，本省属环太平洋生物区，动、植物化石丰富，类别繁多。现归纳

前人的研究成果分述如下。

1. 爬行类

南雄盆地晚白垩世地层中富含恐龙及恐龙蛋化石，三水、河源、罗定、惠州、茂名等盆地也有爬行动物化石的报道。据董枝明(1979,1980)及张显球(1987)研究,可称 Tyrannosauridae - Hadrosauridae 组合。

该组合主要分布于南雄盆地大凤组、主田组、浈水组和上湖组下部，以含 Hadrosauridae, Tyrannosauridae 以及大量的 *Oolithes* 为特征，以 *Oolithes* 出现和消失为顶底界限。本组合的主要分子有 *Microhadrosaurus nanshiungensis*, *Nanshiungosaurus brevispinus*, *Tárbosaurus* sp., Coelurosauridae, *Oolithes elongatus*, *O. spheroides*, *O. rugustus*, *O. nanhsiungensis* 等；时代为晚白垩世坎潘—马斯特里赫期（Campanian—Maestrichian）。

2. 哺乳类

南雄盆地和三水盆地老第三纪地层中含有哺乳类化石，研究者众多。据周明镇等(1977)、童永生等（1976）、张显球（1987）的研究成果综合划分为两个组合。

（1）Bemalambdiae 组合

分布于南雄盆地上湖组的中及上部，以 Bemalambdidae 繁盛为特征，以 Bemalambdidae 的兴起和绝灭为顶底界限。其主要分子有 *Linnania lofoensis*, *Lofochaius brachyodus*, *Lestes feiganensis*, *Dissacusium shanghoensis*, *Hukoutherium ambigum*, *Yuodon protoselenoides*, *Palasiodon siurenensis*, *Bemalambda nanhsiungensis*, *B. pachyoesteus*, *B. crassa* 等。周明镇等（1977）认为其时代应属中古新世，郑家坚等（1979）认为其时代属早、中古新世。

（2）Archaeolambdidae 组合

分布于南雄盆地浓山组，以 Archaeolambdidae 昌盛为特征，以 Bemalambdidae 的绝灭以及 Archaeolambdidae 的兴起为底界。由于浓山组之上未发现哺乳类化石，故其顶界暂不明。本组合主要分子有 Archaeolambdidae, *Petrolemur brevirostre*, cf. Phenacodontidae, *Altilambda pactus*, Aretostylopidae, *Conolophus grandis*, *Yuelophus validus*, cf. *Huaiyangale leura*, *Haltictops mirabilis*, *H. meilingensis*, *Lestes datangensis*, ? *Pachyaena* sp., *Ernanodon antelios* 等；童永生等（1976），张显球（1982）认为其时代属晚古新世。

3. 腹足类

南雄、星子、三水、开平及淡水盆地和雷州半岛钻井中的白垩纪—第三纪地层均有腹足类化石报道，据余汶等（1990）研究，南雄盆地白垩纪—老第三纪腹足类划分为 5 个组合。

（1）*Mesolanistes nanxiongensis* 组合

主要分布于南雄盆地浈水组，以含 *Mesolanistes* 为主要特征。是一个较典型的近岸滨湖—浅湖相腹足类组合，主要分子有 *Mesolanistes nanxiongensis*, *M. latericea*, *Reesidella* sp., *Lymnaea* sp., *Goniobasis* sp., *Hydrobia* sp. 等；时代为晚白垩世中、晚期。

（2）*Palaeoancylus nanxiongensis* 组合

分布于南雄盆地上湖组下部，以含 *Mesolanistes* 和 *Palaeoancylus* 为特征。主要分子有 *Palaeoancylus nanxiongensis*, *Mesolanistes* sp., *Hydrobia datangensis*, *Truncatella* sp., *Amnicola* sp. 等。这一组合充分反映了晚白垩世与老第三纪过渡期的面貌特征，现将其时代暂归入晚白垩世最晚期。

（3）*Ptychochilus bellus* - *Agallospira multispiralis* 组合

分布于南雄盆地上湖组中部（下惠段）和上部（逆龙巷段）。包括 3 个化石层：自下而上为陆栖肺螺层（有 *Ptychochilus bellus*，*Shanghuspira costata*），淡水前鳃类螺层和陆栖肺螺层（有 *Agallospira multispiralis*，*Zhengjiangospira dignata*）；时代属古新世。

（4）*Polycirsus gracilicostata* - *Nanxiongospira uniptychia* 组合

分布于南雄盆地浓山组，以淡水前鳃类和陆栖肺螺类混生为特征。主要分子有 *Polycirsus gracilicostata*，*Lioplax quananensis*，*Fluminicola luofuensis*，*Renistoma regularium*，*Bithynia* aff. *lordostoma*，*Opeas guangdongensis*，*Amnicola zhenjiangensis*，*Pupoides zhenjiangensis*，*Nanxiongospira uniptychia* 等；时代可能属古新世晚期。

（5）*Pleurodiscus bellus* - *Brachyspira subsphaeria* 组合

分布于南雄盆地古城村组底部，此外三水盆地宝月组下部的腹足类也应属本组合。其以水栖肺螺和陆栖肺螺混生为特征。主要分子有 *Pleurodiscus bellus*，*Pupoides*（*Ischnopupoides*）*antiquus*，*P.*（*I.*）*guchengensis*，*Acanthinuia* ? *nanxiongensis*，*Brachyspira subsphaerica*，*B. asperella*，*Succinea baoyueensis* 等；时代为始新世早、中期。

4. 双壳类

据黄宝玉等（1982）、南颐（1989）和张显球（1993）等的报道，属种比较单调。在罗定、周家岱、清水、塘村等盆地的罗定组和灯塔盆地的合水组均发现有我国早白垩世 *Trigonioides* - *Plicatounio* - *Nippononaia* 组合的主要分子 *Trigonioides kodairai*。

5. 叶肢介

本省白垩纪—老第三纪地层中的叶肢介化石研究者众多，综合张韦（1983，1989，1992）、陈丕基（1980，1986，1989）、张显球（1992）及李云通等（1984）的研究成果，划分为 5 个组合。

（1）*Linhaiella* - *Feiyunella* 组合

分布于鹤山那水的百足山组，以富含 *Feiyunella*，*Linhaiella* 为特征。主要分子有 *Feiyunella zhedongensis*，*Linhaiella longiformis*，*L. mirifica* 等。张韦等（1983，1989，1992）认为其呈现阿普第期至阿尔布（Aptian—Albian）早期生物群面貌，时代属早白垩世中期，也可能属晚白垩世早期，比赛诺曼期（Cenomanian）稍晚些。

（2）*Orthestheria wangzhuangensis* 组合

分布于曲江马梓坪的马梓坪组，以富含 *Orthestheria* 为特征。主要分子有 *Orthestheria wangzhuangensis*，*Halysestheria guangtongensis* 等。陈丕基（1989）、沈炎彬等（1989）、张韦（1992）等认为其时代属晚白垩世赛诺曼期；张显球（1992）认为归早白垩世为宜。

（3）*Tenuestheria* - *Zhestheria* 组合

分布于兴宁盆地叶塘组，以富含 *Tenuestheria*，*Zhestheria* 为特征。主要分子有 *Tenuestheria curvata*，*Zhestheria* sp. 及 *Aglestheria* ? sp. 等。陈丕基（1989）、沈炎彬等（1989）、张韦（1992）等认为其时代属土伦—三冬期（Turonian—Santonian）。

（4）*Fushunograpta changzhouensis* 组合

分布于南雄盆地上湖组，以富含 *Fushunograpta changzhouensis* 等为特征，陈丕基（1986）认为其时代属古新世。

（5）*Paraleptestheria manglaensis* 组合

分布于三水盆地莘庄村组、坾心组和南雄盆地浓山组下部，属种有 *Paraleptestheria manglaensis*，*P. baoyueensis*，*Nanhaiestheria sanshuiensis*，*Fushunograpta changzhouensis* 等；繁盛时期为晚古新世至早始新世。

6. 介形虫

据张显球（1987，1989，1992，1993）、中国石油勘探公司南海分公司等（1981）及勾韵娴等（1983）的研究成果，我省陆地上白垩纪—第三纪介形虫可划分 27 个组合。

（1）*Darwinula* 组合

分布于曲江马梓坪至仁化城北一带的马梓坪组，以 *Darwinula* 大量出现为主要特征；主要分子有 *Darwinula contracta*，*D. bapanxiaensis*，*D. oblonga*，*D.* cf. *sarytirmenensis* 等。张显球（1992）认为其时代归早白垩世为宜。

（2）*Mongolocypris* - *Cyprideа* - *Darwinula* 组合

分布于丹霞盆地大凤组下—中部，以富含 *Mongolocypris*，*Cypridea*，*Darwinula* 属为特征；优势属种有 *Mongolocypris infidelis*，*M. tera*，*M. corpulenta*，*M. obscula*，*Cypridea* (*Cypridea*) *acclinia*，*C.*（*C.*）*jingshangensis*，*Ziziphocypris simakovi*，*Darwinula leguminella* 等。张显球（1992）认为其时代为早白垩世晚期至晚白垩世早期（Albian—Cenomanian）。

（3）*Talicypridea* - *Cypridea* - *Candona* - *Cyprois* 组合

分布于丹霞盆地大凤组上部，以 *Talicypridea* 属的个体数量和种类较多为特征；代表属种有 *Cypridea*（*Cypridea*）? *acclinia*，*Talicypridea gibbera*，*Ziziphocypris simakovi*，*Candona curtalta* 等。张显球（1992）认为本组合反映晚白垩世的色彩较浓，属晚白垩世早期的可能性大。

（4）*Talicypridea*（*Khandia*）*imparilis* - *Candoniella candida* 组合

分布于南雄盆地主田组下部，以 *Talicypridea*，*Candoniella* 最常见，前者以 *Khandia*（亚属）最重要；*Monogolocypris*，*Cypridea*，*Candona* 次之。张显球（1989）认为其时代属晚白垩世中期。

（5）*Talicypridea*（*Talicypridea*）*amoena* - *Eucypris nanxiongensis* 组合

分布于南雄盆地主田组中部，以 *Talicypridea*（*T.*），*Eucypris* 居重要地位为特征；其时代为晚白垩世中期。

（6）*Nanxiongium pulchrum* 组合

分布于南雄盆地主田组中部，以介形虫属种十分单调为主要特征，*Nanxiongium* 居统治地位，*Nanxiongium pulchrum* 和 *N. multicavum* 为主要组分；时代为晚白垩世中期。

（7）*Talicypridea*（*Cristocypris*）*parallela* - *Cypridea*（*Morinina*）*xindianensis* 组合

分布于南雄盆地主田组中部，以 *Talicypridea* 和 *Cypridea* 繁盛为主要特征。优势属种还有 *Talicypridea*（*Cristocypris*）*parallela*，*T.*（*C.*）*subelliptica*，*Cypridea*（*Morinina*）*xindianensis* 等。此外，*Limnocythere paomagangensis* 和 *Talicypridea*（*Khandia*）*anhuiensis* 出现的频率也较高；时代为晚白垩世中期。

（8）*Nanxiongium nanxiongense* - *Cypridea*（*Cypridea*）*profusa* 组合

分布于南雄盆地主田组中部，以 *Nanxiongium* 特别繁盛为主要特征。*Talicypridea* 的种数多，*Cypridea* 个体数量丰富，*Ruficypris* 出现频率也较高。其时代为晚白垩世中期。

（9）*Talicypridea*（*Talicypridea*）*sublatiovata* - *Talicypridea*（*Cristocypris*）*subelliptica* 组合

分布于南雄盆地主田组中部，以 *Talicypridea* 繁盛，有 *Morinina*（亚属）出现，*Khandia*（亚属）和 *Ruficypris* 属出现频率较高为特征。常见属种有 *Talicypridea*（*T.*）*sublatiovata*，*T.*（*T.*）*protracta*，*T.*（*Cristocypris*）*subelliptica*，*T.*（*C.*）*parallela*，*T.*（*Khandia*）*nanxiongensis*，

Cypridea (*Morinina*) *dafengensis*, *Limnocythere paomagangensis* 等。其时代为晚白垩世中期。

(10) *Nanxiongium nanxiongense* - *Talicypridea* (*Cristocypridea*) 组合

分布于南雄盆地主田组上部，以 *Talicypridea* 和 *Nanxiongium* 出现最频繁，种类和个体数量最多为主要特征。*Talicypridea* (*Cristocypris*) *quadrata*, *T.* (*C.*) *latiovata*, *Nanxiongium nanxiongense* 为本组合的典型代表。其时代为晚白垩世中期。

(11) *Talicypridea* (*Cristocypridea*) *quadrata* - *Cypridea* (*Morinina*) *xindianensis* - *Candoniella minuta* 组合

分布于南雄盆地主田组最上部，以 *Talicypridea* 的 *Cristocypridea* 亚属为主，*Khandia* 亚属次之，*Talicypridea* 亚属显著减少，*Cristocypris* 亚属开始消失以及 *Candoniella* 繁盛为特征；其时代为晚白垩世中期。

(12) *Mongolocypris gigantea* - *Candoniella candida* 组合

分布于南雄盆地浈水组，以 *Candoniella* 和 *Mongolocypris* 繁盛，*Talicypridea* 走向衰亡为主要特征。*Talicypridea* 仅剩 5 种，*Cypridea* 出现具背沟的 *Guangdongia* （亚属）；并出现 *Eucypris*, *Cypria*, *Ilyocypris*, *Metacypris*, *Ziziphocypris* 属等。其中常见属种还有 *Candoniella candida*, *C. minuta*, *Mongolocypris gigantea*, *Cypridea* (*Morinina*) *xindianensis*, *Cyprois guangzhouensis* 等；张显球（1989）认为其时代属晚白垩世晚期。

(13) *Porpocypris orbiculata*—*Cypridea xindianensis*—*Mongolocypris gigantea* 组合

分布于三水盆地大塱山组下部，南雄盆地上湖组坪岭段下部的介形虫也应属本组合。以 *Cypridea* 特别繁盛和 *Porpocypris* 开始出现及 *Porpocypris orbiculata* 最为丰富为特征。优势属种还有 *Cypridea xindianensis*, *C. diplonoda*, *C. anxiangensis*, *Monogolocypris gigantea* 等，张显球（1993）认为其具有浓厚的晚白垩世色彩，时代属晚白垩世无疑。

(14) *Porpocypris sphaeroidalis* - *Nanxiongium dalangshanense* - *Cypridea cavernosa* 组合

分布于三水盆地大塱山组上部，南雄盆地上湖组坪岭段上部的介形虫也应属本组合。以 *Cypridea* 开始衰亡，*Porpocypris sphaeroidalis* 特别繁荣昌盛为主要特征；优势属种还有 *Cypridea cavernosa*, *C. diplonoda*, *C. dorsosulcata*, *Nanxiongium xuanchengense*, *Talicypridea quadrata*, *Limnocythere orientalis* 等。张显球（1987，1993）认为其时代仍属晚白垩世。

(15) *Cypris jiangxiensis* - *C. concina* - *Ilyocypris subhuangqiaoensis* 组合

分布于南雄盆地上湖组中部，以 *Cypridea*, *Quadracypris*, *Porpocypris* 等晚白垩世的属种绝灭和 *Eucypris*, *Ilyocypris* 等新生代属种特别繁盛为主要特征。张显球（1992）认为其时代属早古新世。

(16) *Cypris jiangxiensis* - *Parailyocypris changzhouensis* - *Ilyocypris hengyangensis* 组合

分布于南雄盆地上湖组上部；以来自白垩纪的属种完全绝灭，具有崭新的组合面貌并富含 *Cypris jiangxiensis*, *Parailyocypris changzhouensis*, *Ilyocypris hengyangensis* 为特征。张显球（1992）认为其时代属中古新世。

(17) *Sinocypris excelsa* - *Eucypris sanshuiensis* 组合

分布于南雄盆地浓山组下部，以 *Sinocypris*, *Eucypris* 特别昌盛为特征。优势属种有 *Sinocypris excelsa*, *S. subfuningensis*, *Eucypris sanshuiensis*, *E. dongguanensis*, *Parailyocypris changzhouensis* 等。张显球（1987）认为其时代属晚古新世。

(18) *Candona resupina* - *Cyprois* - *Sinocypris* 组合

分布于南雄盆地浓山组上部，以属种较少、分异度低、组合面貌比较单调为特征。其中

Eucypris 属仍然昌盛，以 *Eucypris dongguanensis* 为主，*E. sanshuiensis* 为次；*Candona resupina* 个体数量丰富；*Cyprois buxinensis* 和 *Sinocypris subfuningensis* 出现频率较高。张显球（1987）认为其时代属晚古新世。

（19）*Sinocypris nitela – Candona xinzhuangensis* 组合

分布于三水盆地㘵心组下部，以富含 *Sinocypris nitela*，*Candona xinzhuangensis* 为特征。常见分子还有 *Cyprois buxinensis*，*Limnocythere honggangensis* 等。张显球（1993）认为其时代为早始新世，但不排除晚古新世的可能性。

（20）*Cyprois buxinensis – Limnocythere honggangensis* 组合

分布于三水盆地㘵心组中—上部和南雄盆地古城村组下部，以富含 *Cyprois buxinensis*，*Limnocythere honggangensis* 为特征。常见分子还有 *Sinocypris nitela*，*Cypris henanensis* 等。张显球（1993）认为其时代为早始新世，但不排除晚古新世的可能性。

（21）*Cyprois reniformis – Cypris henanensis* 组合

分布于三水盆地宝月组，以富含 *Cyprois reniformis*，*Cypris henanensis* 为特征。主要属种还有 *Sinocypris parva*，*S. intermedia*，*Limnocythere baoyueensis*，*Eucypris lepingensis*，*Paracandona parallela*，*Metacypris concinna* 等。张显球（1993）认为其时代归始新世中期为宜，也可能更早。

（22）*Sinocypris reticulata – Limnocythere lata* 组合

分布于三水盆地华涌组下部，以 *Sinocypris reticulata*，*Limnocythere lata* 大量富集并占绝对优势为特征。常见分子还有 *Cyprois circularis*，*Sinocypris retroclinia*，*Cypris favosa* 等。张显球（1993）认为其时代属晚始新世为宜。

（23）*Limnocythere xiaotangensis – Cyprois circularis* 组合

分布于三水盆地华涌组上部，以 *Sinocypris* 的绝灭以及 *Limnocythere* 和 *Cyprois* 属占绝对优势为特征。主要属种还有 *Cypris favosa*，*Candona levis*，*Cyprinotus novus* 等。张显球（1993）认为其时代属晚始新世为宜。

（24）*Chinocythere* 组合

分布于雷州半岛涠洲组，以 *Sinocypris* 绝灭及 *Chinocythere* 的种数和个体数量占绝对优势为特征。主要分子有 *Chinocythere inflata*，*C. jiaoweiensis*，*C. nodula*，*C. obtusovata*，*C. weizhouensis*，*Cyprinotus leizhouensis*，*Disauritocypri strapezoidea* 等。中国石油勘探公司南海分公司等（1981）认为其时代应为渐新世。

（25）*Spinileberis longicaudata* 组合

分布于雷州半岛角尾组，以富含 *Spinileberis longicaudata* 为特征。主要分子还有 *Occultocythereis peristica*，*Cytherella posterotuberculate*，*Cytherelloidea yingliensis*，*Cushmanidea subjaponica*，*Neocytheromorpha regalis*，*Trachyleberis scabrocuneata* 等。中国石油勘探公司南海分公司等（1981）认为其时代归属中新世为宜。

（26）*Spinileberis inflexicostata – Cytheropteron striatituberosa* 组合

分布于雷州半岛灯楼角组，以富含 *Cytheropteron striatituberosa*，*Spinileberis inflexicostata* 为特征。主要分子还有 *Actinocythereis sinensis*，*A. triangulata*，*A. xuwenensis*，*Ambocythere quadrata*，*Cytherella posterotuberculata*，*Cytherelloidea yingliensis*，*Eucythere viriosa*，*Loxoconcha nozokiensis*，*Perissocytheridea ? postituberculata* 等。中国石油勘探公司南海分公司等（1981）认为其时代以归入上新世为宜。

(27) *Hemikrither foveata - Neomonoceratina delicata* 组合

分布于雷州半岛望楼港组，以 *Neomonoceratina delicata*，*Hemikrither foveata* 等海相介形虫发育繁盛为特征。主要分子还有 *Callistocythere undulatifacialis*，*Echinocythereis ? bradyformis*，*E. ? bradyi*，*Kerioleberis faceta*，*Leguminocytereis apta*，*Neocytheretta snellii*，*Uroleberis foveolata* 等。中国石油勘探公司南海分公司等（1981）认为其时代以归入上新世为宜。

7. 有孔虫

雷州半岛新第三纪地层中含有极丰富的有孔虫化石，南雄盆地白垩纪地层、三水盆地老第三纪地层中也有报道。据中国石油勘探公司南海分公司等（1981）研究，雷州半岛新第三纪地层中的有孔虫可划分 4 个组合。

(1) *Globigerina ciperoensis - Cassigerinella chipolensis* 组合

分布于雷州半岛下洋组和角尾组下部，以浮游有孔虫 *Globigerina ciperoensis*，*Cassigerinella chipolensis* 等繁盛为特征。常见分子还有 *Globigerinatella insueta*，*Globorotalia ? jiaoweiensis* 等，时代属早中新世。

(2) *Globorotalia siakensis - Orbulina suturalis* 组合

分布于雷州半岛角尾组上部，以富含 *Orbulina suturalis*，*Globorotalia siakensis* 为特征。常见分子还有 *Globorotalia praemenardii*，*G. peripheroronda* 等；时代属中中新世。

(3) *Globigerina nepenthes - Globorotalia acostaensis* 组合

分布于雷州半岛灯楼角组，以富含 *Globorotalia acostaensis*，*Globigerina nepenthes* 为特征。常见分子还有 *Sphaeroidinellopsis subdehiscens*，*S. seminulina* 等，时代属晚中新世。

(4) *Globorotalia tosaensis - Globigerinoides extremus* 组合

分布于雷州半岛望楼港组，以 *Globigerinoides extremus*，*Globorotalia tosaensis* 繁盛为特征。常见分子还有 *Globoquadrina globosa*，*G. altispira*，*Asterorotalia subtrispinosa* 等，时代属上新世。

8. 植物

广东省白垩纪—第三纪地层中的植物化石常有报道，据郭双兴（1979）、张韦（1989）、张显球（1993）的研究成果综合，划分 2 个组合。

(1) *Manica - Brachyphyllum* 组合

分布于三水盆地白鹤洞组，以 *Manica papilosa* 大量出现为特征。主要分子有 *Brachyphyllum crassum* 等，张显球（1993）认为其时代应属早白垩世中晚期。

(2) *Palibinia angustifolia - Lygodium* 组合

分布于三水盆地坾心组，以富含 *Palibinia*，*Lygodium* 为特征。主要分子有 *Palibinia angustofolia*，*P. laxifolia*，*P.* cf. *korowinii*，*P.* cf. *pinnatifida*，*Goeppertia ovalifolia*，*Eucommia brevirostria*，*Cinnamomum naitoanum*，*Trapa paulula*，*Lygodium kaulfussii* 等，郭双兴（1977）认为其时代属早—中始新世，但也不排除有古新世的可能性。

9. 轮藻

广东省白垩纪—第三系的轮藻化石丰富，类别较多。研究者众多，现据黄仁金、张捷芳（1984）的研究成果综合，划分 7 个组合。

(1) *Atopochara trivolvis - Mesochara symmetrica* 组合

分布于三水盆地白鹤洞组，其特点是由具外壳结构的 *Atopochara*，*Euaclistochara*，*Mesochara*，*Obtusochara* 及 *Sphaerochara* 组成。主要属种有 *Atopochara trivolvis*，*Mesochara symmerica*，*M. paragranulifera*，*Obtusochara cylindrica*，*O. sphericovalis*，*O. songheensis*，*Sphaerochara*? *gecunensis*，*Euaclistochara* ? sp. 等。王振等（1976）、黄仁金等（1984）认为其时代应属早白垩世晚期。

（2）*Maedlerisphaera minuscula* - *Charites guanpingensis* - *Mesochara xinanensis* 组合

分布于三水盆地三水组，此外南雄盆地主田组和浈水组的轮藻也应属本组合，以藏卵器个体较小，不具瘤饰的 *Maedlerisphaera*，*Charites*，*Mesochara*，*Obtusochara*，*Euaclistochara* 等发育为特征。主要属种除典型代表外，还有 *Mesochara paragranulifera*，*M. mongolica*，*Obtusochara culmina*，*Euaclistochara indistincta*，*Nemegtichara prima*，*Hornichara longiovata*，*Grambastichara communis*，*Latochara curtula* 等；黄仁金等（1984）认为其时代应属晚白垩世晚期。

（3）*Hornichara longiovata* - *Grambastichara communis* - *Latochara curtula* 组合

分布于三水盆地大塱山组，此外南雄盆地上湖组坪岭段之轮藻也应属本组合，其特点仍以小型和不具瘤饰的类型为主，但开始出现少量繁盛于老第三纪早期的大型或具瘤饰类型。主要属种除典型代表外，还有 *Charites tenuis*，*C. guanpingensis*，*Gyrogona qianjiangica*，*G. supraplana*，*G. yanbuensis*，*Gobichara hengjiangensis*，*Latochara guangdongensis*，*L. cylindrica*，*Neochara longiovalis* 等，黄仁金等（1984）认为其时代也应属晚白垩世晚期。

（4）*Grovesichara changzhouensis* - *Peckichara longa* - *Stephanochara breviovalis* 组合

分布于三水盆地莘庄村组中—上部和南雄盆地上湖组中上部及浓山组，以具顶孔的中生代类型 *Latochara* 等绝灭以及 *Grovesichara changzhouensis*，*Peckichara longa*，*Stephanochara breviovalis*，*Croftiella humilis*，*Harrisichara yunlongensis* 等空前繁盛为主要特征。黄仁金等（1984）认为其时代属早始新世，张显球（1993）认为其时代有属古新世的可能。

（5）*Gyrogona qianjiangica* - *Grambastichara cylindricovata* 组合

分布于三水盆地坾心组，以个体小的 *Gyrogona qianjiangica* 和柱状的 *Grambastichara cylindricovata* 占绝对优势，并混有少量大型、具瘤饰的属种（如 *Peckichara longa*，*Croftiella jianhuensis*，*Stephanochara fortis*，*Rhabdochara changzhouensis* 等为特征。黄仁金等（1984）认为其时代属中始新世。

（6）*Neochara huananensis* - *Peckichara subspheria* 组合

分布于三水盆地宝月组，以大型的 *Peckichara* 和 *Neochara* 富集为特征。主要分子有 *Neochara huananensis*，*N. squalida*，*Peckichara subspherica*，*P. zuomalingensis* 等，黄仁金等（1984）认为其时代属晚始新世。

（7）*Hornichara huachongensis* - *Amblyochara taixianensis* 组合

分布于三水盆地华涌组，以大型、无瘤饰、细胞常下凹的类群为特征。主要属种有 *Hornichara huachongensis*，*H. jintanensis*，*Amblyochara taixianensis* 等，黄仁金等（1984）认为其时代属渐新世。

10. 孢粉

据宋之琛等（1986）和中国石油勘探公司南海分公司等（1981）的研究成果综合，广东省白垩纪—第三系的孢粉化石可划分 13 个组合。

（1）*Cicatricosisporites* - *Classopollis* 组合

分布于三水盆地白鹤洞组，裸子植物花粉居绝对优势（以 *Classopollis* 为主，*Exesipollenites* 居第二），蕨类孢子为次（主要有 *Schizaeoisporites*、*Cicaticosisporites*，*Lygodiumsporites*

等），被子植物花粉贫乏。宋之琛等（1986）认为其时代属早白垩世阿普第期—阿尔布期。

（2）*Schizaeoisporites - Classopollis - Exesipollenites - Plicapollis* 组合

分布于三水盆地三水组，以蕨类孢子为主（*Schizaeoisporites* 居第一，次为 *Pterisisporites*，*Toroisporis*），裸子植物花粉为次（有 *Classopollis*，*Exesipollenites*），被子植物花粉有 *Plicapollis*，*Sporopollis*，*Ulmipollenites*，*Subtriporopolenites* 等。宋之琛等（1986）认为其时代应为晚白垩世。

（3）*Exesipollenites - Rugubivesiculites - Pterisisporites - Sporopollis* 组合

分布于三水盆地大塱山组下部，以裸子植物花粉为主（*Exesipollenites* 居首位，*Rugubivesiculites* 含量也较高）；蕨类孢子为次（主要为 *Pterisisporites*，次为 *Schizaeoisporites*），被子植物花粉也较多（以 *Sporopollis*，*Ulmipollenites*，*Extratriporopollenites*，*Parangssapollenites*，*Gothanipollis* 为主）。宋之琛等（1986）认为其时代应为晚白垩世。

（4）*Classopollis - Exesipollenites - Pentapollenites - Ulmipollenites* 组合

分布于三水盆地大塱山组上部，裸子植物花粉占绝对优势（主要为 *Classopollis* 及 *Exesipollenites*），蕨类孢子较多（有 *Rugubivesiculites*，*Schizaeoisporites*，*Gabonisporis* 等），被子植物花粉也较多（以 *Ulmipollenites* 属为主，新出现 *Pentapollenites*，*Rhamnacidites*，*Cupuliferoipollenites*，*Sabalpollenites* 等）。宋之琛等（1986）认为其时代为晚白垩世赛诺曼晚期至马斯特里赫特期（Maestrichian）。

（5）*Ulmipollenites minor - Pentapollenites - Plicapollis* 组合

分布于三水盆地莘庄村组上部，南雄盆地上湖组、浓山组和雷州半岛长流组的孢粉相似本组合。被子植物花粉占优势，以具孔类的 *Plicapollis granulatus*，*P. trinus*，*Ulmipollenites minor*，*Subtriporopollenites granulatus* 等为主，*Pentapollenites* 也有一定数量；蕨类孢子较少，以 *Lygodiumsporites* 为主；裸子植物花粉数量也不多，以 *Inaperturopollenites* 为主。宋之琛（1986）认为其时代应属古新世，但将其时代定为晚古新世似乎更为妥当。

（6）*Quercoidites - Pentapollenites pentagulus - P. jiangsiensis - Pterisisporites* 组合

分布于三水盆地㘵心组，在㘵心组下部被子植物花粉为主，具孔类含量较高（主要有 *Ulmipollenites*，*Ulmoideipites*，*Plicapollis*，*Triporopollenites* 等），其他类别（以 *Tricolporopollenites*，*Quercoidites*，*Pentapollentes* 等为主）含量不高，蕨类孢子以 *Pterisisporites* 为主；裸子植物花粉主要是 *Inaperturopollenites*。在㘵心组中下部被子植物花粉占绝对优势，以三孔沟类为主（不仅含量高，而且类型多，其中以 *Pentapollenites*，*Rhoipites*，*Cupuliferoipollenites*，*Rutacepipollis*，*Sapotaceoidaepollenites tricoporatus*，*Myrtaceidites*，*Nyssapollenites*，*Tricolporopollenites* 等为主）；三沟类主要有 *Quercoidites*，具孔类的 *Ulmipollenites* 和 *Ulmoideipites* 含量显著下降，而 *Milfordia* 含量增高。宋之琛等（1986）认为其时代属始新世无疑。

（7）*Quercoidites - Cupuliferoipollenites - Ulmipollenites undulosus - Pentapollenites maomingensis* 组合

分布于三水盆地宝月组，雷州半岛流沙港组下部的孢粉相似于本组合，蕨类孢子占显著地位（以 *Lygodiumsporites*，*Pterisisporites*，*Polypodiaceoisporites* 为主），裸子植物花粉以 *Inaperturopollenites* 常见；被子植物花粉以三孔沟类为主，*Tricolpoyopollenites*，*Pentapollenites*，*Cupuliferoipollenites*，*Sapotaceoidaepollenites tricolporatus* 等含量仍较高；具孔类以 *Milfordia*，*Ulmipollenites*，*Ulmoideipites* 为多。其他以 *Quercoidites* 最常见。宋之琛等（1986）认为

其时代应属于始新世中期，或许可达到始新世晚期，张显球等（1993）认为其时代为始新世中—晚期。

（8）*Alnipollenites*－*Polypodiaceaesporites haardtii*－*Momipites* 组合

分布于三水盆地华涌组，雷州半岛流沙港组中部的孢粉亦相似于本组合，蕨类孢子以 *Polypodiaceoisporites*，*Lygodiumsporite* 为主；裸子植物花粉主要有 *Abietineaepollenites*，*Pinuspollenites*，*Taxodiaceaepollenites*，*Parcisporites*；被子植物花粉中反映温带和暖温带气候的具孔类（如 *Momipites*，*Ostryoipollenites*，*Juglaspollenites*，*Engelhardtioidites*，*Celtispollenites*，*Tiliaepollenites*，*Milfordia*，*Anacolocidites* 等）含量增多。其他以 *Alnipollenites* 较为常见。宋之琛等（1986）认为其时代属晚始新世晚期—渐新世早期。

（9）*Magnastriatites howardi*－*Trilobapollis*－*Verrutricolporites pachydermus*－*Retitricolpites* cf. *matauraensis* 组合

分布于雷州半岛涠洲组，茂名盆地油柑窝组的孢粉亦于本组合相似，被子植物花粉占优势，*Trilobapollis leptus*，*T. ellipticus*，*Verrutricolporites pachydermus*，*Retitricolpites* cf. *matauraensis*，*Quercoidites microhenrici* 等大量出现；蕨类孢子为次，*Magnastriatites howardi*，*Polypodiaceoisporites vititiosus*，*Lycopodiumsporites neogenicus* 等含量较多；裸子植物花粉不多。中国石油勘探公司南海分公司等（1981）认为其时代属中、晚渐新世。

（10）*Tricolporopollenites*－*Zonocostites*－*Chenopodipollis microporatus*－*Graminidites* 组合

分布于雷州半岛下洋组，被子植物花粉占绝对优势，*Zonocostites* cf. *ramonae*，*Chenopodipollis microporatus*，*Graminidites media*，*Quercoidites microhenrici*，*Cupuliferoipollenites oviformis* 和 *C. pusillus* 等大量出现，此外还有 *Tricolporopollenites*；蕨类孢子和裸子植物花粉含量较少。中国石油勘探公司等（1981）认为其时代属早中新世。

（11）*Polypodiisporites usmensis*－*Florschuetzia* cf. *levipoli*－*Fonestrites spinosus*－*Casuarinidites cainozoicus* 组合

分布于雷州半岛角尾组，被子植物花粉占绝对优势，*Florschuetzia* cf. *levipoli*，*Fonestrites spinosus*，*Casuarinidites cainozoicus*，*Quercoidites microhenrici*，*Q. minor* 和 *Cupuliferoipollenites oviformis* 等繁盛；蕨类孢子为次，其中 *Polypodiisporites usmensis* 含量较高；裸子植物花粉数量很少。中国石油勘探公司南海分公司等（1981）认为其时代属中中新世。

（12）*Cupuliferoipollenites oviformis*－*Ilexpollenites*－*Dicolpopollis kockelii*－*Liquidambarpollenites stigmosus* 组合

分布于雷州半岛灯楼角组，被子植物花粉占绝对优势，*Cupuliferoipollenites oviformis*，*C. pusillus*，*Ilexpollenites longipolliniata*，*I. margaritatus*，*I. membranous*，*Dicolpopollis kockelii*，*Liquidambarpollenites stigmosus* 和 *Florschuetzia* cf. *levipoli* 等繁盛；蕨类孢子为次，主要有 *Polypodiisporites usmensis* 和 *Polypodiaceaesporites* 等；裸子植物花粉不多。中国石油勘探公司南海分公司等（1981）认为其时代属晚中新世。

（13）*Cupuliferoipollenites oviformis*－*Polypodiaceaesporites*－*Chenopodipollis microporatus* 组合

分布于雷州半岛望楼港组（徐浅一井 50.0—259.5 m 井段），被子植物花粉占绝对优势，*Cupuliferoipollenites oviformis*，*Chenopdipollis microporatus*，*Graminidites media* 和 *Myrtaceidites parvus* 等大量出现；蕨类孢子为次，主要有 *Polypodiaceaesporites ovatus* 等。中国石油勘探公司南海分公司等（1981）认为其时代属上新世。

第三节　年代地层划分及界线讨论

一、同位素地质年龄

自 1964 年以来，我国火山岩的同位素年龄测试工作有了很大的进展，宜昌地矿所、中科院地质研究所、中科院地化所和南京地矿所等单位先后对广东省内白垩纪—第三纪地层作过 K－Ar 法、U－Pb 法和 Rb－Sr 等时线年龄测定（表 6－1），其中 K－Ar 法和 U－Pb 法同位素年龄值多数偏新，而 Rb－Sr 法等时线年龄与生物群提供的相对年代以及地质解释基本吻合。

二、古地磁年龄数据

中科院地化所、南海海洋研究所和地质矿产部第二海洋地质调查大队等单位先后对南雄盆地、三水盆地和丹霞盆地白垩纪至老第三纪地层系统采样作古地磁分析测定，其中曲江长坝剖面大凤组中下部磁性地质年龄不早于距今 118 Ma，仁化丹霞山剖面丹霞组顶部磁性地质年龄不晚于 70 Ma，顺德水 72，73，74 井剖面白鹤洞组和三水组的磁性地质年龄分别为 93～129 Ma 和 80～93 Ma，这些数据多数与古生物化石或同位素所提供的地质年代相吻合（但顺德水 71 井剖面大塱山组和莘庄村组的磁性地质年龄距今 50～65 Ma，明显偏新），三水隔坑地区隔 1 和隔 5 井剖面宝月组介于 19～27 极性带之间（磁性地质年龄距今约 44～69 Ma），亦与古生物化石和同位素提供的年代基本吻合。

三、年代地层界线讨论

1. 白垩系的下界

广东省侏罗系与白垩系的分界目前尚有争议，关键是对高基坪群的时代归属未取得一致的意见，据现有资料，高基坪群中部（水底山组）含鱼类化石，其中 *Lycoptera* 为真骨鱼类（Teleostei），自三叠纪出现，到侏罗纪辐射发育，进入到白垩纪相对繁盛；全骨鱼类（Holostei）最早的化石记录为晚二叠世，到侏罗纪以后则趋于衰退，*Lycoptera* 的时代以属晚侏罗世为宜。覆于水底山组之上的南山村组的 Rb－Sr 等时线年龄值为 131～141 Ma，而中科院地化所（1963—1972）和宜昌地矿所（1979）确定侏罗系与白垩系的界限年龄为 140 Ma，故省内侏罗系与白垩系的分界在南山村组内。

2. 白垩系下统和上统的分界

前已述及，曲江长坝剖面大凤组和顺德水 72、73、74 井剖面白鹤洞组古地磁分析测定的结果与古生物化石和同位素地质年龄所提供的地质年代相吻合；大凤组中下部的古地磁年龄不早于距今 118 Ma、白鹤洞组的古地磁年龄为 93～129 Ma。对照 PTS（1964）、NDS（1982）、CGR（1985）地质年表确定的白垩系下统与上统的界限（95 Ma），省内白垩系下统与上统的界线应在丹霞盆地大凤组上部和三水盆地白鹤洞组上部通过。

3. 第三系的下界

广东省白垩系与第三系的分界，划分标准和认识目前尚不一致。中国地质科学院（1982）认为南雄群的化石均为中生代类型，而上湖组中除见有古新世哺乳类化石外，其他各门类均显示出以新生代为主，中、新生代类型相混合的特点；不少地层古生物工作者也将上湖组底界作为划分陆相白垩系和第三系界限的标准。中科院南京地质古生物研究所（1983）认为南雄盆地南雄群为一套红色砂、泥岩，含丰富的恐龙蛋、暴龙（*Tarbosaurus*）以及鸭嘴龙类（Hadrosauria）化石，它们均是晚白垩世的标准化石，而上湖组的底界为薄层含砾砂岩，其上产以阶齿兽（*Bemalambda*）为主的哺乳类动物化石；白垩系—第三系之间的界线应划在南雄群与上湖组之间。张显球（1987，1991）详细研究南雄坪岭剖面微体化石纵向分布规律之后，发现介形虫动物群和轮藻植物群演替在上湖组内部最明显，提出以扣星介动物群的消失和金星介动物群的出现为白垩系与第三系的界线的划分标志，即划在上湖组下部（坪岭段）与中部（下惠段）之间。1982 年地质矿产部石油局地层会议代表在坪岭剖面上湖组下部第 11 层的两个层位中发现恐龙蛋化石，这一重要发现足以证明上湖组底部仍是恐龙动物群的延限范围；阶齿兽化石在坪岭剖面上湖组下部第 19 层已有发现，第 11 层与第 19 层之间有一段 63.9 m 地层未发现恐龙化石，按国际上对陆相白垩系与第三系界线的划分原则——以恐龙类消失划分白垩系与第三系的界线。因此，广东省第三系的下界应划在南雄盆地坪岭剖面上湖组下部第 11 层与第 12 层之间；其他盆地暂置于莘庄村组或长流组之底。

4. 下第三系与上第三系的分界

广东省第三纪地层仅在雷州半岛和茂名盆地发育比较完整。据中国石油勘探公司南海分公司等（1981）研究，下洋组富含有孔虫（为 *Globigerina ciperoensis* - *Cassigerinella chipolensis* 组合），其中 *Globigerinoides* 的出现是新第三纪开始的标志，*Globigerinatella insueta* 是早中新世的标准化石。据此，下第三系与上第三系的界线应置于 *Globigerina ciperoensis* - *Cassigerinella chipolensis* 组合之底。由于下洋组与下伏涠洲组之间有一明显的沉积间断，涠洲组在雷州半岛现有钻孔中未发现有孔虫化石，但产渐新世的 *Chinocythere* 介形虫组合，故下第三系与上第三系的界线暂划在涠洲组与下洋组或油柑窝组与黄牛岭组之间。

5. 古新统与始新统的界线

中国地质科学院（1982）根据南雄盆地浓山组富含繁衍于早—中古新世的阶齿兽类、脊齿兽类、北柱兽类以及进步的狉兽类和中兽类的特点，确定为我国上古新统的典型代表。考虑到其上覆古城村组未发现哺乳类化石，故古新统与始新统的界线应在 Archaeolambdidae 组合之顶，即划在浓山组与古城村组之间或莘庄村组、长流组顶部。

6. 始新统与渐新统的界线

据中国石油勘探公司南海分公司等（1981）的研究，雷州半岛涠洲组的介形虫称为 *Chinocythere* 组合，其中 *Chinocythere inflata*，*C. weizhouensis*，*C. obtusovata* 的轮廓和壳饰，分别与渤海沿岸地区渐新世晚期东营组的 *C. dongyingensis*，*C. difformis* 和 *C. xizhenensis* 的特征很相似；它们具有内薄板宽阔、内缘与结合线重合、边庭不发育、放射毛细管细长而分叉等特征，又与广西南宁、百色盆地渐新世早期那读组的有关类型十分相似。据此，广东省始新统与渐新统的分界线是在 *Chinocythere* 组合之底界，即划在流沙港组与涠洲组之间或油柑窝组的上部。

7. 中新统与上新统的分界

据中国石油勘探公司南海分公司等（1981）的研究，灯楼角组富含浮游有孔虫（称为 *Globigerina nepenthes* - *Globorotalia acostaensis* 组合），其中特征种 *Globigerina nepenthes* 主要分布于中新世晚期，*Sphaeroidinellopsis subdehiscens* 与 *S. seminulna* 亦见于中新世；望楼港组的浮游有孔虫为 *Globorotalia tosaensis* - *Globigerinoides extremus* 组合，其中特征分子 *Globorotalia tosaensis* 一般分布于上新世晚期至更新世初期。因而广东内中新统与上新统的分界线暂

置于望楼港组底部。

表 6-1 广东省白垩—第三纪同位素年龄数据

序号	采样地点	层位	岩性	测试方法	年龄值（Ma）	资料来源
1	揭西官草湖	官草湖组	流纹岩	Rb-Sr 等时线	127.4±4.2	南京地矿所（1990）
2	河源桂山	官草湖组	流纹质熔结凝灰岩	Rb-Sr 等时线	123.9±6	广东 756 队（1989）
3	河源红花嶂	官草湖组	流纹岩	Rb-Sr 等时线	124.7±2.1	广东 756 队（1989）
4	龙门左谭	官草湖组	流纹质角砾凝灰岩	Rb-Sr 等时线	122±3	广东 756 队（1989）
5	潮州浮石	官草湖组	英安岩	K-Ar 法	102	广东 722 队（1993）
6	高州石鼓	三丫江组	流纹岩	K-Ar 法	64	广东 704 队（1991）
7	茂名市横山	三丫江组	安山岩	K-Ar 法	66	广东 704 队（1991）
8	茂名市下山	三丫江组	安山岩	K-Ar 法	74	广东 704 队（1991）
9	茂名市锡塘岭	三丫江组	霏细岩	K-Ar 法	91	广东 704 队（1991）
10	茂名盆地	三丫江组	霏细岩	K-Ar 法	82	宜昌地矿所（1979）
11	龙川贝岭	优胜组	流纹岩中的透长石	K-Ar 法	74	宜昌地矿所测试
12	兴宁大坡	优胜组	流纹岩	K-Ar 法（全岩）	64.5	宜昌地矿所测试
13	兴宁大坡	优胜组	流纹岩	K-Ar 法（全岩）	65.9	宜昌地矿所测试
14	平远下黄泥塘南	优胜组	熔结凝灰岩	锆石 U-Pb 法	86.5	二机部华南勘探局
15	平远畲脑北	优胜组	次流纹斑岩	锆石 U-Pb 法	93.5	二机部华南勘探局
16	平远檀树峡	优胜组	流纹岩	Rb-Sr 等时线	94±10	二机部华南勘探局
17	平远黄畲七礫	优胜组	花岗斑岩中的黑云母	K-Ar 稀释法	87.09±2.5	二机部华南勘探局
18	和平优胜	优胜组	流纹质凝灰岩	Rb-Sr 等时线	89.5±5.3	南京地矿所（1989）
19	和平优胜	优胜组	透长石	K-Ar 稀释法	92.9±1.9	南京地矿所（1989）
20	和平优胜	优胜组	透长石	$^{39}Ar-^{40}Ar$ 法	92.8±1.8	南京地矿所（1989）

续表 6-1

序号	采样地点	层位	岩性	测试方法	年龄值（Ma）	资料来源
21	和平优胜	优胜组	透长石	$^{39}Ar-^{40}Ar$ 法	90.6±1.7	南京地矿所（1989）
22	龙川贝岭	优胜组	玄武岩	K-Ar 稀释法	75.7±2.3	南京地矿所（1989）
23	曲江长坝 ZK1005 孔	大凤组	玄武岩	K-Ar 法	128.49±2.07	王慧芬等（1986）
24	南雄坪岭	上湖组	粘土质泥岩	K-Ar 法	96.90±2.22	王慧芬等（1986）
25	南雄坪岭	上湖组	粘土质泥岩	K-Ar 法	97.22±1.55	王慧芬等（1986）
26	南雄坪岭	上湖组	粘土质泥岩	K-Ar 法	96.55±1.74	王慧芬等（1986）
27	始兴马市田心村	主田组	玄武岩	K-Ar 法	67.04±2.30	王慧芬等（1986）
28	始兴马市田心村	主田组	玄武岩	K-Ar 法	67.37±3.48	王慧芬等（1986）
29	仁化丹霞山	丹霞组	粉砂质泥岩	Rb-Sr 等时线	76±22	广东 705 队（1989）
30	河源盆地	丹霞组	火山岩	K-Ar 法	74	王慧芬等（1989）
31	广州溆珠岗	三水组	花岗斑岩	K-Ar 法	52.6	宜昌地矿所
32	广州凤岗	三水组	流纹斑岩	K-Ar 法	59.38±0.95	中科院地化所
33	顺德水 42 井	大塱山组	拉斑玄武岩	K-Ar 法	54.49±0.04	中科院地化所
34	顺德水 42 井	大塱山组	玄武岩	$^{39}Ar-^{40}Ar$ 等时线	63.7	中科院地质研究所
35	顺德水 42 井	大塱山组	玄武岩	K-Ar 法	131	宜昌地矿所
36	三水水深 13 井	坳心组	橄榄拉斑玄武岩	K-Ar 法	57.48±2.21	中科院地化所
37	南海水 36 井	坳心组	石英拉斑玄武岩	K-Ar 法	54.33±1.44	中科院地化所
38	三水水 32 井	宝月组	石英拉斑玄武岩	K-Ar 法	56.26±1.56	中科院地化所
39	三水水深 13 井	宝月组	石英拉斑玄武岩	K-Ar 法	46.52±1.74	中科院地化所
40	南海水 4 井	坳心组	橄榄拉斑玄武岩	K-Ar 法	46.02±0.8	中科院地化所
41	南海水 45 井	华涌组	石英拉斑玄武岩	K-Ar 法	45.96±1.77	中科院地化所

续表 6-1

序号	采样地点	层位	岩性	测试方法	年龄值（Ma）	资料来源
42	南海水45井	华涌组	玄武岩	$^{39}Ar-^{40}Ar$ 等时线	52.7	中科院地质研究所
43	南海水15井	华涌组	玄武岩	K-Ar法	52.7	中科院地质研究所
44	南海水15井	华涌组	橄榄玄武岩	K-Ar法	45.18±1.15	中科院地化所
45	南海水15井	华涌组	玄武岩	K-Ar法（全岩）	61	宜昌地矿所
46	南海水15井	华涌组	流纹斑岩	K-Ar法	82.5	宜昌地矿所
47	南海水44井	华涌组	玄武岩	K-Ar法（全岩）	51.3	宜昌地矿所
48	三水水56井	华涌组	石英碱性粗面岩	K-Ar法	44.18±0.76	中科院地化所
49	南海水深2井	华涌组	碱性粗面岩	K-Ar法	46.94±0.18	中科院地化所
50	南海水深2井	华涌组	流纹岩	K-Ar法	63.93±1.28	中科院地化所
51	南海走马营车站采石场	华涌组	透长石单矿物	K-Ar法	45	宜昌地矿所
52	南海走马营车站采石场	华涌组	透长石单矿物	K-Ar法	51.1	宜昌地矿所
53	南海走马营车站采石场	华涌组	辉石粗面岩	K-Ar法（全岩）	51.5±2.6	中科院地质研究所
54	南海走马营车站采石场	华涌组	辉石粗面岩	K-Ar法（全岩）	52.3±0.3	中科院地化所
55	南海走马营车站采石场	华涌组	石英碱性粗面岩	K-Ar法	50.92±0.83	中科院地化所
56	南海走马营车站采石场	华涌组	石英碱性粗面岩	K-Ar法	48.84±0.03	中科院地化所
57	南海走马营车站采石场	华涌组	石英碱性粗面岩	K-Ar法	51.38±0.93	中科院地化所
58	佛山市王昔山	华涌组	橄榄拉斑玄武岩	K-Ar法	43.03±1.28	中科院地化所
59	南海石头村	华涌组	石英拉斑玄武岩	K-Ar法	47.57±0.37	中科院地化所
60	南海西樵山独岗	华涌组	粗面岩	K-Ar法	54.73±0.92	中科院地化所
61	南海西樵山独岗	华涌组	透长石单矿物	K-Ar法	55.13±0.93	中科院地化所

①广东712队，1958，广东台山白沙煤矿地质勘察报告（未刊）。
②广东735队，1975，广东三水盆地白垩纪—第三纪岩相古地理及含矿性初步研究（未刊）。
③张显球、周晓萍、陈修奕，1973，广东三水盆地白垩—第三纪地层（手稿）。
④张显球，1978，广东三水盆地晚白垩世—早第三纪介形虫化石（未刊）。
⑤广东705队，1988，1:5万仁化幅、犁市幅区域地质调查报告（未刊）。
⑥茂名石油公司，1973，茂名南部中—新生代红层普查报告（未刊）。
⑦广东704队，1991，1:5万茂名幅区域地质调查报告（未刊）。
⑧中南煤田130队，1956，广东茂名油页岩地质报告（未刊）。
⑨中国石油公司南海分公司，1978，雷琼地区迈陈凹陷徐四井完井地质报告（未刊）。
⑩茂名石油公司，1975，雷琼地区迈陈凹陷迈参二井录图资料综合图（内部印刷）。
⑪地质部第四普查大队，1964，广东地区石油地质综合研究报告（未刊）。
⑫广东765队，1959，海南岛莺歌海工区初步总结报告（油印稿）。

第七章
第四纪

广东的第四纪地层分布广泛，尤以珠江三角洲、韩江三角洲及雷州半岛等地发育良好，其次是东、西、北江及韩江、鉴江、漠阳江等水系两岸。沉积区划分为沿海区、雷州半岛区和内陆区。沿海区西起吴川梅录，东迄闽粤边境，包括珠江三角洲、韩江三角洲，吴川—台山低山丘陵地区和粤东山地丘陵地区；雷州半岛区包括海康、徐闻、湛江及其沿海岛屿、遂溪大部地区及廉江部分地区；内陆区即东、西、北江及韩江、鉴江、漠阳江等水系两岸。

广东第四纪地层的研究始于本世纪 30 年代。徐瑞麟等（1932）首先在云浮附近创建了大台层，陈国达（1934）发表《广州三角洲问题》一文，邓植仪（1934）创建了北海组。而大规模的调查研究工作是新中国成立后开展的，主要包括如下几方面：

(1)第四纪堆积物的成因及地层学的研究是围绕找矿勘探工作进行的。1955—1974 年，广东省地质局、广东燃料厅所属地质队、茂名石油公司、地质部第四普查勘探大队、第二海洋地质调查大队等，在历年矿产普查勘探积累资料的基础上，在华南沿海做了系统的 1：20 万区域地质调查工作，对第四纪堆积物的成因及时代提出了初步意见。

(2) 新构造和海岸升降问题的研究。1964—1974 年广东地质局有关地质队和地质部第二海洋地质调查大队初步论述了华南沿海新构造运动和海岸升降问题，尔后，中国科学院南海海洋研究所（简称南海海洋研究所，下同）、广州地震大队、广州地理研究所，又进一步进行了专题的研究。

(3) 第四纪动物群、新石器和同位素年代的研究，主要是由中国科学院古脊椎动物与古人类研究所、广东省博物馆、中山大学等单位进行的。他们先后在高要七星岩、曲江马坝狮子岩、高明、广州三元里等地的石灰岩洞穴内发现了普遍分布于我国南方的更新世大熊猫-剑齿象动物群、马坝人头骨，又在各地发现了新石器的遗址和在南海西樵山发现印度象、在顺德发现古鳄鱼等。1974 年中国科学院地球化学研究所对雷州半岛等地第四纪的珊瑚礁和泥炭土做了碳年代测定。尔后，广州地理研究所、南海海洋研究所及国家地震局、地质部第二海洋地质调查大队等单位均对第四系做了大量的同位素年龄测定。

(4) 第四纪堆积矿产的研究主要是在广东地质局和冶金局的组织下进行。如对沿海地区的锆英石、锡石、独居石、钛铁矿、泥炭土、天然气、肥水、地下水、热水，以及雷州半岛南部第四纪玄武岩风化的残积铝土矿、硅藻土等都作过研究。

尤其值得一提的是地质部第二海洋地质调查大队（1990）的《田洋火山湖第四纪地质》，对硅藻演变史的研究，受到国外同行们的重视；古地磁以10～15 cm间距系统地采集样品，用超导磁力仪进行测试，在布容期内发现8个短暂的反极性事件，结合同位素测年数据、^{14}C、钾氩法、铀系法、热释光等首次建立了华南地区400 ka以来的磁性地层表。

通过上述各方面的深入研究，为广东第四纪地层划分奠定了基础。

第一节　岩石地层单位

湛江组　$Q\hat{z}$　（44－1201）

【创名及原始定义】　李树勋（1954）[①]以湛江市附近的平岭剖面命名为湛江系。原指出露于湛江附近的一套由颜色混杂的砂砾层、砂层及粘土层夹多层玄武岩、砂岩、泥岩及泥灰岩组成的地层，时代定为上新世至早更新世。

【沿革】　1964年广东水文工程地质一大队（简称广东水文一队，下同）称湛江群并进一步划分为北部湾组、雷琼组和湛江组；北部湾组和雷琼组归第三纪，湛江组归第四纪早更新世，沿用至今。

【现在定义】　指平行不整合覆于望楼港组之上的一套具多个由粗—细的韵律结构的砾砂层、砂层、粉砂层及粘土层（局部夹基性火山岩）的地层，与上覆北海组砂砾层呈平行不整合接触。

【层型】　正层型为湛江市平岭剖面（110°18′，21°10′），广东水文一队（1989）[②]重测。

上覆地层：**北海组**　细砾石层

———————　平行不整合　———————

湛江组	总厚度＞61.12 m
30. 杂色粘土。质纯、粘性好	1.34 m
29. 灰黄、棕黄、米黄色含细砾粗砂。下部发育有板状交错层理，底板为铁质层	4.42 m
28. 浅黄灰色粘土。水平层理发育，底部含铁质	2.05 m
27. 紫红、浅粉红色细砂与粘土间互。粘土质不纯，发育水平层理	1.00 m
26. 黄色粘土。块状，粘性好，质纯，底部为铁质层	2.46 m
25. 浅灰色亚粘土。风化后为灰白色，底部为铁质层	1.08 m
24. 深灰色粘土。风化后为浅灰—灰黄色，质不纯，含粉砂，发育水平层理。含植物化石碎片及碳化植物碎屑或碎块	3.91 m
23. 深褐黄色铁质层。由砂及砾石被铁质胶结而成	0.50 m
22. 灰黄色粘土。质纯，发育水平层理，顶部见杂色斑块	0.82 m
21. 灰白色中砂。中、小型交错层理发育，偶见透镜状层理	1.12 m
20. 灰黄色粘土。具深黄色及砖红色条带，水平层理发育，底部为铁质胶结层	0.63 m
19. 浅灰、灰黄色含细砾粗砂。中—大型板状交错层理发育	1.59 m
18. 浅灰色细砾。偶含粘土砾石	1.59 m
17. 米黄、褐红色含细砾粗砂。底部含粘土砾石，发育中—大型交错层理，顶部见不规则的粘土条带（透镜状层理）	3.94 m
16. 褐红色砾砂。含较多粘土砾石	1.65 m
15. 黄白色含细砾、粉粒、粘粒中砂	2.54 m
14. 杂色粘土。质纯	1.05 m

13. 浅灰色亚粘土。发育不甚明显的水平层理　1.43 m

12. 浅黄色中砂　1.32 m

11. 灰色粘土。水平层理发育，含丰富的植物 *Bauhinia* sp.，*Diospyros* sp.，*Myrica* sp.，*Rhus* sp.，*Salix* sp.，*Phoebe* sp.，*Chukrasia subtabularia* 等　4.36 m

10. 褐红色砾砂。含铁质，下部为细砾　1.15 m

9. 上部杂色，下部灰色的粘土。水平层理发育，底部为铁质层　5.38 m

8. 浅黄、灰白色亚砂土。底部为铁质层　1.86 m

7. 浅灰、灰黄色细砾。发育小型交错层理及韵律层理　3.87 m

6. 灰色粘土。质纯，底部为铁质层　3.12 m

5. 灰白、浅灰色细砂　0.90 m

4. 浅黄、灰黄色中砂。发育正粒序层理　1.41 m

3. 浅灰黄色砾砂。含铁质高者为褐黄色　1.41 m

2. 灰白色亚粘土。微胶结　1.64 m

1. 灰黄色亚砂土。风化后为灰白色，含细砾（未见底）　1.49 m

【地质特征及区域变化】　本组仅分布于雷州半岛。在湛江市平岭地表，本组由深灰至灰或黄色粘土、亚粘土与杂色砂层、砂砾层及砾石层组成，以夹铁质胶结层为特征。水平产出，总厚度 186.3 m。在雷州半岛北部厚 21～250 m，以东海岛一带厚度最大。于湛江高阳，下部所夹之玄武岩及橄榄玄武岩厚达 86 m。雷州半岛南部，以粘土层为主，海康至迈陈一带厚 11～45 m。本组时代现暂定为早更新世。

北海组　Q*b*　（44－1202）

【创名及原始定义】　邓植仪（1934）[3]创名于广西北海市附近黄屋。原指分布于北海附近的一套浅海沉积棕黄色砂壤土，时代属中更新世。

【沿革】　自 50 年代以后，在北海、雷州半岛、海南岛北部北海组普遍被划分为下亚组（砂砾层）及上亚组（亚粘土层），代表该地区标高 20～30 m 台地的一套滨海—河流沉积，沿用至今。

【现在定义】　广东境内的北海组指不整合于湛江组之上的一套多具二元结构的地层体。下部为石英质砾石层（常含铁质及墨绿色玻璃陨石碎块），上部为红黄、灰黄、棕黄色亚砂土及亚粘土，上为湖光岩组（基性火山岩）喷发不整合覆盖。

【层型】　本省次层型为遂溪县城月镇西综合厂剖面（110°04′，21°10′），广东 704 队 1989 年测制。

北海组　　总厚度＞ 6.73 m

3. 棕红色亚砂土。中下部孔洞（虫孔）极发育，底部有厚 1～3 cm 波状起伏的铁质碎石，偶见玻璃陨石（未见顶）　1.80 m

2. 上部棕红、下部浅灰—灰白色细砾石层。下部发育有不甚明显的交错层理，砾石成分以灰白色石英为主，偶含石英岩和粘土碎屑，砾径 2～6 mm 居多（大者达 8～10 mm），多呈等轴的次棱角—次圆状，大小混杂，分选性差，石英砂充填　1.94 m

1. 灰白色砾砂。发育由粗到细的韵律层理，热发光测定年龄为 520 ka，砾石成分以石英为主，少量为石英岩，并含 10%左右的浅灰色粘土砾石，磨圆度 1～2 级，砾径 2～3 mm，粘土砾 5～20 mm　2.99 m

——————　平行不整合　——————

下伏地层：**湛江组** 粘土间砂（地质年龄 910 ka）

【地质特征及区域变化】 本组仅分布于雷州半岛北部。在湛江市合流，下部为褐红、棕红色砾石层（热释光年龄为 545 ka），中部为棕红、褐红色砾质亚粘土，上部为土黄、褐黄色亚粘土（热释光年龄值为 341 ka），总厚度 4.48 m。底部以风化铁质薄层为标志平行不整合于湛江组（杂色粘土）之上，上覆地层为湖光岩组（橄榄玄武岩）。海康帮塘一带下部为浅棕黄色砂砾层（厚 2.5 m），上部棕红色亚砂土（厚 3 m），总厚 5.5 m。本组厚度由北向南变薄，湛江市附近的客路，厚度可达 20.73 m。

石卯岭组 $Q\hat{s}$ （44－1203）

【创名及原始定义】 广东水文一队（1967）④以海康英利东侧石卯岭剖面命名。原指分布于雷州半岛假整合于湛江组之上的一套玄武岩及玄武质火山碎屑岩，最多有四个喷发韵律，其上一般为湖光岩组覆盖；时代定为中更新世。

【沿革】 创名后被普遍引用，也称喜马拉雅早期喷出岩（广东区调队，1972）。

【现在定义】 指喷发不整合覆于湛江组之上、田洋组或湖光岩组之下的一套深灰—土黄色玄武质火山角砾岩、玄武质凝灰岩、集块岩与玄武岩不等厚互层的地层体。与田洋组呈平行不整合接触，湖光岩组喷发不整合覆于其上。

【层型】 正层型为海康县石卯岭综合剖面（110°10′，20°36′），陈俊仁等 1990 年重测。

石卯岭组	总厚度＞399.34 m
14. 红土层（未见顶）	0.50 m
13. 火山集块岩及玻质凝灰岩，下部为伊丁石化橄榄玄武岩	59.00 m
12. 红土层	3.50 m
11. 上部为玄武岩，下部为层状凝灰岩	60.00 m
10. 红土层	4.06 m
9. 橄榄玄武岩	30.00 m
8. 红土层	4.70 m
7. 伊丁石化、蛇纹石化橄榄玄武岩和橄榄玄武岩	57.84 m
6. 红土层	4.70 m
5. 凝灰岩	70.50 m
4. 伊丁石化橄榄玄武岩、伊丁石化橄榄玻质玄武岩和橄榄玄武岩	34.82 m
3. 红土层	0.50 m
2. 蛇纹石化橄榄玄武岩及橄榄煌绿岩	52.41 m
1. 层凝灰岩	16.81 m

【地质特征及区域变化】 本组分布于雷州半岛。在海康英利石卯岭，下部为伊丁石化、蛇纹石化橄榄玄武岩夹玄武质凝灰岩，上部为火山集块岩、玻质凝灰岩与玄武岩成互层状，厚度 291 m。在海康九斗洋以玄武质火山角砾岩及凝灰岩为主，偶见玄武集块岩及凝灰质砂岩，厚 248.8 m。徐闻勇士农场 SK53 孔见浅灰—灰黑色具气孔状构造的玄武岩夹玄武质角砾岩，厚 215.7 m。石卯岭组组成火山锥，火山碎屑岩一般呈环带状分布，向外过渡为熔岩及凝灰岩，厚度急骤变薄至尖灭。

湖光岩组 Qh （44－1204）

【创名及原始定义】 系广东水文一队（1961）以湛江市湖光岩楞岩寺剖面命名，《广东省区域地质志》(1988) 介绍。代表湖光湖四周的火山岩，时代属第四纪。

【沿革】 《广东省区域地质志》(1988) 认为湖光岩组（火山岩）是一套最新的第四纪喷出岩，覆盖于北海组及石卯岭组之上。但广东水文一队（1993）仍将其归入石卯岭组中。

【现在定义】 指喷发不整合覆于北海组（或石卯岭组）之上的一套基性火山岩，主要由玄武岩、玄武质火山角砾岩、玄武质凝灰岩组成多个火山喷发旋回或韵律。

【层型】 正层型为湛江市湖光楞岩寺剖面（110°16′，21°08′），广东地质局1972年重测。

湖光岩组	总厚度＞29.75 m
18. 凝灰火山角砾岩（未见顶）	1.30 m
17—16. 火山角砾岩	2.00 m
15. 火山角砾岩夹凝灰岩	1.00 m
14. 火山角砾岩	2.40 m
13. 凝灰岩	0.30 m
12—11. 火山角砾岩	1.80 m
10. 凝灰岩	0.40 m
9—8. 火山角砾岩	2.80 m
7. 火山角砾凝灰岩	0.25 m
6. 火山角砾集块岩	2.80 m
5. 凝灰岩夹层火山角砾凝灰岩	3.70 m
4. 火山角砾岩	0.30 m
3. 凝灰岩	2.80 m
2. 凝灰火山角砾岩	6.20 m
1. 凝灰岩	1.70 m

【地质特征及区域变化】 本组分布于雷州半岛北部。在湖光岩地区，该组喷发不整合于石卯岭组或北海组之上，呈锥状分布；下部为杂色玄武质火山角砾岩及玄武质凝灰岩，中部为灰、深灰色橄榄玄武岩夹玄武质凝灰岩及火山角砾岩，上部为灰褐—黑褐色玄武质火山角砾岩与凝灰岩（于火山口周围见火山集块岩）；厚度2.8～77.8 m。在硇洲岛，本组以灰、深灰色气孔状橄榄玄武岩为主夹玄武质凝灰岩、火山角砾岩、火山集块岩，厚10.7～63.3 m，喷发不整合于石卯岭组之上。东海岛龙水岭厚6～60.7 m，喷发不整合覆于湛江组之上。

田洋组　*Qt*　(44-1206)

【创名及原始定义】 系江木林（1959）依据徐闻曲界田洋钻孔命名，《广东省区域地质志》(1988) 介绍。代表雷州半岛中更新世—全新世的湖相—湖沼相—冲积—洪积相含油腐泥层、泥炭层及泥质粘土，不整合于湛江组、北海组或石卯岭组之上。

【沿革】 曾称近代湖沼沉积或火山口湖沉积。陈俊仁等（1990）进一步划分为青桐洋组、田洋组及曲界组。广东水文一队（1993）将青桐洋组归并于田洋组中，将上覆含泥炭土层（陈俊仁等的田洋组三段）称下录组。此次对比研究同广东水文一队（1993）划分方案。

【现在定义】 指平行不整合于石卯岭组或北海组之上、整合伏于下录组之下的一套富含硅藻土的地层体。下部以硅藻质粘土为主夹含硅藻粘土（底部可见砂层），上部以粘土质硅藻土为主夹硅藻土层。

【层型】 正层型为徐闻县曲界田洋钻孔剖面（110°18′，20°31′），陈俊仁等1990年重测。

上覆地层：**下录组**　深灰色粉砂质粘土，富含有机质和炭化木碎屑及较多的硅藻

——————— 整　合 ———————

田洋组　　总厚度 179.14 m

14. 浅灰、黄灰、灰白、灰绿色硅藻土；具有斜层理、松散、质轻、吸水性较强、粘性塑性较差的特点；含孢粉 *Quercus*，*Ungiospermae*，*Pinus*，Euphorbiaceae 等；铀系法地质年龄 65 000 a　　23.73 m

13. 黄灰色含粘土硅藻土，层理发育。含孢粉 *Quercus*，*Castanea*，*Alisma*，*Pinus* 等；热释光地质年龄 69 520±697 a　　34.95 m

12. 深灰、灰黑色硅藻质粘土，由粘土、硅藻和少许海绵骨针等组成。其上部有白色硅藻土层和黑色有机质组成的微细水平层理；下部含粘土质高，层理不大清楚。其中含孢粉 *Quercus*，*Alisma*，*Castanea*，*Pinus*　　10.09 m

11. 灰黄色含硅藻粘土。由粘土、硅藻、有机质、海绵骨针组成；层理清楚（单层厚度 1～2 mm），含孢粉 Fagaceae，*Quercus*，*Alisma*，*Castanea*，*Pinus* 等　　7.55 m

10. 灰、灰绿色含硅藻粘土，由粘土、硅藻、有机质、海绵骨针组成。上部层理不清楚，下部水平层理发育，含孢粉 *Quercus*，Polypodiaceae，*Alisma* 等。^{14}C 地质年龄 121 746±958 a　　14.66 m

9. 深灰、灰黑色硅藻质粘土，由粘土、硅藻、有机质组成，层理不明显（呈块状构造）。含孢粉 *Quercus*，*Alisma*，Polypodiaceae 等　　12.33 m

8. 黄绿、灰绿色含硅藻粘土　　10.86 m

7. 深灰、灰黑色含粘土硅藻土，层理不明显，致密，稍硬，层面有蓝色和白色斑点。含孢粉 *Quercus*，Cupressaceae，Fagaceae，*Alisma*，*Pinus*，*Tricolporopollenites*，*Castanea*，Polypodiaceae 等　　8.11 m

6. 灰、深灰、灰黑色粘土质硅藻土，薄层状构造，水平状层理，粒度均一。含孢粉 Cupressaceae，*Tricolpollenites*，*Quercus*，Angiospermae，Pinaceae，Fagaceae，*Eurya* 等　　6.47 m

5. 黄灰色硅藻土，水平状层理，薄层状构造。含孢粉 *Quercus*，Angiospermae，Cupressaceae，*Alisma*，*Pinus*，*Tricolpollenites*，Euphorbiaceae，Cruciferae，*Dacrydium*，Gramineae 等　　9.80 m

4. 深灰色粘土质硅藻土；层理不明显，底部有一层 2 cm 的火山碎屑堆积。含孢粉 *Quercus*，Cupressaceae，Angiospermae，Fagaceae，*Tricolpollenites*，*Keteleeria*，*Tricolporopollenites*，*Alisma*，*Pinus* 等　　4.66 m

3. 黄灰、灰色相间的薄层状粘土质硅藻土，底部为块状构造。含孢粉 *Pinus*，*Quecus*，Cupressaceae，Angiospermae，Euphorbiaceae，Gramineae，*Tricolporopollenites*，Fagaceae，Umbelliferae Cyperaceae，Hymenophyllaceae 等；热释光地质年龄为 244 938±1374 a　　12.13 m

2. 深灰与黄灰色薄层状含粘土硅藻土，水平状层理，夹有 2 层火山碎屑。含孢粉 *Pinus*，Angiospermae，*Quercus*，*Alisma* 等；热释光地质年龄为 477 453±2737 a 及 364 421±1672 a　　23.80 m

——————— 平行不整合 ———————

下伏地层：**石卯岭组**　紫红色、紫黑色玄武岩、火山角砾岩

【地质特征及区域变化】　田洋组分布于雷州半岛的九斗洋、青桐洋、田洋等火山口湖盆地中。就单个湖盆来说，其岩性及厚度，一般变化不大，厚度以湖盆中心最大，向边缘变薄。在田洋，本组厚 95～179 m；青桐洋厚 54.5～104 m；九斗洋仅见上部，厚 27～39 m。本组时代为中—晚更新世。

下录组　Q*xl*　(44－1207)

【创名及原始定义】　周永清（1990）[5]命名于遂溪下录。代表雷州半岛晚更新世的泥炭土层。

【沿革】　陈俊仁等（1990）置于田洋组三段。此次对比研究从周永清意见将其从田洋组中划分出来。

【现在定义】　指位于田洋组与曲界组之间的一套由灰—灰黑色淤泥质粘土及淤泥质亚粘土夹泥炭土、淤泥、粉砂组成的地层，以含大量腐木、有机质为特征。在火山口湖中整合于田洋组之上，在区域上平行不整合于湛江组及北海组之上，与上覆曲界组呈平行不整合接触。

【层型】　选层型为徐闻县曲界田洋SK52钻孔剖面（110°18′，20°31′），陈俊仁等1990年编录。

上覆地层：**曲界组**　花斑状粉砂质粘土。

——————— 平行不整合 ———————

下录组　　总厚度 35.04 m

18. 灰色粉砂质淤泥，含孢粉 Polypodiaceae，Angiospermae，Gymnospermae，*Polygonum* 等，^{14}C 地质年龄值为 15 830±620 a　　8.89 m

17. 灰色粉砂质粘土夹薄层砂和粉砂层，构成6个粗细韵律层。含孢粉 *Triletes*，*Spirogyra*，Gramineae，*Quercus*，Castaneae，Angiospermae 等。^{14}C 地质年龄为 20 730±620 a～30 275±1410 a～30 310±1200 a　　11.49 m

16. 黑色泥炭层夹粘土或粉砂质粘土，有较多的炭化木。含孢粉 Saxifragaceae，*Glytostrobus*，Polypodiaceae，*Pinus*，*Quercus*，Umbelliferae；^{14}C 地质年龄值为 46 270±1480 a～47 770±1280 a　　9.64 m

15. 深灰色粉砂质粘土，富含有机质和炭化木碎屑，含硅藻，*Melosira undulata*，*M. granulata*，*Fragilaria*，*Construen*，*Epithemia* 等及海绵骨针　　4.93 m

——————— 整　合 ———————

下伏地层：**田洋组**　浅灰色硅藻土

【地质特征及区域变化】　在雷州半岛南部的田洋、青桐洋、九斗洋等地，本组以淤泥质粘土夹泥炭土为主。在九斗洋、青桐洋可见含硅藻粘土。厚度以田洋最大（13～34.8 m），青桐洋 2.5～14.6 m，九斗洋 2.7～11.4 m。整合于田洋组之上。在雷州半岛北部（包括遂溪下录、湛江调塾、东海岛渔弄），本组平行不整合覆于湛江组之上，由灰—灰黑色淤泥、淤泥质粘土、亚砂土夹1～2层泥炭土或腐木层组成，一般厚1～5 m（最厚18 m）。本组时代属晚更新期。

曲界组　Q*q*　(44－1208)

【创名及原始定义】　陈俊仁等（1990）以徐闻曲界田洋矿区SK52钻孔孔深0—8.39 m命名，代表雷州半岛地区全新世的冲—洪积沉积；底界以棕红色花斑状粉砂质粘土为标志（夹有较多的红土化玄武岩块），整合于田洋组之上。

【沿革】　创名后沿用至今。

【现在定义】　指平行不整合覆于下录组、北海组、湛江组、湖光岩组或石卯岭组之上的一套粘土质岩层，由褐黄至土黄及灰黑色粘土、亚粘土为主组成，局部夹灰色细粉砂，底部多为杂色或褐黄色粘土，偶有砂砾层。

【层型】 正层型为徐闻县曲界田洋SK52钻孔剖面（110°18′，20°31′），陈俊仁等1990年编录。

【地质特征及区域变化】 本组分布于雷州半岛九斗洋、青桐洋、田洋、北和、平湖、胜利圩及那平等地，厚度0.5～16.8 m（一般在火山岩分布区的低地及小沟谷厚度小，火山口湖盆地厚度大）；时代属全新世。

大台组 *Qd* （44－1221）

【创名及原始定义】 徐瑞麟等（1932）创名于云浮大降坪附近的大台营，原称大台层。指大降坪乌石岭和狮子岭附近大台营一带出露的铁质砂岩与褐铁矿互层，下部有角砾岩一层，与下伏地层成不整合接触的沼铁矿层。时代归属新第三纪。

【沿革】 60年代初中山大学张宏达、方瑞濂、卢世华研究后认为属更新世。广东区调队（1977）修订为大台组。

【现在定义】 指不整合覆于大绀山组之上的一套含铁岩层。其下部为紫红及黄褐色铁质砂岩、铁质砾岩及杂色泥岩；上部为灰色及黄褐色褐铁矿、沼铁矿及含铁砂岩，富含植物、鱼、蛙、螃蟹等化石。

【层型】 正层型为云浮县大降坪大台营剖面（112°21′，22°58′），广东区调队（1963）重测。

【地质特征及区域变化】 本组仅分布于云浮大降坪黄铁矿区标高400 m的山上，可见厚24～82 m（现已大部分采空）。时代为早更新世。

白坭组 *Qbn* （44－1222）

【创名及原始定义】 李平日等（1989）以三水白坭村头剖面命名，代表珠江三角洲中更新世的沉积。其上部为土黄色粗砂砾石层与砾质卵石层互层；下部由棕红色砾质卵石层组成，不整合于第三系之上。

【沿革】 郑健生（1986）、陈培虹（1987）称岗美组。

【现在定义】 指广东内陆及沿海（三水、四会一带）形成于标高20～35 m基座阶地上，以棕红、土黄色卵石及粗砂为主的堆积层。与下伏基岩呈不整合接触。

【层型】 正层型为三水县白坭村头剖面（112°50′，23°04′），广东水文工程地质二大队1989年测制。

白坭组 总厚度＞41.10 m

13. 棕红色含卵石砾石层（未见顶）。含硅藻 *Cymbella turgida*，*Melosira granulata*，*Hantzschia amphioxys*，*Navicula sanctaecrucis ostrup*，*Cyclotella striata*，*Coscinodiscus rothii* 等。热释光地质年龄值218±21.8 ka 5.00 m
12. 土黄色砾质粗砂与粗砂质卵石层互层 6.30 m
11. 灰黑色砾质粗砂层 0.20 m
10. 红棕色粗砂质砾石层 0.20 m
9. 土黄色砾质粗砂与粗砂质卵石互层，热释光地质年龄值为287±28.7 ka。含硅藻 *Coscinodiscus rothii*，*C. blandus*，*Dipponeis smithii* var. *dilatata*，*Cyclotella stylorum*，*C. striata*，*Cymbella turgida* 等 6.10 m
8. 灰黑色粗砂质砾石层 0.70 m
7. 土黄色含砾卵石层 0.10 m
6. 土黄色含砾粗砂层 0.40 m

5. 灰黑色含砾粗砂层　　0.30 m

4. 土黄色粗砂砾石与砾质卵石层互层　　14.80 m

3. 棕红色砾质卵石层　　3.00 m

2. 棕红色含粗砂砾石层　　2.00 m

1. 棕红色砾质卵石层　　2.00 m

～～～～～～ 不 整 合 ～～～～～～

下伏地层：**第三系**　紫红色泥岩

【地质特征及区域变化】　本组沿西江及北江、绥江下游均有分布，三水一带厚 41 m，时代属中更新世。

礼乐群　*QL*　（44－1248）

【创名及原始定义】　南海海洋研究所（1978）于《华南沿海第四纪地质》研究报告中，以新会县礼乐镇剖面创名礼乐组，代表珠江三角洲一带不整合于基岩风化壳之上的一套河流—老三角洲相沉积；由黄白至灰白色砾石层、砂砾层、中粗砂层及粉砂质淤泥层夹粉砂层组成，含蚝壳及植物碎片，时代为更新世。

【沿革】　南海海洋研究所（1978）称礼乐组，包括下段河流相沉积层，上段老三角洲沉积层，顶部以风化斑纹状粘土为标志。广州地理研究所黄镇国等（1982）于《珠江三角洲形成发育演变》中，自下而上划分为石排组、西南组、三角组、杏坛组等地层单位。李平日等（1987）于《韩江三角洲》中划分南社组、贾里组、鮀浦组、莲下组等地层单位。此次对比研究将礼乐组修订为礼乐群，代表广东沿海埋藏于全新世海相及三角洲相地层之下的晚更新世海相及三角洲沉积。

【现在定义】　指不整合于基岩风化壳之上、平行不整合于桂洲群（横栏组）之下由砂砾、砂、粘土为主组成的地层体。由石排组、西南镇组、三角组、杏坛组和陆丰组组成。顶部以花斑状粘土或砂砾层为标志，与桂洲群（横栏组）粉砂质淤泥分界。

【层型】　正层型为新会县礼乐剖面（113°51′，22°31′），南海海洋研究所 1976 年测制。

【地质特征及区域变化】　下部（石排组）以砂、砂砾为主。中部（西南镇组）以细砂、淤泥质粘土为主，富含海相生物壳屑。上部（三角组）为花斑状粘土，杏坛组以淤泥质砂、砂砾为主；陆丰组以砂为主。自下而上形成一个由海进至海退的演化序列。从内陆向海，粒度变细，含海相壳屑淤泥增厚。

石排组　*Q$\hat{s}$p*　（44－1231）

【创名及原始定义】　黄镇国等（1982）根据东莞石排镇南下村 PK5 钻孔孔深 14—19.6 m 命名，代表分布于珠江三角洲平原底部的一套冲洪积砂砾层，一般埋深 30 m。不整合覆于基岩风化壳之上，上为西南镇组超覆，时代属晚更新世。

【沿革】　相当于南海海洋研究所（1978）所称礼乐组下段河流相沉积。在韩江三角洲，李平日等（1987）称南社组。

【现在定义】　指分布于广东沿海三角洲平原最底部的堆积，不整合覆于基岩风化壳之上，为一套以砂、砂砾层为主的堆积层。上被西南镇组（粉砂质粘土层）整合或平行不整合所覆盖。

【层型】　正层型为东莞县石排镇南下村 PK5 孔剖面（113°57′，23°03′），广州地理研究所测制，黄镇国等 1982 年介绍。

【地质特征及区域变化】　韩江三角洲的石排组（原南社组）埋深在 80 m 以下（最深处

142.5 m)，以粗砂、细砾为主，厚10～20 m，向三角洲平原的边缘逐渐抬升。至揭阳白塔，本组组成河流阶地，埋深约10 m（于－8 m处见大熊猫—剑齿象动物群化石）。海丰一带标高3～5 m，前人称二级河流阶地。珠江三角洲的石排组沿北江、西江等古谷地及炭步以南、万顷洋等古洼地分布，埋深在12～40 m以下；以灰黄、灰白色砂层为主，夹砂砾岩及黑色细砂层，厚1～23 m。本组时代属晚更新世。

西南镇组　Q*x*　(44－1232)

【创名及原始定义】　黄镇国等（1982）依据三水西南镇K5孔剖面（埋深11.0—29.6 m）命名西南组。代表珠江三角洲晚更新世的海进层；由深灰色粉砂质粘土夹细砂组成，不整合覆于石排组（砂砾层）或基岩风化壳之上，上覆地层为三角组。

【沿革】　相当于南海海洋研究所（1978）所称礼乐组上段老三角洲相沉积层。赵焕庭（1980）称港湾相沉积。在韩江三角洲李平日等（1987）称贾里组。因与《中南地区区域地层表》（1974）用于广东三水地区的中新统西南组同名，故此次对比研究修订为西南镇组。

【现在定义】　指分布于广东沿海地区三角洲沉积下部的海进层。其上部为砂质粘土、粘土、淤泥；下部为细砂及淤泥质粘土。平行不整合覆于石排组或超覆于基岩风化壳之上。上覆地层为三角组或杏坛组，与三角组花斑状粘土呈整合接触，而杏坛组与西南镇组多呈平行不整合接触。

【层型】　正层型为三水县西南镇K5孔剖面（112°53′，23°09′），广州地理研究所测制，黄镇国等1982年介绍。

【地质特征及区域变化】　本组在广东沿海分布广泛，从韩江三角洲、珠江三角洲至湛江沿海均有出露。在韩江三角洲，该组最大埋深133 m（澄海凤州），潮州一带埋深40～60 m，由灰黑色淤泥质砂、粉细砂组成，厚10～47.7 m不等，具有下细上粗的反粒序特征，上覆为花斑状粘土或砂砾层。在惠东平海半岛二级阶地上为深灰色砂质粘土夹含砂泥炭土层，厚2.5 m，上覆为粗砂、棱角状砂砾层。在珠江三角洲平原，该组埋深10～40 m，向西北可延伸至四会大沙、岗美等地，以灰至深灰色淤泥质粘土、粘土为主夹粘土质粉细砂，厚2～29.5 m，可超覆于基岩风化壳之上。在漠阳江河口、海陵岛及电白沿海，本组埋藏在－10 m以下，以灰黑色亚粘土为主，含粗碎屑及海相生物介壳碎屑，厚3～15.4 m。本组时代属晚更新世。

三角组　Q*s*　(44－1233)

【创名及原始定义】　黄镇国等（1982）依据中山三角镇光一村附近PK7钻孔（孔深9—16.7 m）命名，代表分布于珠江三角洲整合于西南镇组之上的一套黄、红、白等颜色的花斑状风化粘土及粉砂质粘土层，时代属晚更新世至早全新世。

【沿革】　相当于南海海洋研究所（1978）所称礼乐组顶部风化层，赵焕庭（1980）称港湾相花斑状风化层。在韩江三角洲李平日等（1987）称鮀浦组。

【现在定义】　指整合于西南镇组之上，平行不整合于横栏组之下的一套浅灰—灰白—黄白—红黄色花斑状粘土。

【层型】　正层型为中山县三角镇光一村PK7孔剖面（113°25′，22°41′），广州地理研究所测制，黄镇国等1982年介绍。

【地质特征及区域变化】　在韩江三角洲，该组分布较广泛，埋深25～35 m（最低－52.6 m），厚一般10～12 m，最大15.4 m（凤塘）。珠江三角洲的三角组分布在龙归—太平场以南，埋深最大－63.1 m，一般10～16 m；厚一般2～7 m，最大20.4 m。

杏坛组　Q*xt*　(44－1234)

【创名及原始定义】 李平日等（1986）依据顺德杏坛ZK8孔剖面创名，指分布于珠江三角洲、不整合覆于三角组之上的一套灰黄或深灰色砂质淤泥及淤泥质粉砂，上覆为横栏组，时代属早全新世。

【沿革】 黄镇国等（1982）将其置于三角组上部，代表早全新世初期的沉积。李平日等（1986）将其单独划分出来，在韩江三角洲李平日等（1987）称莲下组。在区域上杏坛组以河流相冲积层为主，为海退序列中的河道相沉积；与三角组同时形成。

【现在定义】 此次对比研究修订的的杏坛组是指位于西南镇组与横栏组之间的一套地层，下部以砂质淤泥、淤泥质砂为主，向上过渡为以灰黄、灰白色含砾中粗砂为主，具反粒序特征。与下伏及上覆地层呈整合或平行不整合接触。

【层型】 正层型为顺德县杏坛ZK8孔剖面（113°08′，22°47′），广州地理研究所测制，李平日等1986年介绍。

【地质特征及区域变化】 杏坛组分布比较广泛。在珠江三角洲南部，本组以冲积及冲积海积层为主，北部基本是冲积或冲洪积层，厚度一般2～8 m，最大厚度12.7 m（灯笼沙）。在韩江三角洲东部和南部，本组以冲积—海积层为主，厚一般3～6 m，最厚20.5 m；在中部和西北部，以冲积或冲洪积粘土质砂砾为主，厚度一般4～5 m，最厚20.7 m（彩塘）。本组的海相层分布在三角洲的近海部分，埋深较大，顶板埋深20～25 m，最大埋深37 m（澄海下九合）。陆相层分布在三角洲的远海部分，埋深一般25～30 m，最大埋深31 m（彩塘）。

陆丰组 *Ql* (44-1247)

【创名及原始定义】 南海海洋研究所（1978）创名于陆丰碣石，代表粤东沿海晚更新世的滨海砂质堆积。它分布于二级海积阶地上，为砖红、棕红、黄白色半胶结的石英中细砂。不整合于花岗岩风化壳之上，上覆为风成砂丘。陆丰组前人曾称“老红砂”，以示与晚期沉积的砂堤砂坝的区别。

【沿革】 陆丰组曾称“老红砂堤”。《广东省区域地质志》（1988）将标高5～25 m的古砂堤称海积第二阶地。

【现在定义】 陆丰组指分布于广东沿海标高10～20 m的一套棕红、黄色砂层，（局部可见砾石层），不整合覆于下伏地层风化壳之上。

【层型】 正层型为陆丰县碣石剖面（115°49′，22°48′），南海海洋研究所1976年测制。

【地质特征及区域变化】 该组从南澳、潮阳、惠来、陆丰至大亚湾的沿海地带均有出露，也见于阳江、电白沿海的海积阶地与残丘的过渡带上，以红土化为特征。厚3～10 m不等。时代属晚更新世至早全新世。据广州地理研究所^{14}C年龄测定值为21 270±550～18 610±620 a，而定为晚更新世，与三角组及鮀浦组对比。

桂洲群 *QG* (44-1249)

【创名及原始定义】 南海海洋研究所（1978）以顺德桂洲镇剖面命名。指覆于礼乐组或其风化层之上的一套灰色、灰黑色含有丰富腐植质和蚝壳的淤泥、粉砂、细砂沉积。

【沿革】 南海海洋研究所（1978）创名桂洲组，代表广东沿海全新世沉积。黄镇国等（1982）于珠江三角洲自下而上划分横栏组、万顷沙组及灯笼沙组；李平日等（1987）于韩江三角洲自下而上划分潮州组、澄海组及东里组等。此次对比研究将桂洲组修订为桂洲群，包括上述地层单位及沿海尚未进一步划分的全新世海相和三角洲相沉积。

【现在定义】 桂洲群指广东沿海由淤泥、粉砂及细砂等组成，平行不整合覆于礼乐群或基岩风化壳之上的一套地层，由横栏组、万顷沙组和灯笼沙组等组成。

【层型】 顺德县桂洲镇剖面（113°15′，22°45′），南海海洋研究所 1976 年测制。

【地质特征及区域变化】 桂洲群在珠江三角洲及韩江三角洲，以中部（万顷沙组）灰黄色砂层或灰白色含砾砂层为标志，可划分横栏组、万顷沙组及灯笼沙组。而海丰—惠东、台山—阳江—电白及雷州半岛等地，《广东省区域地质志》称“海积阶地”，一般外侧由高出高潮线 2～15 m 的砂堤、砂坝群组成（称万顷沙组），内侧及底部以黑色淤泥及淤泥质砂、粉砂为主（称横栏组），厚 8～33 m。^{14}C 年龄值以 6120±160 a 为主。

横栏组 *Qhl* （44－1235）

【创名及原始定义】 黄镇国等（1982）依据中山横栏镇 PK19 孔命名，指分布于珠江三角洲及其沿海地带整合覆于三角组之上的全新世中期海进沉积及河流沉积，由灰色淤泥质粉砂、粉砂质粘土组成，上为万顷沙组整合覆盖。

【沿革】 在珠江三角洲南海海洋研究所（1978）称桂洲组，赵焕庭（1980）称河口湾相，中国科学院编的《中国自然地理》称海滨相。在韩江三角洲李平日等（1987）称潮州组。

【现在定义】 指位于三角组或杏坛组与万顷沙组之间的一套地层。在韩江三角洲和珠江三角洲，其以深灰色淤泥或淤泥质粉砂为主，含蚝壳及其他海相贝壳为特征。在沿海组成标高 2～15 m 的海积平原。其下与三角组或杏坛组整合或平行不整合，其上与万顷沙组平行不整合接触。

【层型】 正层型为中山县横栏镇 PK19 孔剖面（113°14′，22°32′），广州地理研究所测制，黄镇国等 1982 年介绍。

【地质特征及区域变化】 代表第四纪中全新世的海进沉积层。在韩江三角洲，本组分布可至潮州，埋深一般 7～15 m，最深 35 m（澄海凤洲），以淤泥、粉砂质淤泥为主，厚 5～15 m。在珠江三角洲，其分布可达南海盐步、佛山、高要金利一带，埋深一般 7 m，最大可达 26.1 m，以粉砂质淤泥为主，厚一般 1～14 m，最厚 16.5 m，顶部常见腐木层及结核状砂姜。在深圳地区，本组埋深 10～15 m，最大埋深 22.15 m（沙井），厚度一般 5～10 m，最厚 12.65 m（赤湾）。在湛江东海岛、南三岛等地，本组平行不整合于下伏地层之上，以灰至灰黑色淤泥、粘土、亚粘土为主夹中细砂，厚度一般 2～6 m，最厚 14 m。

万顷沙组 *Qw* （44－1236）

【创名及原始定义】 黄镇国等（1982）依据番禺万顷沙镇 A23 孔剖面命名，代表平行不整合于横栏组（淤泥层）或其风化层之上的沉积，由灰黄色中细砂、砂砾、浅风化粘土及含砾砂质淤泥组成。时代属中全新世。

【沿革】 在珠江三角洲南海海洋研究所（1978）称桂洲组。在深圳地区黄镇国等（1982）称赤湾组。在韩江三角洲李平日等（1987）称澄海组。

【现在定义】 指位于横栏组与灯笼沙组之间的一套以灰黄色中细砂为主的地层，局部夹深灰色淤泥、淤泥质粉细砂及含铁钙质结核，具红黄色铁锈斑纹。平行不整合于横栏组之上。

【层型】 正层型为番禺县万顷沙镇 A23 孔剖面（113°32′，22°43′），广州地理研究所测制，黄镇国等 1982 年介绍。

【地质特征及区域变化】 在韩江三角洲，本组以灰白色含砾砂层为主，厚度一般 6～10 m，最厚 21.8 m（凤洲）；埋深 5～6 m，最深 11.9 m（贾里）。在珠江三角洲，本组埋深 1～7 m（最大埋深 12 m），厚度一般 1～5 m（最厚 9.5 m）。在北部以灰黄色中—细砂为主，中部夹深灰色淤泥、淤泥质粉细砂，含蚝壳；市桥及东江下游部分地区可见轻度风化，含铁钙结核及具红黄色铁锈斑纹。在粤西沿海，本组以淤泥质沉积或以砂层为主，厚度变化较大；漠阳江口可达5～11 m，鉴江口2～10 m，东海岛2～14.5 m；徐闻新寮岛以细砂为主，厚度一般3.7～16 m，组成标高3～26.6 m的砂坝群（表面砂丘化），平行不整合于下伏地层之上，以含有锆石、独居石、磷钇矿、钛铁矿等砂矿为特征。在沿海其他地区，本组分布在河口及河漫滩的第一阶地上。

灯笼沙组 *Qdl* （44-1237）

【创名及原始定义】 黄镇国等（1982）命名于斗门县灯笼沙D6孔，代表全新世晚期最新的一套深灰色粉砂质淤泥及粉砂质粘土沉积，整合覆于万顷沙组之上。

【沿革】 在珠江三角洲南海海洋研究所（1978）称桂洲组顶积层，在深圳地区黄镇国等（1982）称沙井组，在韩江三角洲李平日等（1987）称东里组。

【现在定义】 指整合覆于万顷沙组或不整合覆于其他地层之上的一套淤泥、粉砂质淤泥、砂质粘土及细砂层组成的沉积。

【层型】 正层型为斗门县灯笼沙D6孔剖面（113°24′，22°13′），广州地理研究所测制，黄镇国等1982年介绍。

【地质特征及区域变化】 在韩江三角洲本组厚度一般3～5 m（最大厚度11.9 m），以含海相贝壳和腐木的粉—细砂为主。碣石湾一带有淤泥层；梅陇一带厚度2.2 m。在珠江三角洲，本组厚度一般1～5 m（最厚9.42 m）；北部以粘土、粉砂质粘土为主，南部以淤泥、粉砂质淤泥为主。

广东第四纪岩石地层除上述19个正式单位外，杨超群等（1963）和裴太昌（1989）[⑥]还报导了封开金装地区第四纪冰川沉积，为了今后使用的方便，现将其地层划分综合介绍如下：

1. 金矿矿部冰碛层

杨超群等（1963）创名于封开县金装砂金矿区，指分布在怀集、封开等地不整合于基岩风化面之上的一套早更新世灰白、黄色泥砾层。其中砾石占70%，由砂岩、脉石英和少量页岩、灰岩组成，呈半棱角状，一般无分选，砾径一般小于20 cm，个别达70 cm；厚26～58 m。

2. 登北冲积组

裴太昌等（1989）创名于封开县金装，指分布于封开、怀集一带，不整合于金矿矿部冰碛层或基岩之上的更新世早期灰色砾石层。其中粘土与砾石之比为3∶1，成层紧密，厚约1 m；砾石浑圆，分选良好。

3. 登高岭冰碛层

杨超群等（1963）创名于封开县金装镇登高岭，指分布于怀集、封开一带，不整合于前第四纪之上的中更新世红色、绛色泥砾层。其风化较深，含褐铁矿结核，泥质胶结较紧密，泥质可为砾石的8.5倍，一般厚12 m；砾石成分为红色砂岩及脉石英。

4. 田岗冲积组

裴太昌等（1989）创名于封开金装田岗，指分布于封开金装地区不整合于登高岭冰碛层之上的中更新世深灰色含泥砂砾层，分选较好，厚约1 m。

5. 石塘冰碛层

杨超群等（1963）以封开县金装石塘村剖面命名，指封开怀集一带的更新世晚期堆积物，其不整合覆于金矿矿部冰碛层或登高岭冰碛层等之上由黄褐色粘土、泥砾、斑状粘土及脉石英和砂岩砾石组成，厚28～48 m。其中含泥30%～80%，砾石奇形怪状，擦痕清晰。

6. 老珀组

裴太昌等（1989）创名于封开金装老珀村，指封开怀集一带的全新世早期冲积层。它不整合于石塘冰碛层之上；下部为灰色砂砾层，上部为含泥砂砾，近顶部为砂土层至黄色粘土层；厚25～35m。

第二节 生物地层概况

（一）孢粉

1. 下更新统

据广东水文一队的资料，湛江组中含有下列化石，计有蕨类花粉（平均含量为17.99%），木本花粉（平均含量为76.90%）和草本花粉（平均含量为5.08%）。其中木本花粉主要有*Castanopsis*，*Quercus*，*Pinus*，*Liquidambar*，*Castanea*，Euphorbiaceae，*Nyssa*，Palmae和*Ilex*，其次有*Moraceae*，*Rhus*，Megnoliaceae，Meliaceae，*Carya*，*Corylus*，Myrtaceae，Rhizophoraceae，*Ulmus*，*Daerydium*，Cupressaceae和Taxodiaceae等；草本花粉以Gramineae为主；蕨类花粉以Polypodiaceae，*Lygodium*，*Adiantum*，*Lycopodium*为主，*Cibotium*，*Dennstaedtia*，*Pteris*次之。反映当时本区为热带—亚热带常绿阔叶林—草原植被景观。

2. 中、上更新统

北海组的细粒沉积物中普遍含孢粉化石，木本花粉占总量的43.43%，蕨类占32.39%，藻类占20%，草本花粉占3.59%。木本花粉以*Quercus*，*Pinus*，Taxodiaceae，Cupressaceae，*Castanopsis*，Myrtaceae，*Castanra*，Casuarinaceae为主，*Ilex*，*Tsuga*，*Podocarpus*次之；蕨类花粉以*Adiantum*，Polypodiaceae，Selaginellaceae，*Pteris*，*Lygodium*，*Lycopodinm*，*Cyathea*为主；藻类以*Concentricystes*为主；草本花粉禾本科数量最多。反映当时为温带阔针叶混生森林—草原植被景观。

白坭组的孢粉以贺岗、岗美剖面为代表。贺岗剖面代表中更新世早期，为Taxodiaceae - *Pinus* - *Quercus* - *Micolepia* - Polypodiaceae带，属林下蕨类繁茂，以杉科为主的混有少量阔叶的针林植被类型。岗美剖面代表中更新世晚期，为*Micolepia* - Polypodiaceae - *Pinus* - *Juglans* - *Costanopsis*带，属蕨类十分茂盛的常绿叶混交林植被类型。

田洋组的孢粉组合　据陈俊仁等研究，田洋火山湖盆自上而下划分出12个组合带：

（12）Polypodiaceae - *Quercus* - Gramineae组合带；

（11）Polypodiaceae - *Cycas* - Artemisia组合带；

（10）*Pteris* - *Quercus* - Gramineae组合带；

（9）*Pteris* - *Quercus* - Chenopdiaceae组合带；

（8）Polypodiaceae - *Myrica* - *Quercus*组合带；

（7）Polypodiaceae - *Pteris* - *Quercus*组合带；

（6）Polypodiaceae - Gleicheniaceae - *Quercus*组合带；

（5）Polypodiaceae - *Dacrydium* - *Quercus*组合带；

（4）*Pteris* - *Pinus* - Gramineae组合带；

（3）Polypodiaceae - Cupressceae - *Pinus*组合带；

（2）*Pinus* - *Quercus* - Gramineae组合带；

（1）*Pinus* - Cupressaceae - *Quercus*组合带。

韩江三角洲　李平日等以澄海南社 HK25 孔为层型，将上更新统的孢粉分为 6 个带，从上而下为：

（6）*Quercus championii* - *Gleichenia* - *Catanea* - *Rhizophora* 带；

（5）*Castanopsis* - *Liquidambar* - *Quercus championii* - *Castanea* 带；

（4）*Liquidambar* - *Pinus* - *Quercus championii* - *Castanea* - *Cibotium* 带；

（3）*Quercus championii* - *Liquidambar* - *Castanopsis* - *Rhizophora* 带；

（2）*QLiquidambar* - *Piuns* - *Quercus championii* - *Gramineae* 带；

（1）Anuonaceae - *Quercus championii* - *Pinus* - *Liquidambar* - Gramineae 带。

3. 全新统

在珠江三角洲，以番禺茭塘 GG81 孔剖面研究最详，李平日等（1989）划分为 11 个带，现自上而下简述如下：

（11）*Micolepia* - Gramineae - Piparaceae - *Castanea* 带；

（10）*Dicranopteris* - Polypodiaceae - *Elaeocarpus* - *Castanea* - Cyperaceae 带；

（9）*Elaeocarpus* - *Castanopsis* - *Quercus* - Polypodiaceae - Gramineae 带；

（8）*Castanopsis* - Piperaceae - Polypodiaceae - Gramineae 带；

（7）*Castanopsis* - *Elaeocapus* - Piperaceae - Polypodiaceae - Araceae 带；

（6）*Elaeocarpus* - *Castanopsis* - *Castanea* - Polypodiaceae 带；

（5）Polypodiaceae - Piperaceae - *Costanopsis* - Cyperaceae 带；

（4）*Elaeocarpus* - *Quercus* - *Castanea* - Cyperaceae - Polypodiaceae 带；

（3）*Castanopsis* - *Castanea* - Melastomaceae - *Cibotium* 带；

（2）*Elaeocarpus* - *Quercus* - Cyperaceae - Polypodiaceae 带；

（1）*Micolepia* - Polypodiaceae - Melastomceae - *Castanea* - Gramineae 带；

在韩江三角洲，李平日等以澄海南社 HK25 孔为层型将全新统的孢粉组合划分为 4 个孢粉带，自上而下为：

（4）*Gleichenia* - *Pinus* - Lygodiaceae 带；

（3）Annonaceae - *Quercus championii* - *Pinus* - *Castanopsis* - *Gleichenia* 带；

（2）*Gleichenia* - *Quercus championii* - *Pinus* - *Liquidambar* 带；

（1）*Quercus championii* - *Liquidambar* - *Castanopsis* - *Rhicophora* 带；

（二）硅藻

1. 中更新统

以田洋火山湖盆的资料最详细，陈俊仁等（1990）由上而下划分为 6 个硅藻植物群：

（6）*Epithemia sorex* - *Stephanodiscus astraea* var. *minulata* - *Eragilaria breoistriata* - *Melosira granulata* var. *angustissima* 群；

（5）*Melosira granulata* var. *angustissima* - *Epithemia triceratia* - *E. sorex* var. *acuta* 群；

（4）*Epithemia sorex* var. *acuta* - *Stephanodiscus astraea* var. *minulara* - *Epithemia sorex* - *Melosira granulata* var. *angustissima* 群；

（3）*Cyclotella rhomboidea elliptica* - *Epithemia sorex* var. *acuta* - *Stephanodiscus astraea* var. *minulata* - *Melosira granulata* var. *angustissima* - *Cyclotella obliquata* 群；

（2）*Melosira granulata* var. *angustissima* - *Stephanodiscus astraea* var. *minulara* - *Cyclotella rhomboidea elliptica* - *Epithemia sorex* 群；

(1) *Cuclotella rhomboidea elliptica* —*Cyclotella obliquata* 群。

上述硅藻植物群有5个共同特点：①以 *Cyclotella rhomboidea elliptica* 为主；②含量占第2位的是 *Cyclotella obliquata*；③硅藻化石分异度高；④有一些属种数量不多，但分布层位较窄；⑤有一些硅藻，如 *Navicula tuscula*，*Rhopalodia gibba*，*Cymatopleura elliptica* 等，只在某些层段呈连续分布，但在上更新统中则很少出现。

2. 上更新统

(1) 陈俊仁等在研究田洋钻孔的硅藻化石后，认为上更新统上部的硅藻植物群有以下特点：各个样品中硅藻种类较其相邻的生物沉积间歇期所见到的硅藻种类数要多，各样品中的硅藻壳体数量明显增多，各样品中的硅藻属种的更替速度很快；可分为3个硅藻植物群：

③*Eragilaria construens* - *E. construens* var. *binodis* - *E. construens* var. *venter* 群；

②*Melosira granulata* 群；

①*Melosira ambigus* - *M. granulata* 群；

(2)在上更新统下部的硅藻化石以 *Melosira granulata* 的壳体为主，*Melosira granulata* 和常见种（*Cyclotella stelligera* var. *tenuis*，*Stephanodiscus niagrae*，*Cyclotella kutzingana* var. *radiosa*，*Cyclotella xizangensis* 和 *Melosira undulata*）组成了不同硅藻组合，自上而下可划分为3个硅藻植物群11个硅藻组合

③*Cyclotella stelligera* var. *tenuis* 群；由上而下包括 *C. stelligera* var. *tenuis* - *Melosira granulata* 组合，*C. stelligera* var. *tenuis* - *Stephanodiscus niagarae* - *Gomphonema grovei* 组合，*C. stelligera* var. *tenuis* 组合和 *C. stelligera* var. *tenuis* - *M. granulata* var. *angustissima* 等4个组合。

② *Melosira granulata* 群；自上而下可划分为7个硅藻组合：*M. granulata* - *C. stelligera* 组合，*M. granulata* - *C. kutzingana* var. *radiosa* 组合，*M. granulata* - *M. undulata* 组合，*M. granulata* - *C. stelligera* var. *tenuisdffg* 组合，*M. granulata* - *C. xizangensis* 组合，*M. granulata* - *Stephanodicus niagarae* 组合和 *M. granulata* 组合。

Melosira granulata 组合是第②硅藻植物群中最主要的一个组合。其特点为：颗粒直链藻的壳体含量在各个样品中都是很高，在田洋钻孔中分布最广，在下部呈不连续分布而在上部基本上呈连续分布，种类不太多。

①*Melosira granulata* var. *angustissima* 群。

3. 全新统

以番禺菱塘GG81孔为层型，李平日等自上而下划分为10个带。

(10) *Cyclotella striata* 带，特点是数量稀少，种属也比较单纯，以 *Cyclotella striata* 为主。

(9) *Cyclotella striata* - *Coscinodiscus* 带，以 *Cyclotella striata* 为主要建群种，（占硅藻总数的50.36%～67.7%），*Coscinodiscus divisus*，*C. blandus*，及 *C. radiatus* 也有一定数量。

(8) *Coscinodiscus divisus* - *Cyclotella striata* - *C. stylorum* 带，以 *C. divisus* 占优势，但起始和结束阶段则以 *Cyclotella* 居多。

(7) *Coscinodiscus divisus* 带，以 *C. divisus* 特别丰富为特征，占硅藻总数的42.19%～47.66%。

(6) *Coscinodiscus divisus* - *Cyclotella stylorum* 带，硅藻组合特征是 *C. divisus* 与 *C. stylorum* 共同组成建群种，两者数量相差不大，互为消长。

(5) *Cyclotella striata* - *C. stylorum* - *Coscinodiscus blandus* 带。

(4) *Cyclotella stylorum* - *Coscinodiscus blandus* 带。

(3) *Actinocylus alienus* - *A. ehrenbergii* 带，组合特征是海洋种硅藻突然成为优势种。

(2) *Melosira granulata* - *Coscinodiscus divisus* 带，以 *Melosira granulata* 为主，而且含量越来越高。

(1) *Coscinodiscus divisus* - *Melosira granulata* - *Gossleriella tropica* 带，以 *C. divisus* 为主（占硅藻总数的 69.95%～75.94%）。

（三）有孔虫

1. 更新世

早更新世湛江组的有孔虫化石分布局限，仅见于东海岛东南码头的 S351 孔；主要有 *Ammonia*, *Asterorotalia*, *Elphidium*, *Florilus*, *Hanzawaia*, *Heterolepa*, *Pseudorotalia*, *Globigerina*, *Globigerinoides*, *Gyroidina*, *Nonion*, *Quinqueloculina*, 及 *Bolivina* 等。

晚更新世中期的有孔虫在南海南村 FG49 剖面见有 *Bolivina cochii*，广州东圃黄村 GG38 孔剖面见有 *Epistominella naraensis*, *Globigerina quinqueloba*, *Globigerina falconensis* 和 *Globigerinoides ruber*，潮州贾里 E2 剖面见有 *Ammonia coniexidorsa*。

2. 全新世

在海进层中发现的有孔虫较多、分布较广。在佛山鲤鱼沙 FG31 孔含丰富的有孔虫，以 *Protelphidium glabrum*，*Ammonia beccarii*，*Pseudononion* 为主。

在珠海南屏 ZK1、下栅 ZK2、5、斗门灯笼沙 ZK33、34 及中山坦洲附近的 ZK37、41、42、46 等 9 个钻孔岩心中，发现有孔虫 17 属 36 种，以 *Ammonia*, *Elphidium*, *Quinqueloculina* 纵向出现最频繁横向分布最广，个体数量最多；张显球称为 *Ammonia* - *Elphidium* - *Quinqueloculina* 动物群，其主要属种有 *Elphidium crispum plicatum*，*Ammonia annectens*，*Quinqueloculina seminula*, *Triloculina trigonula*, *Spiroloculina aequa*, *Cribrononion minutum*, *Cellanthus*, *Fissurina laerigata* 等。

雷州半岛南部地区灯笼沙组中有孔虫化石数量亦丰富，有 14 属 27 种；主要有 *Ammonia annecetns*, *Cellanthus craticulatus*, *Elphidium crispum*, *E. hispidium*, *Quinqueloculina seminula*，*Q. akneriana rotunda*，*Triloculina tricarinata* 等。

在韩江三角洲澄海南社 HK25 杏坛组中见有 *Ammonia beccarii*，*Elphidium advenum*，*Quinqueloculina*；潮州贾里 E2 剖面中含 *Elphidium nakanokawaense*。

由此看来，雷州半岛南部地区、珠江三角洲和韩江三角洲地区，全新世中期海进层的有孔虫组合均为 *Elphidium* - *Ammonia* - *Quinqueloculina* 组合，与我国沿海地区全新世有孔虫组合面貌基本相同。

（四）哺乳动物

据裴文中研究，广东境内的哺乳动物属华南区的晚更新世大熊猫-剑齿象动物群和全新世哺乳动物群。

1. 晚更新世

大熊猫-剑齿象动物群主要见于封开河儿口黄岗洞、始兴玲珑岩、广州三元里和曲江马坝狮子岩的洞穴堆积中。该动物群与马坝人共生，主要以 *Pongo*, *Ailuroponda melanoleuca*, *Stegodon orientalis*，*Megatapirus augustus*，*Rhinoceros sinensis* 等为代表；其他重要化石有 *Rhizomys sinensis*, *Ursus tibetanus kokeni*, *Crocuta ultima*, *Hystrix subcristata*, *Cuon javanicus antiguus*，*Muntiacus*，*Rusa*，*Arctonyx* 等。

2. 全新世

哺乳动物群主要见于高要七星岩、封开、云浮茶垌、罗定金鸡、茅窝村及罗镜、翁源陂头出水岩、大壁岩、惠阳燕岩及凌坑、阳春独石仔洞、合水大木角、大壤岭等地；主要哺乳动物有 *Hesperopternus*，*Hystrix subcristata*，*Ursus tibetanus kokeni*，*Canis*，*Stegodon*，*Tapirus sinensis*，*Rhineceros* cf. *sinensis*，*Sus* cf. *scrofa*，*Cervus*，Bovidae 及 *Pongo* 等。

第三节　年代地层单位界线的讨论

关于第四纪地层的年龄测定，过去没有对较多的钻孔剖面进行完整的分层取样，更没有进行过系统的有关^{14}C年龄测定；70 年代后才有零星的几个数据，如增城金兰寺后山岗贝丘蚝壳为距今 4035±95 a，广州中山四路－4.7 m 古船台枕木为 2190±90 a，佛山石湾河宕－1.6 m 人骨为距今 3600～3800 a，－2.5 m 贝壳为距今 4900～5000 a，但因样品均属浅层沉积物，所以也只能说明近期的年代。

近年来，在各项专业调查中，^{14}C、热释光等测年法得到普遍应用，如在雷州半岛获得 84 个实测年龄数据、在广州地区共获得更新世 59 个实测年龄数据、在珠江三角洲全新世获 321 个实测年龄数据、在韩江三角洲地区也获得 34 个实测年龄数据，为本省第四纪的年代地层划分提供了可靠的依据。

1. 下更新统的底界

本书采用广东水文一队（1989）的划分方案，将湛江组的时代定为早更新世，底界距今约 2000 ka。

(1) 取自湛江组不同深度和不同地点的 22 个样品作热释光测年，证明其地质年龄在区域上变化不大，而自上而下年龄增大的规律性很好，大致可分为三组，即 727～989 ka（10 个样）、1030～1510 ka（4 个样）及 1560～1877 ka（8 个样）。

(2) 于湛江市 S169－1 孔（孔深 160 m 和 180 m），湛江组的玄武岩夹层 K－Ar 全岩体积法，年龄分别为 1030 ka 和 1700 ka；英利勇士农场 SK36 孔（孔深 214.34 m）玄武岩夹层的年龄为 1110 ka。

(3) 在广丰糖厂 S54 孔、坡头瑶贯 S157－1 孔、东南码头 S351 孔、新安龙舍 S346 孔，湛江组的古地磁极性以负极性为主，均属松山反向极性世。

综上所述，湛江组的底界年龄在 1877 ka 以上，即 2000 ka，因此，广东第四系（下更新统）的底界应划在湛江组之底。

2. 中更新统的底界

广东中更新世的地层有北海组、白坭组、田洋组和石卯岭组。

(1) 北海组：热释光测定的地质年龄分别为 230～400 ka 和 450～680 ka；螺岗岭西部玄武岩风化残积土底部和坡头北海组底部的玻璃陨石的热释光年龄分别为 230 ka 和 615 ka；北海组底部的铁质层大多与湛江组之杂色粘土或粘土为冲刷接触。

(2) 石卯岭组：风化壳上面玻璃陨石的热释光地质年龄为 230 ka，火山碎屑岩中烘烤粘土的地质年龄为 230～236 ka，硇洲岛贼洞凝灰岩的地质年龄为 368～544 ka；田洋孔 230 m 玄武岩 K－Ar 法测定的地质年龄为 470 ka；田洋孔 220.16 m 的古地磁测试为第 8 负极性带，相当于琵琶 E 亚时。

(3)白坭组有 9 个热释光地质年龄，最老的为 559.35±5.6 ka，最年轻的为 218±21.8 ka。

综上所述，北海组的最大地质年龄为 680 ka，石卯岭组的最大年龄为 540 ka，白坭组的最老年龄为 559.35 ka，故中更新统的底界可以北海组、石卯岭组、白坭组的底界为标志，年龄定在 700 ka 比较合适。

3. 上更新统的底界

本书采用陈俊仁的方案，上更新统底界位于田洋孔 157 m 处，时代距今 200 ka。其中田洋孔 157.1 m 的热释光测定的年龄为 198.877±1.344 ka，湖光岩组底部烘烤层和凝灰岩的地质年龄为 100～189 ka，乌石港幅的湖光岩组凝灰岩地质年龄为 133～164 ka；田洋孔 153.8～159.46 m 的古地磁为第 6 负极性带，相当于牙买加亚时和日本琵琶 C 亚时。

4. 全新统的底界

据陈俊仁等的资料，全新统底界位于田洋孔 8.39 m 处，以曲界组底界的花斑状粘土为标志；据古地磁测试，7 m 处为哥德堡亚时，7.04 m 处^{14}C 测定为 12.43±0.51 ka；根据测年资料推算，全新统底界为 12 ka。

据李平日等的资料，全新统底界亦以花斑状粘土为标志，其年龄在韩江三角洲澄海莲下 HK26 孔^{14}C 测定为 12.31±0.37 ka，在珠江三角洲南海蔗围 FG43 孔^{14}C 测定为 11.4±0.417 ka，番禺菱塘 GG81 孔热释光年龄为 10.9±1 ka。广州东郊莲溪 GS27 孔热释光年龄为 11.88±1.2 ka。

花斑状粘土在珠江三角洲、华南沿海普遍可见，杨树康称之为红壤型风化壳；在江苏和山东，王永吉称为红色硬粘土，刘敏厚称为古土壤，均作为全新统底界的标志层。全新统底界地质时代之为 12 ka 是合适的。

---

①李树勋，1954，湛江附近地质调查简述。

②广东水文一队，1989，1∶5 万湛江城市区域地质调查报告。

③邓植仪，1934，广东土壤提要，中山大学农学院土壤专刊 1 号。

④广东水文一队，1967，雷州半岛火山岩问题初步探讨。

⑤周永清，1990，雷州半岛硅藻土矿床地质特征和开发前景。

⑥裴太昌，1989，广东封开金装盆地第四纪冰川遗迹的新材料，广东区域地质，1989 (1)。

第八章
广东地层的形成演变

广东地层的形成和演化经历了三个大的发展阶段，即元古宙—早古生代的地槽发展阶段，泥盆纪—中三叠世的准地台发展阶段和晚三叠世—第四纪的环太平洋大陆边缘活动带发展阶段。由于各阶段的沉积环境不同，沉积建造也有明显的差别。

元古宙—早古生代是以远源类复理石碎屑岩为主，夹有海相火山岩、硅质岩及笔石页岩。泥盆纪—中三叠世以陆缘碎屑岩为主，夹碳酸盐岩及含煤碎屑岩；以河流相—滨岸相—浅海陆架相为主，深水相及半深水相不发育。晚三叠世—第四纪以内陆—滨岸相陆源碎屑为主，陆相火山岩系发育。

一、元古宙—早古生代地层的沉积环境

云开群是广东目前发现的最古老的地层，普遍变质及混合岩化；原岩是由细砂—粉砂—泥质沉积物组成的韵律式基本层序，夹海相基性火山岩、碳酸盐岩、硅质岩薄层或透镜体，以具条带状构造、水平纹层发育为特征，是在较深水的浅海陆架环境中沉积的；已知沉积矿产主要是铁、磷，但多不具工业意义。

大绀山组平行不整合于下伏地层之上，底部砂岩为滨岸—浅海沉积，下部碳酸盐岩相对较发育，并夹火山岩层，向上普遍过渡为以泥质岩石（千枚岩或粉砂质板岩）为主，含磷、锰质并夹硅质岩薄层或透镜体，水平纹层发育，表现为水体加深的浅海陆架环境；上部以碎屑岩为主，基本层序仍是砂—粉砂、泥质的韵律沉积。

活道组底部也可见一个间断面，自下向上为正粒序层序，底部砾岩具底砾岩性质，成分复杂，向上过渡为以粉砂—泥质为主，顶部见灰岩透镜体或硅质岩薄层。表明活道组的沉积为滨岸—浅海陆架的演变序列；砾石的含量和砾径大小在区域展布上的变化表明物源区来自西南方向。

坝里组—老虎塘组—牛角河组为由长石石英砂岩—绢云母板岩组成韵律式基本层序，硅质岩与碳质板岩主要见于老虎塘组与牛角河组中；砂岩层具递变层理，底部往往见冲刷面、波痕及低角度的斜层理；板岩水平层理发育。表明其具有浊积岩性质，是在浅水的补偿性海盆中堆积，厚度巨大；硅质岩呈杂色，富含黄铁矿微晶，单层厚几十厘米，夹于泥质板岩中，常过渡为硅质板岩，沉积构造以层状、纹层状为主，块状、角砾状次之；周永章在研究广宁古水（老虎塘组）硅质岩的地球化学特征后认为“这套层状硅质岩系热水沉积的产物”。

高滩组—水石组是由中细粒长石石英砂岩与条带状泥质板岩组成基本层序；砂岩层普遍分选性较差，多具棱角状或半棱角状长石碎屑，底部冲刷面明显，常见同生泥砾，为较典型的远源浊积岩沉积；生物稀少，偶见无铰纲小腕足类及海绵骨针，是在浅水的补偿性海盆中快速堆积的沉积环境中形成的。

下黄坑组—长坑水组与新厂组—虎山组，代表一个较宁静的半深水沉积环境，以粉砂质板岩、碳质板岩为主，向上过渡为硅质板岩、碳质硅质板岩至硅质岩；富含黄铁矿及笔石，水平纹层发育，是在滞流的还原环境中沉积的。而龙头寨群代表回返阶段的产物，由细粒石英砂岩与粉砂质板岩（或绢云母板岩）组成基本层序，夹中厚层状条带状灰岩。

云开地层分区寒武系与奥陶系之间存在一个明显的间断面。罗洪组不整合覆于下伏地层之上。罗洪组以砾岩为主，岩性及厚度变化较大，属滨岸槽沟浊积扇堆积。其内扇以德庆罗洪剖面为代表，由砾岩组成，厚达 500 m，砾岩层巨厚一块状，胶结物为泥质、粉砂及细砂，杂基支撑，基底式胶结，砾石成分为变质砂岩、泥质粉砂岩，次滚圆状，大小混杂，砾径一般为（3×5×7）cm，大者可达（10×15×20）cm。其外扇以粉砂岩与砾岩组成；粉砂岩呈灰绿色，中—厚层状，砾岩呈厚层状，砾石含量变化较大，常变为含砾砂岩及砂砾岩，砾径 1～15 cm；含海相腕足类、腹足类及三叶虫等化石。

罗东组由灰白色厚层块状含白云质细晶灰岩—砂屑灰岩—粉晶粒屑铁质灰岩组成基本层序，属局限台地相，向西过渡为斜坡相角砾状灰岩。

东冲组以泥岩、粉砂质泥岩为主，与细中粒长石石英砂岩组成基本层序。兰翁组以细粒砂岩为主与千枚岩组成基本层序。它们的水平层理及条带状构造均较明显，表明是在水动力较弱的浅海陆架环境中形成的。粤北的古亭组向西南尖灭，而兰瓮组以出现较多的砂砾岩夹层，表明已靠近陆源区。

大岗顶组以复成分砾岩为主，砾石成分多为浅变质的砂泥质岩类，大小混杂，砾径 2～3 mm 或 15 cm×20 cm 不等，次圆—棱角状，分选性极差，具塌积扇特征。

古墓组和连滩组是在还原和弱还原环境下形成的，由中细粒长石石英砂岩与条带状千枚岩组成韵律式基本层序，向上以泥质岩类为主，笔石化石丰度增加，过渡为半深水的滞流海槽环境。

岭下组代表海槽向海湾相的转化，虽仍由细粒长石石英砂岩、泥质粉砂岩与千枚岩组成基本层序，但交错层理、脉状层理等相对发育，生物以底栖的腕足类、腹足类、双壳类为主并出现海百合茎、三叶虫等；表明水体相对变浅，海湾进一步淤积。

二、泥盆纪—中三叠世的沉积环境

泥盆纪—中三叠世时期，广东处于准地台发展阶段，以陆源碎屑岩及海盆内碎屑碳酸盐沉积为主；在海进海退的过程中，随沉积环境的变化，岩石组合呈现有规律性的交替变化。

1. 泥盆纪的沉积及环境特征

志留纪末的造山运动，使前泥盆系褶皱隆起并承受剥蚀。泥盆纪的早期沉积以杨溪组为代表，为河流相及冲积扇相；主要岩性为砾岩、含砾砂岩、砂岩及砂质泥岩，砾石成分复杂、颗粒支撑、泥砂质支撑；颜色以紫红色为主，灰白色次之，中厚—巨厚层状，具透镜状层理，冲刷面发育。

老虎头组代表中泥盆世海侵的开始，由西向东，沉积环境由滨岸—河流相—冲积扇相。郁南大地坡，乳源桂关等地的老虎头组以陆源碎屑为主，主要由中—细粒砂岩、粉砂岩组成，偶见泥灰岩薄层；以含泥质与砂质岩石交互、具双粘土层、潮汐层理、虫孔构造，含鱼、植物、腕足类及双壳类化石生物碎屑混杂堆积为特征。向东向南至新丰—和平、阳春—惠阳一带，老虎头组以河流相为主，砂岩成分以石英为主，含有硅质岩、变质泥质岩屑及长石、凝灰物质等，常见冲刷面，具单向斜层理、板状交错层及楔形层理等。蕉岭溪峰口的老虎头组，下部为冲积扇相，由砾岩、含砾不等粒砂岩为主夹紫红色泥岩组成不等厚韵律层；含砾率5%～20%，砾石成分以脉石英、石英岩为主，滚圆度中等，砂岩中普遍含10%的变质砂岩岩屑；向上过渡为河流相，以成熟度中等的砂岩、含砾砂岩为主，厚层—中薄层状。

信都组代表早泥盆世晚期—中泥盆世早期的浅海相，以紫灰或灰白色含腕足类及双壳类化石的泥岩、粉砂岩及中粒石英砂岩为主，夹白云岩、生物灰岩。夹磷块岩及赤铁矿层。

棋梓桥组代表中泥盆世晚期的台地相碳酸盐岩，以低能的潮坪沉积和泻湖沉积为主，包括以块状白云岩为主体的潮上蒸发岩亚相、以灰质白云岩及纹层状泥晶灰岩为主的潮间坪亚相、以砾屑泥晶灰岩和含核形石泥晶灰岩为代表的潮下亚相及以泥晶—微晶灰岩为代表的台盆亚相等；生物礁灰岩零星分布于粤西北及粤北地区，一般可见3～4个礁层。而东岗岭组是属盐度正常、水体循环良好的浪基面以下浅海环境沉积，以生物屑泥晶灰岩、瘤状泥晶灰岩为主，完整的原地生物比台地相明显增多。

春湾组代表中泥盆世晚期至晚泥盆世的沉积。在粤北的仁化—始兴、粤中的阳春—开平等地，春湾组以潮坪相为主；下部以碎屑潮坪为主，由青灰至黄灰及灰白色砂岩、粉砂岩、砂质泥岩等组成，含腕足类、海百合茎、植物碎屑等，具水平层理、波状层理及沙纹层理等；向上过渡为混合潮坪，以夹泥质泥晶灰岩、白云质砾屑灰岩等为特征。平远及蕉岭等地的春湾组下部仍以河流相为主（五华双头、和平土厘子等地底部为厚层状砾岩），向上过渡为紫红及灰紫色含长石砂岩、泥质粉砂岩，含海相底栖腕足类及双壳类，总厚600 m，属沉积速度较快的海进型砂质潮坪沉积。

从杨溪组至东岗岭组代表广东泥盆纪的第一个完整的海进序列，早期的谷地被陆相堆积充填，岛屿被剥蚀，演化为中泥盆世晚期的广海型浅海碳酸盐台地—潮坪相、滨岸相—河流、洪冲积平原的古地理景观，形成一个完整的海侵体系域。

巴漆组与东坪组代表广东中泥盆世与晚泥盆世交替时期的一次短暂海退。巴漆组系浅海陆架区低能环境下的以深灰色硅质泥晶灰岩为主的沉积，夹有纹层状含碳泥质灰岩、含放射虫碳泥质白云岩、碳泥质生物屑硅质岩等，具水平、断续状水平层理。东坪组分布于廉江及韶关地区，为一套泥、砂质碎屑岩。由东南向西北厚度逐渐变薄，在区域展布上形成一个东厚西薄的“楔形体”。

晚泥盆世海侵在广东由西向东形成榴江组/融县组/天子岭组/帽子峰组地层序列。

榴江组代表较深水的浅海盆地相沉积，以黑—灰黑色硅质岩、粉砂质泥岩、粉砂岩为主，含碳质、磷质、锰质及竹节石、深水硅质放射虫等。

融县组代表水体较浅的浅海台地亚相，以泥晶灰岩为主体夹瘤状灰岩、生物屑灰岩，含珊瑚及腕足类；局部为水体较深的盆地亚相，化石稀少，以含燧石结核及碳泥质的微晶—细晶灰岩为主。

天子岭组在乐昌西岗寨代表界于浅海陆架与潮坪之间的台地亚相，以生物屑泥晶灰岩与细晶白云岩组成基本层序，夹泥质粉砂岩与叠层藻灰岩；在曲江十里亭代表台盆亚相，以厚层状含粉砂质灰岩与灰黑色厚层状生物屑灰岩组成基本层序；向东南至阳春、惠阳等地，以台盆亚相的泥质泥晶灰岩为主，岩性单一，生物稀少，具水平层理及微波状水平层理。

帽子峰组以海退河控型三角洲相为主，由下部以泥质粉砂岩为主的前三角洲、中部以中细粒砂岩为主的三角洲前缘及上部以泥质岩、粉—细砂岩为主的三角洲平原三部分组成。也可见由滨岸潮坪相演化或以砂质泥岩、碳质泥岩夹砂岩及劣质煤层组成的湖泊相沉积，如化州东山、台山那扶等地。

广东晚泥盆世海盆经历了一个海进和海退的演化，泥盆纪末的海陆边界大致以始兴—翁源—龙门—广州—恩平为界，组成陆架边缘带。

2. 石炭纪的沉积及环境特征

长垑组是广东晚泥盆世—早石炭世的过渡层，在粤西北地区属低能的局限台地潮坪相，以具层纹状藻屑灰岩与白云岩（或白云质灰岩）组成基本层序；向东至乐昌、韶关地区，以生物屑泥晶灰岩与泥灰岩组成基本层序；翁源—新丰一带以灰岩与粉砂质页岩组成基本层序，厚度明显变薄，向东碳酸盐岩层尖灭，反映由局限台地向广海潮坪的变化。

连县组与大赛坝组是早石炭世早期的同期异相沉积。连县组属以潮上带为主体的蒸发亚相，由以白云质灰岩（或白云岩）为主与薄层状含燧石灰岩为基本层序的韵律层组成，为长垑组之上的一个海退序列。乐昌—韶关地区的大赛坝组是由粉砂质泥岩夹生物屑泥晶灰岩组成的一个以潮间带沉积为主的海退间海进序列；而在惠阳地区是属在潮坪上演化的三角洲沉积，由粉砂质泥岩—中粗粒砂岩（或含砾砂岩）的旋回构成。

大湖组以滨岸相碎屑岩为主，由忠信向和平至兴宁，粒度明显变粗，以中粒砂岩与泥质粉砂或砂砾岩与细砂岩组成基本层序。

石磴子组代表早石炭世晚期的一次海侵，以开阔台地相为主，由生物泥晶灰岩、生物灰岩与生物介壳（骨屑）灰岩组成台地—浅滩的韵律层为基本层序；在粤中惠阳地区以浅海陆架相为主，由生物泥晶灰岩夹泥灰岩、钙质页岩或粉砂岩组成基本层序；在阳春—花都地层小区以碳酸盐潮坪相为主，由生物灰岩、白云质灰岩夹薄层状钙质泥岩及含碳质页岩组成基本层序。

测水组代表早石炭世晚期一次广泛的海退，由西向东依序出现碎屑岩潮坪相—含煤海湾沼泽相—河流、三角洲相，由砂岩、泥岩夹碳质页岩（煤层）组成基本层序；而忠信组则以河流—三角洲相为主。

梓门桥组代表早石炭世晚期的第二次海侵，以开阔台地相为主，浅海陆架相及局限台地相沿陆缘展布；由深灰黑色致密灰岩、白云质灰岩与白云岩组成基本层序，以含硅质条带和硅质结核为特征（其中往往含较多的化石，说明成因与生物有关）。曲江组为梓门桥组的侧向相变，以碎屑岩为主，夹硅质岩及灰岩透镜体；向东至和平、兴宁一带变为以前滨亚相为主，由碎屑岩组成正向韵律结构。

中、晚石炭世的大埔组—黄龙组—船山组，是由局限台地—开阔台地—浅海陆架沉积的演化序列。大埔组以潮上亚相为主体，以微晶—细晶白云岩、条带状白云岩、灰质白云岩为主，原地埋藏的化石极少；向上过渡为潮间亚相，出现纹层状灰岩、白云质灰岩、含硅质条带（或结核）生物灰岩。在区域分布上，局限台地向外为开阔台地及台地前缘斜坡相（含生物碎屑砂质灰岩或角砾状生物碎屑泥晶灰岩），再过渡为浅海陆架相（由生物微晶灰岩、泥晶灰岩夹粉砂岩、钙质页岩或泥灰岩组成基本层序）。

大埔组代表了晚古生代的海面最高期沉积，是广东境内的贫陆源碎屑沉积段（饥饿段）。

3. 二叠纪的沉积及环境特征

栖霞组分布于全省各地，由深灰、灰黑色含燧石结核的泥质粉晶灰岩与生物碎屑灰岩夹薄层碳质泥岩组成基本层序，富含腕足类、苔藓虫、珊瑚及䗴类，表明为盐度正常的浅海陆架沉积。梁山组代表在暴露于水面附近礁盘中的沼泽环境沉积。

孤峰组与茅口组为同期异相。茅口组出露于连县、阳山地区，下部以含燧石条带灰岩为主，向上过渡为硅质岩夹铝土质页岩及碳质页岩，是在贫陆源碎屑的浅海陆架中环境沉积的；硅质岩中普遍含深水放射虫，是生物化学沉积岩。韶关地区的孤峰组由薄层状灰黑色硅质岩、硅质泥岩夹含碳质泥岩组成，含头足类、腕足类及双壳类、苔藓虫等底栖生物；在兴宁—梅县地区上部泥质粉砂岩、粉砂质泥岩明显增加，薄层硅质岩过渡为含磷扁豆体及结核与铁质结核；均属于浅海陆架相。

童子岩组代表早二叠世晚期的一次海退，自西而东形成滨岸相—泻湖相—三角洲相的演化和海陆交互含煤碎屑岩建造。连县、阳山地区的童子岩组属海湾沉积，以黑色碳质页岩为主，含大量黄铁矿团块及结核，夹有灰岩透镜体及中细粒砂岩、薄煤数层。韶关地区的童子岩组是主要含煤地层，(含煤可达37～44层)。由厚层状中粒砂岩—粉砂岩—粉砂质泥岩—粘土岩组成基本层序，具交错层、微波状及水平层理，含菱铁矿及黄铁矿结核，属滨海沼泽含煤沉积；兴宁—梅县地区含煤7～12层，由中细粒石英砂岩与粉砂岩、碳质泥岩或粉砂质泥岩组成基本层序，富含鲕状菱铁矿及植物化石，以河控三角洲沼泽相为主的含煤沉积；恩平沙湖地区以中细粒砂岩为主与黑色粉砂岩组成基本层序，含煤10～15层，以含硅质结核及海相双壳类为特征，属滨海沼泽含煤沉积。

水竹塘组与格顶组代表晚二叠世次一级海侵形成的“楔形体”。水竹塘组于连县、阳山一带由中厚层状灰岩与碳、泥质薄层灰岩组成基本层序，富含燧石团块及珊瑚、腕足类、䗴类，属盐度较正常的浅海陆架相。韶关一带的格顶组为滨海—潮坪相砂泥质建造，由灰黑色薄层状泥岩与泥灰岩或粉砂岩组成基本层序，以含黄铁矿条带、富含海相底栖生物为特征，厚度向东南变薄至尖灭。

九陂组与翠屏山组代表晚二叠世海退型含煤碎屑岩序列。九陂组在连县、阳山地区由细砂岩—粉砂岩—粘土岩（或薄层状灰岩）组成基本层序，植物与腕足类化石混生，含煤性较差，属海湾—泻湖（沼泽）相；韶关地区由粉砂岩与细砂岩、泥岩组成基本层序，含煤11～24层（可采3层），波状、水平层理发育，富含植物根茎，属滨海沼泽相。梅县地区的翠屏山组平行不整合于童子岩组之上，下部以夹薄层泥灰岩为特征，含薄层鲕状菱铁矿及煤1～4层；上部由中细粒砂岩与粉砂质泥岩组成基本层序，含煤性明显变差；属滨海沼泽—湖泊相。花县—阳春地区的沙湖组，由细粒石英砂岩与粉砂岩组成基本层序，以含蓝色鲕状菱铁矿小结核为特征，植物与海相生物化石混生，属滨海湖泊相。

长兴组与大隆组代表晚二叠世晚期的一次海侵，全省处于浅水陆架—潮坪环境中；粤西北水体较深，以含燧石灰岩为主夹泥质灰岩及硅质岩；韶关地区由生物碎屑灰岩向泥灰岩、硅质泥灰岩、硅质岩过渡，硅质岩明显增多，并见火山凝灰岩夹层，含头足类、䗴、腕足类及有孔虫，以潮坪相为主；梅县地区以碎屑岩潮坪为主，由粉砂质泥岩、粉砂岩，夹灰岩透镜体、硅质泥岩组成。恩平的圣堂组由中粗粒长石石英砂岩与泥质砂岩组成基本层序，以含红色鲕状赤铁矿结核为特征，属滨海湖泊相。

4. 早、中三叠世沉积及环境特征

广东早、中三叠世的沉积属于海退序列，由浅海陆架碳酸盐岩向碳酸盐潮坪、滨岸碎屑岩至湖泊相演化。

粤西北的大冶组由灰岩夹薄层泥岩组成，厚度由西向东变薄至尖灭，上覆四望嶂组以泥灰岩为主夹钙质页岩、泥岩及薄层状灰岩。四望嶂组在韶关地区以泥灰岩为主，厚度较大，水平层理发育，是在水动力较弱的浅海陆架—潮下带环境中形成的；兴宁—梅县地区以钙质泥岩、钙质粉砂岩为主夹薄层泥灰岩，富含海相双壳类，厚达千米，属泥质潮坪相；广州加禾以钙质泥岩、泥质粉砂岩为主，恩平圣堂以黄色细砂岩、粉砂岩为主（底部见冲刷面），为滨海湖泊相。

黄坌组在阳山地区以杂色含长石细粒石英砂岩为主，夹粉砂岩及泥岩，可见海百合茎、双壳类等，属砂泥质混合潮坪相；仁化董塘由杂色泥岩及粉砂岩组成，厚度减薄至尖灭。

三、晚三叠世—晚侏罗世的沉积环境特征

印支运动使广东大陆进入了环太平洋的大陆边缘活动带发展阶段，由于深大断裂和断块活动加强、裂谷及断陷盆地的发育与火山喷发活动的多阶段性，使沉积建造、岩性组合具多样性。

晚三叠世—中侏罗世沉积为一个完整的海进和海退演化序列。晚三叠世早期，普遍以粗碎屑岩为主，经历了冲洪积扇相—河流相—含煤沼泽相的演化，沉积物因地而异。小云雾山组以岩屑砂岩为主，沿深大断裂带呈串珠状分布。小坪组与红卫坑组代表以河流相为主的含煤碎屑岩。

小水组代表晚三叠世的第一次海侵，海水可达九连山山麓及韶关—英德海湾与肇庆—佛山海湾。由于陆源碎屑的大量补给，艮口群在揭西—普宁—海丰一带以细砂岩、粉砂岩及粉砂质泥岩为主，厚达千米，是以潮坪—海湾相为主体的巨厚楔形体。韶关海湾的艮口群由细粒砂岩—粉砂质泥岩或粉砂岩—泥岩组成基本层序，以中部出现海相双壳类为标志；从连平大顶—乐昌小水，厚度逐渐减薄；至肇庆海湾为泥质粉砂岩夹钙质泥岩，厚度更小以致尖灭。

头木冲组代表晚三叠世后期的海退含煤碎屑岩序列，由砂岩—粉砂岩（粉砂质泥岩）及碳质泥岩组成基本层序，由粤北—粤中（肇庆—佛山）—粤东（惠东—揭西）厚度不断增大。

金鸡组代表早侏罗世的海进沉积序列，可超覆于前三叠纪地层之上。其总体岩性由砂岩（含砾砂岩）—粉砂岩—泥岩组成，以富含头足类及海相双壳类为特征，由粤北（曲江一带）—粤中（高明—开平）厚度逐渐变薄。粤东地区的蓝塘群厚度巨大，可进一步划分二个由粗—细的沉积旋回；粗碎屑岩以中细粒长石石英砂岩为主，细碎屑岩以具条带状构造的碳质泥岩为主，前者以潮上带沉积为主，后者以潮下带沉积为主。

桥源组代表早侏罗世末期的海退沉积序列，由中细粒长石石英砂岩、粉砂岩与泥岩组成，以含碳质页岩夹煤层为特征，岩性及厚度变化较大。

漳平组与塘厦组代表早侏罗世末三角洲—沼泽相含煤沉积之后的一套内陆湖泊相红色碎屑岩。前者以正常湖泊相砂、泥质沉积为主；后者为火山湖泊相，以大量火山物质形成的重力流堆积为主，夹火山熔岩及沉凝灰岩。

吉岭湾组与高基坪群代表中—晚侏罗世的陆相火山岩系，以火山碎屑岩及火山熔岩为主体，伴随有间歇期的湖相沉积岩夹层出现，是中国东南沿海巨型火山喷发岩带的一部分；依喷发方式划分为爆发相、爆发＋喷溢相、喷溢＋爆发相、喷溢相、喷溢—侵出相、次火山相、喷发—沉积相等；按火山作用形成的火山机体形态，可划分为火山喷发盆地、火山沉积盆地、大型破火山等。

四、白垩纪—第三纪的沉积环境特征

白垩纪—第三纪沉积在广东大陆上除雷州半岛外，均以内陆断陷盆地为主，经历了下沉—回返两个发展阶段；在相序上普遍发育有冲洪积扇、河流—浅水湖泊、深水湖泊、干三角洲—冲积平原的相结构模式。按沉积物组合可划分为火山沉积盆地、含膏盐蒸发盆地和含有机岩类沉积盆地等。由于沉积环境的不同以及古气候条件的变迁，许多大型盆地都经历了一个复杂的发展过程。现以三水、茂名、兴宁、南雄等盆地为例，叙述于下。

1. 三水盆地

三水盆地（包括白土、新会、东莞、龙归等盆地）从早白垩世开始沉积延续至晚始新世。百足山组是从冲洪积扇发展起来的火山湖泊沉积，底部以粗碎屑岩为主，向上过渡为杂色粉砂岩夹钙质粉砂岩，多处见凝灰质砂岩及沉凝灰岩。

白鹤洞组整合于百足山组之上或超覆于基底岩层之上，底部以含砾砂岩为标志，向上过渡为粉砂岩、钙质泥岩，顶部夹泥灰岩含薄层状、团块状石膏，代表百足山组之上的又一个沉积旋回。三水组平行不整合于白鹤洞组之上或超覆于基底岩层之上，由紫红色粉砂岩、细砂岩夹砂砾岩、钙质泥岩、泥灰岩薄层组成，以湖泊相为主。

大塱山组整合于三水组之上，由暗紫红色粉砂岩、细砂岩与深灰色钙质泥岩、泥灰岩交互为特征。

莘庄村组整合于大塱山组之上，代表三水盆地的主要蒸发期的沉积，以含石膏及岩盐为主要特征。

岼心组为三水盆地的主要生油层，以深灰色湖相为主，以夹油页岩为特征，并可见含藻类及有孔虫的灰岩；三水宝月见玄武岩及凝灰岩，表明有火山喷溢活动的发生。

宝月组以浅水湖泊相的红色碎屑岩为主，过渡为干三角洲至冲积平原相。

华涌组由棕红色粗碎屑岩组成，以出现大量火山岩夹层为特征。

2. 茂名盆地

茂名盆地沉积始于早白垩世。罗定组以冲洪积扇和河流相的复成分砾岩及紫红色砂岩为主。三丫江组平行不整合于罗定组之上，以沉火山角砾岩、复矿砂砾岩为主夹凝灰岩，向上以火山碎屑岩为主，以由安山岩、英安岩向流纹岩演化为特征；属火山湖盆相沉积。铜鼓岭组以红色杂砂岩及复成分砾岩为主；向上夹粉砂质粘土岩，主要为冲洪积扇。罗定组至铜鼓岭组沿高州—化州，茂名羊角圩—梅录呈面形分布。上垌组代表浅水湖泊相，以灰色碎屑岩为主；上覆油柑窝组以褐黑色油页岩为主，夹粘土岩、褐煤及生物屑泥质灰岩，为沼泽相。黄牛岭组—尚村组代表另一个干涸三角洲向含有机质湖沼发展的另一沉积旋回。老虎岭组代表三角洲平原相以杂色碎屑岩为主（局部夹煤线）。高棚岭组以山麓冲积扇为主体的粗碎屑岩堆积，以侧向堆积的杂色复矿砂砾岩为主，夹粘土、粉砂透镜体。

茂名盆地经历了白垩纪的火山盆地、古新世的粗碎屑浅湖相以后，至始新世明显缩小，沿羊角圩—金塘圩—石鼓圩—连界圩侧向迁移，演化为北西向断陷盆地含煤沼泽，上新世被充填淤积成陆。

3. 兴宁盆地

包括官草湖盆地、五华盆地及贝岭盆地在内，都是在早白垩世火山构造盆地的基础上发展起来的。

官草湖组由以凝灰质砂砾岩为主的火山碎屑沉积岩及火山熔岩组成，代表早期的火山盆地相。合水组超覆于下伏地层之上，以河流相为主，由砂砾岩及砂岩、粉砂岩组成。优胜组以流纹岩、英安质火山熔岩为主体，喷发不整合于合水组之上，代表一次较广泛的火山喷发-沉积作用。叶塘组代表在优胜组沉积之后于部分断陷盆地的中心沉积的红色粗碎屑岩，属充填淤积的干三角洲相，个别盆地见石膏等蒸发岩类沉积。

4. 南雄盆地

包括丹霞、坪石、马梓坪盆地等，早期为火山构造盆地。伞洞组由暗紫红色火山岩和火山碎屑岩组成；上覆马梓坪组为浅水湖泊相杂色碎屑岩，以暗紫红色砂岩为主夹黄绿 — 灰黑色泥岩为特征。

南雄盆地主体形成于晚白垩世，总体以冲洪积扇及辫状河流沉积为主，由粗碎屑岩组成，具类磨拉石建造特征；在离物源区稍远的平原区以细碎屑岩为主。大凤组以河流相为主，向上过渡为湖泊相，以薄层泥灰岩、钙质泥岩发育为特征。罗佛寨群仍以湖相沉积为主，但湖盆中心明显缩小，边缘仍以粗碎屑岩（丹霞组）组成的干三角洲—河流相，形成较典型的内陆断陷盆地堆积模式。

第九章
结　语

《广东省地层多重划分对比研究》是继《广东省区域地质志》之后，对广东地层研究的一项系统工程。按地质矿产部全国项目办有关要求，系统地收集了广东境内地层资料600多份、填制了地层卡片162套、整理了地层剖面710条、野外核查剖面65条、新测剖面18条、新采集同位素测年等时线3条、岩矿鉴定120片、粒度分析6个、古生物化石320块、微古及孢粉样90个，探槽105m^3。

通过综合研究，从前人在省内使用过的466个地层单位中选用了148个组、13个群、5个段推荐作为我省正式岩石地层单位使用，基本上建立和完善了广东地层柱。研究报告50万字左右，同时编制了广东省层型与代表性剖面位置图、试编以岩石地层单位（组）为基本单位的1∶50万广东省地质图。

省级地层数据库是全国地层数据库的基础库，广东地层数据库按全国地层清理工作的有关文件要求，以岩石地层单位为基本单元建库，以5张数据卡片为数据采集源。自1993年7月起，已录入岩石地层单位166个，剖面710条；省内停止使用或未被采用的岩石地层单位283个。

一、取得的主要进展

运用现代地层学的基本理论—“穿时普遍性原理”，对地层体进行以岩石、生物、时间三重划分为基础的多重划分对比研究。在1∶5万区调分队的配合下，通过野外核查和综合研究，获得以下一些新进展。

1. 在云开地区建立了广东震旦纪和前震旦纪的地层柱。震旦纪以大绀山组底部含砾砂岩为标志，平行不整合覆于前震旦纪沙湾坪组之上，大致相当于鹰扬关地区的鹰阳关组；活道组在全省可以普遍使用，与桂北的泗里口组（南沱组）、闽西南的丁屋岭组可对比；广东震旦纪地层可与中国南方的震旦纪地层进行对比。

根据新获得的一批微古植物化石和同位素测试年龄值资料，前震旦纪罗罅组、丰垌口组、兰坑组、沙湾坪组的时代大致与蓟县纪—青白口纪相当。

2. 对奥陶系的划分强调可填图性和总体岩性的一致性，使之更趋合理；经野外核查证实原惠阳燕岩的中上奥陶统系晚古生代沉积；在粤西地区志留系底部发现一套具塌积性质和海底冲积扇相的复成分砾岩及杂砂岩沿粤西—桂东南的“云开古陆”边缘呈串珠状分布，表明奥陶系与志留系之间具沉积间断。

3. 泥盆纪—二叠纪及早—中三叠世地层在广东研究程度较高，创建的地层名称也相对较多。在进行修订和推荐使用岩石地层单位名称的同时，对它们的基本层序、地层结构、相互关系、侧向堆积规律、地层格架、沉积演变史和沉积矿产分布规律进行了初步的分析和讨论；提出了棋梓桥组（或东岗岭组）的下界面及曲江组与大埔组的界面附近是广东主要多金属和硫铁矿的赋存层位。

4. 粤东中新生代火山岩是中国东南沿海火山岩带的重要组成部分，在与福建课题组共赴野外考察、达成共识的基础上，依据地层层序、岩石组合，推荐使用了9个正式岩石地层单位，理顺了塘厦组、漳平组、吉岭湾组、龙潭坑组的关系。修订了热水洞组、水底山组、南山村组；分解了早年的“高基坪群”。

5. 白垩—第三纪地层以三水盆地、南雄盆地和兴宁盆地为代表进行划分对比；证实丹霞组与南雄群为侧向相变关系。

6. 结合城乡建设、工农业生产、工程地质和矿产普查的应用，第四纪地层的划分强调层序和岩性组合，在全省进行对比；保留湛江组、北海组、大台组、白坭组代表早—中更新世的沉积；沿海地区晚更新世—全新世沉积按旋回划分礼乐群及桂洲群。

二、存在问题及今后努力方向

由于人力和时间的限制，目前虽然对前人已获得的各种地层研究成果资料进行了系统收集，但仍有遗漏；地层数据库的建立只是刚刚起步，大量的资料输入工作尚待继续完善；在地质研究的深度上，将地层学和沉积学结合起来虽已作了初步尝试，但对基本层序、地层格架和地层模型的研究，还远没有跟上发展的形势。针对以上存在的问题，提出如下努力方向：

1. 进一步完善地层数据库。目前仅收集地层剖面700多条，只占省内已实测剖面的1/3～1/4，还应继续安排人员整理、录入和进行维护。

2. 前震旦纪地层是广东地层研究中的薄弱环节，目前虽已建立罗罅组—沙湾坪组等4个岩石单位，时代属蓟县纪—青白口纪；但云开地区的变形变质花岗质岩石的同位素年龄测试资料表明，其中有元古宙岩浆的侵入岩和混合岩化热事件的发生，不排除有相当于长城纪的沉积基底的存在，沙湾坪组和下伏地层之间可能还存在一个间断面，应另设课题，继续进行研究。

3. 晚古生代是广东沉积矿产与碳酸盐岩比较丰富和发育的自然断代，而目前已有的剖面多是50—60年代测制的，资料显得陈旧，应在开展层序地层学和地层格架的研究中，对一些代表性的剖面进行野外补充描述。

赋存于晚古生代地层中的矿产在广东具有非常重要的意义，尤其是层控的“低温热液矿床”和“复成（因）矿床”的研究，关系着今后矿产普查的方向和成矿预测，也应加强研究。

4. 第四纪地层在广东较发育，陆相、海相与海陆交互相均有出露，而且第四纪发育地区及沿海又是广东经济最发达的地区，加强第四系的研究无疑具有非常现实的实用意义，建议另定专项开展这一方面的工作，使广东地层研究跃上新的台阶。

5. 香港地区及珠江口盆地的地层划分（以附录式附于本报告之后），目前仅限于对一些文献资料的整理，无法实地查核；其划分精度及与广东大陆的对比还存在矛盾，应在今后适当的时期和机会加以解决。

6. 由于时间短，资料繁多，错谬之处，敬请批评指正。不足之处，有待后人进一步完善。

参考文献

安太庠，1987，中国南部早古生代牙形刺。北京：北京大学出版社。

敖振宽，1956，试论中国地台南部加里东运动的影响及大地构造发展史。地质学报，36（3）。

敖振宽，1956，湖南双峰测水煤系植物化石的新材料。中南矿冶学院学报，1。

白顺良、宁宗善、金善燏等，1979，广西泥盆纪牙形石和竹节石的分带及对比。北京大学学报，(1)。

白玉衡，1940，连县东陂圩附近之地质概况。广东省立文理学院地质丛刊，第3号。

边兆祥，1948，广东北部 *Bothriolepis* 之发现。中山大学地质系研究录，第1号。

边兆祥、邓可菁，1949，广东花县赤坭一带地质。两广地质调查所集刊，第2号。

陈国达，1934，广州三角洲问题。科学，(3)。

陈国达，1938，中国东南部红色地层之划分。中国地质学会志，十八卷。

陈国达，1949，广州附近海相泥盆纪地层之发现。地质论评，14（1—3）。

陈国达、黄国贤，1949，粤南油页岩简报。两广地质调查所临时报告，34号。

陈国达、刘辉泗，1939，江西贡水流域地质。江西地质调查所汇报，2号。

陈金华，1982，广东早侏罗世金鸡组标准剖面的双壳类化石。古生物学报，21（4）。

陈金华，1983，湘赣粤地区晚三叠世—早侏罗世双壳类组合及古地理概况——兼论该时中国古生物地理区系。北京：科学出版社。

陈俊仁、黄成彦、林茂福、金庆焕、韩修健，1990，广东田洋火山湖第四纪地质。北京：地质出版社。

陈康，1944，广东连县广西系动物群之发现。地质论评，9（5）。

陈魁垣，1963，廉江城郊发现含古鳞木的晚泥盆世地层。地质论评，2（3）。

陈培虹，1987，珠江三角洲第四纪地层划分的认识。人民珠江，(6)。

陈旭、肖承协、陈洪冶，1987，华南五峰期笔石动物群的分异及缺氧环境。古生物学报，26（3）。

陈耀钦、陈培权、黄宇辉，1991，广东、海南石炭纪沉积相古地理。武汉：中国地质大学出版社。

陈丕基，1986，广东南雄上湖组叶肢介化石的发现——并论中国古新世陆相地层。古生物学报，25。

陈丕基、张韦、郑淑英、沈炎彬等，1986，东莞—深圳间“塘厦群”时代的新认识。地层学杂志，10（2）。

丁素因，1987，广东南雄古新世贫齿目化石。中国古生物志，总号第173册，新丙种第24号。北京：科学出版社。

丁蕴杰、夏国英、许寿永、赵松银、李莉、张毓秀，1992，中国石炭-二叠系界线。北京：地质出版社。

范嘉松，1963，广东里阿斯统下部双壳类化石。古生物学报，11（4）。

冯景兰，1928，广东曲江、仁化、始兴、南雄地质矿产。两广地质调查所年报，第一卷。

冯景兰，1939，关于“中国东南部红色地层之划分”的意见。地质论评，4（3—4）。

冯景兰、张会若，1927，广东粤汉铁路沿线地质。两广地质调查所年报，第一号。

冯少南、马国干，1981，论高基坪群、灵乡群时代。地层学杂志，(12)。

符力奋，1994，广东石炭纪岩石地层划分。广东地质，10（1）。

福建省地质矿产局，1985，福建省区域地质志。北京：地质出版社。

福建省区域地层表编写组，1979，华东地区区域地层表·福建省分册。北京：地质出版社。

勾韵娴，1982，南海北部大陆架第三纪古生物特征及有关沉积环境的讨论。中国科学院石油地球科学学术论文集。北京：科学出版社。

关尚宏、张国星、倪世钊，1981，广东省石炭纪含煤性的初步研究。中国地质科学院宜昌地质矿产研究所所刊，第4号。

关绍曾，1978，南雄盆地介形类化石及其地层意义。见：中国地质科学研究院地层古生物论文集编委会，地层古生物论文集，第四辑。北京：地质出版社。

广东省地质矿产局，1988，广东省区域地质志。北京：地质出版社。

广西壮族自治区地质局，1978，关于广西泥盆纪地层划分的意见。见：中国地质科学院地质矿产研究所主编，华南泥盆系会议论文集。北京：地质出版社。

广西壮族自治区地质矿产局，1985，广西壮族自治区区域地质志。北京：地质出版社。

广西壮族自治区地质矿产局（吴诒等），1987，广西泥盆纪沉积相古地理及矿产。南宁：广西人民出版社。

哈安姆（Heim A）、李承三，1930，广州附近地质。两广地质调查所特刊，第7号。

哈兰 W B、考克斯 A V 等，1982，地质年代表。王思恩等译，中国地质报：1984-02-20。

郝诒纯，1986，中国的白垩系，中国地层（12）。北京：地质出版社。
何俊德，1979，广东南雄盆地晚白垩世—早始新世介形类化石。见：中国科学院古脊椎动物与古人类研究所、南京地质古生物研究所编辑，华南中、新生代红层。北京：科学出版社。
何俊德，1979，广东南雄盆地晚白垩世早第三纪地层。地层学杂志，3（1）。
赫德伯格ＨＤ，1976，国际地层指南。张守信译，1979，北京：科学出版社。
侯鸿飞，1978，中国南部的泥盆系。见：中国地质科学院地质矿产研究所主编，华南泥盆系会议论文集。北京：地质出版社。
侯鸿飞、王士涛等，1988，中国的泥盆系，中国地层（7）。北京：地质出版社。
侯鸿飞、詹立培、陈炳蔚，1979，广东晚二叠世含煤地层和生物群。北京：地质出版社。
胡兰英，1981，雷琼地区角尾组和下洋组时代的讨论。见：中国石油公司南海分公司、中国地质勘探公司广州分公司《南海北部大陆架第三系》编委会编著，南海北部大陆架第三系。广州：广东科技出版社。
湖北省地质科学研究所，1972，湘南粤北晚二叠世地层及古生物研究。地质科研报告汇编，第一辑。
湖南省地质局区域地质测量队，1987，湖南晚泥盆世和早石炭世地层及古生物群。北京：地质出版社。
湖南省地质矿产局，1988，湖南省区域地质志。北京：地质出版社。
黄宝玉等，1982，珠江三角洲晚白垩世—早第三纪瓣鳃类。古生物学报，21（3）。
黄汲清、陈炳蔚，1987，中国及邻区特提斯海的演化。北京：地质出版社。
黄仁金，1979，南雄盆地晚白垩世—早第三纪轮藻化石。见：中国科学院古脊椎动物与古人类研究所等编辑，华南中、新生代地层。北京：科学出版社。
黄仁金等，1984，广东三水盆地晚白垩世—早第三纪轮藻化石。中国科学院南京地质 古生物研究所丛刊，第９号。
黄镇国、李平日、张仲英、李孔宏、乔彭年，1982，珠江三角洲形成发育演变。广州：科普出版社广州分社。
吉雄，1991，闽—粤沿海地体碰撞与活化作用。广东地质，6（2）。
季强，1987，从牙形类研究看中国浅水相区泥盆系与石炭系分界。地质学报，61（1）。
江西省地质矿产局，1984，江西省区域地质志。北京：地质出版社。
蒋溶，1935，广东罗定、云浮、郁南、阳江五县地质矿产。两广地质调查所年报，5（上册）。
寇才修、叶广惠，1981，雷州半岛第三系。见：中国石油公司南海分公司、中国地质勘探公司广州分公司《南海北部大陆架第三系》编委会编著，南海北部大陆架第三系。广州：广东科技出版社。
赖才根等，1982，中国的奥陶系，中国地层（5）。北京：地质出版社。
劳秋元等，1963，广东河源盆地的红层。中国地质学会第三十二届学术年会论文选集。
乐森玥，1928，广西北部之地质矿产。两广地质调查所年报，2（下册）。
乐森玥，1932，广东韩江流域地质矿产要略。两广地质调查所年报，4（上册）。
黎汉明，1994，广东白垩纪岩石地层划分。广东地质，10（1）。
黎汉明、王宝琛、许汉森，1994，粤东蓝塘群的划分与对比。广东地质，9（2）。
李殿臣，1929，广西来宾武宣桂平地质矿产。两广地质调查所年报，2（上册）。
李殿臣，1931，广东徐闻、海康、遂溪、廉江、合浦、钦县、灵山七县地质矿产。两广地质调查所年报，3（下册）。
李殿臣，1932，广东东江与粤汉铁路间地质矿产。两广地质调查所年报，4（上册）。
李建生，1988，关于湛江组时代的问题。地层学杂志，12（4）。
李平日、黄镇国、张仲英、李孔宏，1984，珠江三角洲的第四纪地层。地理科学，4（2）。
李平日、黄镇国、张仲英、宗永强，1986，广东东部沿海全新世地层。海洋学报，8（3）。
李平日、黄镇国、宗永强、张仲英，1987，韩江三角洲。北京：海洋出版社。
李平日、郑健生、方国祥，1989，广州地区第四纪地质。广州：华南理工大学出版社。
李四光、朱森、赵金科、张文佑，1941，广西地层表。前中央研究院地质所。
李学清，1929，广东三水、高要、高明、鹤山、新会、台山、赤溪七县地质矿产。两广地质调查所年报，2（上册）。
李耀西、陈宏明，1984，苏浙皖地区黄龙组下部白云岩的时空分布规律及其穿时的机理。南京地质矿产研究所所刊，5（1）。
李毓尧、朱森，1934，湖南宜章艮口之地质及其与南岭造山作用之关系。中国地质学会志，13号。
凌秋贤、林建南。1994，广东三叠纪岩石地层划分。广东地质，10（1）。
林宝玉等，1984，中国的志留系，中国地层（6）。北京：地质出版社。

林甲兴、冯少南，1981，试论广东省二叠系的划分和对比。宜昌地质矿产研究所所刊，第4号。
林甲兴、李家骧、孙全英，1990，华南地区晚古生代有孔虫。北京：科学出版社。
刘建雄、谢佑才、黎汉明，1994，粤东海丰—惠来地区中—晚侏罗世火山岩地层的划分。广东地质，9（1）。
孟逢源、潘昭世、林甲兴，1980，湖南南部二叠系划分并论斗岭煤系的时代问题。地质论评，26（3）。
莫柱孙、杜衡龄，1943，广东连县区地质。两广地质调查所地质集刊，1号。
莫柱孙、刘成湛，1951，云南贝在粤北之发现及广东泥盆纪地层之划分。地质论评，16（1）。
牟崇健，1989，广州地区下三叠统的发现及其意义。地层学杂志，13（3）。
穆道成，1978，中国南方泥盆纪竹节石化石带。见：中国地质科学院地质矿产研究所主编，华南泥盆系会议论文集。北京：地质出版社。
穆恩之，1948，连滩之志留纪地层及笔石群。中国地质学会志，28。
穆恩之，1974，正笔石及正笔石式树形笔石的演化、分类和分布。中国科学，（2）。
南颐，1989a，广东省地层概要：Ⅰ. 晚元古代—古生代地层。广东地质，4（2）。
南颐，1989b，广东省地层概要：Ⅱ. 中生代—新生代地层。广东地质，4（3）。
南颐，1994a，粤西云开群的划分及其地质时代。广东地质，9（4）。
南颐，1994b，广东奥陶纪岩石地层划分。广东地质，10（1）。
南颐，1994c，广东志留纪岩石地层划分。广东地质，10（1）。
潘江，1979，中国胴甲鱼类化石的生物地层学意义。地层学杂志，3（2）。
潘江、王士涛、高联达、侯静鹏，1978，华南陆相泥盆系。见：中国地质科学院地质矿产研究所主编，华南泥盆系会议论文集。北京：地质出版社。
钱丽君等，1987，中国南方中生代含煤地层。北京：煤炭工业出版社。
钱义元、李积金等，1964，安徽南部震旦系及下古生界的新认识。中国科学院南京地质古生物研究所集刊，地层文集第一号。
秦国荣、赵汝旋、季强，1988，粤北晚泥盆世和早石炭世牙形刺的发现及其地层意义。微体古生物学报，5（1）。
全国地层委员会，1981，中国地层指南及中国地层指南说明书。北京：科学出版社。
芮琳，1987，贵州罗甸罗苏一带石炭系中间界线附近的䗴类。古生物学报，26（4）。
芮琳、王志浩、张遴信，1987，罗苏阶——上石炭统底部一个新的年代地层单位。地层学杂志，11（2）。
芮琳、张遴信，1986，论石炭系与二叠系的分界。地层学杂志，10（4）。
沈炎彬、张显球，1979，广东三水盆地早第三纪叶肢介化石。见：中国科学院古脊椎动物与古人类研究所等编辑，华南中、新生代红层。北京：科学出版社。
盛金章，1962，中国的二叠系。全国地层会议学术报告汇编。北京：科学出版社。
宋之琛、李曼英、钟林，1986，广东三水盆地晚白垩世—早第三纪孢粉组合。中国古生物志，总号第171期，新甲种第10号。北京：科学出版社。
孙云铸，1965，中国南部石炭系下界。见：中国地质学会编辑，中国石炭系论文选集，北京：科学出版社。
孙云铸，1980，广东开恩地区下侏罗统菊石群的研究。古生物学报，19（2）。
孙云铸等，1960，南岭粤中区里阿斯统地层的划分和对比。古生物学报，8（2）。
唐鑫、梁宝昌，1965，广东三水坾心地区的红色地层。地质学报，45（4）。
田奇瑰，1928，湖南长沙湘潭泥盆纪地层之研究。湖南地质调查所报告，第二号（地质志，第一册）。
田奇瑰，1938，中国之泥盆纪。地质论评，3（4）。
田奇瑰、王晓青、许原道，1933，湖南长沙、湘潭、衡山、邵阳、衡阳、湘乡六县地质志。湖南地质调查所报告，15号（地质志，第二册）。
童永生、张玉萍、王伴月、丁素因，1976，南雄盆地和池江盆地早第三纪地层。古脊椎动物与古人类，14（1）。
汪啸风，1978，对广东连滩文头山组笔石群及其时代的新认识。地质学报，52（4）。
汪啸风、刘义仁、周国强，1979，广东台山早奥陶世新厂组的笔石。古生物学报，18（5）。
王成源，1987，论 *Cystophrentis* 带的时代。地层学杂志，11（2）。
王成源、殷保安，1984，华南浮游相区早石炭世早期牙形刺分带和泥盆系石炭系的分界。古生物学报，23（2）。
王鸿祯、李光岑，1990，国际地层时代对比表。北京：地质出版社。
王思恩等，1985，中国的侏罗系。北京：地质出版社。

王镇屏，1933，广东电白、信宜、茂名、罗定四属地质矿产。两广地质调查所年报，4（下册）。
王尊周、田传荣、杨贤河，1992，中国南方三叠纪地层多重划分对比。成都地质矿产研究所所刊，第16号。
王钰，1955，腕足类的新属。古生物学报，3（2）。
王钰、俞昌民，1962，中国的泥盆系。全国地层会议学术报告汇编。北京：科学出版社。
王钰、俞昌民、许汉奎、廖卫华、蔡重阳，1979，华南泥盆纪生物地层。地层学杂志，3（2）。
王钰、俞昌民、吴歧，1974，中国南方泥盆系及生物地层研究的进展。中国科学院南京地质古生物研究所集刊，第六号。
吴起俊、董玲玲，1993，广州地区陆相泥盆系石炭系界线研究。中山大学学报，32（1）。
吴瑞棠、张守信，1989，现代地层学。武汉：中国地质大学出版社。
吴尚时、曾昭璇，1948，广东坪石红色盆地。地质论评，13（3—4）。
吴望始、赵嘉明、姜水根，1981，华南地区邵东组的珊瑚化石及其地质时代。古生物学报，20（1）。
吴望始、赵修祜、赵嘉明等，1980，广东韶关、连县和连平的早石炭世地层。中国科学院南京地质古生物研究所丛刊，第1号。
吴祥和，1986，黔南泥盆—石炭系界线层序和海退事件。地层学杂志，10（3）。
谢家荣、朱庭祜、张会若，1928，广东花县赤泥附近地质。两广地质调查所报告，1。
徐光洪，1979，粤中地区早二叠世晚期地层及菊石化石。见：宜昌地质矿产研究所编，地层古生物论文集。
徐仁，1979，中国晚三叠世宝鼎植物群。北京：科学出版社。
徐瑞麟，1934，广东新兴、台山、鹤山、开平、恩平、阳江、阳春七县地质矿产。两广地质调查所年报，5（上册）。
徐瑞麟，1937，广东北江地层之研究。地质论评，2（4）。
徐瑞麟、蒋溶，1932，广东西江沿江地质矿产。两广地质调查所年报，4（上册）。
许汉奎，1979，湖南上泥盆统云南贝—小云南贝动物群。地层学杂志，3（2）。
许杰，1934，长江下游之笔石化石。前中央研究院地质研究所专刊，甲种第4号。
许寿永、林甲兴、冯少南，1981，广东省的石炭系。中国地质科学院宜昌地质矿产研究所所刊，第4号。
许寿永、夏国英、杨德骊，1987，广西隆林地区石炭系与二叠系的界线。宜昌地质矿产研究所所刊，11号。
杨超群，1992，香港地层研究的某些新进展。广东地质，7（3）。
杨超群，裴太昌，1963，粤西北封开怀集一带发现第四纪冰川遗迹。地质论评，21（2）。
杨敬之、盛金章、吴望始、陆麟黄，1962，中国的石炭系。全国地层会议学术报告汇编。北京：科学出版社。
杨敬之、吴望始、张遴信，1983，中国石炭系和二叠系的分界。北京：科学出版社。
杨敬之、吴望始、张遴信、廖卓庭、阮亦萍，1979，我国石炭系分统的再认识。地层学杂志，3（3）。
杨祖年，1981，广东第三纪孢粉组合及有关问题探讨。见：中国石油公司南海分公司、中国地质勘探公司广州分公司《南海北部大陆架第三系》编委会编著，南海北部大陆架第三系。广州：广东科技出版社。
尹家衡等，1991，中国东南大陆中生代火山旋回火山构造及其控矿意义。北京：地质出版社。
尹赞勋，1949，中国南部志留纪地层之分类与对比。中国地质学会志，29。
尹赞勋、陈锦石、张守信、骆金锭，1966，中国地层典（七）石炭系。北京：科学出版社。
尹赞勋、范嘉松、丁培榛、张守信、杨兴泰、刘椿，1964，广东里阿斯统下部海相地层的时代。地质科学，（3）。
于津生、桂训唐、黄琳，1991，广东罗定泗纶混合岩田同位素组成特征。广东地质，6（3）。
余汶、顾和林、张显球，1990，广东南雄盆地晚白垩世—早第三纪海相腹足类组合序列。古生物学报，29（2）。
余汶、张显球，1982，广东三水盆地晚白垩世和早第三纪非海相腹足类化石。中国科学院南京地质古生物研究所集刊，第17号。
曾鼎乾，1981，关于北部湾地区上、下第三系划分问题。见：中国石油公司南海分公司、中国地质勘探公司广州分公司《南海北部大陆架第三系》编委会编著，南海北部大陆架第三系。广州：广东科技出版社。
章熙林，1938，广东连滩志留纪笔石之研究。中山大学理学院自然科学，8（1）。
张伯辑、刘西隆，1943，广东曲江县锑矿。两广地质调查所地质集刊，1。
张奋生、伍广宇、彭少梅，1991，粤北新洲地区乐昌峡群的层序和特征。广东地质，6（3）。
张会若、朱翔声，1929，广东英德翁源两县地质矿产。两广地质调查所年报，1。
张捷芳，1988，粤中百足山组古生物化石及其时代。中国区域地质，（4）。
张清如，1981，广东南雄盆地古新世孢粉组合。中国地质科学院宜昌地质矿产研究所刊，地层古生物专号。

张仁杰、马国干、蒋大海等，1990，海南岛前寒武纪地层。武汉：中国地质大学出版社。
张韦，1981，珠江三角洲百足山群时代的新认识。地层学杂志，5 (1)。
张韦，1989，广东白垩系划分及初步研究。中国南方白垩系会议论文选集。南京：南京大学出版社。
张韦，1992，广东晚白垩世化石及地层划分。地层学杂志，16 (3)。
张韦，1994，珠江口东部地区侏罗—白垩纪非海相化石群及其地层时代。广东地质，9 (2)。
张韦、陈丕基，1983，广东白垩纪叶肢介及红层的初步研究。古生物学报，22 (3)。
张席禔，1929，广东三水、四会、广宁、高要四县地质矿产。两广地质调查所年报，2 (下册)。
张席禔，1933，广东郁南县连滩含笔石页岩之发现及其地质系统比较。中国地质学会志，12。
张席禔、孙云铸，1939，广东连滩之新笔石层。国立北京大学四十周年纪念论文集，甲编。
张显球，1984，南雄盆地坪岭剖面罗佛寨群的划分及其生物群。地层学杂志，8 (4)。
张显球，1985，广东东莞盆地早第三纪介形类动物群。古生物学报，24 (4)。
张显球，1987，南雄盆地白垩—第三纪地层划分及介形类化石组合序列。中、新生代地质学术讨论文集。北京：地质出版社。
张显球，1992a，丹霞盆地白垩系的划分与对比。地层学杂志，16 (2)。
张显球，1992b，南雄盆地上湖组的划分与对比。广东地质，7 (1)。
张显球，1992c，广东南雄上湖组介形类动物群及白垩—第三系界线。古生物学报，31 (6)。
张显球、周晓萍、陈修奕，1993，三水盆地白垩—第三纪钻井地层划分对比图集。北京：海洋出版社。
张玉萍、童永生，1963，广东南雄盆地“红层”的划分。古脊椎动物与古人类，7 (3)。
张正华，1988，黔南二叠纪研究的新进展。科学通报，33 (5)。
张志兰、袁海华、凌井生、陈泰平，1992，广宁古水乐昌峡群同位素地质年代学的初步研究。广东地质，7 (1)。
赵汝旋，1983，广东泥盆系划分的讨论及菱铁矿赋存特征简介 (摘要)。见：菱铁矿矿床学术会议论文集编辑组，菱铁矿床学术会议论文集。北京：科学出版社。
赵汝旋，1994，广东泥盆纪岩石地层划分。广东地质，10 (1)。
赵汝旋、秦国荣，1989，广东乐昌晚泥盆世至早石炭世两个新的岩石地层单位——长垑组和大赛坝组。广东地质，4(3)。
赵汝旋、秦国荣，1990，论粤北的帽子峰页岩。地层学杂志，14 (1)。
赵汝旋、南颐、吴兆同，1985，粤北地区泥盆纪地层划分。见：张宏育主编，南岭地质矿产文集，第一辑。北京：地质出版社。
赵汝旋、张采凡、夏志芬、左自璧、柳祖汉，1978，湖南的泥盆系。见：中国地质科学院地质矿产研究所主编，华南泥盆系会议论文集。北京：地质出版社。
郑家坚、汤英俊、邱占祥、叶祥奎，1973，广东南雄晚白垩世—早第三纪地层剖面的观察。古脊椎动物与古人类，11。
郑家坚、邱占祥执笔，1979，华南白垩纪—早第三纪陆相地层的特征及有关问题的讨论。见：中国科学院古脊椎动物与古人类研究所等编辑，华南中、新生代红层。北京：科学出版社。
郑有铭，1994，广东第四纪岩石地层划分。广东地质，10，(1)。
中国地质科学院地质矿产研究所中生代组，1974，粤北上三叠—下侏罗统沉积相初步分析。地质矿产研究，(1)。
中国地质学编辑委员会、中国科学院地质研究所，1958，中国区域地层表 (草案) 补编。北京：科学出版社。
中国地质科学院地质研究所，1964，华南区标准化石手册。北京：工业出版社。
中国科学院南海海洋研究所，1978，华南沿海第四纪地质。北京：科学出版社。
中国石油勘探公司南海分公司等，1981，南海北部大陆架第三纪古生物图册。广州：广东科技出版社。
中南地区区域地层表编写小组，1974，中南地区区域地层表。北京：地质出版社。
周殿超、朱正刚，1978，江西泥盆系简介。见：中国地质科学院地质矿产研究所主编，华南泥盆系会议论文集。北京：地质出版社。
周国强，1994，广东前寒武纪岩石地层划分。广东地质，10 (1)。
周国强、周振林，1983，对粤北震旦系乐昌峡群的新认识。中国区域地质，(5)。
周明镇、张玉萍、王伴月，丁素因，1973，广东南雄古新世哺乳类新属、种。古脊椎动物与古人类，11 (2)。
周明镇、张玉萍、王伴月、丁素因，1977，广东南雄古新世哺乳动物群。中国古生物志，总153册，新丙种第20号。
周铁明、盛金章、王玉净，1987，云南广南小独山石炭—二叠系界线地层及䗴类分带。微体古生物学报，4 (2)。
周志炎，1984，湘西南早侏罗世早期植物化石。中国古生物志，总第165册，新甲种第7号。

周祖仁，1987，阿谢尔期菊石在中国的首次发现——兼论二叠系下界。古生物学报，26（2）。
朱庭祜，1927，广西贵县、横县、永淳、邕宁、宾阳五属地质矿产。两广地质调查所年报，第一卷（下册）。
朱庭祜，1929，广东曲江、乐昌、乳源三县间地质。两广地质调查所年报，第二卷（下册）。
诸宝森，1991，江西二叠系地层分区及岩石地层单位讨论。中国区域地质，（1）。
谌建国、徐光洪，1981，广东二叠纪煤系及含煤控制因素。宜昌地质矿产研究所所刊，（4）。
Lee C M . 1982. The Occurrence of a Devonian Placodermi Fishfossil in Hongkong a Summary. Geologicul Bulletin Depart. H. K. , No. 16.
Lee C M etc. . 1990. Supplementary Reporton on the Discovery of L. M. Devonian Fossils in Hongkong. Geol. soc. of H. K. Newsletter, Vol. 8, Pt. 2.
Poty E . 1981. Recheres sur les Tetracoralliaires et les Heterocoraliaires Du vise'n de la Belgique , meded, Rijks Geol. Dienst 35(1).
Richthofen F v . 1869 . China Ⅲ.
Zhang R J & Pajeta J J . 1986. New Bivalves from the Datang stage , Lower Carboniferous ,Guangdong province , China. Jour. Palaeont. 60(3).

地质图说明书及区测报告

福建省冶金工业局，1971，1:20万上杭幅区域地质调查报告。
广东省地质局761队3分队，1959，1:20万广东省英德地区综合区域地质测量总结报告。
广东省地质局761队4分队，1959，1:20万韶关幅综合区域地质测量总结报告。
广东省地质局，1959，1:20万紫金幅区域地质测量报告书。
广东省地质局763队8分队，1959，1:20万广东省连、英、清、怀等县综合区域地质 测量总结报告。
广东省地质局，1962a，1:20万广州、江门幅区域地质测量报告书。
广东省地质局，1962b，1:20万罗定幅区域地质测量报告书。
广东省地质局，1963a，1:20万高要幅区域地质测量报告书。
广东省地质局，1963b，1:20万开平幅区域地质测量报告书。
广东省地质局，1963c，1:20万广州幅区域地质调查说明书。
广东区域地质测量大队，1964，1:20万连平幅地质图说明书。
广东省地质局，1965a，1:20万廉江幅区域地质测量报告书。
广东省地质局，1965b，1:20万惠阳幅、宝安幅区域地质测量报告书。
广东省地质局，1965c，1:20万阳江幅、广海幅区域地质测量报告书。
广东省地质局，1969a，1:20万从化幅区域地质矿产调查报告书。
广东省地质局，1969b，1:20万阳春幅区域地质矿产调查报告书。
广东省地质局，1969c，1:20万河源幅区域地质矿产调查报告书。
广东省地质局，1969d，1:20万兴宁幅区域地质矿产调查报告书。
广东省地质局，1969e，1:20万怀集幅区域地质矿产调查报告书。
广东省地质局，1971，1:20万梅县幅区域地质调查报告。
广东省地质局，1972，1:20万企水港、湛江、乌石港、海口幅区域地质调查报告。
广东省地质局，1973a，1:20万连县幅区域地质调查报告书。
广东省地质局，1973b，1:20万汕头幅、惠来幅区域地质调查报告。
广东省地质局，1973c，1:20万海丰幅区域地质调查报告。
广东省地质局，1982，1:20万韶关幅区域地质调查报告（修编再版）。
广西壮族自治区地质局，1974，1：20万梧州幅区域地质调查报告。
湖南省地质局区域地质测量队，1969，1:20万郴县幅区域地质调查报告。
湖南省地质局区域地质测量队，1975，1:20万江永幅区域地质调查报告。
江西省地质局，1973，1:20万寻乌幅区域地质矿产调查报告书。

附录Ⅰ　广东省岩石地层数据库的建立及功能简介

地层数据库的研制和建库工作是随地矿部“八五”期间设立《全国地层多重划分对比研究》项目同时开展的，其指导思想和研究内容与全国地层清理工作的有关文件要求基本一致。建立地层数据库的目的就是要为全国区域地质调查和基础地质研究工作服务，巩固地层清理的成果，避免今后使用地层单位的混乱现象，使我国地层研究和管理走向科学化、信息化，并与国际地层学研究工作接轨。

省级地层数据库是地矿部专项地勘科技项目（编号：DZ1992-01）“全国地层数据库”的一个重要组成部分，它既是全国地层数据库的一个基本子库，同时又是一个独立、完整的省级地层数据库。

省级地层数据库按照全国地层数据库的统一要求，以岩石地层单位为基本单元建库的，以全国地层清理项目办统一制定的5张地层剖面数据卡片为数据采集源。其数据采集、数据库信息管理、检索及查询软件是以“全国地层数据库”项目组提供的软件和标准进行的。

一、地层数据库的建库情况

1. 组织管理

负责建立本省地层数据库的单位是广东省地矿局。地层剖面数据卡片由广东省佛山地质局与广东省地质科学研究所共同组建的广东省地层多重划分对比研究组填制。

使用的机型：AST 486、IBM 8088、兼容机 386 主机、LQ 1600 打印机。

本省地层数据库建库人员名单：①地层剖面数据卡片的填制人员有：南颐、赵汝旋、符力奋、凌秋贤、周国强、陈培权、黎汉明、郑有铭；②录入人员为：邓勇、尹同梅；③数据卡片审核校对人员有：南颐、周国强、陈培权、黎汉明、郑有铭、符力奋。

2. 工作过程

卡片录入工作始于1993年7月，地矿部直管局1993年5月以地直函[1993]041号文下达广东省佛山地质局于1993年7月进行数据录入试点工作任务。在广东省地矿局领导的支持下，佛山地质局于1993年6月筹建地层数据库的建库工作，成立以邓勇为负责人的录入组，编写设计；1993年7月全国地层数据库研制组人员亲临佛山，指导录入试点，1993年8月以后工作全面展开。

3. 完成录入工作量

（1）166个建议使用的岩石地层单位。其中群级13个，组级148个，段级5个。

其中各断代（纪）地层单位数：第四纪占19个（包括2个群），白垩纪—第三纪占39个（包括2个群），晚三叠世—晚侏罗世占24个（包括3个群），泥盆纪—中三叠世占47个（包括2个群和5个段），震旦纪—志留纪占32个岩石（包括3个群），前震旦纪占5个（包括1个群）。

（2）710条剖面　其中116条正层型，8条副层型，3条选层型，1条新层型，587条参考剖面；20条剖面以长剖面形式录入。

（3）录入272个停止使用的岩石地层单位。

（4）累计打印输出：166张封面，435张卡片Ⅰ，147张卡片Ⅱ，40张卡片Ⅲ（柱状对比图），6张卡片Ⅲ（剖面分布图），2065张卡片Ⅳ（文字描述表格），710张卡片Ⅳ（柱状图），166张卡片Ⅴ。

4.提交数据磁盘清单

占用外存空间约 9 兆，分放 10 张1.2M 软盘（5.25inch）。

二、地层数据库功能介绍

地层数据库主要由3部分组成。(1)数据采集系统：包括对原始数据的录入、编辑、查错及地层信息检索、数据库字典查询、文献检索、地层单位数据文件管理等功能；（2）数据处理系统：包括地层卡片的输出、地层数据库各类信息的查询检索及汇总制表、岩石地层单位的监控等功能；（3）扩充部分接口，为地层数据库以后的进一步开发留有接口。

1. 系统运行环境

(1) DOS 版本

软件支撑环境：DOS 3.30以上；Microsoft C 6.0；PTDOS 2.0；FoxPro 2.0

硬件运行环境：286以上主机；VGA 显示器；LQ-1600K 或其他 24针打印机

(2) Windows 版本

软件支撑环境：Windows 3.1；Borland C++ 3.1；中文之星 1.2；Foxpro for Windows 2.5；MS-DOS 5.0以上

硬件运行环境：386、486主机(内存≥4M,硬盘≥100M)；VGA 显示器；LQ-1600K 或其他 24针打印机

2. 数据采集模块功能

(1) 选择“省份”、“地层单位”

(2) 地层单位数据录入情况查询

(3) 卡片Ⅰ数据录入与修改（可选择按编号、创名时间、汉语拼音等顺序）

(4) 卡片Ⅱ数据录入与修改

(5) 卡片Ⅲ数据录入与修改

(6) 卡片Ⅳ剖面信息数据录入与修改

(7) 卡片Ⅳ剖面文字描述数据录入与修改

(8) 卡片Ⅳ柱状图数据录入与修改

(9) 卡片Ⅳ化石数据录入与修改

(10) 卡片Ⅳ分布特征数据录入与修改

(11) 卡片Ⅳ数据检查整理

(12) 卡片Ⅴ数据录入与修改

(13) 地层单位数据文件备份

(14) 地层单位数据文件入库

(15) 地层单位数据文件转换

(16) 省级库数据检索

(17) 数据库字典查询

(18) 省级文献库查询与修改

3. 卡片输出模块功能

(1) 选择省份

(2) 选择输出的地层单位

(3) 卡片封面输出

(4) 卡片Ⅰ输出：屏幕或打印机输出卡片Ⅰ

(5) 卡片Ⅱ输出（图形）

(6) 卡片Ⅲ柱状对比图输出（图形）

(7) 卡片Ⅲ岩石地层单位分布图输出

可选择绘制地名级别（在地理底图上将标出地名）：1——省会　2——地市以上　3——县级以上

可选择绘制图框类型：1——经纬框（地理底图上加画经纬框）；2——方　框（地理底图上只画图框）；3——不加框（地理底图上不画图框）

图中各剖面的分布位置采用不同的符号表示其层型：三角形代表参考剖面；方形代表新层型剖面；方形中央的“+”代表正层型、“-”代表副层型、“×”代表选层型

(8) 卡片Ⅳ剖面文字描述表格输出

(9) 卡片Ⅳ剖面图输出（图形）

(10) 卡片Ⅴ输出

4. 地层信息检索模块功能

4.1 检索条件（一级）

(1) 选择省份——选择检索的区域范围

(2) 选择大区——选择检索的区域范围

(3) 选择经纬度——选择检索的区域范围

(4) 选择断代［纪］——选择检索的时间范围

(5) 地质年代数码转换——地质年代数据进行数码转换，是进行时间范围检索的必要条件

(6) 输出方式选择

1——显示方式：将检索结果显示在屏幕上

2——打印方式：将检索结果在打印机上输出

3——文件方式：将检索结果表格文件以用户给定的文件名记盘

(7) 输出栏目选择

1——地层单位表格

2——地层剖面表格

3——文献表格

选择以上表格的输出栏目，依使用者的要求挑选所需的制表栏目序号，及表格每页的行数。

4.2地层单位信息检索（二级检索条件）

(1) 所有地层单位：检索出满足选定时间和区域条件的地层单位

(2) 采用地层单位：检索出满足选定时间和区域条件的正式地层单位

(3) 不采用地层单位：检索出满足选定时间和区域条件的不采用地层单位

(4) 地层单位名称：检索出与指定地层单位名称相同的地层单位

(5) 地层单位名称（拼音）：检索出与指定拼音相同的地层单位

(6) 地层单位编号：检索出与指定地层单位编号相同的地层单位

(7) 地层单位代号：检索出与指定地层单位代号相同的地层单位

(8) 同物异名：检索出与指定名称相同的同物异名地层单位

(9) 同名异物：检索出与指定名称相同的同名异物地层单位

(10) 同物异名/同名异物：检索出有同物异名或同名异物的地层单位

(11) 输出剖面分布图：输出当前检索内容的地层单位的剖面分布图

4.3剖面信息检索（二级检索条件）

(1) 所有剖面：检索出满足选定时间和区域条件的地层剖面

(2) 所有正层型：检索出满足选定时间和区域条件的正层型

(3) 所有副层型：检索出满足选定时间和区域条件的副层型

(4) 所有选层型：检索出满足选定时间和区域条件的选层型

(5) 所有新层型：检索出满足选定时间和区域条件的新层型

(6) 所有次层型：检索出满足选定时间和区域条件的次层型

(7) 剖面名称：检索出与指定剖面名称相同的地层剖面

(8) 剖面编号：检索出与指定剖面编号相同的地层剖面

(9) 剖面化石名称（中文）：检索剖面上化石分类的中文名称

(10) 剖面其他信息：检索剖面图上已录入的下列信息：

化石（拉丁文）：检索指定化石名称所在的剖面

生物地层带：检索指定生物地层带所在的剖面

颜色：检索含有指定颜色的剖面

磁极性：检索含有磁极性内容的所有剖面

化学特征：检索含有化学特征内容的所有剖面

矿物：检索含有矿物内容的所有剖面

矿产：检索含有矿产内容的所有剖面

变质相：检索含有变质相内容的所有剖面

（注意不对文字描述的内容进行检索）

(11) 某地层单位正层型：检索出指定地层单位的正层型

(12) 输出剖面分布图：输出当前检索内容的剖面分布图

4.4参考文献目录检索（二级检索条件）

(1) 作者：按指定作者检索文献目录

(2) 时间：按指定发表时间检索文献目录

(3) 书名（论文题目）：按指定书名检索文献目录

(4) 作者＋时间：按指定作者及发表时间检索文献目录

(5) 断代［纪］：按选定的地质年代范围，检索有关地层单位所涉及的文献目录

(6) 某地层单位文献：按地层单位检索文献目录

(7) 文献引用情况：指定某一文献所在的省码及文献库的记录号，检索该文献在本省的引用情况（创名或引用）

5. 地层单位监控模块功能

对新建地层单位进行命名监控

(1) 同名的监控：检索出与指定地层单位名称相同的地层单位

(2) 同音的监控：检索出与指定地层单位名称（拼音）相同的地层单位

(3) 同编号的监控：检索出与指定地层单位名称相同的地层单位

(4) 同代号的监控：检索出与指定地层单位名称相同的地层单位

(5) 有效性的监控：检索出与新建地层单位的经纬度邻近的剖面，供科研人员进行对比研究。

三、地层数据库的维护与功能扩充

1. 数据库的维护

省级数据库是全国地层数据库的基础，随着地质工作的深入，必须对地层数据库进行扩充与维护，并及时与全国库进行信息交流，以保证省库与全国库的数据一致性。

今后负责管理维护地层数据库的单位：广东省地矿局及佛山地质局。

2. 功能扩充

地层数据库的建立，是逐步实现地层学研究和地层单位划分的建立、命名、定义、修订及废弃等管理的规范化、现代化。有关资料文献的随意组织利用、剖面信息及描述的利用的等有待进一步开发。

附录Ⅱ　广东省采用的岩石地层单位

附录Ⅱ-1

序号	地层单位名称		编号	代号	地质时代	创名人	创建时间	所在省	在本书页数
	英文	汉文							
1	Bacun Gr	*八村群	44-0201	∈B	∈	广东761队4分队	1959	广东	25
2	Baihedong Fm	*白鹤洞组	44-1006	Kbh	K_1	广东735队	1975	广东	156
3	Baini Fm	*白坭组	44-1222	Qbn	Qp	李平日等	1989	广东	210
4	Bali Fm	*坝里组	44-0107	Zb	Z_2	江西区测队	1969	江西	23
5	Bankeng Fm	*半坑组	44-0306	Ob	O_{2-3}	江西区调队	1985	江西	32
6	Baoyue Fm	*宝月组	44-1107	Eby	E_2	张显球	1978	广东	162
7	Baizushan Fm	*百足山组	44-1005	Kb	K_1	广东712队	1958	广东	155
8	Baqi Fm	*巴漆组	44-0503	Db	D_{2-3}	白顺良等	1979	广西	59
9	Beihai Fm	*北海组	44-1202	Qb	Qp	邓植仪	1934	广西	205
10	Beimen Mem	*北门段	44-0517	DC^b	$D_3—C_1$	赵汝旋、秦国荣 （赵汝旋）	1986 （1990）	广东	68
11	Buxin Fm	*𫭢心组	44-1106	Eb	E_2	唐鑫等	1965	广东	161
12	Ceshui Fm	*测水组	44-0606	Cc	C_1	田奇瑪	1929	湖南	76
13	Chang'an Fm	长安组	44-0102	Zĉ	Z_1	王曰伦	1936	广西	21
14	Changkengshui Fm	*长坑水组	44-0304	Oĉ	O_{1-2}/O_2	南颐 （《中南地区区域地层表》）	1962 （1974）	广东	30
15	Changlai Fm	*长垑组	44-0519	DCĉ	$D_3/D_3—C_1$	赵汝旋、秦国荣	1988	广东	69
16	Changliu Fm	*长流组	44-1111	Eĉ	E_{1-2}	中国石油公司南海分公司	1978	广东	181
17	Changpu Fm	*长埔组	44-0905	Jĉ	J_1	广东703队 （黎汉明）	1962 （1994）	广东	134
18	Changxing Fm	长兴组	44-0713	Pĉ	P_2	葛利普	1931	浙江	95
19	Chuanshan Fm	船山组	44-0610	Cĉ	C_3	丁文江	1919	江苏	84
20	Chunwan Fm	*春湾组	44-0570	Dĉ	D_{2-3}	周国强、陈培权等 （《广东省区域地质志》）	1984 （1988）	广东	57
21	Cuipingshan Fm	*翠屏山组	44-0710	Pc	P_2	侯德封等	1935	福建	94
22	Dafeng Fm	*大凤组	44-1052	Kd	K_2	张显球 （张显球）	1981 （1987）	广东	169
23	Dagangding Fm	*大岗顶组	44-0401	Sd	S_1	广东区调队	1992	广东	37
24	Daganshan Fm	*大绀山组	44-0101	Zd	Z_1	广东省地质局综合研究大队728分队	1967	广东	20
25	Dahu Fm	*大湖组	44-0613	Cd	C_1	许寿永、林甲兴等	1979	广东	73
26	Dalangshan Fm	*大塱山组	44-1056	Kdl	K_2	张显球等	1973	广东	159
27	Dalong Fm	大隆组	44-0714	Pd	P_2	张文佑、陈家天	1938	广西	95
28	Danxia Fm	*丹霞组	44-1091	KEd	$K_2—E_1$	冯景兰	1928	广东	171
29	Dapu Fm	大埔组	44-0608	Cdp	C_{1-2}	张文佑	1941	广西	81
30	Dasaiba Fm	*大赛坝组	44-0604	Cds	C_1	赵汝旋、秦国荣	1988	广东	72

①创名人栏（　）内为介绍人；创建时间栏（　）内为介绍时间。
②*表示已查阅原著原始定义的岩石地层单位。

序号	地层单位名称		编号	代号	地质时代	创名人	创建时间	所在省	在本书页数
	英文	汉文							
31	Datai Fm	*大台组	44-1221	Q*d*	Qp	徐瑞麟等	1932	广东	210
32	Daye Fm	大冶组	44-0801	T*d*	T_1	谢家荣	1924	湖北	98
33	Denglongsha Fm	*灯笼沙组	44-1237	Q*dl*	Qh	黄镇国等	1982	广东	215
34	Dengloujiao Fm	*灯楼角组	44-1177	N*d*	N_1	中国石油公司南海分公司	1978	广东	185
35	Dingwuling Fm	*丁屋岭组	44-0110	Z*dw*	Z_1	福建省区域地层表编写组	1979	福建	24
36	Dongchong Fm	*东冲组	44-0311	O*d*	O_{2-3}	广东区调队	1992	广东	35
37	Donggangling Fm	*东岗岭组	44-0502	D*d*	D_2	乐森玙	1928	广西	58
38	Dongping Fm	*东坪组	44-0571	D*dp*	D_3	赵汝旋	1994	广东	61
39	Fengdongkou Fm	*丰垌口组	44-0003	Pt*f*	Pt_{2-3}	南颐 (南颐)	1991 (1994)	广东	12
40	Gaojiping Gr	*高基坪群	44-0971	JK*G*	J_2—K_1	张有正等	1962	广东	143
41	Gaopengling Fm	*高棚岭组	44-1174	N*g*	N_2	中南煤田130队	1956	广东	181
42	Gaotan Fm	*高滩组	44-0203	∈*g*	$∈_{2-3}$	江西区测队	1966	江西	26
43	Geding Fm	*格顶组	44-0711	P*gd*	P_2	徐光洪、谌建国 (《广东省区域地质志》)	1979 (1988)	广东	92
44	Genkou Gr	*艮口群	44-0805	T*G*	T_3	李毓尧、朱森	1934	广东	124
45	Guancaohu Fm	*官草湖组	44-1001	K*g*	K_1	广东761队	1959	广东	152
46	Guchengcun Fm	*古城村组	44-1104	E*g*	E_2	张显球	1984	广东	174
47	Gufeng Fm	孤峰组	44-0708	P*g*	P_1	朱森、刘祖彝	1932	安徽	88
48	Guitou Gr	*桂头群	44-0507	D*G*	D_{1-2}	张有正	1959	广东	53
49	Guizhou Gr	*桂洲群	44-1249	Q*G*	Qh	南海海洋研究所	1978	广东	213
50	Gumu Fm	*古墓组	44-0402	S*g*	S_1	广东区调队	1992	广东	38
51	Guting Fm	*古亭组	44-0307	O*g*	O_2	张浅深等	1964	江西	32
52	Hanlong Mem	*滞泷段	44-0514	D^h	D_3	徐瑞麟	1937	广东	65
53	Henglan Fm	*横栏组	44-1235	Q*hl*	Qh	黄镇国等	1982	广东	214
54	Heshui Fm	*合水组	44-1007	K*h*	K_1	郑家坚等	1974	广东	153
55	Hongweikeng Fm	*红卫坑组	44-0806	T*hw*	T_3	广东煤田205队 (《广东省区域地质志》)	1969 (1988)	广东	124
56	Huangben Fm	*黄坌组	44-0804	T*h*	T_2	南岭区测队	1958	广东	101
57	Huanglian Fm	*黄连组	44-0112	Z*hl*	Z_2	福建省区域地层表编写组	1979	福建	25
58	Huanglong Fm	黄龙组	44-0609	C*hl*	C_2	李四光、朱森	1930	江苏	83
59	Huangniuling Fm	*黄牛岭组	44-1171	N*h*	N_1	陈国达、黄国贤	1949	广东	178
60	Huangzhudong Fm	*黄竹洞组	44-0308	O*hẑ*	O_2	江西区调队	1985	江西	33
61	Huayong Fm	*华涌组	44-1108	E*h*	E_2	张显球等	1973 (1993)	广东	163
62	Huguangyan Fm	*湖光岩组	44-1204	Q*h*	Qp	广东水文一队 (《广东省区域地质志》)	1961 (1988)	广东	206
63	Huodao Fm	*活道组	44-0105	Z*h*	Z_1	周国强、郑有铭 (周国贤)	1993 (1994)	广东	22
64	Hushan Fm	*虎山组	44-0302	O*h*	O_{1-2}	广东区调队	1963	广东	28
65	Hutian Gr	*壶天群	44-0611	C*H*	C_{2-3}	田奇瑪、王晓青	1932	湖南	84
66	Jiaowei Fm	*角尾组	44-1176	N*j*	N_1	地质部第四普查大队	1965	广东	185

序号	地层单位名称		编号	代号	地质时代	创名人	创建时间	所在省	在本书页数
	英文	汉文							
67	Jilingwan Fm	*吉岭湾组	44-0944	Jjl	J_2	张有正等 (《中南地区区域地层表》)	1962 (1974)	广东	141
68	Jinji Fm	*金鸡组	44-0901	Jj	J_1	孙云铸等 (孙云铸)	1959 (1960)	广东	130
69	Jishuimen Fm	*吉水门组	44-0906	Jjš	J_1	广东区调队	1989	广东	135
70	Jiubei Fm	*九陂组	44-0706	Pj	P_2	湖北地科所 (《广东省区域地质志》)	1972 (1988)	广东	92
71	Lankeng Fm	*兰坑组	44-0004	Ptlk	Pt_{2-3}	周国强、郑有铭 (周国强)	1993 (1994)	广东	14
72	Lantang Gr	*蓝塘群	44-0902	TJL	$T_3—J_1$	广东762队	1959	广东	132
73	Lanweng Fm	*兰瓮组	44-0312	Olw	O_2	广东区调队	1992	广东	36
74	Laohuling Fm	*老虎岭组	44-1173	Nl	N_2	中南煤田130队	1956	广东	180
75	Laohutang Fm	*老虎塘组	44-0108	Zlh	Z_2	江西区测队	1964	江西	23
76	Laohutou Fm	*老虎头组	44-0509	Dl	D_{2-3}	徐瑞麟	1937	广东	55
77	Lechangxia Gr	*乐昌峡群	44-0106	ZL	Z_2	广东761队4分队	1959	广东	22
78	Liangshan Fm	梁山组	44-0706	Pl	P_1	赵亚曾、黄汲清	1931	陕西	85
79	Liantan Fm	*连滩组	44-0403	Sl	S_1	徐瑞麟、蒋溶	1932	广东	39
80	Lianxian Fm	*连县组	44-0603	Cl	C_1	莫柱孙、杜衡龄	1943	广东	71
81	Lile Gr	*礼乐群	44-1248	QL	Qp	南海海洋研究所	1978	广东	211
82	Lingxia Fm	*岭下组	44-0404	Slx	S_{2-3}	南颐 (《中南地区区域地层表》)	1964 (1974)	广东	41
83	Lintian Fm	*林田组	44-0205	∈l	∈	李兼海等	1982	福建	27
84	Liujiang Fm	*榴江组	44-0505	Dlj	D_{2-3}	冯景兰	1929	广西	61
85	Liushagang Fm	*流沙港组	44-1112	El	E_{2-3}	茂名石油公司	1975	广东	182
86	Longtankeng Fm	*龙潭坑组	44-0945	Jl	J_2	广东区调队	1991	广东	142
87	Longtouzhai Gr	*龙头寨群	44-0305	OL	O_{2-3}	广东761队4分队	1959	广东	31
88	Louziba Fm	*楼子坝组	44-0109	Zlz	Z_1	福建省区域地层表编写组	1979	福建	24
89	Lufeng Fm	*陆丰组	44-1247	Ql	Qp	南海海洋研究所	1978	广东	213
90	Luoding Fm	*罗定组	44-1002	Kl	K_1	广东763队	1962	广东	174
91	Luodong Fm	*罗东组	44-0310	Old	O_1	广东区调队	1992	广东	34
92	Luofozhai Gr	*罗佛寨群	44-1101	KEL	$K—E_{1-2}$	张玉萍等	1963	广东	172
93	Luohong Fm	*罗洪组	44-0309	Ol	O_1	广东区调队	1992	广东	33
94	Luoxia Fm	*罗罅组	44-0002	Ptl	Pt_{2-3}	南颐 (南颐)	1991 (1994)	广东	11
95	Malong Fm	*麻笼组	44-0942	Jm	J_2	南岭区测队2分队	1958	广东	140
96	Maokou Fm	茅口组	44-0703	Pm	P_1	乐森璕	1929	贵州	87
97	Maozifeng Fm	*帽子峰组	44-0515	DCm	$D_3—C_1$	徐瑞麟	1937	广东	66
98	Maziping Fm	*马梓坪组	44-1004	Km	K_1	广东761队4分队	1959	广东	166
99	Nanshancun Fm	*南山村组	44-0974	JKn	J_3-K_1	广东区调队	1989	广东	145
100	Nanxiong Gr	*南雄群	44-1051	KN	K_2	冯景兰	1928	广东	167
101	Nanyan Fm	*南岩组	44-0111	Zn	Z_2	福建省区域地层表编写组	1979	福建	24
102	Niujiaohe Fm	*牛角河组	44-0202	∈n	∈	江西区测队	1966	江西	25

序号	地层单位名称		编号	代号	地质时代	创　名　人	创建时间	所在省	在本书页数
	英　文	汉　文							
103	Nongshan Fm	*浓山组	1103	En	E_1	周明镇等	1973	广东	173
104	Qiaoyuan Fm	*桥源组	44-0909	Jqy	J_1	广东煤田205队 (《广东省区域地质志》)	1970 (1988)	广东	138
105	Qingkengcun Fm	*青坑村组	44-0907	Jq	J_1	广东区调队	1991	广东	136
106	Qixia Fm	栖霞组	44-0702	Pq	P_1	李希霍芬	1912	江苏	86
107	Qiziqiao Fm	*棋梓桥组	44-0506	Dq	D_2	田奇瑪等	1933	湖南	60
108	Qujiang Fm	*曲江组	44-0612	Cq	C_{1-2}	宜昌地矿所广东石炭纪煤组 (符力奋)	1979 (1994)	广东	80
109	Qujie Fm	*曲界组	44-1208	Qq	Qh	陈俊仁等	1990	广东	209
110	Reshuidong Fm	*热水洞组	44-0972	Jr	J_{2-3}	广东区调队	1989	广东	143
111	Rongxian Fm	融县组	44-0504	Dr	D_3	田奇瑪	1938	广西	63
112	Sandong Fm	*伞洞组	44-1003	Ks	K_1	广东705队	1988	广东	165
113	Sanjiao Fm	*三角组	44-1233	Qs	Qp	黄镇国等	1982	广东	212
114	Sanshui Fm	*三水组	44-1055	Ksŝ	K_2	张显球等 (张显球)等	1973 (1993)	广东	157
115	Sanyajiang Fm	*三丫江组	44-1059	Ksy	K_2	茂名石油公司	1973	广东	175
116	Shahu Fm	*沙湖组	44-0715	Pŝh	P_2	饶家光等 (《广东省区域地质志》)	1961 (1988)	广东	96
117	Shangcun Fm	*尚村组	44-1172	Nŝ	N_1	中南煤田130队	1956	广东	179
118	Shangdong Fm	*上垌组	44-1109	Eŝd	E_2	广东704队	1991	广东	177
119	Shanghu Fm	*上湖组	44-1102	KEŝ	$K_2—E_1$	周明镇等	1973	广东	172
120	Shanglongshui Fm	*上龙水组	44-0904	Jŝ	J_1	王宝琛 (黎汉明等)	1986 (1994)	广东	133
121	Shawanping Fm	*沙湾坪组	44-0005	Ptŝ	Pt_3	南颐 (周国强)	1991 (1994)	广东	15
122	Shengpinglu Mem	*升平路段	44-0516	$DC^{\hat{s}p}$	$D_3—C_1$	赵汝旋、秦国荣 (赵汝旋)	1986 (1994)	广东	68
123	Shengtang Fm	*圣堂组	44-0716	Pŝt	P_2	饶家光等 (《广东省区域地质志》)	1961 (1988)	广东	97
124	Shidengzi Fm	*石磴子组	44-0605	Cŝ	C_1	田奇瑪、王晓青	1932	湖南	75
125	Shijiaoju Mem	*石角咀段	44-0518	DC^{sj}	$D_3—C_1$	赵汝旋、秦国荣 (赵汝旋)	1986 (1990)	广东	69
126	Shiliting Mem	*十里亭段	44-0513	$D^{\hat{s}}$	D_3	赵汝旋、秦国荣	1990	广东	64
127	Shimaoling Fm	*石卯岭组	44-1203	Qŝ	Qp	广东水文一队	1967	广东	206
128	Shipai Fm	*石排组	44-1231	Qŝp	Qp	黄镇国等	1982	广东	211
129	Shuidishan Fm	*水底山组	44-0973	Jŝd	J_3	广东区调队	1989	广东	144
130	Shuishi Fm	*水石组	44-0204	∈ŝ	$\in_3$	江西区测队	1966	江西	27
131	Shuizhutang Fm	*水竹塘组	44-0705	Pŝ	P_2	侯鸿飞、詹立培、陈炳蔚等	1979	广东	90
132	Siwangzhang Fm	*四望嶂组	44-0802	Ts	T_1	郑可雄、刘楚新 (凌秋贤、林建南)	1982 (1994)	广东	99
133	Songling Fm	*嵩灵组	44-0908	Js	J_1	广东区调队	1972	广东	137
134	Tangxia Fm	*塘厦组	44-0941	Jt	J_{1-2}	广东761队	1962	广东	139
135	Tianyang Fm	*田洋组	44-1206	Qt	Qp	江木林 (《广东省区域地质志》)	1959 (1988)	广东	207

序号	地层单位名称		编号	代号	地质时代	创名人	创建时间	所在省	在本书页数
	英文	汉文							
136	Tianziling Fm	*天子岭组	44-0511	D*t*	D_3	徐瑞麟	1937	广东	63
137	Tongguling Fm	*铜鼓岭组	44-1060	K*t*	K_2	茂名石油公司	1973	广东	176
138	Tongziyan Fm	*童子岩组	44-0709	P*t*	P_1	王绍文	1930	福建	89
139	Toumuchong Fm	*头木冲组	44-0808	T*t*	T_3	广东煤田205队 (《广东省区域地质志》)	1972 (1988)	广东	127
140	Wanglougang Fm	*望楼港组	44-1178	N*w*	N_2	广东765队	1959	海南	186
141	Wanqingsha Fm	*万顷沙组	44-1236	Q*w*	Qh	黄镇国等	1982	广东	214
142	Weizhou Fm	*涠洲组	44-1113	E*w*	E_3	地质部第四普查大队	1964	广西	183
143	Xiahuangkeng Fm	*下黄坑组	44-0303	O*xh*	O_1	广东761队4分队	1959	广东	29
144	Xialu Fm	*下录组	44-1207	Q*xl*	Qp	周永清	1990	广东	209
145	Xiaoping Fm	*小坪组	44-0809	T*x*	T_3	哈安姆(A Heim)等	1930	广东	128
146	Xiaoshui Fm	*小水组	44-0807	T*xŝ*	T_3	广东煤田300队 (《广东省区域地质志》)	1969 (1988)	广东	126
147	Xiaoyunwushan Fm	*小云雾山组	44-0811	T*xy*	T_3	广东区调队 (《广东省区域地质志》)	1977 (1988)	广东	129
148	Xiayang Fm	*下洋组	44-1175	N*x*	N_1	地质部第四普查大队	1965	广东	184
149	Xinanzhen Fm	*西南镇组	44-1232	Q*x*	Qp	黄镇国等	1982	广东	212
150	Xinchang Fm	*新厂组	44-0301	O*x*	O_1	南颐 (广东区调队)	1961 (1965)	广东	28
151	Xindu Fm	*信都组	44-0501	D*x*	D_{1-2}	广西区调队	1974	广西	56
152	Xingtan Fm	*杏坛组	44-1234	Q*xt*	Qh	李平日等	1986	广东	212
153	Xinzhuangcun Fm	*莘庄村组	44-1105	E*x*	E_1	张显球等	1978	广东	160
154	Yangxi Fm	*杨溪组	44-0508	D*y*	D_{1-2}	徐瑞麟	1937	广东	55
155	Yetang Fm	*叶塘组	44-1058	K*yt*	K_2	郑家坚等	1974	广东	155
156	Yingyangguan Fm	鹰阳关组	44-0103	Z*y*	Z_1	李自惠 (《广西区域地质志》)	1979 (1985)	广西	21
157	Yinpingshan Fm	*银瓶山组	44-0903	TJ*y*	$T_3—J_1$	王宝琛 (黎汉明等)	1986 (1994)	广东	132
158	Youganwo Fm	*油柑窝组	44-1110	E*y*	E_{2-3}	陈国达、黄国贤	1949	广东	178
159	Yousheng Fm	*优胜组	44-1057	K*y*	K_2	黎汉明	1994	广东	154
160	Yunkai Gr	*云开群	44-0001	PtY	Pt_{2-3}	广东省地质矿产局	1988	广东	10
161	Zhangping Fm	*漳平组	44-0943	J*ẑ*	J_2	福建区调队	1965	福建	140
162	Zhanjiang Fm	*湛江组	44-1201	Q*ẑ*	Qp	李树勋	1954	广东	204
163	Zhenshui Fm	*浈水组	44-1054	K*ẑŝ*	K_2	张显球 (张显球)	1981 (1987)	广东	170
164	Zhongxin Fm	*忠信组	44-0614	C*ẑ*	C_1	南颐、马国干 (《中南地区区域地层表》)	1962 (1974)	广东	77
165	Zhutian Fm	*主田组	44-1053	K*ẑ*	K_2	张显球 (张显球)	1981 (1987)	广东	170
166	Zimenqiao Fm	*梓门桥组	44-0607	C*z*	C_1	田奇瑰	1929	湖南	79

附录Ⅲ 在广东省创建而未被采用的地层名称

附录Ⅲ-1

序号	地层单位名称		编号	地质时代	创名人	创建时间	所在省(区)	未被采用的理由
	英文	汉文						
1	Baidingzhai Fm	白顶寨组	44-1094	E	广东705队	1988	广东	相当丹霞组上部
2	Baisha Mem	白沙段	44-0731	P_1	饶家光等	1961	广东	相当孤峰组
3	Baishiling Bed	白石岭层	44-1163	E	陈国达等	1948	广东	相当上垌组
4	Baita Fm	白塔组	44-1238	Qp	广州地理研究所	1984	广东	与石排组同物异名
5	Baiyunkeng Fm	白云坑组	44-1161	E	广东756队	1991	广东	与丹霞组同物异名
6	Baiyunzhang Gr	白云嶂群	44-0979	J_3	广东761队	1962	广东	与高基坪群同物异名
7	Banlingcun Bed	半岭村层	44-0647	C_1	莫柱孙、杜衡龄	1943	广东	相当石磴子组
8	Bao'an Fm	宝安组	44-1121	E	地质部第四海洋地质调查大队	1981	广东	相当恩平组(附录Ⅴ)
9	Batexin Fm	巴特辛组	44-0946	K_1	台维斯	1952	香港	相当香港地区屯门组(附录Ⅳ)
10	Bazhai Fm	巴寨组	44-1092	E	广东705队	1988	广东	相当丹霞组下部
11	Beibuwan Fm	北部湾组	44-1165	N	广东水文一队	1964	广东	相当角尾组
12	Beitou Mem	陂头段	44-0638	C_2	南岭区测队	1959	广东	相当黄龙组
13	Buchang Fm	埠场组	44-1266	Qh	李平日等	1986	广东	杏坛组的同物异名
14	Caitang Fm	彩塘组	44-1278	Qp	张虎男	1994	广东	白坭组的同物异名
15	Changba Fm	长坝组	44-1062	K_1	广东705队	1988	广东	相当南雄群下部(大凤组)
16	Changkeng Mem	长坑段	44-1132	E_1	中国人民解放军工程兵第263团	1982	广东	相当上湖组下部
17	Changqiao Mem	长桥段	44-0954	K_1	广东区调队	1989	广东	相当龙潭坑组
18	Chao'an Fm	潮安组	44-1276	Qh	张虎男	1994	广东	相当桂洲群
19	Chaozhou Fm	潮州组	44-1244	Qh	李平日等	1987	广东	横栏组的同物异名
20	Chendeng Coal Fm	陈等煤组	44-0842	T_3	陈挺光等	1972	广东	相当小坪组上部
21	Chenghai Fm	澄海组	44-1245	Qh	李平日等	1987	广东	万顷沙组的同物异名
22	Chigang Conglomerate	赤岗砾岩	44-1137	E	边兆祥等	1949	广东	相当观莘庄村组
23	Chiwan Fm	赤湾组	44-1255	Qh	黄镇国等	1983	广东	相当桂洲群中下部
24	Da'andong Mem	大安洞段	44-0983	J_3	广东区调队	1989	广东	相当南山村组上部
25	Da'ao Fm	大坳组	44-0823	T_3	西安煤研所	1970	广东	与小水组同物异名
26	Dading Fm	大顶组	44-0832	T_3	广东区调队	1977	广东	相当艮口群
27	Dadinggang Conglomerate	大顶岗砾岩	44-1081	E	肇庆地质队	1972	广东	相当金鸡组底部砾岩
28	Dagang Mem	大岗段	44-1150	E	唐鑫等	1964	广东	相当宝月组
29	Daguling Bed	打鼓岭层	44-0535	D_3	陈国达	1949	广东	相当帽子峰组上部

序号	地层单位名称		编号	地质时代	创名人	创建时间	所在省(区)	未被采用的理由
	英文	汉文						
30	Dahebei Fm	大河陂组	44-0553	D_2	潘江	1978	广东	相当桂头群上部
31	Dakeng Mem	大坑段	44-1063	K_2	中国人民解放军工程兵第263团	1982	广东	相当大凤组下部
32	Dakengdong Fm	大坑垌组	44-0841	T_3	广东723队	1964	广东	相当小坪组底部
33	Daliang Fm	大良组	44-1273	Qh	陈培虹	1987	广东	相当桂洲群中上部
34	Dalishan Fm	大沥山岩组	44-0328	O_2	莫柱孙	1960	广东	相当罗洪组
35	Daluoshan Fm	大罗山组	44-0948	J_1	广东706队	1990	广东	与麻笼组同物异名
36	Damaikong Fm	大麦崆组	44-0728	P_1/P_2	广东煤田201队	1972	广东	相当水竹塘组
37	Dangang Mem	担岗段	44-0930	J_1	广东703队	1975	广东	与嵩灵组同物异名
38	Danshui Fm	淡水组	44-0952	J_3	南京地矿所等	1990	广东	相当吉岭湾组下部
39	Daochengdong Fm	道城垌组	44-0563	D_3	广东区调队	1992	广东	与榴江组同物异名
40	Dashiling Bed	大石岭层	44-0537	D_3	莫柱孙、刘成湛	1951	广东	相当棋梓桥组上部
41	Datang Mem	大塘段	44-1129	E	童永生等	1976	广东	相当浓山组中部
42	Dawotang Mem	大涡塘段	44-1158	E	张显球	1984	广东	相当华涌组上部
43	Dawushi Limestone	大乌石灰岩	44-0534	D_3	邓可菁等	1949	广东	与天子岭组同物异名
44	Dayaoshan Coal Fm	大尧山煤组	44-0914	$T_3—J_1$	广东712队	1960	广东	相当桥源组
45	Dengta Series	灯塔岩系	44-1012	K	南岭区测队	1958	广东	相当合水组，其顶部相当优胜组
46	Dianbai Fm	电白组	44-1268	Qp	李平日等	1986	广东	相当下录组
47	Dinghushan Series	鼎湖山系	44-0525	D_{1-2}	徐瑞麟等	1932	广东	与桂头群同物异名
48	Dongbei Bed	东陂层	44-0653	C_1	莫柱孙、杜衡龄	1943	广东	相当石磴子组
49	Dongchong Bed	东冲层	44-0652	C_1	莫柱孙、杜衡龄	1943	广东	相当测水组
50	Donggualing Sandstone	冬瓜岭砂岩	44-0925	J_1	广东煤田201队	1972	广东	桥源组的同物异名
51	Donghu Mem	东湖段	44-1067	K_2	罗子声	1984	广东	相当三水组上部
52	Dongli Fm	东里组	44-1246	Qh	李平日等	1987	广东	灯笼沙组的同物异名
53	Dongzhoule Gr	东周勒群	44-0927	J_1	西安煤研所	1973	广东	分解为金鸡组、桥源组
54	Duhu Fm	都斛组	44-1263	Qh	李平日等	1986	广东	灯笼沙组的同物异名
55	Dushouling Bed	独兽岭层	44-0536	D	陈国达	1949	广东	与帽子峰组同物异名
56	Dutou Mem	渡头段	44-0916	$T_3—J_1$	广东煤田152队	1976	广东	相当金鸡组的上部
57	Feishuyan Limestone	飞鼠岩石灰岩	44-0615	C_1	谢家荣	1928	广东	相当石磴子组
58	Fenggang Mem	丰岗段	44-1151	E	张显球	1984	广东	相当坉心组中上部
59	Foluo Fm	佛罗组	44-1184	N	广东765队	1959	海南	依石油部门意见采用灯楼角组
60	Foziyong Sandsoil Bed	佛子涌砂土层	44-1259	Qp	广东704队	1991	广东	下录组的同物异名
61	Furongshan Series	芙蓉山系	44-0626	C_1	徐瑞麟	1937	广东	相当测水组
62	Fuwan Fm	富湾组	44-0915	$T_3—J_1$	广东煤田152队	1976	广东	与小坪组同物异名

序号	地层单位名称		编号	地质时代	创名人	创建时间	所在省(区)	未被采用的理由
	英文	汉文						
63	Fuyang Fm	浮洋组	44-1239	Qp	广州地理研究所	1984	广东	相当礼乐群中下部
64	Gangmei Fm	岗美组	44-1275	Qp	陈培虹等	1987	广东	相当白坭组
65	Gangnan Fm	港南组	44-0975	K			广东	相当高基坪群
66	Ganxi Fm	干溪组	44-0824	T_3	广东煤田205队	1970	广东	相当头木冲组
67	Gaogang Mem	高岗段	44-1152	E	张显球	1984	广东	相当埼心组上部
68	Geling Gr	格岭群	44-1159	E	李时若	1977	广东	与丹霞组同物异名
69	Genkeng Mem	艮坑段	44-1148	E	张显球	1984	广东	相当莘庄村组上部
70	Guanggang Mem	广钢段	44-1020	K_1	罗子声	1984	广东	相当白鹤洞组上部
71	Guanghai Fm	广海组	44-1262	Qh	南海海洋研究所	1976	广东	相当第四系(礼乐群与桂洲群)未分
72	Guangzhou Bed	广州层	44-1138	E	Richthofen F v	1869	广东	广州近郊上白垩统—下第三系未分
73	Guangzhou Fm	广州组	44-0730	P_1	徐光洪等	1979	广东	相当童子岩组
74	Guanjing Coal Fm	官迳煤组	44-0838	T_3	广东712队	1962	广东	相当小坪组上部
75	Gutian Fm	谷田组	44-0727	P_1	广东煤田201队	1973	广东	相当童子岩组
76	Haiyan Fm	海晏组	44-1265	Qh	李平日等	1986	广东	与横栏组同物异名
77	Hengkeng Gr	横坑群	44-0015	An∈	南岭区测队14分队	1958	广东	相当大绀山组—活道组
78	Hepo Series	河婆岩系	44-0976	J_3	广东761队	1959	广东	相当高基坪群
79	Heshuiping Fm	合水坪组	44-0560	D_3	广东区调队	1991	广东	相当帽子峰组
80	Honggang Mem	红岗段	44-1149	E	唐鑫等	1964	广东	相当埼心组下部
81	Hougang Mem	猴岗段	44-1019	K_1	罗子声	1984	广东	相当白鹤洞组下部
82	Houmen Fm	鲘门组	44-0985	J_3	王宝琛	1986	广东	与高基坪群同物异名
83	Huabiaoshi Series	华表石系	44-1011	E	徐瑞麟等	1932	广东	相当三丫江组
84	Huanggangling Bed	皇岗岭层	44-0510	D_{2-3}	徐瑞麟	1937	广东	相当东岗岭组
85	Huanghuagang Mem	黄花岗段	44-1070	K_2	罗子声	1984	广东	相当大望山组中部
86	Huanghuaping Series	黄花坪系	44-0529	D_2	白玉衡	1940	广东	相当东岗岭组上部
87	Huangmaoxia Mem	黄茅峡段	44-0830	T_3	广东706队	1971	广东	相当红卫坑组上部(牛牯墩段)
88	Huilong Gr	回龙群	44-0216	∈	广东763队	1962	广东	下部相当高滩组,上部相当水石组
89	Huilong Fm	回龙(岩)组	44-0327	∈	莫柱孙	1960	广东	下部相当高滩组,上部相当水石组
90	Jiali Fm	贾里组	44-1241	Qp	李平日等	1987	广东	与西南镇组同物异名
91	Jiangjunfu Mem	将军府段	44-0936	J_1	张韦	1984	广东	相当嵩灵组上部
92	Jinjiang Fm	锦江组	44-1021	K	广东区调队	1984	广东	与合水组的同物异名
93	Jinqianling Fm	金钱岭组	44-0561	D_3	吴起俊等	1991	广东	相当帽子峰组下部(升平路段)
94	Jinshan Fm	金山组	44-0839	T_3	广东723队	1964	广东	相当小坪组底部
95	Jinshiyan Fm	锦石岩组	44-1093	E	广东705队	1988	广东	相当丹霞组中部

序号	地层单位名称		编号	地质时代	创名人	创建时间	所在省(区)	未被采用的理由
	英文	汉文						
96	Jinxinggang Fm	金星岗组	44-1145	E	广东735队	1975	广东	相当华涌组上部
97	Jinzhuwo Coal Series	筋竹窝煤系	44-0821	T_3	李殿臣、姚文光	1932	广东	相当小坪组
98	Jiuzhongshan Bed	九重山层	44-0531	D_2	陈康	1944	广东	相当东岗岭组
99	Jushigou Mem	菊石沟段	44-0921	J_1	广东煤田205队	1969	广东	不符合命名规范，相当金鸡组
100	Kangle Mem	康乐段	44-1066	K_2	罗子声	1984	广东	相当三水组下部
101	Kelu Fm	客路组	44-1269	Qp	李平日等	1986	广东	与湛江组同物异名
102	Kengkou Mem	坑口段	44-0986	K_1	广东区调队	1989	广东	相当优胜组
103	Kongcun Mem	孔村段	44-1065	K_2	中国人民解放军工程兵263团	1982	广东	与浈水组同物异名
104	Lanmentou Gr	烂门头群	44-1140	E	唐鑫等	1964	广东	相当莘庄村组
105	Laohu'ao Series	老虎坳岩系	44-0540	D_{1-2}	张有正	1959	广东	中下部相当桂头群，上部相当春湾组
106	Laoshuzhai Fm	老鼠寨组	44-0219	$\in_3$	张良、何秋英	1993	广东	相当现采用的水石组
107	Lashiba Coal Series	腊石坝煤系	44-0721	P	徐瑞麟	1937	广东	包括现孤峰组、童子岩组、格顶组、九陂组
108	Lechang Limestone	乐昌灰岩	44-0530	D	莫桩孙、杜衡龄	1943	广东	包括现棋梓桥组、天子岭组等
109	Leiqiong Fm	雷琼组	44-1183	N	广东水文一队	1964	广东	依石油部门意见现采用灯楼角组
110	Lianxia Fm	莲下组	44-1243	Qh	李平日等	1987	广东	与杏坛组同物异名
111	Lianxian Limestone	连县石灰岩	44-0627	C_1	莫柱孙、杜衡龄	1943	广东	相当现定连县组为主(包括石磴子组、梓门桥组在内)的下石炭统
112	Lianyang Coal Fm	连阳煤组	44-0724	P	广东煤田201队	1973	广东	相当现采用的童子岩组
113	Lianzhu Limestone	连珠石灰岩	44-0634	C_2	边兆祥、邓可菁	1949	广东	相当现采用的壶天群
114	Lianzitang Mem	莲子塘段	44-1157	E	张显球	1984	广东	相当华涌组中部
115	Liaowushan Mem	廖屋山段	44-0825	T_3	广东煤田205队	1971	广东	相当红卫坑组下部(社主段)
116	Likeng Mem	黎坑段	44-1082	T_3—J_1	广东煤田152队	1976	广东	相当金鸡组底部
117	Lilang Fm	李朗组	44-0947	J_2	谢家荣等	1928	广东	相当现定塘厦组
118	Lingdingyang Fm	伶仃洋组	44-1257	Qh	李平日等	1986	广东	相当灯笼沙组上部，现归并灯笼沙组中
119	Lingxi Series	灵溪岩系	44-0324	O_1	南颐，吴兆同	1959	广东	相当下黄坑组
120	Lingyunshan Congl. Fm	凌云山砾岩组	44-0843	T_3	广东712队	1960	广东	相当金鸡组底部
121	Linshan Fm	林山组	44-0955	J_2	张祖廉	1960	广东	相当麻笼组
122	Liuhuangshan Limeston	硫璜山灰岩	44-0538	D_{2-3}	陈砺刚、陈永赢	1957	广东	中下部相当现采用的东岗岭组，上部相当天子岭组
123	Liumei Gr	流眉群	44-0213	$\in$—Z	广东763队	1959	广东	相当老虎塘组
124	Liushuijing Mem	流水径段	44-0835	T_3	广东703队	1975	广东	与小水组同物异名

序号	地层单位名称		编号	地质时代	创名人	创建时间	所在省(区)	未被采用的理由
	英文	汉文						
125	Longjiang Fm	龙江组	44-0641	C_1—D_3	许寿永等	1979	广东	相当帽子峰组—长垑组
126	Longtian Series	龙田岩系	44-0635	C_1—D_3	南岭区测队2分队	1959	广东	相当帽子峰组—大赛坝组
127	Longwan Fm	龙湾组	44-1264	Qh	李平日等	1986	广东	与万顷沙组同物异名
128	Longyan Limestone	龙岩石灰岩	44-0321	O	徐瑞麟,蒋溶	1931	广东	相当东岗岭组
129	Louling Fm	楼岭组	44-1281	Qp	广东水文一队	1993	广东	与陆丰组同物异名
130	Lufeng Fm	陆丰组	44-1118	E	南海东部石油公司	1985	广东	相当现采用的神狐组,与陆丰组(1978)同名
131	Lukeng Mem	鹿坑段	44-0833	T_3	广东703队	1975	广东	相当红卫坑组下部
132	Lunjiao Mem	伦教段	44-1017	K_1	张捷芳	1985	广东	相当白鹤洞组底部
133	Luobian Mem	罗边段	44-1154	E	张显球	1984	广东	相当宝月组中部
134	Luojiazhang Sand-stone	罗家嶂砂岩	44-0926	J_1	广东煤田201队	1972	广东	与桥源组同物异名
135	Luojing Limestone	罗镜石灰岩	44-0527	D_3	王镇屏	1933	广东	相当棋梓桥组—石磴子组
136	Luoke Fm	罗客组	44-0847	T_3	肇庆地质队	1978	广东	相当小坪组下部
137	Ma'an Fm	马安组	44-0840	T_3	广东723队	1964	广东	相当小坪组中部
138	Maba Limestone	马坝石灰岩	44-0625	C_2	徐瑞麟	1937	广东	相当壶天群
139	Mafang Mem	马房段	44-1146	E	张显球	1984	广东	相当莘庄村组下部
140	Mangzixia Series	盲仔峡系	44-0521	D_{1-2}	冯景兰、张会若	1928	广东	相当桂头群
141	Maojiwan Mem	毛鸡湾段	44-1130	E	张显球	1981	广东	相当古城村组下部
142	Maoming Bed	茂名层	44-1162	E	周铭斯	1926	广东	茂名盆地第三系未分
143	Maonan Volcanic-complex	茂南火山杂岩	44-1074	K_2	广东765队	1960	广东	现采用三丫江组
144	Matoushan Series	马头山岩系	44-0016	Z	广东763队	1960	广东	现定小云雾山组
145	Matouzhai Coal Series	马头寨煤系	44-0629	C_1	张伯辑、刘乃隆	1943	广东	相当测水组
146	Mawuzhai Fm	马屋寨组	44-0723	P_1	广东煤田201队	1973	广东	与茅口组同物异名
147	Meijiang Redbeds	梅江赭色层	44-1095	K	乐森璕、姚文光	1932	广东	梅县地区白垩系未分
148	Meiling Series	梅岭系	44-0012	Z	冯景兰、张令若	1928	广东	相当鹰阳关组—乐昌峡群
149	Meilong Fm	梅陇组	44-1251	Qp	南海海洋研究所	1982	广东	相当礼乐群
150	Nafu Coal-bearing Fm.	那扶含煤组	44-0564	D_3	广东712队	1960	广东	相当帽子峰组中部(北门段)
151	Nanbian Mem	南边段	44-1155	E	张显球	1984	广东	相当宝月组上部
152	Nankeng Mem	南坑段	44-0831	T_3	广东706队	1971	广东	相当头木冲组
153	Nanping Fm	南平组	44-0928	J_1	广东712队	1962	广东	相当金鸡组上部
154	Nanshe Fm	南社组	44-1240	Qp	李平日等	1987	广东	与石排组同物异名
155	Nansheng Fm	南盛组	44-0565	D_3	广东762队	1963	广东	相当大绀山组
156	Nantang Fm	南塘组	44-1267	Qp	李平日等	1986	广东	与三角组同物异名
157	Nilongxiang Mem	逆龙巷段	44-1127	E	张显球	1981	广东	相当上湖组上部

序号	地层单位名称		编号	地质时代	创名人	创建时间	所在省(区)	未被采用的理由
	英文	汉文						
158	Ningshan Fm	宁山组	44-0953	J_3	南京地矿所	1990	广东	与吉岭湾组同物异名
159	Niuchen'ao Fm	牛辰坳组	44-0018	Pt	南颐	1991	广东	相当兰坑组
160	Ojiadong Fm	欧家洞组	44-0218	∈	张良、何秋英	1993	广东	相当高滩组
161	Panyu Fm	番禺组	44-1120	E	南海东部石油公司	1985	广东	与文昌组同物异名
162	Pingdi Mem	坪地段	44-1133	E	中国人民解放军工程兵第263团	1980	广东	相当上湖组中上部
163	Pingfengzhai Series	屏风寨岩系	44-0636	C_{1-2}	南岭区测队2分队	1959	广东	相当忠信组
164	Pinghai Fm	平海组	44-1252	Qp	南海海洋研究所	1982	广东	相当桂洲群
165	Pingling Mem	坪岭段	44-1125	K—E	张显球	1981	广东	相当上湖组下部
166	Pingshan Fm	坪山组	44-1253	Qp	黄镇国等	1983	广东	相当礼乐群
167	Pingshi Bed	坪石层	44-1135	E	吴尚时等	1948	广东	相当南雄群中部
168	Pingyuan Series	平远岩系	44-0949	J	南岭区测队	1958	广东	相当中上侏罗统一下白垩统未分
169	Puziyin Fm	铺仔茵组	44-0545	D_3	陈魁垣	1964	广东	与帽子峰组同物异名
170	Qiaopinggang Fm	乔坪岗组	44-0846	T_3	肇庆地质队	1978	广东	相当小坪组上部—金鸡组下部
171	Qikengping Gr	七坑坪群	44-0215	∈	莫柱孙	1962	广东	相当牛角河组
172	Qilixia Mem	七里峡段	44-0829	T_3	广东706队	1971	广东	相当红卫坑组上部(牛牯墩段)
173	Qishu Mem	七树段	44-0951	J_2	陈金良	1975	广东	相当漳平组
174	Qixingyan Limestone	七星岩石灰岩	0617	C_{2-3}	张席禔	1929	广东	相当壶天群
175	Qujiang Gr	曲江群	44-0920	J_1	广东煤田202队	1973	广东	相当金鸡组与桥源组未分
176	Sanjian Fm	三尖岩组	44-0329	S_1	莫柱孙	1960	广东	相当兰瓮组—古墓组
177	Sankoujiang Fm	三口江组	44-0722	P_2	广东煤田201队	1973	广东	与茅口组同物异名
178	Sanpai Bed	三排层	44-0648	C_1	莫柱孙、杜衡龄	1943	广东	相当测水组—梓门桥组
179	Sanyuanli Mem	三元里段	44-1069	K_2	罗子声	1984	广东	相当大望山组下部
180	Shabicun Fm	沙比村组	44-0912	J_1	广东712队	1960	广东	相当金鸡组中部
181	Shajiao Fm	沙窖组	44-1274	Qh	陈培虹	1987	广东	相当桂洲群
182	Shajing Fm	沙井组	44-1256	Qh	黄镇国等	1983	广东	与灯笼沙组同物异名
183	Shanglankeng Mem	上兰坑段	44-0935	J_1	张韦	1984	广东	相当嵩灵组下部
184	Shaoguan Limestone	韶关石灰岩	44-0616	$C_3—P_1$	冯景兰等	1929	广东	相当船山组—栖霞组
185	Shashuigang Fm	沙水岗组	44-0562	D_3	吴起俊等	1993	广东	相当帽子峰组中部(北门段)
186	Shenkeng Limestone	深坑石灰岩	44-0622	C_{2+3}	何致虏、朱翙声	1931	广东	相当壶天群
187	Shenlingkeng Gr	神岭坑群	44-1160	N	广东703队	1974	广东	相当下第三系上部地层
188	Shenshi Gr	神石群	44-0982	J_3	南岭区测队	1958	广东	相当龙潭坑组
189	Shigang Bed	狮岗层	44-0619	C_1	徐瑞麟、蒋溶	1931	广东	相当石磴子组—测水组
190	Shitang Mem	石塘段	44-0917	J_1	王文校等	1983	广东	相当金鸡组中上部

序号	地层单位名称		编号	地质时代	创名人	创建时间	所在省(区)	未被采用的理由
	英文	汉文						
191	Shiweitang Mem	石围塘段	44-1071	K_2	罗子声	1984	广东	相当大塱山组上部
192	Shixing Series	始兴岩系	44-0325	O_2	南颐,吴兆同	1959	广东	相当长坑水组
193	Shiziling Bed	狮子岭层	44-1134	E	吴尚时等	1948	广东	相当南雄群下部
194	Shiziling Mem	狮子岭段	44-0827	T_3	广东煤田205队	1971	广东	相当小水组下部
195	Shizitou Mem	石子头段	44-0933	J_1	陈金良	1975	广东	相当嵩灵组
196	Shuangduigang Bed	双对岗层	44-0633	C_1	陈国达	1949	广东	相当石磴子组—测水组
197	Shuangtou Gr	双头群	44-0552	D_3	广东区调队	1977	广东	相当老虎头组—春湾组
198	Shuijing Bed	水井层	44-0651	C_1	莫柱孙、杜衡龄	1943	广东	相当测水组
199	Shuikou Series	水口系	44-0011		李承三、哈安姆、古力齐	1920	广东	相当大绀山组
200	Sigongkeng Fm	泗公坑组	44-0019	Z	张良、陈培权、黄宇辉、何秋英	1992	广东	相当老虎塘组
201	Songbao Coal Fm	松柏煤组	44-0837	T_3	广东712队	1962	广东	相当桥源组
202	Songgang Fm	松岗组	44-1254	Qh	黄镇国等	1983	广东	与杏坛组同物异名
203	Songshan Fm	松山组	44-1024	K_2	中国人民解放军工程兵第263团	1982	广东	与南雄群(大凤组)同物异名
204	Songyuan Gr	松源群	44-0547	D_3	广东区调队	1973	广东	相当桂头群
205	Suoweiling Gr	缩尾岭群	44-0330	O_2	广东763队	1962	广东	相当罗洪组—东冲组
206	Tangcun Coal Fm	塘村煤组	44-0822	T_3	广东707队	1963	广东	相当头木冲组
207	Tanwu Fm	潭屋组	44-1015	J	广东705队	1988	广东	与马梓坪组同物异名
208	Tasimagang Fm	踏死马岗组	44-1141	E	唐鑫等	1964	广东	相当宝月组
209	Tianmen'ao Mem	天门坳段	44-0922	J_1	广东煤田205队	1969	广东	相当金鸡组上部
210	Tiaogang Fm	铁岗组	44-0836	T_3	广东703队	1975	广东	相当头木冲组
211	Tiziling Limestone	梯子岭石灰岩	44-0630	C_1	张伯辑、刘乃隆	1943	广东	相当长垑组—石磴子组
212	Tuopu Fm	鮀浦组	44-1242	Qp	李平日等	1987	广东	与三角组同物异名
213	Waisha Fm	外砂组	44-1277	Qp	张虎男	1994	广东	相当礼乐群
214	Wangjianglou Bed	望江楼层	44-0322	O	穆恩之	1948	广东	相当古墓组
215	Wanhe Fm	万和组	44-0834	T_3	广东703队	1975	广东	相当红卫坑组上部
216	Weiling Series	围岭岩系	44-0980	J_3	广东省762队	1959	广东	相当高基坪群
217	Wengjiang Gr	翁江群	44-0212	$\in$	广东761队	1959	广东	八村群的同物异名
218	Wentoushan Shale	文头山页岩	44-0411	S_2	章熙林	1938	广东	现归入连滩组
219	Wudinggang Coal Fm	五顶岗煤组	44-0845	T_3	广东煤田205队	1976	广东	相当小坪组上部
220	Wudong Mem	邬洞段	44-0950	J_2	广东703队	1975	广东	相当漳平组
221	Wujing Mem	乌迳段	44-1064	K_2	中国人民解放军工程兵263团	1982	广东	与南雄群(中下部)同物异名
222	Xiahui Mem	下惠段	44-1126	E	张显球	1981	广东	相当上湖组中部
223	Xianjingwei Fm	先经围组	44-0017	Pt	南颐	1991	广东	南颐(1993)核查应属中泥盆统,建议废弃

序号	地层单位名称		编号	地质时代	创名人	创建时间	所在省(区)	未被采用的理由
	英文	汉文						
224	Xiaolao Mem	小劳段	44-1018	K_1	张捷芳	1985	广东	相当白鹤洞组上部
225	Xiaotang Mem	小塘段	44-1156	E	张显球	1984	广东	相当华涌组底部
226	Xiaowan Mem	小湾段	44-0828	T_3	广东706队	1971	广东	相当红卫坑组下部(社主段)
227	Xiaowushi Limestone	小乌石石灰岩	44-0631	C_1	陈国达	1949	广东	相当石磴子组
228	Xiazhai Fm	下寨组	44-0217	Z_2—$\in_1$	张良、何秋英	1993	广东	八村群下部的牛角河组
229	Xibu Fm	西坊组	44-1143	E	广东735队	1974	广东	相当坊心组中上部—宝月组下部
230	Xihao Mem	西濠段	44-1068	K_2	罗子声	1984	广东	相当三水组顶部
231	Xikengbu Gr	西坑布群	44-1139	E	唐鑫等	1964	广东	相当大塱山组
232	Xinan Fm	西南组	44-1142	E	中南地区区域地层表编写小组	1974	广东	相当宝月组中上部
233	Xingmei Fm	兴梅组	44-0729	P_1	刘杜芳等	1978	广东	相当童子岩组
234	Xingning Gr	兴宁群	44-1072	K	郑家坚、邱占祥等	1974	广东	相当兴宁盆地白垩系未分
235	Xiniutan Mem	西牛潭段	44-0924	J_1	广东煤田202队	1973	广东	相当桥源组上部
236	Xinjing Fm	新径组	44-1016	K	广东706队	1988	广东	相当伞洞组上部
237	Xinliao Fm	新寮组	44-1280	Qh	广东水文一队	1993	广东	与灯笼沙组同物异名
238	Xinpu Coal series	新铺煤系	44-0726	P_{2-3}	乐森玥等	1932	广东	相当童子岩组—翠屏山组
239	Xinqin Fm	新秦组	44-0020	Z	张良等	1992	广东	乐昌峡群下部坝里组
240	Xiqiaoshan Fm	西樵山组	44-1144	E	中南地区区域地层表编写小组	1974	广东	相当华涌组下部
241	Xujialiao Fm	许家寮组	44-1185	N	胡兰英	1981	广东	相当角尾组下部
242	Xuwen Fm	徐闻组	44-1279	Qp	广东水文一队	1993	广东	残坡积红土,地层位置不明
243	Yangchun Fm	阳春组	44-0732	P_2	侯鸿飞等	1979	广东	相当沙湖组—圣堂组
244	Yangchun Limestone	阳春石灰岩	44-0624	C_1	蒋溶	1934	广东	相当长垑组—梓门桥组
245	Yangjiang Fm	阳江组	44-1119	E	南海西部石油公司	1985	广东	相当恩平组
246	Yangjiang Fm	阳江组	44-1272	Qh	李平日等	1988	广东	相当桂洲群,与阳江组(1985)同名
247	Yangjiaoxu Fm	羊角墟组	44-1260	Qp	陈国达等	1949	广东	地层位置不明,可能相当北海组
248	Yangyidong Series	杨移峒岩系	44-0323	O	广东762队	1959	广东	相当下黄坑组—长坑水组
249	Yanyanggang Mem	艳阳岗段	44-0932	J_2	广东703队	1975	广东	相当桥源组
250	Yaoshan Series	瑶山系	44-0014	An$\in$	张兆瑾	1937	广东	相当乐昌峡群
251	Yaoxi Redbeds	尧西红层	44-0913	T_3—J_1	广东712队	1960	广东	相当金鸡组上部
252	Yingde Limestone	英德石灰岩	44-0618	C_1	冯景兰、张会若	1929	广东	相当东岗岭组—石磴子组
253	Yingde Gr	英德群	44-0520	D_3	广东地科所	1983	广东	相当融县组
254	Youkeng Limestone	油坑灰岩	44-0725	P_1	乐森玥等	1932	广东	相当栖霞组
255	Youling Bed	油岭层	44-0649	C_1	莫柱孙、杜衡龄	1943	广东	相当梓门桥组

序号	地层单位名称		编号	地质时代	创名人	创建时间	所在省(区)	未被采用的理由
	英文	汉文						
256	Yuliangtou Mem	鱼良头段	44-0826	T_3	广东煤田205队	1971	广东	相当红卫坑组上部(牛牯墩段)
257	Yunan Gr	鱼南群	44-0211	∈	南岭区测队	1958	广东	相当八村群
258	Yunan Series	郁南岩系	44-0326	O	莫柱孙	1960	广东	相当连滩组以下的下古生界未分
259	Zhajiang Gr	闸江群	44-1061	K	广东763队	1959	广东	与南雄群同物异名
260	Zhenxianyan Mem	真仙岩段	44-1131	E	张显球	1981	广东	相当古城村组上部
261	Zhongdongling Coal Series	中洞岭煤系	44-0632	C_1	边兆祥、邓可菁	1949	广东	相当测水组
262	Zhongguyan Limestone	钟鼓岩石灰岩	44-0644	C_2	冯景兰等	1928	广东	相当壶天群
263	Zhongshan Fm	中山组	44-1271	Qh	李平日等	1987	广东	与横栏组同物异名
264	Zhoubei Series	周陂岩系	44-0637	C_1	南岭区测队2分队	1959	广东	相当石磴子组—测水组
265	Zhugang Mem	祝岗段	44-0931	J_1	广东703队	1975	广东	相当嵩灵组
266	Zhuguikeng Mem	竹桂坑段	1128	E	童永生等	1976	广东	相当浓山组下部
267	Zhuhai Fm	珠海组	44-1270	Qh	李平日等	1987	广东	系灯笼沙组的同物异名
268	Zhujiangkou Gr	珠江口群	44-1186	N	广州地质勘探分公司	1977.	广东	珠江口盆地上第三系未分
269	Zhushangang Mem	竹山岗段	44-1153	E	张显球	1984	广东	相当宝月组下部
270	Zhushanmei Coal Fm	竹山煤组	44-0844	T_3	广东煤田206队	1976	广东	相当小坪组下部
271	Zhuyuancun Sandsoil	竹园村砂土	44-1258	Qp	陈国达等	1949	广东	相当雷州半岛的下录组
272	Zimeishi Bed	姊妹石层	44-1136	E	吴尚时等	1948	广东	相当南雄群上部

简要说明：在收集整理的272个未被采用的地层单位中：(1) 在矿产普查、勘探报告中，各矿区建立不具区域划分对比意义的“组”、“段”46个；(2) 60年代以前创建的，定义不甚明确，地层位置存在某些错误的“岩系”、“层”73个；(3) 强调生物和地质年代的统一而建立的“群”3个；(4) 暂时还难推广或地层层位仍有争议的“群”、“组”、“段”9个；(5) 按优先权和科学性，沿用的习惯性已采用其他名称，属于同物异名或异物同名的106个；(6) 有待进一步研究后才能推广的“段”、“组”35个。

按自然断代统计，其中元古宇及下古生界未被采用的单位，主要为60年代以前创建的一批定义不甚明确的“岩系”、“群”。上古生界（包括中、下三叠统）未被采用的单位主要有两部分，大部分系三四十年代创建的含义不甚明确的“岩系”、“层”，其次是按优先权和科学性采用邻省（区）其他名称后在本省原使用过的“组”、“群”。上三叠统—上侏罗统未被采用的单位，主要为在对晚三叠世含煤地层的普查、勘探中，分别于各矿区建立的“煤组”、“段”。白垩系—第三系未被采用的单位，主要为不同单位（人）在不同的盆地分别建立的“组”、“层”和有待进一步研究后才能推广的“段”。第四系未被采用的单位，主要是在粤西、粤东沿海和韩江三角洲近期创建的与珠江三角洲地层柱同物异名的“组”。

附录Ⅳ　香港地区地层划分概况

香港位于南海之滨的珠江口东侧，包括香港岛、九龙半岛和新界三部分，总面积1068 km^2，有大小岛屿200多个。

由于历史原因，香港地区的地层划分与广东地层划分不同。为便于探讨和对比，兹据彭琪瑞（1983）、李作明（1987）及杨超群（1992）等人的资料综合概括成文，以供参考。

自1864年开始研究香港东南沿海地质以来，香港的地层研究得到逐步提高和不断深入。20年代初发现香港菊石，证实存在海相侏罗纪地层；30年代作过局部的地质填图。50—60年代发现二叠纪化石和地层；70年代初开始进行1:5万地质填图；80年代以来，相继发现了泥盆纪的鱼、植物、双壳类等化石及地层，二叠纪、侏罗纪和白垩纪的生物地层学研究也有不少新进展。香港地区的地层主要集中分布在九龙半岛东北部吐露海峡一带、新界西北部元朗以北地区以及大濠岛的大澳附近，以古生代及中生代地层为主。由于大面积岩浆岩侵入和覆盖，地层层序的连续性差，相互接触关系观测困难。现由老到新概述如下。

1. 寒武系（?）（凤凰笏组∈*f*）

出露在吐露港北岸的凤凰笏附近，不整合伏于泥盆纪白沙头洲组（下部含粗碎屑铁质砂岩）之下，由灰、黑灰色条带状页岩与粉砂岩互层组成，厚度近百米，岩层具类复理石式沉积韵律，未见化石；李作明（1987）认为可能相当广东境内的寒武纪八村群，其上覆白沙头洲组下部的含粗碎屑铁质砂岩可能是古风化壳。如是，本组为香港地区迄今所知的最老地层。

2. 泥盆系

集中分布于吐露海峡的南北两岸，呈狭长带状分布，组成北东向展布山脉，自下而上划分为白沙头洲组、船湾组和马鞍山组。

（1）白沙头洲组（D*bŝ*）：由黄白色底砾岩、砂岩、复矿质砂岩、层间砾岩及粉砂质页岩组成，厚度900～1200 m。李作明（1982）曾在层间砾岩之上部采得盾皮鱼（Placodermi）化石，首次证实属泥盆纪。

（2）船湾组（D*ĉw*）：整合于白沙头洲组之上，自下而上为灰白—浅灰色粗砂岩、褐黄色粉砂质页岩及紫红色页岩，总厚度500 m左右。

1988年11月至1990年2月，香港理工学院土木及结构工程系、中国科学院南京地质古生物研究所、香港政府土力工程处和香港大学地理地质系相继在新界船湾水库东南岸及南岸发现丰富的双壳类、腹足类、介形类、叶肢介类、海百合茎、鱼和植物等化石。

双壳类由陈金华鉴定，并自下而上划分为3个组合：①*Pseudonuculana zhaoi*－*Deceptrixguangxiensis* 组合，属早泥盆世晚期，层位与广西郁江组相当。② *Orthonota guangdongensis*－*Paracyclas* 组合，属早泥盆世末期至中泥盆世早期，层位与广西的二塘组和四排组相当。③*Edmondia* aff. *subovata* 组合，属中泥盆世，层位与广西的应堂组相当。

植物化石经吴舜卿鉴定，自下而上也分为3个组合：①*Zosterophyllum*－*Taeniocrada* 组合，其中包含 *Zosterophyllum*，*Taeniocrada*，*Psilophytopsida* ?和 *Psilophytites* ?；这个组合的分子以往在粤西北怀集和湘西南江永的类似层位中也曾发现。②*Protopteridium* 组合，以 cf. *Protopteridium minutum* 和 *Protopteridium*? sp. 为代表；与下泥盆统最上部或中泥盆统最下部层位对比。③*Lepidodendropsis* 组合，以含发育于中国中上泥盆统的 *Lepidodendropsis* 为特征，所采标本显示有原始特征，暂划归中泥盆统下部。通过对比，李作明等认为，香港的下泥盆统相当于粤北、粤中的杨溪组，中泥盆统相当于老虎头组。

（3）马鞍山组（D*ma*）：分布于马鞍山矿场一带，由粉砂质页岩及砂岩夹石灰岩组成；岩石遭受花岗岩侵入而发生热力变质，前者形成角岩，后者形成大理岩及矽卡岩（产磁铁矿）；总厚度大于500 m，未见化石。李作明认为可与粤北、粤中的天子岭组及帽子峰组相对比。

3. 石炭系

分布于北部元朗、罗湖及大濠岛的大澳一带。李作明（1984，1987）自下而上划分为3个组。

（1）元朗组（C*yl*）：经钻探发现，分布于元朗镇第四纪冲积层或海相淤积层之下；由灰白或白色白云质灰岩、白云岩、泥灰岩和泥质灰岩、钙质泥岩等组成，经变质而成大理岩，未见化石，总厚度大于300 m。可能相当于粤北、粤中的石磴子组，在大理岩之下尚见厚逾10 m 的片理化砂岩及千枚状页岩（可能相当于岩关阶）。

（2）落马洲组（C*lm*）：分布于元朗以北落马洲附近的低山丘陵地带，呈北东向延伸入深圳市。属含煤碎屑岩建造，岩层遭动力变质作用而成千枚岩、片岩等，整合于元朗组之上，总厚度大于1000 m。其下部为灰及灰紫色千枚岩、石墨片岩夹变质砂岩，上部为石英岩及变质砂岩夹千枚岩，上下部之间为含砾石英岩；可能与广东境内的测水组相当。

（3）大澳组（C*da*）：分布于大濠岛西北岸的大澳至磡石湾一带，被浅水湾组（上侏罗统）的火山岩不整合超覆；在大濠岛北面的三个小岛（即小磨刀洲及匙羹洲），也有一些孤立的露头。本组下部由坚硬的黑色或白色薄层条带状粉砂岩和灰色石英岩组成，上部由紫色粉砂岩和泥岩、红褐色砂岩、白色石英岩夹有薄层黑色页岩组成；总厚达 200 m。艾伦和斯蒂芬斯（1971）认为大澳组是侏罗纪浅水湾组火山岩中的沉积夹层，彭琪瑞（1983）将其归为二叠纪。李作明（1984）在大澳附近的黑色碳质页岩中采得植物 *Neuropteris* sp.？，认为其层位应与落马洲组相当（也可与广东境内的测水组对比），由于未遭受强烈变质，故仍称为大澳组，以与落马洲组相区别。

4. 二叠系

分布于新界东北部沙头角长排头、吐露海峡内马屎洲及丫洲一带。李作明（1987）作如下划分。

（1）长排头组（P*ĉp*）：见于沙头角以东长排头，为古代石灰岩采场，露头已被海水淹没。由灰黑色灰岩、白云质灰岩及含碳质灰岩组成，总厚度大于50 m，可能与广东境内的栖霞组相当。30年代，李四光曾鉴定产于附近被火山岩包裹的石灰岩转石中的䗴类有？*Fusulina* sp.。

（2）吐露港组（P*tl*）：典型地点为吐露港的马屎洲，拉斯顿（1960）以及艾伦和斯蒂芬斯（1971）曾在图上标出该岛东南岸也有分布，岩性主要是褐灰及褐黑色风化页岩、灰—紫色泥岩和粉砂岩、红褐色砂岩及石英岩，总厚度大于200 m。拉斯顿（1960）曾发现“很可能属于二叠纪的”海百合茎、苔藓虫、双壳类、腕足类等化石。李作明（1987）在该组中发现有腕足类 *Haydenella chianensis*，*Tyloplecta* cf. *nankingensis*，*U-rushtenia* sp.，*Neoplicatifera* sp.，菊石 *Altudoceras* sp.，珊瑚 *Lophophyllidium* sp.，?*Duplophyllum mikron-von* 及苔藓虫 *Fenestella* sp. 等，认为相当于广东境内的孤峰组或茅口组。1989年，香港理工学院土木及结构工程系和中国科学院南京地质古生物研究所又在该组中采集了一批化石。经鉴定的有：菊石（何国雄鉴定）*Paraceltites* sp.，双壳类（陈金华鉴定）*Euchondria jiaheensis*，*Euchondrioiden zhuzhouensis*，cf. *Etheripecten sichuanensis*，*Astartella miuuta*，*Edmondia rotunda*，*Palaeoneilo guizhouensis*，*Pernopecten* sp.，“*Lima*” cf. *minima*，*Paradoxipecten jiaheensis*，珊瑚（廖卫华鉴定）*Allotropiophyllum* sp.，*Paracaninia* sp.，*Bradyphyllum* sp.，腕足类（廖卓庭鉴定）*Neoplicatifera huangi*，*Tenuichonetes tenuilirata*，*T. plicatiformis*，*Spinomarginifera* cf. *shizhongensis*，*Acosariua indica*，*Crurithyris* sp.，？*Cathaysia* sp. 和？*Uncisteges maceus* 等。据对上述化石分析，吐露港组的地质时代应属早二叠世晚期，大致可与华南的茅口阶或北美的瓜达卢普阶对比。

（3）丫洲组（P*y*）：分布于大埔海（吐露港）中的丫洲岛上，岩性为黑色页岩与粉砂岩互层夹石英砂岩，总厚度大于100 m。李作明（1984，1987）报道于页岩中含植物 *Pecopteris*（*Asterotheca*）*noriini*，*Cordaites schenkii*，*Compsopteris contracta* 等，相当于华南晚二叠世大羽羊齿煤系（龙潭组或乐平组）。

上述二叠纪各组之间由于分布零散，海域相隔，相互关系不清楚。

5. 三叠系

分布于吐露海峡的南岸深涌及泥涌一带，据李作明（1984，1987）报道只发育有晚三叠世深涌组（T*ŝ*）。岩性为黑色页岩、褐黄色粉砂岩、砂岩及底砾岩，总厚度100 m 以上，以底砾岩不整合覆于老地层之上。在深涌含瑞替克期植物 *Clathropteris* sp.，在泥涌码头发现华南目前仅有与西藏所见同类的菊石 *Sinocetites* sp. 及双壳类 *Modiolus* sp.，*Bakevellides* sp. 等；与广东境内的艮口群或小坪组可以对比。

6. 侏罗系

据李作明（1987）意见，香港的侏罗纪地层自下而上可作如下划分。

（1）吐露海峡组（J*tl*）：分布于吐露海峡两岸的凤凰笏、马屎洲西南部、深涌、泥涌、八角咀和元塱南面等地，以深涌和八角咀的层序比较完整；深涌的层序可作为吐露海峡组层型。1988—1990年，香港理工学院土木及结构工程系和中国科学院南京地质古生物研究所合作，对吐露海峡组作进一步研究，认为该组的层序综合起来可分为三部分：下部为底砾岩、砂岩和页岩，含菊石 *Sulciferites* sp. 和双壳类 *Cardinia toriyamai* 组合，整合于深涌组（黑色页岩）之上。中部主要是页岩，含菊石 *Coroniceras* 组合，包括 *Coroniceras rotiforme*，*Arietites semicostatus*，*Phylloceras* sp.，*Asteroceras* sp. 和丰富的双壳类、腹足类、介形类、掘足类和海百合茎化石。双壳类自下而上有3个组合：*Sphaeriola nipponica* 组合，*Oxytoma*-*Tutcheria* 组合和 *Teinonuculana* 组合。上部为粉砂岩和砂岩，含菊石 *Juraphyllites*，*Arnioceras*，双壳类 *Parainoceramus* 以及一些介形类。总厚度大于100 m。根据对以上化石分析，吐露海峡组的层序应限于下辛涅缪尔阶，目前尚未发现赫唐阶和上辛涅缪尔阶的化石；可大致与广东早侏罗世的金鸡组相对比。

（2）屯门组（J*tm*）：分布于上屯门北至后海湾一带，由受变质的粉砂岩、千枚岩、凝灰质砂岩及砾岩、凝灰岩、砂岩及泥岩和火山岩组成，不整合于吐露海峡组之上。岩石普遍受动、热力变质作用，总厚度大于800 m。本组未见化石，但岩性与上、下地层均有不同，层位可和深圳的塘厦组对比。

（3）浅水湾群（JQ）：为一套分布广泛的中、酸性火山岩夹少量沉积岩的地层。由于它们具有较高的抗风化能力，所以构成了本区所有的高峰，如新界的大帽子山、马鞍山、飞鹅山、大濠岛的凤凰山、大东山及港岛的扯旗山等。本群的典型地点在港岛西南岸的浅水湾一带，故名浅水湾群，总厚度可能超过2000 m。李作明（1987）自下而上划分为5个岩性组：① 盐田仔组（J*yt*）由凝灰质角砾岩、粗凝灰岩及熔结凝灰岩组成；② 城门组（J*ĉm*）为火山角砾岩及火山砾凝灰岩；③ 鸭脷洲组（J*yl*）由多斑杂岩及玻璃质凝灰岩组成；④ 大帽山组（J*dm*）以英安斑岩、流纹岩及凝灰岩为主；⑤粮船湾组（J*lĉ*）由斑状流纹岩、流纹岩、火山角砾岩夹凝灰岩组成。

在本群下部及上部分别夹有多层沉积岩透镜体（分布范围有限，呈横向尖灭），主要为黑及灰黑色页岩、条带状粉砂岩、燧石粉砂岩及石英砂岩。在吐露海峡南岸的荔枝庄、大屿山的万丈布和昂坪，本群的黑色页岩夹层中含植物 *Cladophlebis minutusa*，*Ptilophyllum pecten*，*Cupressinocladus haifengensis*，*C. elegans*，*Sphenopteris nitidula*，*Thyrsopteris insignis*，*Ptilophyllum boreale* 及 *Otozamites beani* 等。在大濠岛凤凰山顶、大东山等地的页岩中含鱼化石。

本群以喷发不整合关系覆于下伏地层之上，李作明（1984，1987）对以上化石分析，认为可与广东境内的高基坪群相对比，时代属晚侏罗世。

7. 白垩系

主要见于新界的东北部，西部仅有零星出露。据李作明（1987）意见自下而上可作如下划分：

（1）八仙岭组（K*bx*）：分布于新界八仙岭、新娘潭及沿海地带，新界西部的流浮山局部也有出露；为一套湖相砂泥质碎屑岩沉积，不整合于下伏火山岩之上。其下部为紫红色及绛褐色凝灰质底砾岩；中部为厚层凝灰质砂砾岩、含砾砂岩、复矿质砂岩；顶部为紫红、褐红色板状页岩和板岩；总厚度大于1000 m。本组岩层的最大特点是色泽褐红、不含钙质、多含凝灰质，岩石普遍遭受轻度变质，砾岩中砾石被压扁，页岩常变为板岩。据古地磁测量，时代应属白垩纪早期，可与广东境内的官草湖组对比。

（2）赤洲组（K*ĉ*）：分布于赤洲、石牛洲及双岛附近，为一套河湖相红色碎屑岩沉积。其底部为红色底砾岩且不整合于浅水湾群（火山岩）之上，往上为厚层红色粗砂岩、含砾砂岩、砂岩，顶部为红色细砂岩、粉砂岩及粉砂质页岩，偶见青灰色色斑，总厚度大于300 m。本组的特点是色红，岩石中含钙质而不含凝灰质，含轮藻 *Atopochara trivolvis*，与八仙岭组有较大差别。李作明（1987）认为可与广东的南雄组下部相比较，张韦（1994）认为与广东的白鹤洞组对比。

（3）坪洲组（K*p*）：仅见于大鹏湾内的坪洲岛，为一套在干旱—半干旱气候环境内形成的内陆湖相半咸水含盐类泥质沉积或沿岸泻湖沉积，由暗灰色薄层状粉砂岩、泥岩、页岩、泥灰岩夹燧石粉砂岩组成，总厚度210 m。其特点是岩层具水平层理、薄层条带、波痕、滑移构造、干裂等，岩石中含黄铁矿、钠沸石、霓石、伊利石及沥青等。其中含植物 *Oteiorhynchites williamsi* 及爬行类 *Anosterira lingnanica* 等。1987年，钮柏 桊、吴起俊、蒋秋琴在本组采集了孢粉，其中蕨类植物孢子占主导地位（74%），有 *Neoraistrickis* sp. ，*Lycopodiacidites* ，*Toroisporis* sp. ，*Pterisisporites undulatus* ，*P. fantanguluris* ，*P. distaverrucosus* ，*Leptolepidites* sp. ，*Verrutetraspora elegans* ，*Schizaeoiporites kulandyensis* ，*Undulatispocit pannuceus* ，*Divisisporites* sp. ，*Deltoedospora* sp. ，*Verrucosisporites* sp. ；裸子植物花粉占19. 5%，有 *Classopollis annulatus*，*Pinuspollenites* sp. ，*Ephidripites* sp. ，*Exesipollenites* sp. ，*Psophosphaera* sp. 等；被子植物花粉占6. 5%，有？*Ulmoideipites* sp. ，*Ulmipollenites* cf. *minor* ，？*Plicapollis graanulatus* ，*Tricolpites* sp. 等。根据上述孢粉组合特征分析，他们认为坪洲组的地质时代为早白垩世晚期（阿尔布期）到晚白垩世早期（森诺曼期）。李作明（1987）认为本组可与广东境内南雄组中的浅色层对比，张韦（1994）认为可与广东的白鹤洞组对比。

（4）吉澳组（K*j*）：分布于吉澳岛、大小鸭洲及长排头等地，为一套山间盆地及山麓冲积扇红色粗碎屑岩沉积；由红色角砾状砾岩、砾岩、含砾砂岩、复矿砂岩及砂砾岩组成，砾石成分复杂、大小不等，具透镜状层理及交错层理，总厚约50 m，时代为白垩纪中—晚期。它位于坪洲组之上，二者为平行不整合关系。李作明（1987）认为可和广东境内的丹霞组相对比，张韦（1994）认为可与广东的南雄群或三水组—大塱山组对比。

8. 第四纪系

从沉积特征上可划分出冲积（包括坡积）层及海积层，时代分别为更新世和全新世。

（1）冲积（包括坡积）层：分布于河流两岸，以屯门及元塱平原为主。按分布高度可分为两级阶地：高阶地为早期冲积物或冲积扇，有时是基座阶地，厚1～5 m，高出河面5～10 m，由半棱角至半滚圆砾石层及砂层组成。微体化石分析及^{14}C 年龄为30 000～40 000 a，属晚更新世产物。低阶地为晚期冲积物，高出河面1～5 m，由黄褐色砾石层及砂层组成，厚约1～5 m，^{14}C 年龄约8000 a，属全新世。坡积物在香港广泛发育，较典型的见于大屿山的昂坪和大澳附近的宝珠潭、新界荃湾附近的曹公潭谷地以及青山南侧的石岗和龙鼓滩，主要是由花岗岩或火山岩风化后坡移而堆积在陡坡下部或丘麓的松散碎屑堆积物，由岩屑堆、滑坡堆积物及类似的物质组成。

（2）海积层：主要分布于沿海及海湾地带（特别是下沉海岸）。经钻探资料证实，海积层主要为海滩及海湾沉积，可见有两个旋回：下部沉积自下而上为浅色冲积砾石、砂层、黑色海相淤泥层，经微体化石分析及^{14}C 年龄测定为30 000多年，属晚更新世产物。上部沉积为黄色砾石层、砂层、海相白色砂层及黑色淤泥，经^{14}C年龄测定为7000～8000 a，属全新世。海积层厚度各处不一，东部粮船湾一带两层海积层厚达20 m，维多利亚港约15 m，屯门及元塱一带约10～30 m，大濠岛西北赤鱲角厚达38 m。在上升海岸地带，可见海成砂层及砾石层，分别高出海平面6～10 m，呈两级台地，这些现象在香港南域，后海湾及西贡半岛尤为清楚。

附录Ⅴ　珠江口盆地地层划分概况

珠江口盆地北依广东大陆，南临西沙、中沙、南沙诸岛，西靠海南岛，东邻澎湖列岛；大部分座落在大陆架区，部分在陆坡区；呈北东向展布，长约800 km，宽约 100 ～300 km，面积约175 000 km^2，水深200 m以内的大陆架面积约为100 000 km^2（图Ⅴ-1）。

本区先后有南海石油勘探指挥部（1973—1982）、国家地质总局第二海洋地质调查大队（1975—1980）、国家地质总局航空物探大队 902队（1976—1977）、中国科学院南海海洋研究所和国家海洋局南海分局（1976—1982）、中国海洋石油总公司南海东部石油公司和南海西部石油公司（1983—1994）进行过油气区域概查、地球物理概查、普查和勘探、石油勘探等工作，积累了大量地层古生物和地震地层资料。现主要根据中国石油公司南海分公司等（1981）《南海北部大陆架第三系》，中国石油勘探公司南海分公司等（1981）《南海北部大陆架第三纪古生物图册》，金庆焕等（1990）《南海地质与油气资源》，中国海洋石油总公司南海西部石油公司等（1991）《南海北部大陆架油气区第三系》，中国油气区第三系研究课题组（1992）《中国油气区第三系》，沿海大陆架及毗邻海域油气区石油地质志编写组（1992）《中国石油地质志（卷16）：沿海大陆架及毗邻海域油气区》等资料，综合概括成文，以供参考。

（一）前第三系

据47口钻井及前第三纪基岩的探井资料，珠Ⅰ坳陷主要为一套酸性及中酸性侵入岩（主要为花岗岩，次为闪长岩、二长岩等）及片麻岩，花岗岩的同位素年龄为（70.5～130.0）±5.0 Ma；还有少数井为火山岩等，如番禺低隆起PY14-5-1井为石英岩、流花 LH4-1-1井为斜长安山岩、流花 LH11-1-2井为钠质粗面岩。珠Ⅲ坳陷主要为变质岩（石英岩），间有侵入或喷出的火成岩体（黑云母闪长岩和流纹岩）。

（二）第三系

自地质部南海地质调查指挥部（1977）施工珠1井揭开了珠江口盆地第三纪地层研究的序幕以来，先后创建和引用12个地层名称。第三系下部为一套以陆相为主的碎屑岩（局部夹火山岩），中部为海陆过渡相的杂色碎屑岩，上部为海相碎屑岩（局部相变为礁灰岩）。现将南海东部石油公司（1988）的划分意见自下而上介绍于后。

1. 神狐组（E*ŝh*）

该组以文昌凹陷 WC19-1-3井和海丰凸起 HF28-2-1井为代表，不整合覆于前第三系之上，伏于文昌组之下，岩性主要为棕红—灰白色块状砂岩及火山碎屑岩和熔岩，厚度0～958.5 m。

神狐组分布于文昌、白云、惠州、陆丰凹陷，海丰凸起，惠陆低凸起，东沙隆起斜坡等地。其岩性变化较大。文昌凹陷自下而上具粗—细—粗的变化趋势，上、下部为砂岩、含砾砂岩夹泥岩，中部为泥岩夹砂岩（泥岩为暗棕、灰、杂色，砂岩为灰—灰白色）。海丰、陆丰井区有火山岩，有时为火山岩夹砂岩和泥岩，有时在棕、灰色砂岩夹棕褐色泥岩之上出现厚层喷发岩。陆丰、惠州、白云等凹陷一些钻井见底部有火山岩。

在文昌凹陷 WC19-1-3井，本组的孢粉化石称为 *Pentapollenites pentangulus* - *P. jiangsiensis* - *Pterisisporites* - *Jiangsupollis* cf. *striatus* 组合；以三沟、三孔沟粉类占优势，与榆科有关的 *Ulmipollenites minor* ，*U. tricostatus*，*Subtriporopollenites* sp. ，*Plicapollis granulatus* 等较为发育，同时还见到较老的 *Pentapollenites pentangulus* ，*P. jiangsiensis* 以及少量 *Pterisisporites* sp. ，*Jiangsupollis* cf. *striatus* 等，曾麟等（1992）认为其时代属古新世—早始新世。

2. 文昌组（E*wĉ*）

该组以文昌凹陷 WC19-1-3井为代表，位于神狐组与恩平组之间。岩性为浅棕红及绿灰和灰黑色泥岩夹浅灰—灰色砂岩，上部夹煤层。砂岩主要为长石岩屑砂岩，泥岩质纯不含钙，两者组成1～2个沉积旋回；底界位于地震反射层 T9附近的大套砂岩之底，与下伏地层呈平行不整合接触，部分地区超覆不整合于前第三纪地层之上；厚度0～764 m。

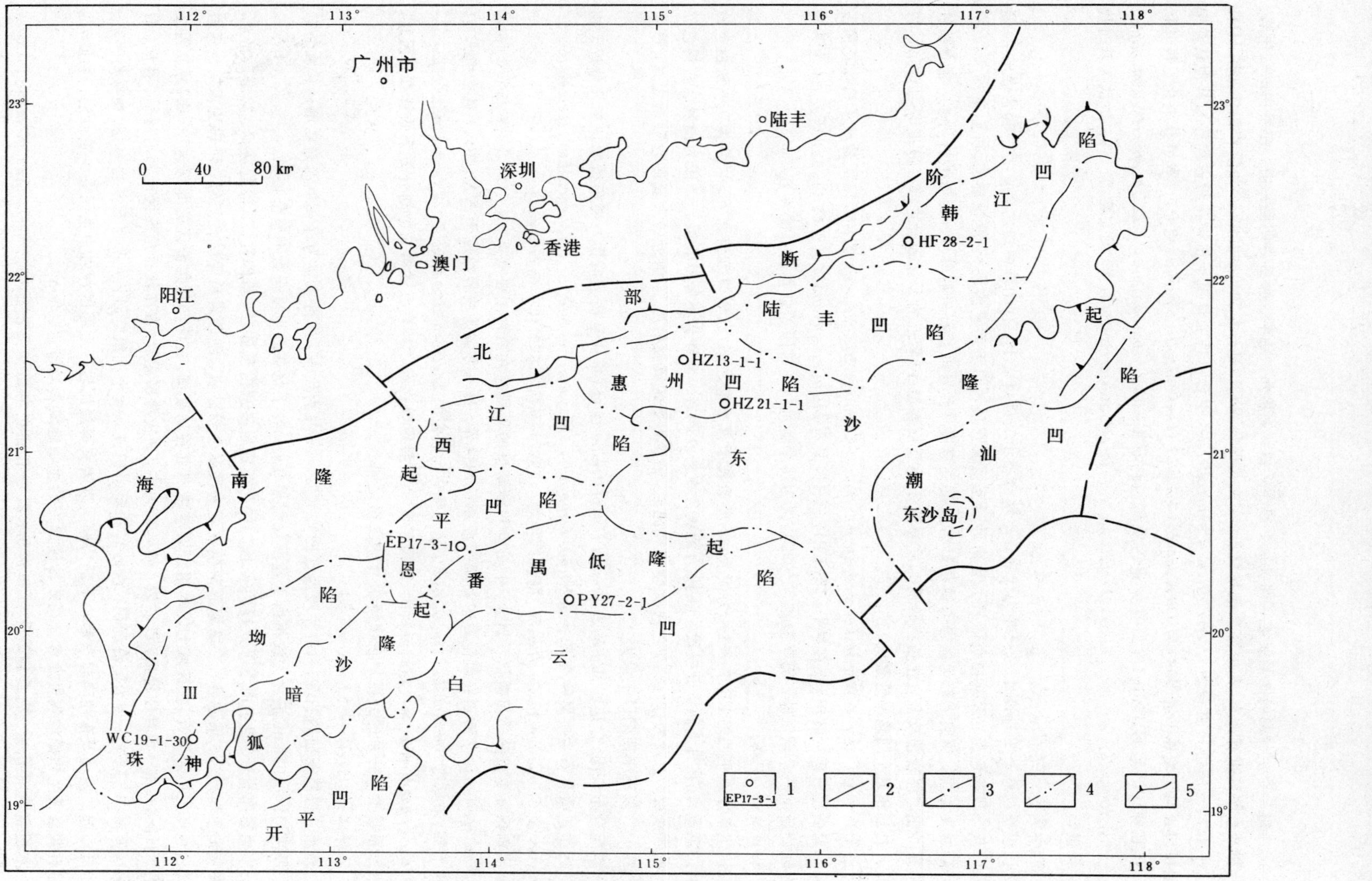

图V-1　珠江口盆地位置及构造分区图

1. 钻孔位置及编号；2. 盆地边界线；3. 一级构造线；4. 二级构造线；5. T_5缺失线

文昌组分布于分割的断陷盆地（如文昌、恩平、西江、惠州、陆丰、韩江等凹陷）中，在番禺27-2洼陷、白云和开平凹陷也有分布。其中富含孢粉化石，在文昌凹陷 WC19-1-3井2044～2999 m 井段和韩江凹陷 HJ15-1-1井 1475～1548 m 井段为 *Quercoidites*－*Pentapollenites* 组合（特征是被子植物花粉占优势）。其他钻井中的孢粉组合与上覆恩平组相同（为 *Dicolpopollis kockelii*－*Gothanipollis bassensis* 组合）。本组其他化石极其稀少，仅在韩江凹陷 HJ15-1-1井见有少量钙质超微化石 *Discoaster barbadiensis*，*D. kuepperi*，*Coccolithus pelagicus*，*Reticulofenestra umbilica*，*Towcis* sp.，*Tribrachiatus orthostylus* 等。梁安耀等（1987）认为其时代属始新世。

3. 恩平组（E*np*）

该组系以恩平凹陷 EP17-3-1井为代表，不整合覆于文昌组之上、伏于珠海组之下，为一套含煤地层。岩性为深灰—浅灰色泥岩及灰白色砂岩、含砾砂岩互层夹煤层，自下而上组成3个沉积旋回。旋回下部为砂岩、含砾砂岩夹泥岩，旋回上部为泥岩与薄层砂岩互层夹煤层（砂岩以长石岩屑砂岩、岩屑砂岩为主，富含钛铁矿和高岭土，泥岩含较多碳化植物碎屑）。底界置于地震反射层 T8附近的大套砂岩之底，厚度0～1115m（以文昌、白云和恩平凹陷厚度最大）。

恩平组分布广泛，富含孢粉 *Dicolpopollis kockelii*－*Gothanipollis bassensis* 组合（特征是被子植物花粉占优势）。超微化石极度贫乏（仅在恩平凹陷 EP17-3-1井具有 *Micula decussata*）。据曾麟（1992）研究，认为其时代为晚始新世—早渐新世，而李振雄（1992）认为属渐新世（不排除始新世的可能性）。

4. 珠海组（E*ẑh*）

该组系以恩平凹陷 EP17-3-1井为代表，不整合覆于恩平组之上、伏于珠江组之下，岩性为灰—灰白色砂岩夹杂色泥岩。其自上而下分三段：一段为黄灰色泥岩及砂岩、粉砂岩不等厚互层，二段为浅灰、灰褐色砂岩、泥岩互层，三段为棕红、杂色块状砂岩夹泥岩。底界置于地震反射层 T7附近的大套杂色砂岩之底，厚度0～875 m，以恩平凹陷厚度最大。

本组分布广泛，含孢粉 *Alnipollenites*－*Pinuspollenites* 组合（特征是被子植物与裸子植物花粉含量近于相等）。钙质超微化石主要属种有 *Zygrhablithus bijugatus*，*Dictyococcites bisectus*，*Sphenolithus ciperoensis*，*S. dictentus* 及 *Catinasten ?umbrellus* 等。据黄虑生等（1992）研究，其时代为渐新世晚期。

当前国际上以钙质超微化石划分，中新世和渐新世的界线存在两种主要意见：其一是以 *NP*25带（*Sphenolithus ciperoensis*）的顶界面作为中新统和渐新统的分界；另一方案是将界线置于 *NN*1带内，通常把 *NN*1带的下部（未见有 *Sphenolithus ciperoensis*，而见有一定数量的 *Dictyococcites bisectus*，*Zygrhablithus bijugatus* 和 *Helicosphaerarecta* 等）划归渐新统。珠海组所产钙质超微化石，具有上述第二个划分方案的特点，因此，下第三系与上第三系的分界划在珠海组与珠江组之间。

5. 珠江组（N*ẑj*）

该组系以惠州凹陷 HZ21-1-1井和西江凹陷 XJ24-3-1井为代表，岩性主要为深灰色泥岩夹细砂岩和粉砂岩，厚度212～1032 m。底界大致相当于地震反射层 T6′，与下伏珠海组呈平行不整合接触。

本组遍布全区，自上而下可分4段：一段为绿灰色泥岩夹灰白色砂岩、粉砂岩；二段为灰绿、灰褐色泥岩，间夹灰白色粉砂岩、细砂岩；三段为深灰色泥岩夹浅灰色粉砂岩、细砂岩和薄层石灰岩；四段为深灰色泥岩及灰白色厚层砂岩间互。在区域上，本组岩石粒度自北往南变细。古珠江三角洲区的北部珠1—珠7井及西江凹陷 XJ17-3-1井一带岩性较粗，以砂岩、砂砾岩为主，夹极薄层泥岩。古珠江三角洲区南部的恩平、番禺、西江井区及海丰、陆丰一带为滨海沉积，由砂岩和泥岩组成3～4个沉积旋回，夹薄层石灰岩多层。在惠州凹陷、惠陆低凸起的南部及东沙隆起一带，下部为厚层砂岩夹薄层泥岩，上部以泥岩为主间夹少量砂岩、粉砂岩，中部石灰岩及生物礁滩灰岩发育（在东沙隆起中的生物礁滩灰岩厚达562 m）。

本组富含有孔虫、钙质超微化石和孢粉。其中有孔虫主要特征化石有 *Praeorbulina glomerosa*，*Globigerinoides sicanus*，*G. transitoria*，*G. altipertura*，*G. primordius*，*Catapsydrax stainforthi*，*C. dissimilis*，*Globigerinatella insueta*，*Globigerina ciperoensis*，*Globoquadrina praedehiscens*，*G. binaiensis*，*Cassigerinella chipolensis* 和 *Globorotalia*（?）*jiaoweiensis* 等。钙质超微化石特征分子有 *Helicosphaera ampliaperta*，*H. scissura*，*H. mediterranea*，*Discoaster druggii*，*Sphenolithus conicus*，*S. belemnos*，*S. dissimilis*，*Tri-*

quetrorhabdulus carinatus 等。孢粉为 *Polypodiaceaesporites - Dinocysts* 组合，特征是被子植物花粉占优势，其次为蕨类孢子和裸子植物花粉，沟鞭藻类（*Dinocysts*）及疑源类相当发育，有时含量高达60%～70%。据秦国权（1992）、黄虑生等（1992）研究，其时代属早中新世。

6. 韩江组（N*hj*）

该组系以白云凹陷 PY27-2-1井和西江凹陷 XJ24-3-1井为代表，位于珠江组与粤海组之间，岩性为绿灰一灰一灰绿色泥岩与砂岩、粉砂岩、含砾砂岩互层，顶部为稳定的厚层泥岩，底部偶夹薄层灰岩或白云岩。其与下伏地层为整合或平行不整合接触，分布遍及全区，厚度51～1175 m。

本组海相有孔虫及钙质超微化石发育，孢粉也较丰富。其中有孔虫特征化石有 *Globorotalia siakensis*，*Globigerinoides subquadrilobatus*，*Globorotalia fohsi*，*G. peripheroronda*，*G. peripheroacuta*，*G. archeomenardii*，*G. praemenardii*，*Orbulina suturalis* 等。钙质超微化石特征分子有 *Discoaster hamatus*，*D. kugleri*，*Catinaster coalitus*，*C. calyculus*，*Cyclicargolithus floridanus*，*Sphenolithus heteromorphus*，*Helicosphaera orientalis* 等。孢粉为 *Florschuetzia levipoli - Zonocostatites* cf. *ramonae* 组合。据秦国权（1992）、黄虑生等（1992）研究，其时代属中中新世。

7. 粤海组（N*y*）

该组系以惠州凹陷 HZ13-1-1井为代表，位于韩江组与万山组之间，岩性为浅灰—灰绿色泥岩与浅灰色砂岩、粉砂岩不等厚互层。在惠州凹陷 HZ21-1-1井、恩平凹陷 EP18-1-1A 井等地，顶底均有厚层砂岩和含砾砂岩，中部为砂岩、泥岩互层。在恩平凹陷 EP17-3-1井、文昌凹陷 WC19-1-2井等地，上部以泥岩为主，下部砂岩较发育。本组的泥岩普遍含钙质，砂岩不含或微含钙质，但富含海绿石；与下伏地层呈整合或平行不整合接触；除在东沙隆起中部缺失外，全区均有分布，厚度36～698.5 m。

粤海组的有孔虫、钙质超微化石及孢粉均较丰富。其中有孔虫主要特征分子有 *Globorotalia acostaensis*，*Globigerina nepenthes*，*Sphaeroidinellopsis kochi*，*S. paenedehiscens*，*Globoquadrina dehiscens* 等。钙质超微化石特征分子有 *Discoaster quinqueramus*，*D. berggrenii*，*D. neohamatus*，*D. neorectus*，*D. bellus*，*D. calcaris* 等。孢粉为 *Graminidites media - Chenopodipollis* 组合。据秦国权（1992）、黄虑生等（1992）研究，其时代为晚中新世。

8. 万山组（N*wŝ*）

该组系以惠州凹陷 HZ13-1-1井为代表，位于粤海组与第四纪松散沉积层之间，岩性为绿灰及灰色泥岩、粉砂质泥岩夹粉砂岩、砂岩。底部以高声波时差泥岩为标志与下伏地层分界，呈平行不整合接触；厚度0～541 m。本组分布广泛，自下而上显细—粗—细或细—粗的变化趋势。在区域上，从珠Ⅰ至珠Ⅱ坳陷由北往南、从东向西岩石粒度变细，珠Ⅲ坳陷的文昌凹陷较粗，在东沙隆起惠州凹陷 HZ35-1-1井变为礁灰岩。

万山组的有孔虫、钙质超微化石和孢粉比较丰富。其中有孔虫特征化石有 *Globorotalia tumida*，*G. tosaensis*，*Globigerinoides extremus*，*G. fistulosus*，*Globigerina crassireticulata*，*Pulleniatina primalis*，*Globoquadrina altispira*，*G. globosa*，*Sphaeroidinellopsis seminulina* 等；钙质超微化石特征分子有 *Discoaster brouweri*，*D. pentaradiatus*，*D. surculus*，*D. tamalis*，*Sphenolithus abies*，*Reticulofenestra pseudoumbilica*，*Ceratolithus rugosus*，*C. acutus*，*Amaurolithus tricorniculatus*，*Triquetrorhabdulus rugosus* 等；孢粉为 *Cupuliferoipollenites - Liquidambarpollenites* 组合。据秦国权（1992）、黄虑生等（1992）研究，其时代为上新世。

综上所述，珠江口盆地在第三纪时期，经历了断陷（中生代末期—早渐新世）—坳陷（中晚渐新世—早中新世）—沉降（早中新世—上新世）三个沉积发育阶段。

中生代末期，由于南海海盆扩张使中国大陆边缘拉张，形成珠江口断陷盆地。古新世—始新世早期，万山隆起、神狐暗沙隆起、一统暗沙隆起与东沙隆起基本形成一个毗邻山区，山间处于洪—冲积环境，形成了一套暗红、棕红、灰褐、灰白色厚层—块状砂岩夹少量泥岩和粉砂岩。在盆地东部，由于地壳活动激烈，伴随有较强烈的火山活动，堆积一套以凝灰岩为主的火山碎屑岩（神狐组）。

始新世早期，通过风化剥蚀，地形高差相应变小，形成了像文昌、开平—白云、恩平、西江、陆丰等那样较大型的湖盆，沉积了一套厚度较大、分布相对稳定、以灰黑色泥岩为主，顶、底夹有砂岩的地层（文昌组）。

始新世晚期—渐新世，在扩大的沉积盆地中，古珠江水系已具雏形；在惠州凹陷以西地区，发育了大面积冲积平原—三角洲平原，沉积了一套灰白色砂岩与浅灰、深灰、黑灰色泥岩及粉砂质泥岩互层夹多层煤层及碳质泥岩(恩平组)。在珠Ⅱ坳陷的北侧番禺低隆起PY16-1-1井和番禺低隆起PY33-1-1井以南可能为三角洲前积层或前三角洲半封闭海环境。

渐新世中晚期，海侵由南向北加剧，盆地东部处于冲积平原—海湾环境，中部处于三角洲平原环境。古珠江带来的泥砂在河口地带遭受强烈的改造，沉积了一套以灰黄、灰色砂岩为主，间夹灰、灰绿、棕红色泥岩的海陆过渡相地层（珠海组）。在盆地西部，珠Ⅱ坳陷、文昌凹陷WC19-1-3井、开平凹陷KP1-1-1井一带仍为隆起；其北侧文昌凹陷WC19-1-1井、文昌凹陷WC14-1-1井为浅海相灰色砂岩、粉砂岩、泥岩不等厚互层。

中新世早期，海侵继续向北发展，除盆地北部地区由古珠江水系带来的泥砂形成三角洲外，盆地大面积变为浅海陆架环境，沉积了厚度大、分布稳定的海相泥岩夹砂岩、粉砂岩和薄层石灰岩（珠江组）。东沙隆起下沉，倾没端及流花井区一带形成了广阔的浅水台地，发育了大量生物礁滩。

早中新世以后南海海盆停止扩张，珠江口盆地发生向海方向倾斜，出现稳定下沉和海侵向北加剧，除了在中新世中、晚期之间和中新世与上新世之间有局部的短期沉积间断外，主要为广海沉积环境。先后形成了绿灰、灰和灰绿色泥岩夹砂岩（韩江组、粤海组、万山组）。上新世末期，珠江口盆地发生了一次明显的海退，东沙群岛及以南地区发生了大幅度的抬升和剥蚀。

（三）第四系

珠江口盆地的第四纪松散沉积层主要由灰及灰绿色粘土、中粗砂层组成，偶夹淤泥、细砂和细砾层，富含海绿石，下部含较多炭化木；厚度55.8～444.0 m。腹足类、双壳类、介形虫、有孔虫和钙质超微化石比较丰富。其中有孔虫特征化石有*Globorotalia truncatulinoides*，*G. limlxitu*，*G. humerosu*，*G. menardii*，*Globigerina bulloides*，*Globigerinoides trilobus*，*G. ruber*，*Pulleniatina finalis*，*P. obliquiloculata* 等；钙质超微化石特征分子有*Helicosphaera sellii*，*Pseudoemiliania lacunosa*，*Emiliania huxleyi*，*Gephyyocapsa oceanica*，*Calcidiscus macintyrei* 等。

上述化石中，*Helicosphaera sellii* 末现面为 *NN*19 带内的一个生物地层事件（位于本区第四系下部）*Pseudoemiliania lacunosa* 末现面为*NN*19带顶，位于第四系中部。截锥圆辐虫（*Globorotalia truncatulinoides*）时间基准面是新生代晚期浮游有孔虫演化中的重要界线之一，从土佐圆辐虫（*Globorotalia tosaensis*）演化产生截锥圆辐虫是海相第三系与第四系的公认界线。在本区仅在表层见有截锥圆辐虫，在钻井中发现的*Globorotalia limlxitu*，*Globigerinoides ruber* 出现在第四系底部；因此第三系与第四系虽为连续沉积，仍可运用以上属种的分布划分界线。